建设项目工程总承包管理实施指南

时 炜 李 茜 张向宏 郭秀秀 编著

中国建筑工业出版社

图书在版编目(CIP)数据

建设项目工程总承包管理实施指南/时炜等编
著. —北京:中国建筑工业出版社,2020.3(2022.6重印)
ISBN 978-7-112-24854-4

Ⅰ.①建…　Ⅱ.①时…　Ⅲ.①建筑工程承包方
式-项目管理-指南　Ⅳ.①TU723.1-62

中国版本图书馆 CIP 数据核字(2020)第 024671 号

　　本书结合建设项目工程总承包管理先进理念和丰富实践,较为系统地总结了工程总承包企业管理
体系和能力建设要求,明确工程总承包管理的管理体系、组织架构,以及相关的规章制度、业务流
程、管理职责以及详尽的具体管理要求。本书还介绍了各具特点的 5 个项目案例,旨在帮助项目管理
人员从多角度深入了解建设项目工程总承包管理的特点和要求。
　　本书适用于勘察、设计、施工、项目管理咨询、监理等从事工程总承包管理的专业人员参考,也
可供其他从事工程建设以及高等院校等有关专业人士参考使用。

　　责任编辑:朱晓瑜　赵晓菲
　　责任校对:芦欣甜

建设项目工程总承包管理实施指南

时　炜　李　茜　张向宏　郭秀秀　编著
*
中国建筑工业出版社出版、发行(北京海淀三里河路 9 号)
各地新华书店、建筑书店经销
北京红光制版公司制版
北京建筑工业印刷厂印刷
*
开本:787×1092 毫米　1/16　印张:26¾　字数:625 千字
2020 年 5 月第一版　　2022 年 6 月第二次印刷
定价:**76.00**元
ISBN 978-7-112-24854-4
　　　(35406)

欣闻《建设项目工程总承包管理实施指南》结稿成书，此乃我国工程建设业界的又一件幸事。

木受绳则直，金就砺则利。改革开放以来，我国建设项目组织模式摆脱了计划经济体制下的单一性，在实践探索中呈现出多元化的特征。如何借鉴西方发达国家的经验，探索科学的工程建设项目组织模式，成为工程建设领域改革的重要内容。自此，国际通行的工程总承包模式在中国从认识、探索、推行，开始逐步走向成熟。经过 30 多年的发展，国内在工业领域工程总承包模式日趋成熟，但在城市建设，尤其在建筑、市政、交通等专业领域，工程总承包发展相对滞后。2016 年以来，中共中央、国务院及住房和城乡建设部等部门陆续出台文件，积极推进房屋建筑和市政项目工程总承包；要求完善工程总承包管理制度，提升企业工程总承包的能力和水平，推进工程总承包发展的组织和实施。由于 EPC 模式覆盖阶段更广，界面接口更多，因此在工程总承包模式中更具有复杂性，EPC 工程总承包项目的组织管理结构及运作也更为复杂。如何充分利用工程总承包资源整合特点，发挥各专业技术优势，在各实施阶段充分融合，协同配合，主动管控，做好设计与施工的深度融合，提高项目管理水平，成为我国工程承包商面对新格局、新机遇以及新挑战亟待解决的问题。编制组成员结合多年实践经验，在针对这些问题进行深入研究的基础上，撰写了《建设项目工程总承包管理实施指南》。此书从承包商的视角出发，以 EPC 工程总承包组织管理架构为核心，以全过程管控为主线，对 EPC 工程总承包管理进行了深入而全面的阐述。

本书的难能可贵之处在于兼具专业性、全面性和实用性。就专业性而言，不仅深入浅出地介绍了工程总承包专业知识，更注重与最新的国际和国内行业制度与实践相结合，梳理了每个管理环节的职责、体系、流程、工作要求及模板等，为建筑企业工程总承包管理工作提供了专业性的指导。就全面性来看，本书从工程总承包管理概论入手，涵盖了工程总承包管理工作中方方面面的知识，从 25 个方面进行梳理和深入切合实际的总结，其深度和广度在市面上少见。就实用性来说，本书以为企业解决工程总承包管理中的实际问题为主线，在表达上通俗易懂，言简意赅，在编排上不只有深厚的理论基础，也有鲜活的实践案例做支撑，可作为日常使用的工具书。

终日而思，不如须臾之所学。我国建筑业正处在转型升级的关键时期，可以说此书的出版发行正当其时，相信会对中国建筑业的健康发展起到积极的作用。

中国建筑学会工程总承包专业委员会　　主　任

中国中建设计集团有限公司　　　　　　董事长

我国倡导和推行工程总承包管理模式至今已有 30 多年时间。20 世纪 80 年代初，我国勘察设计行业即开始探索推行工程总承包，化工行业推行工程总承包起步最早，成果显著。1999 年以来，国家引导电力、冶金、建材、机械、有色、轻工、纺织、核工业、水运、铁道等行业积极探索工程总承包，已形成良好的发展态势。

2016 年中共中央、国务院印发《关于进一步加强城市规划建设管理工作的若干意见》，明确要求"深化建设项目组织实施方式改革，推广工程总承包制"。从 2017 年至今，国务院办公厅、住房和城乡建设部先后印发了《关于促进建筑业持续健康发展的意见》《建设工程勘察设计管理条例》《建设工程设计招标投标管理办法》《关于开展全过程试点工作通知》《关于进一步推进工程总承包发展的若干意见》《房屋建筑和市政基础设施项目工程总承包管理办法》等一系列相关政策。截至目前，全国已有 29 个省市地方政府发布了关于工程总承包管理的相关政策。

实行工程总承包管理，打破人为分割及碎片化工程承包分割管理模式，积极主动转向工程总承包集成化管理，发挥以客户为中心，提供全生命周期服务，聚焦项目集成管理，促进设计施工深度融合，可以极大地提高工程建设效率和水平。工程总承包企业负总责，落实工程质量、安全、进度、成本等方面的主体责任。工程总承包企业需要建立和完善工程总承包管理的组织机构、人员结构、管理体系，并制定和完善工程总承包的规章制度、业务流程，加强工程总承包的全过程管理。

在现阶段大力推广工程总承包管理模式，无疑是建设工程一次深刻的变革，是建设企业转型升级发展的方向，是社会生产力进步和发展对建筑业资源重新配置的要求。工程总承包企业必须努力培养综合性管理能力，使工程总承包模式逐步占据主导地位，充分发挥工程总承包优势。同时，工程总承包企业借此机遇，应大力培育出一批综合能力强的复合型管理人员，积极参与国际、国内工程总承包市场竞争。

为了便于广大勘察、设计、施工、项目管理咨询、监理等有关人员系统了解建设项目工程总承包管理实施过程的具体要求，由陕西建工控股集团有限公司、中国中元国际工程有限公司、中国建筑西北设计研究院有限公司等单位组织具有工程总承包管理实践经验的资深专家组成编委会，起草编制《建设项目工程总承包管理实施指南》（以下简称《指南》）。

本《指南》第 1 章工程总承包概论、第 3 章建设项目工程总承包管理组织及职责、第 25 章项目绩效考核由陕西省建筑职工大学郭秀秀编写，第 2 章项目投标管理和第 4 章项目报建手续管理由中国中元国际工程有限公司张向宏编写，第 5 章项目管理策划和第 21 章项目风险管理由陕西建工第三建设集团有限公司宫平编写，第 6 章项目计划管理由陕西建工第五建设集团有限公司王长明编写，第 7 章项目合同管理由陕西建工第五建设集团有限公司朱琳艳编写，第 8 章项目成本管理和第 16 章项目计量支付管理由陕西建工集团股份有限公司李茜编写，第 9 章项目分包管理和第 19 章项目资源管理由陕西建工集团股份有限公司时炜编写，第 10 章项目设计及深化设计管理由中国中元国际工程有限公司、邵建勋编写，第 11 章项目技术管理和第 18 章项目综合事务管理由陕西建工集团股份有限公司蒲靖编写，第 12 章项目 BIM 技术管理由中国建筑西北设计研究院有限公司董耀军编写，第 13 章项目采购管理由广联达科技股份有限公司董超编写，第 14 章项目质量管理由陕西建工第三建设集团有限公司王瑾编写，第 15 章项目职业健康安全、环境管理由陕西建工集团股份有限公司李西寿编写，第 17 章项目财务管理由陕西建工第五建设集团有限公司郗朋、刘瑞泉编写，第 20 章项目沟通与协调由中国中元国际工程有限公司许树国编写，第 22 章项目信息管理由广联达科技股份有限公司张佩云编写，第 23 章项目试运行与竣工验收管理由中国中元国际工程有限公司刘兴编写，第 24 章项目收尾管理由陕西建工集团股份有限公司马小波编写，第 26 章工程案例分别由时炜、刘兴、卜国平、王弘起、蒲靖、董耀军、许鹏、崔欢欢、王道、乔剑等编写整理。

本《指南》编写过程中，编写人员进行了广泛深入的调研，搜集和整理了大量的项目实践资料，较为系统全面地进行了分析和研究总结。全书编写本着适用性、可操作性和对实践的指导性，特别突出管理实务要求。

本《指南》由时炜、李茜负责统稿。中国建筑学会工程总承包专业委员会有关专家审阅了书稿，对书稿的修改提出了许多真知灼见。编写过程中，得到了业内专家的支持和鼓励，朱晓瑜编辑最早提出策划。中国建筑学会工程总承包专业委员会主任委员、中国中建设计集团有限公司党委书记、董事长孙福春先生拨冗作序。在此向所有关心和支持本书编写的各位专家，一并表示由衷的感谢。

建设项目工程总承包管理方兴未艾，正处于快速发展阶段，还需要根据我国建设项目实际，积极开展理论研究和管理实践，探索一条有中国特色的行之有效的工程总承包管理模式。

虽然各位编写者努力希望向读者们奉献一本既有一定理论水平又有较高实用、使用价值的"有用"的专业书籍，但是受制于理论水平和实践经验所限，不妥或错误、疏漏之处在所难免，恳请广大读者提出宝贵的意见。

目　录

第1章 工程总承包概论

1.1 工程总承包的基本概念

1.1.1 基本概念

工程总承包［Engineering Procurement Construction（EPC）Contracting/Design-build Contracting］是指依据合同约定对建设项目的设计、采购、施工和试运行实行全过程或若干阶段的承包。

在国际上，工程总承包在石油、化工、电力等行业通常被称为"EPC"模式；在一些房屋建筑、道路、桥梁等基础设施项目被称为"设计-建造（Design-Build)"模式，有时候又通称"交钥匙"模式。从地区上看，工程总承包在美国习惯称为交钥匙工程，在欧洲仍称为EPC承包工程项目。

1.1.2 合同形式

在工程总承包模式下，总承包商对整个建设项目负责，但却并不意味着总承包商须亲自完成整个建设工程项目。除法律明确规定应当由总承包商必须完成的工作外，其余工作总承包商则可以采取专业分包的方式进行。在实践中，总承包商往往会根据其丰富的项目管理经验，以及工程项目的不同规模、类型和业主要求，将设备采购（制造）、施工及安装等工作分包给专业分包商。所以，在工程总承包模式下，其合同结构形式通常表现为以下几种：

（1）设计采购施工（EPC）/交钥匙工程总承包；

（2）设计-采购总承包（E-P）；

（3）采购-施工总承包（P-C）；

（4）设计-施工总承包（D-B）；

最为常见的是第（1）（4）这两种形式。

设计采购施工（EPC）/交钥匙工程总承包，即工程总承包企业依据合同约定，承担设计、采购、施工和试运行工作，并对承包工程的质量、安全、费用、进度、职业健康和环境保护等全面负责。

设计施工总承包（D-B），即工程总承包企业依据合同约定，承担工程项目的设计和施工，并对承包工程的质量、安全、费用、进度、职业健康和环境保护等全面负责。在该种模式下，建设工程涉及的建筑材料、建筑设备等采购工作，由发包人（业主）来完成。

事实上，目前市场中的工程总承包模式的外延与边界正在逐步发展和扩大。PPP＋EPC（政府和社会资本合作＋设计、采购、施工总承包）、EPC＋O（设计、采购、施工＋运营总承包）、EPC＋F（设计、采购、施工＋融资投资总承包）等范围更广、适用面更大的模式正不断出现、发展。这些模式在国家没有进一步强制性的法律、行政法规进行禁止前，也都是有效的。

1.1.3 工程总承包模式的分类

在实践中，从各种角度又可以对工程总承包模式进行分类。按设计范围不同，工程总承包模式有以下几种基本变形：

1. 包括全部设计的 EPC 承包模式

在这种模式下，业主只是提出对未来工程的功能性要求，前期工作的深度不大，只是达到预可研或可研的深度。EPC 总承包商要完成全部的设计、采购、施工和试运行等各项工作。

2. 包括部分设计的 EPC 承包模式

在这种模式下，业主不但提出对未来工程的功能性具体要求，而且做出一定深度的设计，甚至达到初步设计深度。EPC 总承包商需要完成剩余的工作，如施工详图/详细设计（Detail Design）、采购、施工和试运行等工作。

3. 设计接力式 EPC 承包模式

有时候，业主要求 EPC 总承包商继续雇用为业主实施前期设计工作的设计单位完成剩余的设计，实现设计的"接力"。这样做的好处是：

（1）保持了项目设计工作的连贯性，易于加快设计速度。

（2）如果设计出了问题，责任明确，不会出现扯皮现象。

4. 工程总承包的其他模式

工程总承包除了通常的 EPC 模式外，还有以下模式：

（1）设计-采购-施工管理（EPCm）。

（2）设计-采购-施工监理（EPCs）。

（3）设计-采购-施工咨询（EPCa）。

1.1.4 工程总承包的特点

相对于目前国内外广泛应用的传统承包模式和建筑工程管理模式，工程总承包模式的特点非常显著。可以从业主和承包商两个角度来分析其不同的特点。

1. 对于业主

（1）优点

1）工程费用和工期固定，项目容易得到业主批准以及贷款人的投资。

2）承包商是向业主负责的唯一责任方，管理简便，缩短了沟通渠道；工程责任明确，减少了争端和索赔。

3）工程工期短。由于规划设计、采购和施工阶段部分重叠，大大缩短了工程工期。

据统计，采用工程总承包模式的建设工程比采用传统的"设计-招标-施工"方式，可以节省 20%～30% 的工期，降低了融资费用，工程提早投入运行产生收益。

4）投标人可以在投标书中提出备选的工艺流程设计、建筑布置、设备选型等方面的方案及其相应实施费用，业主可以从中选择最为经济适用的一个投标人。

（2）缺点

1）合同价格高。由于承包商承担绝大部分风险，所以总承包模式下项目的合同价格中的风险费用要比其他承包方式的高很多。

2）对承包商的依赖程度高。由于设计和施工都由承包商负责，如果业主没有经验，很难发现工程中存在的和潜在的质量问题。所以，选择信誉度高、诚信可靠的承包商是工程总承包项目成功的关键。

3）对设计的控制强度减弱。合同实施过程中，业主只能有权对承包商设计中不符合合同要求的部分提出修改，而如果承包商的设计达到了合同中规定的标准，则无权要求承包商按自己的意愿进行修改。

4）评标难度大。各投标人提出的设计方案和施工方法差异大，没有统一的标准，为业主的评标工作带来很大困难。

2. 对于承包商

（1）优点

1）利润高。由于承包商承担了工程实施中的绝大部分管理工作和风险，合同价格中管理费率和风险费率一般很高。对于能够有效降低管理成本、减小风险损失的承包商来说，利润丰厚。

2）压缩成本、缩短工期的空间大。因为设计、施工以及采购都由承包商自行完成，承包商可以从整体上对工程的规划设计、采购和施工做出最佳的计划和安排。通过采用并行工程的方式，承包商可以进一步在保证质量的前提下缩短工期，降低成本。

3）锻炼和提高了设计队伍。设计师通过与施工队伍的全过程密切合作，会增加对施工方法和施工中存在问题的了解，从而提高设计能力，有利于今后做出更具可建造性、更为经济的设计方案。

（2）缺点

1）只适合实力雄厚的大型企业。这是因为信誉度不高的企业难以承揽到 EPC 项目，而中小型企业一般不具备独立承揽工程设计、采购和施工的能力。EPC 模式对承包商的人员、技术和工作经验的要求都很高。如果过多地采用分包或外聘的形式，人员之间技术上需要长期磨合，利益上存在大量纷争，不宜于进行集成化的管理，EPC 模式应用并行工程的方法降低生产费用、压缩工期、提高质量的根本优点，就不能得到很好的发挥。

2）承包商承担了工程中的绝大部分风险，风险管理成为项目管理的重点，稍有不慎成本就可能超支。

3）工程总承包模式多采用固定总价合同，允许工期延长和费用补偿的机会少，索赔难度大。

4）承包商需要直接控制和协调的对象增多，需要实现更高程度的信息共享和企业集成，对项目管理水平要求高。

5）签订合同前，需要在大量调研的基础上，做出全面的方案设计甚至详细设计。如果投标失败，这部分费用难以全部收回。

6）对于地下隐蔽工作多的工程，或在投标前无法勘查的工作区域较大的工程，难以在投标前判断出具体的工程量和相关风险，无法给出合理的总价。

1.1.5 工程总承包模式发包条件和适用范围

1. 发包条件

建设单位在启动一个工程建设项目时，首先应确定采用何种组织方式来完成该项目，比如可以采用传统的承包模式或者工程总承包模式。

《住房和城乡建设部关于进一步推进工程总承包发展的若干意见》（建市〔2016〕93号）规定："建设单位可以根据项目特点，在可行性研究、方案设计或者初步设计完成后，按照确定的建设规模、建设标准、投资限额、工程质量和进度要求等进行工程总承包项目发包"。《房屋建筑和市政基础设施项目工程总承包管理办法》（以下简称《管理办法》）第七条（发包阶段和条件）规定："建设单位应当在发包前完成项目审批、核准或者备案程序。采用工程总承包方式的企业投资项目，应当在核准或者备案后进行工程总承包项目发包。采用工程总承包方式的政府投资项目，原则上应当在初步设计审批完成后进行工程总承包项目发包；其中，按照国家有关规定简化报批文件和审批程序的政府投资项目，应当在完成相应的投资决策审批后进行工程总承包项目发包。"

2. 适用范围

对于BOT/PPP等融资类的项目来说，在项目层面上通常采用的是工程总承包模式，相较于非融资项目，在融资模式下工程总承包项目更容易实施和取得成功。

国外工程总承包应用业务领域有：基础设施、铁路、公路、桥梁、水利、电力、石化、高科技领域、公共建筑、机场建设、供水及污水处理或类似工程等。在工业设备领域，还有高科技领域，EPC模式应用较为广泛，而且成功率要高很多，主要因为这些行业中，工业设备是一个工程项目的主要构成部分，其特点更类似于制造业，业主更加注重产品的最终功能。比如电厂一年能发多少电，炼油厂一年能产多少成品油，其最终功能比较好定义。

对于土木工程，很多项目都会涉及大量地下工程。对于包含大量地下工程的土木工程，业主采用工程总承包模式时，承包商应慎重考虑，因为承包商很难在投标阶段准确估计地下工程的工程量。

《管理办法》第六条（工程总承包方式的适用项目）中规定："建设单位应当根据项目情况和自身管理能力等，合理选择建设项目组织实施方式。建设内容明确、技术方案成熟的项目，适宜采用工程总承包方式。"

1.2 工程总承包管理的发展由来及历程

1.2.1 工程总承包模式的起源

工程总承包模式的出现是国际建筑市场经过长期的探索与发展的结果。通过回顾承包模式发展历史，设计和施工经历了由结合到分离到相互协调的阶段，正在朝着逐步一体化的方向发展。工程总承包模式发展起源历经以下四个阶段：

1. 最初的设计与施工相结合阶段

在出现建筑贸易到 19 世纪末的漫长岁月里，项目承包方式都维持着其最原始的形态——由建筑工匠承担所有的设计和施工工作。这是完全适应当时建筑物结构形式单一、施工技术简单的情况。

2. 设计和施工相分离阶段

工业革命后出现了设计和施工分离为两个独立的专业领域阶段。19 世纪发生了工业革命，这期间业主对建筑物的功能要求逐步多样化，使得设计和施工技术随之复杂化、系统化，进而分裂为两个独立的专业领域。1870 年在伦敦出现了第一个采用"设计-招标-施工"的承包模式项目。这种承包模式的做法是，在项目开始时按资格挑选设计人员进行设计，制作招标文件，并进行费用估算，然后根据设计图纸和招标文件进行招标，选择合适的承包商签订合同进行施工。建造过程中，业主有责任进行监督，以便确保其目标的实现。其优点是施工前已完成主要或全部设计工作，选定的承包商通常是最低标的投标者。这种传统的承包方式目前为止仍然是世界上应用最为广泛的承包方式之一。

然后，由于设计和施工的分离，随着工程项目的复杂性进一步增加，它暴露出不可弥补的缺点：

（1）建设时间长

设计全部完成后才进行招标，且整个招标过程通常要经过资格预审—招标—投标—评标—合同谈判—签约等步骤，时间周期较长。此外，承包商常常需要一段时间熟悉设计文件，因而使得工期延长。

（2）设计变更频繁

设计人员和承包商仅在设计阶段的末期才开始接触，设计中不能吸收施工方的经验和建议，造成设计中的许多问题不能被尽早发现，施工中发现问题时再进行设计变更代价昂贵，容易导致索赔。

（3）责任划分不清

工程出现问题时，是设计缺陷还是施工缺陷，还是二者兼而有之，设计方和施工方往往相互推诿，使业主因争端和诉讼遭受大量损失。

3. 设计和施工相协调阶段

为了缓解设计和施工相分离带来的矛盾，20 世纪 70 年代，国际工程承包市场出现了施工管理（CM）承包模式。在这种方式中，业主与 CM 经理签订合同，由 CM 经理负责组织和管理工程的规划、设计和施工。在项目的总体规划、布局和设计阶段，考虑到控制项目的总投资，确定主体设计方案；随着设计工作的进展，完成一部分分项工程的设计后，即组织对这一部分分项工程进行招标，发包给一家承包商，由业主直接就每个分项工程与承包商签订合同。

这种承包方式的改进在于，CM 经理加强了设计单位和施工单位之间的沟通和协调，从而提高了设计的可建造性，并通过各个分项工程分阶段招标和提前施工缩短了一定的工期。然而，这种方式并没有从本质上改变传统方式中设计方与施工方相分离的状态，主要是因为：

（1）双方的利益纷争仍然存在，沟通交流间仍存在障碍，只不过协调矛盾的责任由业主转给了 CM 经理。

（2）各分项工程内部仍是"设计-招标-施工"的模式，工期仍有压缩的余地。

（3）业主要与 CM 经理、各工程承包商、设计单位、设备供应商、安装单位、运输单位分别签订合同，管理头绪多，责任划分不清，而且多次招标增加了承包费用。

4. 设计施工一体化阶段

20 世纪 90 年代，建筑业迎来了设计和施工一体化的阶段。首先是业主的观念发生了改变，主要体现在以下四个领域：

（1）时间观念增强。世界经济一体化增加了竞争的激烈程度。业主需要在更短的时间内拥有生产设施，从而可以更快地向市场提供产品，减少竞争。因而，要求建设工期尽量缩短。

（2）质量和价值观念发生了变化。各行业的业主实行全面质量管理，他们希望施工企业也能采用这种方式，以保证工程质量。同时，业主意识到价值应该是价格、工期和质量的综合反映，是一个全面的度量标准，工程价格在价值衡量中的比重降低。

（3）集成化管理意识增强。提倡各专业、各部门的人员组成项目联合工作组，对项目进行整体统筹化的管理。

（4）伙伴关系意识增强。业主、承包商和工程师更多地注意为了项目的整体成功而合作，而不是仅仅追求各自的物质利益。

其次是设计施工一体化的条件已经发育成熟：

（1）一些实力雄厚的大型工程承包公司和设计咨询公司不满足于单纯的施工业务或设计咨询业务，经过双向联合，具备了全面的设计咨询能力、施工能力和管理能力。

（2）工程项目管理理论有了很大的发展，各个阶段都有成熟的理论和丰富的实践经验。它们中的很多理论和模型都可以被纳入一体化管理的体系中，这使得研究重点集中在两个阶段的衔接上，工作量大大减少。

（3）自从 20 世纪 70 年代中期以来，制造业提出了一系列新思想、新概念，如并行工程、价值工程、精益生产等，为工程领域设计施工一体化的研究提供了可借鉴的经验和理论工具。

（4）信息技术高速发展，软件工程理论和实践的突破为设计施工一体化提供了坚实的基础，使设计施工一体化要求的高速信息共享和交流成为可能，保障了设计施工一体化的实施效率。

于是在 20 世纪 80 年代，产生了将设计和施工相结合的工程承包方式，其中包括设计-建造（DB）总承包模式、一揽子总承包模式和 EPC 模式等。在一系列的工程承包模式中，EPC 模式是承包商所承揽的工作内容最广、责任最大的一种。

1.2.2　国际工程总承包发展和实施现状

随着项目融资的兴起，一些工程项目业主，特别是 BOT（Build-Operate-Transfer）项目业主和银行都希望在项目启动初期获得相对固定的项目投资以及竣工日期，他们希望将更多的不确定性转移给承包商，而且愿意为此支付更多费用，以作为承包商承担风险的代价。因此在 20 世纪 80 年代，EPC 模式在国际工程承包市场上发展迅速，在欧美等西方国家和亚、非、拉广大发展中国家都已开始广泛使用。

1. FIDIC 合同条件介绍及应用

为了适应市场需求，1999 年国际咨询工程师联合会（FIDIC）发布了《设计-采购-施工与交钥匙工程合同条件》（以下简称"银皮书"），从而确定了 EPC 模式在工程承包模式体系中的独立性地位。在该合同模式下承包商负责完成设计、设备供货、施工安装、调试开车等工作，合同采用总价模式，与 FIDIC 其他合同条件相比，承包商承担的工作范围更广、风险更大。1999 年版银皮书继承了原有合同条件的优点，并根据多年来在实践中取得的经验以及专家、学者和相关各方面的意见和建议做出了重大调整。这种合同模式的突出特点是项目的最终价格和要求的工期具有更大程度的确定性，由承包商承担项目设计和实施的全部责任，业主风险大部分转移给承包商。同时，1999 年版银皮书的发布，也引起了很多承包商及商会组织的不满，在业内也受到了一些批评和质疑。一种较为普遍的观点认为，该合同条件将过多的风险不合理地分配给了承包商。虽然 FIDIC 提示，若使用该合同条件，招标程序应允许在投标人和业主之间就技术问题和商务条件进行讨论，但在实际应用中，仍然有一些不满足上述条件的项目选用银皮书作为合同的通用条件，将承包商既无法合理预见，又无法合理避免或控制的风险交给承包商承担，导致承包商项目管理难度增加，项目索赔和争端的数量亦有所上升。

鉴于以上 1999 版银皮书存在的问题，FIDIC 于 2017 年 12 月在伦敦举办的 FIDIC 国际用户会议上发布了 FIDIC 2017 年版系列合同条件，即《施工合同条件》（Conditions of Contract for Construction）、《生产设备和设计-建造合同条件》（Conditions of Contract for Plant and Design-Build）和《设计-采购-施工与交钥匙工程合同条件》（Conditions of Contract for EPC/Turnkey Projects，银皮书）。2017 年版银皮书总结了 1999 年版银皮书在 18 年应用中的实践经验，体现了 FIDIC 对工程领域的变化和趋势的理解，吸收借鉴了以各专业协会为代表的广大用户提出的批评和建议，力求通过此次调整满足工程界发展变化的需求，提高在项目执行中的可操作性，使业主和承包商之间的风险分担更加合理。

2017 年版银皮书基本沿袭了 1999 年版银皮书的风险分担原则，在此基础上对业主和承包商各自承担的风险进行了一定程度的调整，同时在沟通机制、进度管理、质量管理、索赔及争端解决机制等方面进行了修改和细化，其主要特征如下：

（1）强调双方权利和义务的对等。例如，要求业主与承包商一样有义务遵守相关法律法规，业主对承包商的索赔也受索赔时效等索赔程序的限制。

（2）对承包商的风险分配更强调可控原则，将承包商无法控制的业主行为、部分第三方行为、非仅有承包商人员参与的罢工等风险在一定范围内分配给业主。但同时强调了承包商可控的设计工作应满足项目的预期目的，而且进一步要求承包商承担相应责任。

（3）项目管理机制，特别是进度管理、质量管理程序更加细化，项目沟通机制更加清晰具体，业主在项目执行过程中的介入程度也有所加深。例如，对承包商代表及承包商关键人员提出更加严格的要求，强调业主对工程分包的知情权，以及直接向指定分包商付款的权利。2017年版银皮书非常重视承包商代表执行项目的能力和经验，不仅要求承包商代表专职，而且还要常驻现场，同时还将承包商代表的任命作为期中支付的前提条件。

（4）建立争端避免机制，更加鼓励双方在索赔事项发生后应尽可能达成一致。例如，争端裁决委员会（DAB）改为争端避免/裁决委员会（DAAB），强调其职能应包含努力促使合同双方达成一致，尽量避免争端。

总体而言，2017年版银皮书在风险分担方面的规定更加具体。分担原则在1999年版银皮书的基础上，对部分风险按照"承包商专业上可控"的原则进行了一定程度的调整，将例外事件、法律变更、不可预见的自然力事件等造成的部分后果责任交由业主承担，其中自然类特别风险事件双方共担——业主承担工期责任，双方共担费用风险。为了进一步保证承包商落实设计风险责任，将职业责任险明确列为承包商应投保的险种，这也是国际工程最佳实践的体现。此外，2017年版银皮书中新增了大量关于项目管理程序方面的规定，使其适用性和操作性更强。

2. 国际工程总承包模式应用现状

从国际实践上看，建设项目业主在EPC项目开始实施时即派遣驻工地代表，业主也可聘请委托专业项目管理团队或专业顾问代表业主开展EPC项目管理工作，督促总承包商严格遵守合同，按双方约定的工作范围和技术要求完成工程建设任务。对于工期紧的项目，业主也可以先行采用直接费用补偿的方式开始实施工程项目，在具备条件时再采用固定总价交钥匙合同模式，经由业主和EPC总承包商协商一致后达成一个对双方均有约束力的工作内容和价格。

由于EPC项目中也容易遇到进度延误和费用超支等问题，使得业主和承包商更加重视对项目实施过程中各风险点的监控，开始使用愈加详尽明确的合同条款对EPC项目中的风险分配进行准确界定。作为设计-建造（DB）模式的延伸，EPC总承包模式经过了多年的实践和发展，并在此基础上，又衍生出了设计、采购和施工管理总承包模式，设计、采购和施工监理总承包模式，设计、采购和施工咨询总承包模式等，以适应不同业主的需要。

国外工程公司的EPC工程总承包业务十分广泛，总承包管理经验和手段比较成熟，拥有设计、采购、施工、调试运行等各类专业的人员和专家，其业务领域涉及多个行业。目前，美国的柏克德（Bechtel）、凯洛格（KBR）、福斯特威勒（Foster Wheeler）、鲁姆斯（ABB Lummus）、福陆（Fluor）和加拿大的兰万灵（SNC Lavalin）等工程公司都是国际型的大型工程总承包企业，这些知名企业经营的业务领域很广，涉及基础设施、铁路、公路电力、石油化工、机场建设等诸多领域，其抵抗风险的能力都很强，6家企业的业务领域及业务特点情况对比如表1-1所示。

以上6家企业在世界各地按照业务领域都建立若干专业分公司（执行中心或办公室），各分公司在组织结构上基本相同，大都设有项目管理部、项目控制部、质量管理部、设计部及有关专业设计室、采购部、施工部等。这6家大型工程公司在人员构成方面可分为两类，一类带有自己的施工队伍，一类没有自己的施工队伍。如福斯特威勒（Foster Wheeler），鲁姆斯（ABB Lummus）、兰万灵（SNC Lavalin）、福陆（Fluor）休斯敦分公司没有自己的施工队伍，但他们有施工管理能力，这几家公司是以设计人员为主体，由包括设计、采购、施工、开车、报价及项目管理等各类技术、管理人员为骨干的专家群组成。柏克德（Bechtel）、凯洛格（KBR）公司除拥有设计、采购、施工、开车、报价及项目管理等各类技术人员、管理人员外，还带有自己的施工队伍。

这6家大型工程公司的主要服务形式是工程总承包和工程项目管理，其中工程总承包业务占60%～65%，工程项目管理服务占5%～15%。工程总承包的形式主要有：交钥匙总承包（LSTK），设计-采购-施工总承包（EPC），设计-采购-施工管理承包（EPCm）、设计-采购-施工监理承包（EPCs）、设计-采购承包和施工咨询（EPCa），设计-采购承包（EP）等形式。为了使公司组织机构更有效地为项目服务，这几家公司都是采用以项目管理为核心的矩阵型项目管理机制，实行项目经理负责制。同时，像鲁姆斯（ABB Lummus）、柏克德（Bechtel）等EPC工程总承包商还拥有多个行业的技术研发、设备生产等拥有自主知识产权的机构，可进一步为EPC总承包项目提供有力的支撑。

国际知名企业开展 EPC 项目情况对比分析

表 1-1

公司名称	公司概况	业务领域	业务特点
福陆 （Fluor）	美国公司，企业拥有员工5.1万多人，在全球五大洲25个国家建立了网络办公室	基础设施、能源、交通、通信、化工、采矿冶金、轻工、食品加工、汽车、政府服务等	有自己的施工队伍及试运行服务技术人员，具备自行完成设计、采购和施工的能力
柏克德 （Bechtel）	美国公司，企业拥有员工4.4万多人，已在140多个国家和地区承建了20000多个项目	基础设施、地铁、机场、能源、电力、化工、环保、通信、管道、航天设施等	有自己的施工队伍及试运行服务技术人员，具备自行完成设计、采购和施工的能力
凯洛格 （KBR）	美国公司，企业拥有员工3.4万多名，其中工程技术人员达7000余人，分布在60多个国家和地区	基础设施、政府工程、铁路、海上工程、能源、化工等	有自己的施工队伍及试运行服务技术人员，具备自行完成设计、采购和施工的能力
鲁姆斯 （ABB Lummus）	美国公司，企业拥有员工11.6万人，分布在全球100多个国家和地区	能源、化工、海上工程、热交换设备设计与制造等	企业内部没有常设施工队伍，采用施工分包或劳务分包及设备租赁完成施工，具备组织完成设计、采购和施工管理

公司名称	公司概况	业务领域	业务特点
兰万灵 (SNC Lavalin)	加拿大公司，企业拥有来自80多个国家的员工1.5万多名，其中工程技术人员占78%以上	基础设施、石油化工、采矿冶金、电力、公路、机场、水利、环保、食品加工等	企业内部没有常设施工队伍，采用施工分包或劳务分包及设备租赁完成施工，具备组织完成设计、采购和施工管理
福斯特威勒 (Foster Wheeler)	美国公司，企业拥有员工9000多名，业务遍及全球100多个国家和地区	制药、锅炉制造、能源、石油化工等	企业内部没有常设施工队伍，通过外包完成施工，能自行完成设计、采购和组织施工

总结这些国际知名企业的EPC项目实践，可归纳出如下特点：

（1）企业的业务领域宽，涉及多个行业，并都选择了能源电力领域；均为跨国企业，抗风险能力强，国际业绩突出，国际项目营业额占总营业额的一半左右。

（2）企业实施EPC项目数量多、总承包综合管理能力强，各类EPC项目承包业务占业务总量的60%～85%。

（3）企业各层级具有与EPC项目管理特点相适应的组织机构，一般均设有专门的项目控制部门、设计部门、采购部门、施工管理部门和试运行部门等专业机构。

（4）企业具有优良的信息管理技术和3D CAD设计系统（SolidWorks软件），在项目施工过程中有强大的基础数据库及建筑信息模型（BIM）技术为支撑。

（5）与金融机构联系紧密，融资能力强、融资渠道多，有利于提升其在国际市场上的竞争优势。

根据国外的大量项目实践和研究总结，工程总承包项目的成功经验主要包括：通过高质量的前端工程和设计（Front End Engineering Design）进行详细的规划，并充分考虑所需应对的挑战；合理审慎选择整个供应链的经过实践证明合适的技术、设备以及合作伙伴；一流的项目管理，并合理分配资源；为施工现场准备以及关键机械设备准备经过预协商的合同；充分考虑项目所在国的文化、人文、地域等因素，鼓励项目管理团队，各个专业以及各利益干系人之间的良好合作关系；获得当地政府以及社区的支持等。

1.2.3 我国工程总承包发展现状及存在问题

1. 我国工程总承包发展历程

我国工程总承包的提出，起源于基本建设管理体制改革。回顾一下中国建筑行业总承包模式的政策历史，大致可以分为几个阶段：

（1）工程总承包模式起步。1984年，工程总承包纳入国务院颁布的《关于改革建筑业和基本建设管理体制若干问题的暂行规定》，化工行业开始采用这一模式，积累相关经验。

（2）明确工程总承包资质。1992年颁布的《工程总承包企业资质管理暂行规定（试行）》第一次通过行政法规把工程总承包企业规定为建筑业的一种企业类型，1997年颁布的《中华人民共和国建筑法》提倡对建筑工程进行总承包。

（3）培育工程总承包能力。2003 年颁布的《关于培育发展工程总承包和工程项目管理企业的指导意见》提出"鼓励具有工程勘察、设计或施工总承包资质的勘察、设计和施工企业""发展成为具有设计、采购、施工（施工管理）综合功能的工程公司""开展工程总承包业务""也可以组成联合体对工程项目进行联合总承包"。

（4）推动工程总承包市场。2014 年以来，住房和城乡建设部先后批准浙江、吉林、福建、湖南、广西、四川、上海、重庆、陕西等省份开展工程总承包试点，2016 年住房和城乡建设部《关于进一步推进工程总承包发展的若干意见》明确提出"深化建设项目组织实施方式改革，推广工程总承包制"，其中"建设单位在选择建设项目组织实施方式时，优先采用工程总承包模式，政府投资项目和装配式建筑积极采用工程总承包模式"，2017 年国务院颁布的《关于促进建筑业持续健康发展的意见》，将"加快推行工程总承包"作为建筑业改革发展的重点之一，省市层面也纷纷出台文件，积极推进工程总承包模式。

（5）完善工程总承包制度。2017 年发布国家标准《建设项目工程总承包管理规范》GB/T 50358—2017，对总承包相关的承发包管理、合同和结算、参建单位的责任和义务等方面作出了具体规定，随后又相继出台了针对总承包施工许可、工程造价等方面的政策法规。《房屋建筑和市政基础设施项目工程总承包管理办法》也于 2019 年 12 月份发布。

从发布的政策可以看到，政府主管部门对工程总承包模式价值的认识在逐步深入，推进的措施也越来越具体。

2. 我国工程总承包业务的发展现状

工程总承包模式在我国大型工程中逐步采用，从 20 世纪 80 年代由技术性较强、工艺要求较高的化工、石化行业，逐步推广到冶金、纺织、电力、铁道、机械、电力、石油、天然气、建材、市政、兵器、轻工、地铁、轻轨等行业和装饰装修、幕墙、消防等专业工程。在这些工程项目的建设中，工程总承包模式的工程管理发挥了重要的作用，不仅工程质量、进度得到了保证，在为业主节约大量资金的同时，也为总承包商带来了良好的收益。

目前，我国从事工程总承包业务的企业大致可以归纳为以下几类：

（1）依靠设备制造能力从事工程总承包。

中国这一模式的杰出代表是华为这类通信企业，华为在人们不太关注的情况下，承接了大量通信工程总承包业务，其依靠的就是在设备方面的杰出能力，我国商务部每年发布的《中国对外承包工程业务完成额前 100 家企业》排行榜中，华为已连续五年稳居榜首。同样，利用这一优势的还包括电气设备制造商、高铁设备制造商、污水处理、设备制造商等。

对于这些专业性强、工程建设较为复杂的工业设备领域、高科技领域，应用工程总承包模式有其独特的优点。主要是因为这些行业中，工业设备是一个工程项目的主要构成部分，业主更加注重产品的最终功能，总承包商的建设过程要充分体现业主对成套工程设备设计的要求。在调试完成移交业主后，如果业主不了解设备制造及技术特点，或者对总承包商的设计思想不理解，就会导致设备工程的运行管理不善，影响整个工程的运行效果。通常情况下，总承包商还需要在项目移交的同时对业主进行运行培训，或提供完善的运行操作手册。工程总承包模式明确规定了工程试移交阶段承包商应在移交建设工程的同时，需完成对运行操作人员的技术培训。因此，以设备制造能力从事工程总承包的企业，可充分发挥其总承包商在技术领域的专长，在高质量完成工程建设的同时，为业主提供后续的运行管理指导。

（2）依靠技术能力从事工程总承包。

化工行业的设计院很早进入工程总承包业务领域，也较早地转型为工程公司，这些企业在新技术、新工艺、关键部件的设计制造上都有优势。工业领域的总承包模式从化工设计院起步，逐步延伸到电力、有色、黑色、电子、医药、轻工、造船等诸多行业，我们看到综合能力强的设计院都在内部布局总承包业务，也承接了相当体量的总承包项目。经过近 20 年的努力，已有一批单功能的设计院转型成为以设计为主导，具备咨询、设计、采购、施工管理、开车服务等多种功能的国际工程公司。依据住房和城乡建设部公布的数据，工程勘察设计企业 2016 年营业收入 3.3 万亿元，其中工程总承包收入 1.1 万亿元，占营业收入的 32.3%，工程总承包在勘察设计行业已经成为一支重要的力量。

以设计为主导的工程总承包模式有以下优势：

1）有利于与业主的沟通协调。在建设工程的产业链上，设计企业具有很大的上游优势，对影响项目实施的方式和方法具有得天独厚的条件。由设计院转型的工程总承包企业对业主的意图和对工程功能的要求掌握得更加清楚，能够有效缓解和调和与业主间的协调压力。

2）有利于提高工程质量。工程总承包商对项目设计、采购和施工进行全过程质量控制，在很大程度上消除了质量不稳定因素。

3）有利于降低项目交易成本。工程总承包项目业主只需和总承包商签订合同即可，减少了在信息收集、合同谈判以及管理协调等方面的工作量，有利于降低交易成本。

4）有利于缩短采购周期。因工程材料和设备选型由总承包商自己确定，在设计中即可着手进行采购工作，可有效降低采购周期。

以设计为主导的工程总承包模式存在的问题：

1）管理体系不适应。原设计企业长线条的职能式管理形成的层层汇报、层层负责、层层管理的组织体系和管理方式，很难适应工程总承包的要求。

2）复合型人才缺乏。传统的设计院向工程总承包企业转型中，不仅缺乏能够组织工程总承包项目投标工作、合理确定报价、能够获取订单的商务人才，更加缺乏能够按照国际惯例进行项目管理、具备较强综合能力的复合型项目管理人才。

3）管控能力薄弱。缺乏对项目总体控制、采购实施、施工管理、试运行等方面的管控能力。

4）资源整合能力不足。设计和施工在工程总承包模式中是相辅相成、交叉交融的两个最重要环节，由设计转型为工程总承包的企业普遍存在施工和采购管理的短板。如何合理有效地整合专业设计院的技术力量、施工单位的人力资源，使技术力量、人力资源及资金能够达到工程总承包项目的要求，还有很长的路要走。

另外，以设计为龙头的设计施工一体化，不同于以往设计附属于施工企业下的设计施工一体化，它以优秀的设计构思为主题，创造超值的视觉效果满足业主对建筑物特殊的需求，施工则始终为达到这一目的而为其服务。设计施工一体化工程总承包也不是任何工程皆可适用，它主要适宜以下三类项目：

1）复杂程度较高的改造项目。技术难度较高的改造项目，需要根据原设计对改造部分加以结构、节能、消防等专项的计算，因此就需要设计和施工两方面紧密结合。

2）外资工业性项目。设计施工一体化工程总承包的建设理念在国外建筑市场运用较多，因此境外公司投资国内生产基地，往往希望采用"设计-施工"工程总承包的模式来建设。这不仅能避免其对中国国内建筑市场不熟悉、不了解可能带来的风险，也可以节省项目前期的人力成本。在承接这类项目的过程中设计师会根据境外业主的概念性设计，结合国内设计规范，完成扩初设计，施工方再根据扩初设计图纸进行报价。在此基础上，境外公司与工程总包商签订"设计-施工"总包合同，从而实现与国际惯例的接轨。

3）功能性较强的项目。功能性较强的项目指：医院、学校以及研发中心等。此类项目业主非常强调建筑物的功能性要求，因此设计首先要满足其对功能的需求，然后才是建筑外观、节能等的要求。例如研发中心的实验室和医院的手术室，通常对暖通都有特殊要求，既有洁净度的需求，也有恒温恒湿的要求。有些时候建筑又有层高的限制，这就需要设计人员根据施工现场的实际情况设置管道的走向。如果采用传统的组织形式，必然会造成设计与施工各自为政，互不通气、脱节更有甚者可能影响建筑的功能要求。

（3）依靠工程总承包管理能力从事工程总承包。

目前多数建筑企业没有设备制造能力，没有设计、工艺等技术能力，要从事总承包业务，就必须整合这些能力，或者收购设计院形成设计能力，或者与设计院形成联盟式紧密合作关系，工程总承包模式需要懂项目管理、懂技术、懂采购、懂法律、懂财务控制的复合型人才，建筑企业普遍缺乏。对于一些特大型或者技术难度大的总承包项目，由于对管理要求高、项目风险过大，目前大多数企业采用联合体的总承包方式。最近几年，一批施工企业组建的总承包公司，如中国建筑、中国中铁、中国交通等，通过改革和发展，调拨结构，完善功能，开展了工程总承包业务。

对于国内建筑施工企业而言，工程总承包模式无论在技术、前期策划，还是综合管理方面，都对建筑施工企业提出了更高的要求。传统的建筑施工企业习惯于按图索骥，向工程承包模式转型并非容易的事情。

从工程项目价值链的角度来看，在工程总承包模式下，工程总承包商需要完成工程建设阶段从设计到施工的全部工作。目前，建筑施工企业在工程设计方面实力还非常薄弱，即使一些大型的建设施工企业内部有成熟的设计机构，但由于其企业组织管理的集权程度、内部协调能力等诸多因素的影响，很难有效整合企业内部资源，承担起完成工程建设环节全部工作的重任。在国外，采用工程总承包业务模式的工程总承包商，具有与业务相匹配的能力，这些能力主要体现在以下几个方面：

第一，专营或者主营工程项目。承包商主要收入来源是为业主提供工程建设服务，包括工程总承包和项目管理等。在强大的总包管理能力的支持下，这些工程承包商有条件将具体作业层的工作分包出去，并能对分包商进行有效的管理。

第二，MEPCT 全功能。承包商通常功能齐全，可以提供全过程服务，包括 M（项目管理）、E（设计）、P（采购）、C（施工）、T（开车服务）等。即使存在某些环节自己不能完成的任务，也能依靠战略伙伴来完成相关工作。另外，承包商在工程咨询和项目管理方面也比工程咨询公司和项目管理公司更具有实力，因为工程咨询、项目管理知识和经验主要来自于工程公司的实践和总结。

第三，拥有与 MEPCT 全功能相适应的专业人才。承包商理念上是技术集成商，其能力体现在通过高效管理，实现对知识和技术的集成和加工。这些公司不仅拥有大量技术人才，还拥有大量的管理人才。专业人才的素质和水平代表工程公司的素质和水平。

第四，组织机构和专业设置适应 MEPCT 全功能的需要。承包商以提供工程项目建设服务为主业，企业的组织运营以项目管理为中心，因此对工程项目高效率、高质量的管理是盈利的保证。公司的组织设计往往采用矩阵制模式来适应项目管理的需要，同时完善的项目管理体系保证项目运作高效。

第五，具有与工程公司业务规模相应的融资能力。承包商的融资能力是其争取工程项目的竞争力组成部分之一。多数公司的融资能力主要表现在：协助业主争取政府、银行和其他金融机构融资的能力；单独或联合投资商组成项目公司，承担 BOT 等项目的能力；为所承担工程项目提供流动资金的能力等。

从工程总承包模式对建筑企业的能力要求可以清楚地看出，目前，我国建筑施工总承包企业在能力上依然面临很大差距：

1）工程总承包管理水平不足，盈利能力差。国际上以 EPC 模式从事工程建设服务的企业多数都是大型企业，虽然我国也有很多大型建筑企业，但其服务功能、组织体系、技术管理体系、人才结构方面，真正能够按国际建筑工程公司模式进行运作的很少见。

2）技术投入欠缺、知识产权保护较弱。我国大型建筑企业在技术投入方面也比较欠缺，不注重技术开发和科研成果的应用，没有形成自己的专利技术和专有技术，普遍缺乏国际先进水平的工艺技术和工程技术。

3）人才需求多，人才供给少。国内建筑企业缺乏高素质的人才团队。工程总承包模式需要懂项目管理、懂技术、懂国际语言、懂法律、懂财务控制、懂客户管理的复合型人才，这些人才是国内建设企业普遍缺乏的。另外，国内建筑企业不仅面临人才数量的短缺，而且在如何让现有人才发挥其应有的作用方面也存在管理上的问题，很多企业人才激励机制都不到位。同时，在内部组织上，国内大型建筑企业内部管理比较松散，甚至一些具有特级资质的建筑企业，其总部管控能力也非常薄弱，其总部往往难以实现对项目总体控制、采购实施、施工管理、试运行（开车）等方面的有效管控，更不用说按照国际建筑工程公司的矩阵式组织结构运行了。

因此，施工企业需要在项目综合管理能力、设计能力、战略性采购体系等诸多方面形成整体合力，全面实现工程总承包业务模式转型。

3. 我国工程总承包模式在工程应用中存在的不足

我国工程总承包模式在工程经验、合同管理、风险管理等方面有很多不足。主要表现在以下几个方面：

（1）企业工程总承包管理能力有待提高。我国多数企业没有工程总承包管理的组织机构及相应的管理经验，大多数具备总承包能力的企业是由施工企业或设计院转制形成或两者形成联合体的形式出现，这些企业在转制后虽然进行了工程总承包的工作，但与国外的通行模式难于接轨，缺少竞争力和竞争手段。

（2）传统建设模式难于将设计与施工良好地契合，不能形成统一的利益体，无法实现工程总承包模式的优点。

（3）专业人才缺乏。国内企业缺少相关高素质人才，尤其是熟悉各专业知识、熟悉法律、善于管理、会经营的复合型人才，而能进行国际通行项目管理模式的管理人才更是缺乏。

（4）业主认识不到位。部分业主的错误认识是工程总承包模式发展的制约因素之一。在有些国有投资工程中，业主认为工程总承包模式大大降低了业主的工程决策权力，削弱了业主的既得利益。因此，我国部分工程建设中工程总承包模式的使用受到了一定的阻力，这也是工程总承包模式在国内发展的障碍之一。

（5）知识产权意识有待提高。专利技术与专有技术的应用得不到应有的知识产权保护，企业普遍缺少先进的工艺技术和工程技术，缺少独有的专利技术和专有技术，造成工程总承包竞争力不强，难于开拓市场的情况。

（6）业务领域很局限。工程总承包模式在国内涉及的工程建设领域不够全面，缺少针对不同行业的工程总承包管理程序和技术手册以及管理经验，因此工程总承包模式在各行业全面发展较粗放。

（7）国内市场发育不健全。缺少相应的工程总承包资质管理手段，缺少二级分包市场的管理政策和法律条文。虽然工程总承包已推行多年，但由于认识上的不一致，缺乏工程总承包发展的保障机制，导致难以解决工程总承包运行模式中的纠纷。

1.3　工程总承包管理主要内容

1.3.1　工程总承包管理的程序

工程总承包项目管理的基本程序如下：

（1）项目启动：在工程总承包合同条件下，任命项目经理，组建项目经理部。

（2）项目初始阶段：进行项目策划，编制项目计划，召开开工会议（内外部项目启动会）；发表项目协调程序，发表设计基础数据；编制设计计划、采购计划、施工计划、试运行计划、质量计划、财务计划和安全管理计划，确定项目控制基准等。

（3）设计阶段：编制初步设计或基础工程设计文件，进行设计审查；编制施工图设计或详细工程设计文件。

（4）采购阶段：采买、催交、检验、运输，与施工办理交接手续。

（5）施工阶段：施工开工前的准备工作，现场施工，竣工试验，移交工程资料，办理管理权移交，进行竣工结算。

（6）试运行阶段：对试运行进行指导与服务。

（7）合同收尾：取得合同目标考核合格证书，办理决算手续，清理各种债权债务；缺陷通知期限满后取得履约证书。

（8）项目管理收尾：办理项目资料归档，进行项目总结，对项目经理部人员进行考核评价，解散项目经理部。

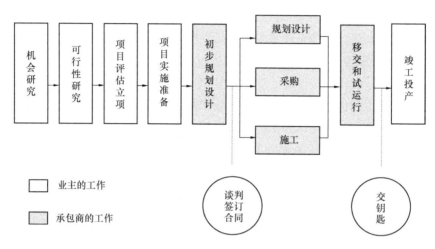

图 1-1　典型的工程总承包项目建设程序

图 1-1 描述了在一个典型工程总承包的项目中，业主从对项目产生最初的设想到交钥匙时接收到一个可以正式投产运营的工程设施的全部过程。

有时，在项目中承包商还承担了可行性研究的工作。模式中如果加入了项目运营期间的管理或维修工作，还可以扩展成为加维修运营或加维修模式。

1.3.2　工程总承包管理的内容

工程总承包管理包括项目经理部的项目管理活动和工程总承包企业职能部门参与的项目管理活动。

工程总承包管理的主要内容包括：项目投标管理，项目组织管理，项目前期管理，项目策划，项目计划管理，项目合同管理，项目成本管理，项目分包管理，项目设计管理，项目技术管理，项目 BIM 技术应用，项目采购管理，项目质量管理，项目安全、职业健康和环境管理，项目计量支付管理，项目财务管理，项目综合事务管理，项目资源管理，项目沟通与协调管理，项目风险管理，项目信息管理，项目试运行与竣工验收管理，项目收尾管理及项目绩效考核等。

第2章 项目投标管理

2.1 工程总承包招标方式及比较

工程总承包项目一般都需要通过公开招标或邀请招标方式确定工程总承包单位。按照目前我国的工程建设程序，对于政府投资的项目，项目可行性研究报告得到发展改革委部门批复后，表明本项目正式立项。建设单位可以依据规划条件组织设计单位编制建筑方案，方案得到规划部门审批后，建设单位组织设计单位进行初步设计工作。初步设计文件及概算要得到发展改革委组织的审批后，设计单位才开始施工图设计。正因如此，《住房和城乡建设部关于进一步推进工程总承包发展的若干意见》（建市〔2016〕93 号）规定："建设单位可以根据项目特点，在可行性研究、方案设计或者初步设计完成后，按照确定的建设规模、建设标准、投资限额、工程质量和进度要求等进行工程总承包项目发包。"所以，工程总承包的招标方式按照如上三个阶段，可分为基于可行性研究报告、基于建筑方案、基于初步设计三个招标方式。

不同招标方式的招标文件中发包人要求的深度不同，对投标文件的深度要求、报价形式也不同，由此带来的建设单位、总承包商的风险也不同，投标策略也会有较大差别。

2.1.1 基于可行性研究报告的招标方式

这种招标方式在项目可行性研究报告批复后即可开始工程总承包招标。在这种方式下，招标文件提供的依据资料有可行性研究报告及批复、项目选址地形图及规划条件。

可行性研究报告及批复中会明确项目规模、建设标准、投资限额、工程质量和工期要求，也有建筑装饰和设备安装专业的概念性方案，但深度较浅，一般都需要在招标文件中的发包人要求部分补充完善。补充完善的主要内容以设计任务书形式体现，还要包括发包人对设备材料品牌的档次要求。

在这种模式下，招投标时间一般不超过 45 天，招标范围除了全过程全专业设计外，还要包含地质勘察工作，投标文件的技术文件深度一般要求达到建筑方案深度，投标报价采用基于清单定额计价下浮比例报价方式（实际为施工图预算后审及结算定价方式）。

2.1.2 基于建筑方案的招标方式

这种招标方式在项目可行性研究报告批复后，建设单位组织设计单位完成建筑方案，方案得到规划部门审批后，才可以开始工程总承包招标。这种方式下，一般可行性研究报告的编制单位与设计单位是同一家单位。

在这种方式下，招标文件提供的依据资料有可行性研究报告及批复、批复的建筑设计方案。

可行性研究报告及批复、批复的建筑方案中会明确项目规模、建设标准、投资限额、工程质量和工期要求，由于建筑设计方案以建筑装饰专业描述为主，对设备安装专业描述较少，一般都需要在招标文件中的发包人要求部分补充完善对各专业的详细要求，还要包括发包人对设备材料品牌的档次要求。

在这种方式下，招标范围包括初步设计、施工图设计、详细施工图设计和全部施工，投标文件的技术文件深度可以要求达到初步设计深度，投标报价可以采用初步概算报固定总价，也可以采用基于清单定额计价下浮比例报价方式（实际为施工图预算后审及结算定价方式）。

另外此方式下，由于建筑方案已经确定了拟建建筑物的坐标和建筑形态，已经具备地质勘查的基础条件，招标人可以先行招标确定地勘单位，完成地勘报告，为下一步施工图设计提供设计条件。

2.1.3 基于初步设计招标的方式

这种招标方式在项目可行性研究报告批复后，建设单位组织设计单位完成到初步设计深度，初步设计得到立项部门的审批。

在这种方式下，招标文件提供的依据资料有可行性研究报告及批复、批复的初步设计文件及概算、地勘报告（如果已经完成，应予提供）。

在这种方式下，项目的规模、建设标准、投资限额、工程质量、工期要求和发包人的要求相对更清晰明确，但一般还要增加发包人对设备材料品牌的档次要求。

在这种模式下，尽管招标人提供了初步设计文件，但在招投标时间内，投标人一般无法完成全部的施工图设计，所以一般投标文件的技术文件仅仅要求投标人提出施工图的优化建议，以体现投标人的施工图设计能力。由于发包人需求已经比较清晰明确，而且已经有初步概算文件，投标人的报价可以据初步概算清单、概算定额、企业自身实力、市场竞争情况核算工程量及单价形成投标固定总价。当然，招标人也可以要求投标人采用基于清单定额计价下浮比例报价方式（实际为施工图预算后审及结算定价方式）。

2.1.4 三种招标方式的应用及比较

如上三种招标方式，自工程总承包模式推广应用以来，在各地方实践中都有采用。对于政府投资项目，目前住房和城乡建设部及各地方住房和城乡建设部门对工程总承包招标方式的政策引导略有差异，主要以可行性研究报告招标方式和初步设计招标方式居多，而且通过近年来的工程试点，有多个地市包括住房和城乡建设部都倾向于在初步设计完成后才能进行工程总承包的招标。摘录部分见表2-1。

由于可行性研究报告编制过程中多数都有概念性方案作为技术支撑，两种招标方式差别不大，可以作为一种方式，以下仅对基于可行性研究报告和初步设计招标方式从工作范围、项目进度、项目质量、投资控制等方面比较分析，见表2-2。

住房和城乡建设部及地方相关工程总承包招投标政策摘录表　　　表 2-1

序号	发文单位	文　件	招标阶段
1	住房和城乡建设部	《房屋建筑和市政基础设施项目工程总承包管理办法》（建市规〔2019〕12 号）（2019 年 12 月 23 日）	第七条　建设单位应当在发包前完成项目审批、核准或者备案程序。采用工程总承包方式的企业投资项目，应当在核准或者备案后进行工程总承包项目发包。采用工程总承包方式的政府投资项目，原则上应当在初步设计审批完成后进行工程总承包项目发包；其中，按照国家有关规定简化报批文件和审批程序的政府投资项目，应当在完成相应的投资决策审批后进行工程总承包项目发包
2	上海	《上海市工程总承包试点项目管理办法》（沪建建管〔2016〕1151 号）（2016 年 12 月 19 日）	第五条　（发包方式）工程总承包发包可以采用以下方式实施：（一）项目审批、核准或者备案手续完成；其中政府投资项目的工程可行性研究报告已获得批准，进行工程总承包发包；（二）初步设计文件获得批准或者总体设计文件通过审查，并已完成依法必须进行的勘察和设计招标，进行工程总承包发包
3	福建	《福建省房屋建筑和市政基础设施项目工程总承包招标投标管理办法（试行）》（征求意见稿）（2019 年 4 月 9 日）	第五条　建设单位可以根据项目特点，在可行性研究（或项目申请报告）或者初步设计完成后，以工程投资估算或者概算为经济控制指标，以限额设计为控制手段，按照相关技术规范、标准和确定的建设范围、建设规模、建设标准、功能需求、投资限额、工程质量、工程进度等发包要求进行工程总承包招标。可行性研究（或项目申请报告）或者初步设计应当履行审批、核准手续的，经批准后方可进行工程总承包招标。建设单位缺少工程总承包项目管理经验的或风险管控能力不强的，宜在初步设计完成后实施工程总承包
4	湖南	《湖南省房屋建筑和市政基础设施工程总承包招标投标活动管理暂行规定》（湘建监督〔2017〕76 号）（2017 年 5 月 3 日）	第六条　房屋建筑和市政基础设施工程实行总承包方式招标的，应当先取得初步设计或方案设计批复文件
5	天津	《关于天津市建设项目推行工程总承包试点工作有关事项的通知》（津建筑〔2017〕477 号）（2017 年 12 月 4 日）	第四条　工程总承包项目的发包： （二）工程总承包招标可在下列阶段开始实施：1. 项目依法履行审批制的，应在初步设计文件或总体设计文件获得批准后开展工程总承包招标。 2. 项目依法履行核准或者备案制的，应在设计方案、功能需求、技术标准、工艺路线、投资限额及主要设备规格性能等满足发包要求后，开展工程总承包招标
6	广西	《关于进一步加强房屋建筑和市政基础设施工程总承包管理的通知》（桂建发〔2018〕9 号）（2018 年 7 月 27 日）	第一条　加强工程总承包承、发包管理： （二）申请在项目可行性研究报告批复后方案设计完成前进行工程总承包招标的，有明确外观要求的公共建筑、园林景观及市政项目，应提交经过论证的概念性方案设计作为申报材料。除有特殊工期要求的项目及部分重点项目外，工程总承包项目宜从初步设计批复后或方案设计批复后再进行工程总承包招标

序号	发文单位	文　件	招标阶段
7	江苏	《江苏省房屋建筑和市政基础设施项目工程总承包招标投标导则》（2018年2月7日）	第五条　招标人可根据项目特点，在可行性研究或者方案设计或者初步设计完成后，以工程投资估算或者概算为经济控制指标，以限额设计为控制手段，按照相关技术规范、标准和确定的建设范围、建设规模、建设标准、功能需求、投资限额、工程质量、工程进度等要求，进行工程总承包招标。工程总承包应当优先选择在可行性研究完成即开展工程总承包招标。 可行性研究或者方案设计、初步设计应当履行审批手续的，经批准后方可进行下一阶段的工程总承包招标。 工程建设范围、建设规模、建设标准、功能需求、投资限额、工程质量、工程进度等前期条件不明确、不充分的项目不宜采用工程总承包方式
8	陕西	《陕西省政府投资的房屋建筑和市政基础设施工程开展工程总承包试点实施方案》（陕建发〔2018〕332号）（2018年10月19日）	第五条　工作措施： （三）工程项目发包要求： 1. 发包阶段和条件。建设单位可根据项目特点，自行决定在可研批复或者初步设计审批后，在项目范围、建设规模、建设标准、功能需求、投资限额、工程质量和进度要求确定后，采用工程总承包模式发包

两种招标方式对比表　　　　　　　　　　　　　　表 2-2

对比内容	可行性研究报告审批后招标	初步设计审批后招标
总承包商工作范围	勘察、方案设计、初步设计、施工图设计、采购、施工	初步设计优化、施工图设计、采购、施工
发包人需求深度	主要以可行性研究报告体现功能要求，无建筑形态的直观要求，发包人要求较粗较浅	以初步设计文件为技术要求，各专业要求较深，发包人要求较深入具体
投资控制	不能突破批复的可行性研究报告的勘察设计费和施工费的总额	不能突破批复的初步概算
项目进度	工程总承包商工作贯穿始终，便于将方案、地勘、初步设计与施工准备、施工图设计及审查修改、施工等环节穿插组织，同步或提早进行，在不缩短各个工序时间和规定的工程建设程序的前提下，能缩短整体工期至少3～6个月	要两次招标（方案及初步设计招标和工程总承包招标），项目前期时间较长
项目质量	工程总承包商的设计是全阶段设计，可以保证设计从概念到实现的一致性	设计工作被分为两个阶段，可能是两个单位，存在前后衔接问题，设计的质量责任主体不单一
主要优点	工程责任主体单一，项目进度快	发包人要求较具体
主要缺点	发包人要求较粗较浅，后期争议可能性较大	可能存在两个设计责任主体

2.2　工程总承包招标文件分析

2012年国家发展改革委颁布《中华人民共和国标准设计施工总承包招标文件示范文

件》，该文件目前作为工程总承包招标的范本文件被广泛使用，以该文件为范本结合当前工程总承包项目实践，对招标文件的主要内容进行解读。

2.2.1 招标文件组成

工程总承包招标文件一般包括如下内容：

（1）招标公告（或投标邀请书）；

（2）投标人须知；

（3）评标办法；

（4）合同条款及格式；

（5）发包人要求；

（6）发包人提供的资料和条件；

（7）投标文件格式；

（8）投标人须知前附表规定的其他资料；

（9）对招标文件所作的澄清、修改。

2.2.2 投标文件组成

工程总承包投标文件一般包括下列内容：

（1）投标函及投标函附录；

（2）法定代表人身份证明或附有法定代表人身份证明的授权委托书；

（3）联合体协议书（如果允许联合体的话）；

（4）投标保证金；

（5）价格清单；

（6）承包人建议书；

（7）承包人实施计划；

（8）资格审查资料；

（9）投标人须知前附表规定的其他资料。

2.2.3 投标人资格

鉴于工程总承包发包模式的设计施工一体化特点，多数招标文件中都要求投标人要同时具备施工图设计和施工的双重能力。一般体现在要求投标人同时具备设计资质和施工总承包资质，但鉴于该模式仍在推广试点阶段，为鼓励工程设计和施工企业积极参与，工程总承包投标人的最低条件是要求投标人具备设计资质或施工总承包资质其中一个即可，也允许联合体投标，要求的设计或施工资质等级视项目规模而定。

即使符合上述资格条件，但有如下情形的单位也不能作为投标人：

（1）为招标人不具有独立法人资格的附属机构（单位）；

（2）为招标项目前期工作提供咨询服务的；

（3）为本招标项目的监理人；

（4）为本招标项目的代建人；

（5）为本招标项目提供招标代理服务的；

（6）被责令停业的；

（7）被暂停或取消投标资格的；

（8）财产被接管或冻结的；

（9）在最近三年内有骗取中标或严重违约或重大工程质量问题的；

（10）与本招标项目的监理人或代建人或招标代理机构同为一个法定代表人的；

（11）与本招标项目的监理人或代建人或招标代理机构相互控股或参股的；

（12）与本招标项目的监理人或代建人或招标代理机构相互任职或工作的；

（13）单位负责人为同一人或者存在控股、管理关系的不同单位，不得同时参加本招标项目投标。

对于在项目前期做了咨询服务的单位是否可以作为投标人，目前多数地方政策均允许，但住房和城乡建设部在《房屋建筑和市政基础设施项目工程总承包管理办法》中第十条：工程总承包单位应当同时具有与工程规模相适应的工程设计资质和施工资质，或者由具有相应资质的设计单位和施工单位组成联合体。工程总承包单位应当具有相应的项目管理体系和项目管理能力、财务和风险承担能力，以及与发包工程相类似的设计、施工或者工程总承包业绩。设计单位和施工单位组成联合体的，应当根据项目的特点和复杂程度，合理确定牵头单位，并在联合体协议中明确联合体成员单位的责任和权利。联合体各方应当共同与建设单位签订工程总承包合同，就工程总承包项目承担连带责任。第十一条：工程总承包单位不得是工程总承包项目的代建单位、项目管理单位、监理单位、造价咨询单位、招标代理单位。政府投资项目的项目建议书、可行性研究报告、初步设计文件编制单位及其评估单位，一般不得成为该项目的工程总承包单位。政府投资项目招标人公开已经完成的项目建议书、可行性研究报告、初步设计文件的，上述单位可以参与该工程总承包项目的投标，经依法评标、定标，成为工程总承包单位。

2.2.4 报价计价方式

住房和城乡建设部的《房屋建筑和市政基础设施项目工程总承包管理办法》中第十六条：企业投资项目的工程总承包宜采用总价合同，政府投资项目的工程总承包应当合理确定合同价格形式。采用总价合同的，除合同约定可以调整的情形外，合同总价一般不予调整。建设单位和工程总承包单位可以在合同中约定工程总承包计量规则和计价方法。依法必须进行招标的项目，合同价格应当在充分竞争的基础上合理确定。

上述要求是鉴于在工程总承包模式下，对于中型以上的项目，无论哪种招标方式，在投标阶段（一般不会超过 45 天）都不可能把设计文件做到施工图设计深度从而编制出施工图预算及报出总价。现在绝大多数项目的计量计价方法是：在投标阶段由投标人结合项目和自身情况报出下浮比例，中标单位完成施工图设计后按照工程量清单计价规范编制清单，按照所在省施工预算定额、工程所在地造价信息和发包人认价（造价信息没有的设备材料需发包人认价）进行核算基准价，然后再按中标的下浮比例下浮（安全文明措施费、暂估价项目、发包人认价部分等不下浮）。

2.2.5　发包人提供的资料及发包人要求

发包人在招标文件中会将项目有关设计和施工的输入资料提供给投标人，一般应包括：

（1）可行性研究报告；

（2）施工场地及毗邻区域内的供水、排水、供电、供气、供热、通信、广播电视等地下管线资料、气象和水文观测资料，相邻建筑物和构筑物、地下工程的有关资料，以及其他与建设工程有关的原始资料；

（3）地形图、地块规划条件、定位放线的基准点、基准线和基准标高；

（4）发包人取得的有关审批、核准和备案材料，如规划许可证；

（5）已有的地质勘查报告、设计文件；

（6）其他资料。

除了发包人提供的资料外，发包人应提供发包人要求。对已经提供的资料进行补充说明，通常包括但不限于以下内容：

（1）功能要求：包括工程的目的、工程规模、性能保证指标和产能保证指标。

（2）工程范围：包括永久工程的设计、采购、施工范围，临时工程的设计与施工范围，竣工验收工作范围，技术服务工作范围，培训工作范围，保修工作范围；工作界面；发包人提供的现场施工用电、施工用水、施工排水等条件。

（3）工艺安排或要求（如有）。

（4）时间要求：包括开始工作时间、设计完成时间、进度计划、竣工时间、缺陷责任期等。

（5）技术要求：包括设计阶段和设计任务，设计标准和规范，技术标准和要求，质量标准，设计、施工和设备监造、试验（如有）要求，样品要求（如有），发包人提供的其他条件。

（6）竣工试验：第一阶段，如对单车试验等的要求，包括试验前准备；第二阶段，如对联动试车、投料试车等的要求，包括人员、设备、材料、燃料、电力、消耗品、工具等必要条件；第三阶段，如对性能测试及其他竣工试验的要求，包括产能指标、产品质量标准、运营指标、环保指标等。

（7）竣工验收。

（8）竣工后试验（如有）。

（9）文件要求：包括设计文件，及其相关审批、核准、备案要求，沟通计划，风险管理计划，竣工文件和工程的其他记录，操作和维修手册和其他承包人文件。

（10）工程项目管理规定：包括质量方面，进度方面，款项支付，职业健康安全与环境管理体系方面，沟通与协调，变更等。

（11）其他要求，包括对承包人的主要人员资格要求，相关审批、核准和备案手续的办理，对项目业主人员的操作培训，对分包的要求，对设备供应商的要求，缺陷责任期的服务要求。

（12）发包人要求附件清单，包括但不限于：性能保证表，工作界区图，发包人需求任务书，发包人已完成的设计文件，承包人文件要求，承包人人员资格要求及审查规定，承包人设计文件审查规定，承包人采购审查与批准规定，材料、工程设备和工程试验规定，竣工试验规定，竣工验收规定，竣工后试验规定和工程项目管理规定。

2.2.6 评分办法

工程总承包模式的招标评分办法一般采用综合评估法。以《福建省房屋建筑和市政设施工程总承包招标投标管理办法（试行）》为例，综合评估法实行 100 分评分制，评审的主要因素包括方案设计文件（承包人优化方案）、工程总承包报价、项目管理组织方案、工程业绩、资信分。

（1）基于可行性研究报告的招标方式（表 2-3）

表 2-3

基于可行性研究报告阶段招标综合评分表

序号	条款内容	编列内容
1	分值构成 （总分 100 分）	工程总承包报价：≥40 分 方案设计文件：≤30 分 项目管理组织方案：≤10 分 工程业绩：≤6 分 资信分：14 分
2	评标基准价计算方法	$A＝$最高投标限价$×（1－K）$ 其中：A 为评标基准价（以"元"为单位，取整数，小数点后第一位四舍五入，第二位及以后不计）； 本招标项目 K 的取值区间为 $a\%～b\%$（含 $a\%$，不含 $b\%$），按百分数表示的 K 值小数点后保留 2 位。K 值在评标委员会完成初步评审、方案设计文件（承包人优化方案）、项目管理组织方案、工程业绩、资信分评审后，由招标人代表当众从 K 值的范围中随机抽取一个作为本工程的 K 值。K 值分三次抽取，首先抽取整数位，其次抽取小数点后第一位，最后抽取小数点后第二位
3	投标报价的偏差率计算公式	$B＝\|a_i－A\|÷A×100\%$ 其中：B 为投标报价的偏差率； a_i 为各合格投标人的经澄清、补正和修正算术计算错误后的投标报价

序号	评审项	评分因素（偏差率）	评分标准
1	工程总承包报价（≥40 分）	报价评审（工程总承包范围内的所有费用）（≥40 分）	投标报价得分＝投标报价满分值$－B×100×Q$ 其中：Q 为投标报价每偏离本工程评标基准价 1% 的取值。当 $a_i＞A$ 时，$Q＝$（不低于 6）；当 $a_i＜A$ 时，$Q＝$（不低于 3）
2	2.1 方案设计文件（适用于房屋建筑工程，≤30 分）	1. 总体规划 （得分应当取所有评标委员会评分中去掉一个最高和最低评分后的平均值为最终得分）	1. 总平布局合理性（设计指导思想、设计原则、设计策略等合理性与前瞻性，全面性）：＿＿分 2. 与周边环境（含市政环境、建筑环境、景观环境）协调以及优化程度：＿＿分 3. 功能分区的合理性：＿＿分 4. 人流组织及竖向交通合理性：＿＿分 5. 满足消防间距要求的情况：＿＿分 6. 满足日照间距要求的情况：＿＿分

序号	评审项	评分因素（偏差率）	评分标准
2	2.1 方案设计文件（适用于房屋建筑工程，≤30分）	2. 建筑设计 （得分应当取所有评标委员会评分中去掉一个最高和最低评分后的平均值为最终得分）	1. 建筑内部功能布局和各种出入口、垂直交通运输设施（包括楼梯、电梯）的布局情况：＿分 2. 建筑设计整体造型及整体美观情况，不同视角的外立面造型效果，体现建筑特征（建筑造型与建筑类型匹配、不过分追求新奇特、建筑色彩和谐，标志性建筑与周边建筑协调）：＿分 3. 建筑与建筑之间以及建筑内部空间效果（尺度、形态、光线、颜色、材料以及人在空间里的活动）：＿分 4. 防火和安全疏散设计的合理性：＿分 5. 材料选择的合理性及科学性：＿分 6. 绿色节能措施的合理性及科学性：＿分
		3. 结构设计 （得分应当取所有评标委员会评分中去掉一个最高和最低评分后的平均值为最终得分）	1. 设计指标符合规范且设计标准高于规定的最低标准：＿分 2. 结构设计的先进性及经济合理性：＿分 3. 建筑结构体系，柱网布置：＿分 4. 结构设计的安全性、施工便利性：＿分 5. 软基处理方案的合理性、科学性：＿分 6. 工程投资估算技术经济指标的合理性：＿分 7. 水、暖、电、智能化等各专业说明详尽、针对性强，体现新技术的应用：＿分 8. 本工程建成后运营的经济性、便利性：＿分
		4. 装配式建筑设计	1. 装配式建筑评价等级：＿分 2. 实施建筑、结构、机电设备一体化设计：＿分 3. 应用预制内、外墙板：＿分 4. 使用系统门窗产品：＿分 5. 采用隔震减震技术：＿分
		5. 设计深度	1. 是否符合设计任务书要求：＿分 2. 是否符合国家规定的《建筑工程设计文件编制深度规定》或《市政公用工程设计文件编制深度规定》：＿分
		注：在评分项目分值总数不变的原则框架内，由招标人确定各评审内容及分值的详细分布，并在招标文件中公布	
	2.2 方案设计文件（适用于市政道路、桥梁项目，其他市政项目可根据项目特点调整，≤30分）	1. 项目总体理解及概述 评分标准如下： 满足：～ 基本满足：～ 一般（不缺项）：～ 不满足：～	1. 正确理解并执行规划建设意图，与周边路网、管网规划协调一致； 2. 对区域内路网的交通组织完善合理，总体思路清晰； 3. 路线平、纵、横等设计科学合理； 4. 道路、桥涵、排水之间的关系处理得当。 根据以上满足情况分别评分
		交叉节点 2. 评分标准如下： 满足：～ 基本满足：～ 一般（不缺项）：～ 不满足：～	1. 交叉节点功能定位合理； 2. 平、纵、横等设计指标符合规范且标准较高，技术措施优良； 根据以上满足情况分别评分

序号	评审项	评分因素（偏差率）	评分标准
2	2.2 方案设计文件（适用于市政道路、桥梁项目，其他市政项目可根据项目特点调整，≤30分）	桥梁 3. 评分标准如下： 满足：～ 基本满足：～ 一般（不缺项）：～ 不满足：～	1. 桥梁结构方案合理，满足安全性、经济性要求，工艺可行、有所创新、造型优美； 2. 各构件体量比例恰当、景观与功能协调统一； 根据以上满足情况分别评分
		道路 4. 评分标准如下： 满足：～ 基本满足：～ 一般（不缺项）：～ 不满足：～	1. 路基路面、不良地基处理、护坡及挡土墙等基础工程的设计安全、合理、经济且能满足工期的要求； 2. 土方平衡合理； 根据以上满足情况分别评分
		公用设施 5. 评分标准如下： 满足：～ 基本满足：～ 一般（不缺项）：～ 不满足：～	道路公用设施（公共交通站点布置、绿化照明、行人设施、道路元素等）设计科学合理、处理得当、特点鲜明； 根据以上满足情况分别评分
		6. 综合管线 评分标准如下： 满足：～ 基本满足：～ 一般（不缺项）：～ 不满足：～	1. 综合管线的布置形式系统、合理、经济、实用； 2. 管理模式先进合理； 3. 能充分考虑与市政道路的衔接与协调，综合管网关系处理得当； 根据以上满足情况分别评分
		7. 排水设施 评分标准如下： 满足：～ 基本满足：～ 一般（不缺项）：～ 不满足：～	1. 充分考虑已建排水设施，结合现状及规划污水处理需求，综合考虑近远期结合的要求； 2. 排水管道系统总体布局充分利用地形，尽量采用自流，尽量避免穿越河道，缩短管线长度，减小主干管管径，充分考虑其可实施性； 根据以上满足情况分别评分
		8. 施工期间交通 评分标准如下： 满足：～ 基本满足：～ 一般（不缺项）：～ 不满足：～	施工期间交通组织、施工实施方案切合实际； 根据以上满足情况分别评分
		重点难点分析及对策 9. 评分标准如下： 满足：～ 基本满足：～ 一般（不缺项）：～ 不满足：～	项目实施和运营过程重点、难点分析透彻，解决措施合理； 根据以上满足情况分别评分

序号	评审项	评分因素（偏差率）	评分标准
2	2.2　方案设计文件（适用于市政道路、桥梁项目，其他市政项目可根据项目特点调整，≤30分）	10. 节能 评分标准如下： 满足：～ 基本满足：～ 一般（不缺项）：～ 不满足：～	设计方案所体现的节能设计水平及对新工艺、新技术、新设备、新材料应用分别进行评分
		11. 投资估算（工程造价）合理性 评分标准如下： 满足：～ 基本满足：～ 一般（不缺项）：～ 不满足：～	技术经济分析应含说明、指标及指标分析，有明细表、整体工程和主要分项工程拟投入的主要材料用量指标，有财务分析和国民经济评价。根据设计方案经济分析评价合理程度分别进行评分
		12. 社会效益和经济效益及环境效益 评分标准如下： 满足：～ 基本满足：～ 一般（不缺项）：～ 不满足：～	根据设计方案所体现的社会效益、经济效益和环境效益的程度分别进行评分
		运营成本 13. 评分标准如下： 满足：～ 基本满足：～ 一般（不缺项）：～ 不满足：～	根据设计方案所提出的项目运行成本分析的科学性、合理性分别进行评分
		注：在评分项目分值总数不变的原则框架内，由招标人确定各评审内容及分值的详细分布，并在招标文件中公布	
3	项目管理组织方案（≤10分）	1. 总体概述	对工程总承包的总体设想、组织形式、各项管理目标及控制措施、设计与施工的协调措施等内容进行评分
		2. 设计管理方案	对设计执行计划、设计组织实施方案、设计控制措施、设计收尾等内容进行评分
		3. 施工管理方案	对施工执行计划、施工进度控制、施工费用控制、施工质量控制、施工安全管理、施工现场管理、施工变更管理等内容进行评分（对于装配式建筑，应结合项目实际，明确装配式建筑的施工管理方案）
		4. 采购管理方案	对采购工作程序、采购执行计划、采买、催交与检验、运输与交付、采购变更管理、仓储管理等内容进行评分（对于装配式建筑，应结合项目实际和明确的预制部品部件生产企业，对主要预制部品部件采购管理方案的合理性进行评审）

序号	评审项	评分因素（偏差率）	评分标准
3	项目管理组织方案（≤10分）	5. 建筑信息模型（BIM）技术	对建筑信息模型（BIM）技术的使用等内容进行评分（建筑信息模型的深度应满足《福建省建筑信息模型（BIM）技术应用指南》的要求）
		注： 1. 在评分项目分值总数不变的原则框架内，由招标人确定各评审内容及分值的详细分布，并在招标文件中公布。 2. 项目管理组织方案总篇幅一般不超过200页（技术特别复杂的工程可适当增加），具体篇幅（字数）要求及扣分标准，招标人应在招标文件中明确。 3. 项目管理组织方案各评分点得分应当取所有技术标评委评分中分别去掉一个最高和最低评分后的平均值为最终得分。项目管理组织方案中（项目管理机构评分点除外）除缺少相应内容的评审要点不得分外，其他各项评审要点得分不应低于该评审要点满分的70%	
4	工程业绩（≤6分）	1. 投标人类似工程业绩（≤3分）	投标人"类似工程业绩"要求：自本招标项目在法定媒介发布招标公告之日（或投标邀请书发出之日，下同）的前五年内（含在法定媒介发布招标公告之日）完成的并经竣工验收合格的工程总承包项目，每项得0.5分，最多得3分。 注： 1. 投标人应提交相关业绩的工程总承包合同和竣工验收证明等证明材料的扫描件并加盖单位公章，否则，其业绩不计。工程总承包合同上应能体现作为工程总承包单位的投标人名称，否则，其业绩不计。 （1）竣工验收证明材料是指：由建设单位、监理单位（若有）、施工单位、设计单位、勘察单位（若有）共同加盖公章的单位（子单位）工程质量竣工验收记录或竣工验收报告或竣工验收备案表等竣工验收证明材料。 （2）"类似工程业绩"时间以竣工验收日期为准，若竣工验收证明材料有多个日期的，则以建设单位或监理单位签署的最后日期为准。 （3）若工程总承包合同或竣工验收证明材料中均未标明招标文件中设置的"类似工程业绩"指标，应补充提交能恰当说明上述特征的证明材料，如：工程竣工图、工程造价的结算书或建设单位出具的证明文件等，否则其业绩不计。 2. 联合体承担过的工程总承包业绩分值计算方法为：牵头方按该项分值的100%计取，参与方按该项分值的60%计取。 3. 投标人提供的在福建省行政区域外完成的业绩，必须是通过住房和城乡建设部门户网站的全国建筑市场监管公共服务平台查询得到其竣工验收信息；提供的在福建省行政区域内完成的业绩，必须是通过福建住房和城乡建设网的福建省建设行业信息公开平台查询得到其竣工验收信息。且查询到的竣工验收信息数据应能满足本招标工程设置的指标要求，否则，其业绩不计。 4. 通过平台查询的"类似工程业绩"指标与上述第1项"类似工程业绩"证明材料的同一指标特征不一致的，以最小值为准。通过平台查询的"竣工验收日期"与上述第1项竣工验收证明材料上的竣工验收日期不一致的，以较早时间为准

序号	评审项	评分因素（偏差率）	评分标准
4	工程业绩（≤6分）	2. 工程总承包项目经理类似工程业绩（≤2分）	工程总承包项目经理"类似工程业绩"要求：自本招标项目在法定媒介发布招标公告之日（或投标邀请书发出之日，下同）的前五年内（含在法定媒介发布招标公告之日）完成的并经竣工验收合格的工程总承包项目，每项得 0.5 分，最多得 3 分。 注： 1. 工程总承包项目经理的"类似工程业绩"应提交相关业绩的工程总承包合同和竣工验收证明等证明材料的扫描件并加盖单位公章，否则，其业绩不计。 （1）竣工验收证明材料是指：由建设单位、监理单位（若有）、施工单位、设计单位、勘察单位（若有）共同加盖公章的单位（子单位）工程质量竣工验收记录或竣工验收报告或竣工验收备案表等竣工验收证明材料。 （2）"类似工程业绩"时间以竣工验收日期为准，若竣工验收证明材料有多个日期的，则以建设单位或监理单位签署的最后日期为准。 （3）"类似工程业绩"工程总承包合同或竣工验收证明材料未明确标明项目负责人的，或工程总承包合同与竣工验收证明材料的项目负责人不一致的，其项目负责人业绩不计。 （4）若工程总承包合同或竣工验收证明材料中均未标明招标文件中设置的"类似工程业绩"指标，应补充提交能恰当说明上述特征的证明材料，如：工程竣工图，工程造价的结算书或建设单位出具的证明文件等，否则其业绩不计。 2. 投标人提供的在福建省行政区域外完成的业绩，必须是通过住房和城乡建设部门户网站的全国建筑市场监管公共服务平台查询得到其竣工验收信息；提供的在福建省行政区域内完成的业绩，必须是通过福建住房和城乡建设网的福建省建设行业信息公开平台查询得到其竣工验收信息。且查询到的竣工验收信息数据能满足本招标工程设置的指标要求，否则，其业绩不计。 3. 住房和城乡建设部门户网站的全国建筑市场监管公共服务平台（适用于在福建省行政区域外完成的业绩）或福建住房和城乡建设网的福建省建设行业信息公开平台（适用于在福建省行政区域内完成的业绩）的竣工验收信息中，应当标明项目负责人，且标明的项目负责人必须与施工合同和竣工验收证明材料注明的项目负责人一致，否则不予加分。 4. 通过平台查询的"类似工程业绩"指标与上述第1项"类似工程业绩"证明材料的同一指标特征不一致的，以最小值为准。通过平台查询的"竣工验收日期"与上述第1项竣工验收证明材料上的竣工验收日期不一致的，以较早时间为准
		3. BIM 成果文件（≤1分）	要求投标人提供 BIM 成果文件的，投标人在自本招标项目在法定媒介发布招标公告之日（或投标邀请书发出之日，下同）的前五年内（含在法定媒介发布招标公告之日）获得中国图学学会授予的"龙图杯"全国 BIM 大赛三等奖及以上的得分

续表

序号	评审项	评分因素（偏差率）	评分标准
5	企业资信 （≤14分）	1. 企业资质（≤2分）	1. 承担主体工程设计单位，具有综合或相应序列的行业甲级设计资质，得1分；承担主体工程施工单位，具有招标要求的相应序列的特级施工总承包资质的，得1分，一级施工总承包资质的，得0.5分。 2. 主体工程设计和主体工程施工全部由工程总承包单位自行实施，得1分
		2. 项目管理机构（≤2分）	1. 对工程总承包项目经理、设计项目负责人、施工项目经理、项目管理机构人员配置情况及取得的专业类别、技术职称级别、岗位证书、执业资格等，招标文件中明确一定的标准进行评分。 2. 要求提供建筑信息模型的，配备的BIM技术工程师具备中国图学学会颁发的《全国BIM技能等级考试证书》（设置证书执证人员数量时，应不多于15人，加分应不多于0.5分）
		3. 企业信用评价（10分）	1. 承担主体工程设计的设计单位信用分＝相应资质序列的企业季度信用得分×6%。 2. 承担主体工程施工的施工单位信用分＝相应资质序列的企业季度信用得分×4%

（2）基于初步设计的招标方式（表2-4）

基于可行性研究报告阶段招标综合评分表　　　表2-4

序号	条款内容	编列内容
1	分值构成 （总分100分）	工程总承包报价：≥60分 承包人优化方案：≤10分 项目管理组织方案：≤10分 工程业绩：≤6分 资信分：≤14分
2	评标基准价计算方法	$A=$最高投标限价×$(1-K)$ 其中：A为评标基准价（以"元"为单位，取整数，小数点后第一位四舍五入，第二位及以后不计）； 本招标项目K的取值区间为$a\%\sim b\%$（含$a\%$，不含$b\%$），按百分数表示的K值小数点后保留两位。K值在评标委员会完成初步评审、方案设计文件（承包人优化方案）、项目管理组织方案、工程业绩、资信分评审后，由招标人代表当众从K值的范围中随机抽取一个作为本工程的K值。K值分三次抽取，首先抽取整数位，其次抽取小数点后第一位，最后抽取小数点后第二位
3	投标报价的偏差率计算公式	$B=\mid a_i-A\mid\div A\times100\%$ 其中：B为投标报价的偏差率； a_i为各合格投标人的经澄清、补正和修正算术计算错误后的投标报价

序号	评分项	评分因素（偏差率）	评分标准
1	工程总承包报价（≥60分）	投标报价得分（≥60分）	投标报价得分＝投标报价满分值－$B\times100\times Q$ 其中：Q为投标报价每偏离本工程评标基准价1%的取值。当$a_i>A$时，$Q=2$；当$a_i<A$时，$Q=1$

序号	评分项	评分因素（偏差率）	评分标准
2	承包人优化方案（≤10分）	设计优化方案（分）。评分标准如下：满足：～基本满足：～一般（不缺项）：～不满足：～	投标人基于初步设计文件，提出对本项目的设计优化方案。评委根据投标人的设计优化方案在项目投资控制、建设周期、绿色环保、新材料新工艺的使用等方面所产生的实际作用情况进行评估并分别进行评分
		设备配置（优化）方案（分）。评分标准如下：满足：～基本满足：～一般（不缺项）：～不满足：～	投标人基于初步设计文件和概算，提出对本项目的设备配置（优化）方案。评委根据投标人的设备配置（优化）方案在项目适用性、投资控制、绿色环保、新材料的使用等方面所产生的实际作用情况进行评估并分别进行评分
		执行设计标准（分）。评分标准如下：满足：～基本满足：～一般（不缺项）：～不满足：～	设计指标符合规范且设计标准高于规定的最低标准
		1. 招标人可根据项目的实际情况选择增加上述各评分因素，但"评审项"分值不得调整；也可在招标文件中细化明确评分标准的内容，但一般不得突破各评分因素的规定分值。2. 各评分点得分应当取所有技术标评委评分中分别去掉一个最高和最低评分后的平均值为最终得分	
3	项目管理组织方案（≤10分）	1. 总体概述	对工程总承包的总体设想、组织形式、各项管理目标及控制措施、施工实施计划、设计与施工的协调措施等内容进行评分
		2. 设计管理方案	1. 对项目解读准确、设计构思合理。2. 设计进度计划及控制措施。3. 设计质量管理制度及控制措施。4. 设计重点、难点及控制措施。5. 设计过程对工程总投资控制措施
		3. 采购管理方案	对采购工作程序、采购执行计划、采买、催交与检验、运输与交付、采购变更管理、仓储管理等内容进行评分（对于装配式建筑，应结合项目实际和明确的预制部品部件生产企业，重点明确主要预制部品部件采购管理方案）
		4. 施工平面布置规划	对施工现场平面布置和临时设施、临时道路布置等内容进行评分
		5. 施工的重点难点	对关键施工技术、工艺及工程项目实施的重点、难点和解决方案等内容进行评分（对于装配式建筑，应结合项目实际，明确预制部品部件吊装，主要受力构件的套筒连接及灌浆等技术难点）
		6. 施工资源投入计划	对劳动力、机械设备和材料投入计划进行评分

序号	评分项	评分因素（偏差率）	评分标准
3	项目管理组织方案（≤10分）	7. 新技术、新产品、新工艺、新材料	对采用新技术、新产品、新工艺、新材料的情况进行评分
		8. 建筑信息模型（BIM）技术	对建筑信息模型（BIM）技术的使用等内容进行评分（建筑信息模型的深度应满足《福建省建筑信息模型（BIM）技术应用指南》的要求）
		注： 1. 招标人可根据项目的实际情况选择增加上述各评分因素，但"评审项"分值不得调整；也可在招标文件中细化明确评分标准的内容，但一般不得突破各评分因素的规定分值。 2. 项目管理组织方案总篇幅一般不超过200页（技术特别复杂的工程可适当增加），具体篇幅（字数）要求及扣分标准，招标人应在招标文件中明确。 3. 项目管理组织方案各评分点得分应当取所有技术标评委评分中分别去掉一个最高和最低评分后的平均值为最终得分。项目管理组织方案中（项目管理机构评分点除外）除缺少相应内容的评审要点不得分外，其他各项评审要点得分不应低于该评审要点满分的70%	
4	工程业绩（≤6分）	1. 投标人类似工程业绩（≤3分）（投标人的类似工程项目每项得1分）	投标人"类似工程业绩"要求：自本招标项目在法定媒介发布招标公告之日（或投标邀请书发出之日，下同）的前五年内（含在法定媒介发布招标公告之日）完成的并经竣工验收合格的工程总承包项目，每项得0.5分，最多得3分。 注： 1. 投标人应提交相关业绩的工程总承包合同和竣工验收证明等证明材料的扫描件并加盖单位公章，否则，其业绩不计。工程总承包合同上应能体现作为工程总承包单位的投标人名称，否则，其业绩不计。 （1）竣工验收证明材料是指：由建设单位、监理单位（若有）、施工单位、设计单位、勘察单位（若有）共同加盖公章的单位（子单位）工程质量竣工验收记录或竣工验收报告或竣工验收备案表等竣工验收证明材料。 （2）"类似工程业绩"时间以竣工验收日期为准，若竣工验收证明材料有多个日期的，则以建设单位或监理单位签署的最后日期为准。 （3）若工程总承包合同或竣工验收证明材料中均未标明招标文件中设置的"类似工程业绩"指标，应补充提交恰当说明上述特征的证明材料，如：工程竣工图、工程造价的结算书或建设单位出具的证明文件等，否则其业绩不计。 2. 联合体承担过的工程总承包业绩分值计算方法为：牵头方按该项分值的100%计取，参与方按该项分值的60%计取。 3. 投标人提供的在福建省行政区域外完成的业绩，必须是通过住房和城乡建设部门户网站的全国建筑市场监管公共服务平台查询得到其竣工验收信息；提供的在福建省行政区域内完成的业绩，必须是通过福建住房和城乡建设网的福建省建设行业信息公开平台查询得到其竣工验收信息。且查询到的竣工验收信息数据应能满足本招标工程设置的指标要求，否则，其业绩不计。 4. 通过平台查询的"类似工程业绩"指标与上述第1项"类似工程业绩"证明材料的同一指标特征不一致的，以最小值为准。通过平台查询的"竣工验收日期"与上述第1项竣工验收证明材料上的竣工验收日期不一致的，以较早时间为准

序号	评分项	评分因素（偏差率）	评分标准
4	工程业绩 （≤6分）	2. 工程总承包项目经理类似工程业绩（≤2分） （投标人拟任项目经理的类似工程项目每项得2分）	工程总承包项目经理"类似工程业绩"要求：自本招标项目在法定媒介发布招标公告之日（或投标邀请书发出之日，下同）的前五年内（含在法定媒介发布招标公告之日）完成的并经竣工验收合格的工程总承包项目，每项得0.5分，最多得3分。 注： 1. 工程总承包项目经理的"类似工程业绩"应提交相关业绩的工程总承包合同和竣工验收证明等证明材料的扫描件并加盖单位公章，否则，其业绩不计。 （1）竣工验收证明材料是指：由建设单位、监理单位（若有）、施工单位、设计单位、勘察单位（若有）共同加盖公章的单位（子单位）工程质量竣工验收记录或竣工验收报告或竣工验收备案表等竣工验收证明材料。 （2）"类似工程业绩"时间以竣工验收日期为准，若竣工验收证明材料有多个日期的，则以建设单位或监理单位签署的最后日期为准。 （3）"类似工程业绩"工程总承包合同或竣工验收证明材料未明确标明项目负责人的，或工程总承包合同与竣工验收证明材料的项目负责人不一致的，其项目负责人业绩不计。 （4）若工程总承包合同或竣工验收证明材料中均未标明招标文件中设置的"类似工程业绩"指标，应补充提交能恰当说明上述特征的证明材料，如：工程竣工图，工程造价的结算书或建设单位出具的证明文件等，否则其业绩不计。 2. 投标人提供的在福建省行政区域外完成的业绩，必须是通过住房和城乡建设部门户网站的全国建筑市场监管公共服务平台查询得到其竣工验收信息；提供的在福建省行政区域内完成的业绩，必须是通过福建住房和城乡建设网的福建省建设行业信息公开平台查询得到其竣工验收信息。且查询到的竣工验收信息数据应能满足本招标工程设置的指标要求，否则，其业绩不计。 3. 住房和城乡建设部门户网站的全国建筑市场监管公共服务平台（适用于在福建省行政区域外完成的业绩）或福建住房和城乡建设网的福建省建设行业信息公开平台（适用于在福建省行政区域内完成的业绩）的竣工验收信息中，应当标明项目负责人，且标明的项目负责人必须与施工合同和竣工验收证明材料注明的项目负责人一致，否则不予加分。 4. 通过平台查询的"类似工程业绩"指标与上述第1项"类似工程业绩"证明材料的同一指标特征不一致的，以最小值为准。通过平台查询的"竣工验收日期"与上述第1项竣工验收证明材料上的竣工验收日期不一致的，以较早时间为准
		3. BIM成果文件（≤1分）	要求投标人提供BIM成果文件的，投标人在自本招标项目在法定媒介发布招标公告之日（或投标邀请书发出之日，下同）的前五年内（含在法定媒介发布招标公告之日）获得中国图学学会授予的"龙图杯"全国BIM大赛三等奖及以上的得分

序号	评分项	评分因素（偏差率）	评分标准
5	企业资信 （≤14分）	1. 企业资质（≤2分）	1. 承担主体工程设计单位，具有综合或相应序列的行业甲级设计资质，得1分；承担主体工程施工单位，具有招标要求的相应序列的特级施工总承包资质的，得1分，一级施工总承包资质的，得0.5分。 2. 主体工程设计和主体工程施工全部由工程总承包单位自行实施，得1分
		2. 项目管理机构（≤2分）	1. 对工程总承包项目经理、设计项目负责人、施工项目经理、项目管理机构人员配置情况及取得的专业类别、技术职称级别、岗位证书、执业资格等，招标文件中明确一定的标准进行评分。 2. 要求提供建筑信息模型的，配备的BIM技术工程师具备中国图学学会颁发的《全国BIM技能等级考试证书》（设置证书执证人员数量时，应不多于15人，加分应不多于0.5分）
		3. 企业信用评价（10分）	1. 承担主体工程设计的设计单位信用分＝相应资质序列的企业季度信用得分×4%。 2. 承担主体工程施工的施工单位信用分＝相应资质序列的企业季度信用得分×6%

2.2.7 合同条款

合同条款是招标文件中重要的组成部分。目前国内工程总承包合同有两个示范版本，一个是国家发展和改革委员会的2012版《标准设计施工总承包招标文件》中提供的合同文本，另一个是住房和城乡建设部和国家工商管理总局在2011年推出的《建设项目工程总承包合同示范文本》，两个版本都有采用，但以后者为多。

2.3 工程总承包投标活动组织

2.3.1 投标前期准备

工程总承包单位从获取项目信息后，要注意收集项目的各方面资料，一般包括如下内容：

（1）项目建议书及发展改革委批文；

（2）可行性研究报告及发展改革委批文；

（3）项目相关新闻报道；

（4）项目拟选址地块资料；

（5）建设方相关资料。

项目资料多数都能通过网络上的公开信息获取到，通过对上述资料的收集，能够让总承包单位对项目有深入的了解和尽早开始商务活动。

2.3.2　招标文件关键因素评审

项目招标公告发出后，招标文件一般都可通过工程所在地建设信息网站获得，工程总承包企业应组织对招标文件进行研究评审，对招标的关键因素评估，研判自身是否满足招标条件，分析优劣，确定是否投标。主要的评审因素包括如下：

（1）是否满足投标人资格要求；

（2）是否具备满足质量要求和工期要求的履约能力；

（3）主要合同条款包括有无预付款，履约保证金、付款条件、违约罚则等是否能接受，是否有企业一票否决的招标条件；

（4）评分办法中资信分是否能取得满分；

（5）在招标时间内，满足招标文件深度要求的投标文件是否能编制完成且具备竞争力；

（6）项目有哪些风险，这些风险是否能规避或承受；

（7）存在哪些可能的竞争对手，相对竞争对手是否具备优势；

（8）报价是否有竞争优势。

2.3.3　编制投标计划

工程总承包企业在决定投标后，要结合招标文件的要求针对性地编制投标计划，明确投标各项工作责任分工及完成计划时间，可参考表 2-5。

投标计划表　　　　　　　　　　　　　　表 2-5

序号	工作内容	责任人	审核人	计划完成时间
一	投标文件编制			
1	投标函及投标函附录			
2	法定代表人身份证明或附有法定代表人身份证明的授权委托书			
3	联合体协议书（如果允许联合体投标）			
4	投标保证金			
5	价格清单			
6	承包人建议书			
7	承包人实施计划			
8	资格审查资料			
9	投标人须知前附表规定的其他资料			
二	投标文件封装			
1	打印装订			
2	签字盖章			
3	投标文件封装			
三	企业内部流程			
1	招投标评审			

序号	工作内容	责任人	审核人	计划完成时间
2	投标保证金			
3	投标文件签字盖章			
4	投标原件借用			

2.3.4　投标文件编制要点

工程总承包项目投标文件的主要工作在投标人建议书和投标人实施计划的编制。

（1）投标人建议书

投标人建议书多数情况下是设计文件，一般包括图纸或图纸优化建议、工程详细说明、设备配置方案、分包方案、发包人要求错误的说明和其他。

投标人建议书的编制要针对评分标准编制，要把评分点在建议书的首页进行明示响应。以前述的《福建省房屋建筑和市政设施工程总承包招标投标管理办法（试行）》中初步设计招标的评分标准为例，如表 2-6 所示。

投标文件投标人建议书响应表　　　　　　表 2-6

序号	招标文件—投标人优化方案部分		投标文件响应
	评分因素	评分标准	
1	设计优化方案（x 分）。评分标准如下： 满足：～；基本满足：～；一般（不缺项）：～；不满足：～	投标人基于初步设计文件，提出对本项目的设计优化方案。评委根据投标人的设计优化方案在项目投资控制、建设周期、绿色环保、新材料新工艺的使用等方面所产生的实际作用情况进行评估并分别进行评分	满足，详见第 x 章节。 简要概述
2	设备配置（优化）方案（x 分）。评分标准如下：满足：～；基本满足：～；一般（不缺项）：～；不满足：～	投标人基于初步设计文件和概算，提出对本项目的设备配置（优化）方案。评委根据投标人的设备配置（优化）方案在项目适用性、投资控制、绿色环保、新材料的使用等方面所产生的实际作用情况进行评估并分别进行评分	满足，详见第 x 章节。 简要概述
3	执行设计标准（x 分）。评分标准如下： 满足：～；基本满足：～；一般（不缺项）：～；不满足：～	设计指标符合规范且设计标准高于规定的最低标准	满足，详见第 x 章节。 简要概述

（2）投标人实施计划

投标人实施计划是要求阐述项目如何组织管理，一般应包括如下内容：

1）概述：包括项目简要介绍、项目范围和项目特点；

2）总体实施方案：包括项目目标（质量、工期、造价）、项目实施组织形式、项目阶段划分、项目工作分解结构、对项目各阶段工作及文件的要求、项目分包和采购计划、项目沟通与协调程序；

3）项目实施要点：包括勘察设计实施要点、采购实施要点、施工实施要点、试运行实施要点；

4）项目管理要点：包括合同管理要点、资源管理要点、质量控制要点、进度控制要点、费用估算及控制要点、安全管理要点、职业健康管理要点、环境管理要点、沟通和协调管理要点、财务管理要点、风险管理要点、文件及信息管理要点和报告制度。

投标人实施计划的编制也要针对评分标准编制，在编制时要把评分点都涵盖，并把评分点在实施计划的首页进行明示响应。以前述的《福建省房屋建筑和市政设施工程总承包招标投标管理办法（试行）》中初步设计招标的评分标准为例，如表 2-7 所示。

投标文件项目管理方案响应表　　　　　　　表 2-7

| 序号 | 招标文件—项目管理方案部分评分 | | 投标文件响应 |
	评分因素	评分标准	
1	总体概述	对工程总承包的总体设想、组织形式、各项管理目标及控制措施、施工实施计划、设计与施工的协调措施等内容进行评分	响应，详见第 x 章节
2	设计管理方案	1. 对项目解读准确、设计构思合理。 2. 设计进度计划及控制措施。 3. 设计质量管理制度及控制措施。 4. 设计重点、难点及控制措施。 5. 设计过程对工程总投资控制措施	响应，详见第 x 章节
3	采购管理方案	对采购工作程序、采购执行计划、采买、催交与检验、运输与交付、采购变更管理、仓储管理等内容进行评分（对于装配式建筑，应结合项目实际和明确的预制部品部件生产企业，重点明确主要预制部品部件采购管理方案）	响应，详见第 x 章节
4	施工平面布置规划	对施工现场平面布置和临时设施、临时道路布置等内容进行评分	响应，详见第 x 章节
5	施工的重点难点	对关键施工技术、工艺及工程项目实施的重点、难点和解决方案等内容进行评分（对于装配式建筑，应结合项目实际，明确预制部品部件吊装，主要受力构件的套筒连接及灌浆等技术难点）	响应，详见第 x 章节
6	施工资源投入计划	对劳动力、机械设备和材料投入计划进行评分	响应，详见第 x 章节
7	新技术、新产品、新工艺、新材料	对采用新技术、新产品、新工艺、新材料的情况进行评分	响应，详见第 x 章节
8	建筑信息模型（BIM）技术	对建筑信息模型（BIM）技术的使用等内容进行评分（建筑信息模型的深度应满足《福建省建筑信息模型（BIM）技术应用指南》的要求）	响应，详见第 x 章节

2.3.5　开标及合同签订

（1）开标

投标人要按照招标文件的要求参加开标，开标时注意核查招标文件要求的携带备查原件，法人代表授权委托书应单独携带一份，携带的原件应与投标文件中影印件一致。

参加开标人员应详细记录开标情况，将所有投标人的开标信息形成开标报告留存。

（2）合同洽谈及签订

虽然招标文件中已经提供了合同文本，但工程总承包企业一般仍可以在中标后，就合同中前后矛盾之处、未明确之处、有歧义之处、明显的霸王条款、违反政策法规之处，与发包人进行洽谈协商。如果与发包人不能达成一致，这些问题均是合同风险，在项目执行过程中注意预控和规避。

第3章 建设项目工程总承包管理组织及职责

3.1 工程总承包管理组织模式

3.1.1 基本要求

（1）工程总承包企业应建立与工程总承包项目相适应的项目管理组织，并行使项目管理职能，实行项目经理负责制。

（2）工程总承包企业承担建设项目工程总承包，宜采用矩阵式管理。项目经理部应由项目经理领导，并接受工程总承包企业职能部门指导、监督、检查和考核。

（3）项目经理部在项目经理的领导下开展工程承包建设工作。项目组织机构主要由项目经理、总工程师、设计经理、商务经理、机电经理、施工经理、质量总监、安全总监等职位（部门）构成。

3.1.2 组织形式

工程总承包项目经理部的组织形式根据施工项目的规模、合同范围、专业特点、人员素质和地域范围确定。工程项目规模分类见表3-1。

大型、中型工程总承包项目组织机构按三个层次设置，即企业保障层、总包项目管理层和分包作业层（含指定分包）。组织机构图详见图3-1。

特大型工程总承包项目组织机构按四个层次设置，即企业保障层、总包管理层、项目管理层、分包作业层。特大型总承包项目组织机构图详见图3-2。

项目规模分类 表3-1

规模分类		特大型	大型	中型	小型
建筑面积（万 m²）		≥30	≥10且<30	≥4且<10	<4
工程造价（亿元）	房建工程	≥5	≥2且<6	≥0.8且<4	<0.8
	机电安装、装饰、园林、古建工程	≥1.5	≥0.6且<1.5	≥0.3且<0.6	<0.3
	钢结构、市政道路	≥3	≥1且<3	≥0.6且<1	<0.6

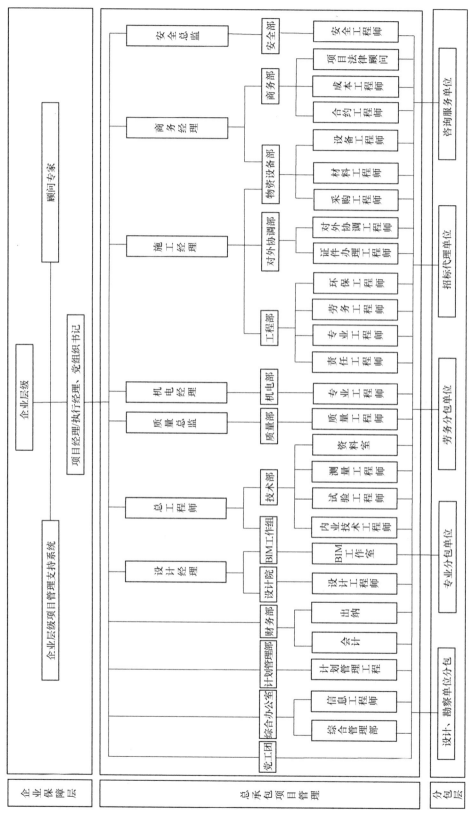

图 3-1 一般总承包项目组织机构图

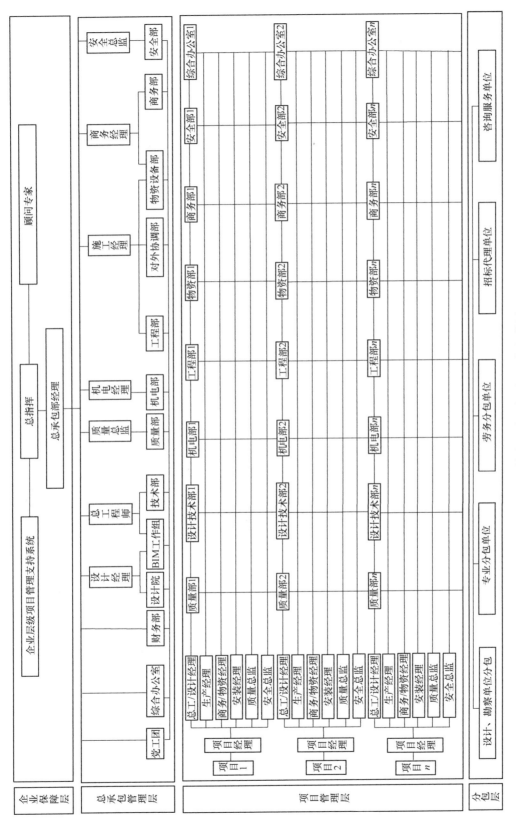

图 3-2　特大型总承包项目组织机构图

3.2 项目工程总承包管理职能

3.2.1 基本要求

（1）工程总承包企业应在总承包合同签署后，根据项目规模、项目特点、合同要求，组建项目经理部，任命项目经理，确定项目管理架构。

（2）工程总承包企业宜采用项目管理目标责任书的形式，并明确项目目标和项目经理的职责、权限和利益。

（3）项目经理应根据工程总承包企业法定代表人授权的范围、时间和项目管理目标责任书中规定的内容，对工程总承包项目，自项目启动至项目收尾，实行全过程管理。

（4）总承包项目经理部应具有工程总承包项目组织实施和控制职能。

（5）总承包项目经理部应对项目质量、安全、费用、进度、职业健康和环境保护目标负责。

（6）总承包项目经理部应具有内外部沟通协调管理职能。

（7）总承包项目经理部在项目收尾完成后应由工程总承包企业批准解散。

3.2.2 项目管理流程

工程总承包项目管理的程序应依次为：

选定项目经理→项目经理接受企业法定代表人的委托组建项目经理部→编制项目管理规划大纲→企业法定代表人与项目经理签订"项目管理目标责任书"→项目经理部编制"项目管理实施计划"→进行项目开工前的前期施工准备→项目实施期间按"项目管理实施计划"进行管理→在项目竣工验收阶段进行竣工结算、清理各种债权债务、移交资料和工程→进行经济分析→做出项目管理总结报告并送承包商企业管理层对项目管理工作进行考核评价并兑现"项目管理目标责任书"中的奖惩承诺→项目经理部解体。

3.2.3 管理职能

1. 企业层级职能

企业层级承担的项目职能如表 3-2 所示（包括但不限于以下工作），其他部门应配合牵头部门做好相关工作。

企业层级职能及相关责任部门 表 3-2

序号	工作职能	必要工作事项	时间期限	责任牵头部门
1	投标	项目启动	企业决定项目投标后	市场商务部门
		项目管理授权	项目启动时	市场商务部门
		项目营销策划	项目启动时	市场商务部门
		项目情况调查	工程投标前	市场商务部门
		项目现金流分析	工程投标前	财务资金部门

续表

序号	工作职能	必要工作事项	时间期限	责任牵头部门
1	投标	项目风险评估	工程投标前	市场商务部门
		投标总结	工程投标后	市场商务部门
2	合同	合同谈判及签署	工程开工前	市场商务部门
		履约保函或保证金	合同规定时间	财务资金部门
		合同评审	合同签订前及签订后	市场商务部门
		项目目标成本估算	合同签订后	市场商务部门
		合同交底	项目部组建后	市场商务部门
		客户关系管理	项目部组建后	市场商务部门
		项目管理责任书	与项目策划书同步	市场商务部门
3	组织	任命项目经理	启动时定人选中标后任命	人力资源部门
		建立项目部	工程合同签约后	人力资源部门
		按规定建立党群组织	项目部建立时	党群部门
		制定项目人员职务说明书	工程开工前	人力资源部门
		确定项目薪酬制度	工程开工前	人力资源部门
4	服务	材料招标及采购	配合施工进度要求	物资管理部门
		分包招标及进场备案	配合施工进度要求	商务管理部门
		机械设备租赁或调配	配合施工进度要求	物资管理部门
		资金调配	配合项目资金收支情况	财务资金部门
		项目备用金及财务设账	工程开工前	财务资金部门
		项目技术标准及方案论证	工程开工前	技术管理部门
		项目法律事务	工程开工前	法律部门
5	控制	项目策划书	项目启动后	各责任管理部门
		成本管理目标控制及预警	配合工程进度	市场商务部门
		进度管理目标控制及预警	配合工程进度	生产管理部门
		职业健康安全目标控制及预警	配合工程进度	安全管理部门
		环境管理目标控制及预警	配合工程进度	环境管理部门
		质量管理目标控制及预警	配合工程进度	质量管理部门
		资金管理目标控制及预警	配合工程进度	资金管理部门
		项目履约控制	按合同规定	生产管理部门
		项目经理月度报告	月度	生产管理部门
		项目商务经理月度报告	月度	市场商务部门
		项目每日施工情况报告	每个工作日历天	生产管理部门
6	监督	日常考核	月、季、年	生产管理部门
		项目最终考核	工程竣工交付后	审计监察部门
		项目审计与监察	施工过程中及完工后	审计监察部门

序号	工作职能	必要工作事项	时间期限	责任牵头部门
7	项目制度建设	建立标准化表格及格式文本	工程开工前	有关部门
		建立项目管理数据库	工程开工前及完工后	相关部门
		建立项目管理信息系统	工程开工前	信息管理部门
8	项目保修	工程保修支持	保修期内	质量管理部门
		工程技术服务	工程设计使用年限内	质量管理部门

2. 总承包项目经理部职能

总承包项目经理部应承担的管理职能如表 3-3 所示（包括但不限于以下工作）。

总承包项目经理部管理职能分配表　　　　　　　表 3-3

序号	工作职能	必要工作事项	时间期限	负责人员
1	合同管理	合同责任分解	工程开工前	商务经理
		项目索赔与反索赔	工程开工前及过程中	商务经理
		项目计划成本及盈亏测算	工程开工前及季度	商务经理
		项目商务月度报告	每月 5 日前	商务经理
		工程进度报量及付款申请	按合同规定期限	商务经理
2	计划	项目管理实施计划	工程开工前	项目经理
		项目经理月度报告	每月 5 日前	项目经理
3	组织	项目组织机构及职责	工程开工前	项目经理
		项目人员岗位职务说明书	人员到岗前	项目经理
4	资金管理	项目收款	按合同规定	商务经理
		项目付款	按合同及工程进度	项目经理
5	设计管理	项目设计	按合同规定	总工程师
6	技术管理	施工组织设计及技术方案	工程开工前	总工程师
		设计变更、技术复核	根据工程进度	总工程师
		工程技术资料	按工程进度	总工程师
		检验与试验	按工程进度	总工程师
		工程测量	按工程进度	总工程师
7	物资管理	物资招标及订货	按项目实施计划	生产经理
		材料进场验收及使用控制	按工程进度控制	生产经理
8	设备及料具管理	设备进出场控制	按项目实施计划	生产经理
		设备使用管理	按现场实际情况	生产经理
9	分包管理	分包招标、履约保证	按项目实施计划	商务经理
		分包现场管理	项目实施全过程	生产经理
		分包结算	按分包合同	商务经理
10	生产及进度管理	生产及进度管理计划	项目开工前	生产经理
		作业计划及每日情况报告	按工程施工进度	生产经理
		项目每日情况报告	每一个工作日	生产经理
		施工照片管理	按工程施工进度	生产经理

序号	工作职能	必要工作事项	时间期限	负责人员
11	成本管理	项目盈亏测算	开工前及每季度	商务经理
12	质量管理	质量计划、实施与控制	项目实施全过程	质量总监
13	安全及职业健康管理	安全及职业健康管理计划、实施与控制	项目实施全过程	安全总监
14	环保管理	环保计划及实施与控制	项目实施全过程	安全总监
15	收尾管理	工程收尾计划	工程竣工前	生产经理
		工程交付	按合同规定	项目经理
		档案及资料移交	工程交付后	项目经理
		工程总结	工程交付后	项目经理
16	保修	保修服务	合同保修期	项目经理
17	信息与沟通管理	信息与沟通识别	工程开工前	项目经理
		信息管理计划	工程开工前	项目经理
18	综合事务管理	综合事务管理计划	项目开工前	项目经理
		重要活动管理	按项目具体情况	项目经理

3. 总承包项目各阶段工作内容及岗位职责（表3-4）

总承包项目各阶段工作内容及岗位职责　　　　表3-4

项目实施阶段	工作分项	工作内容	岗位职责
项目启动	组建项目部	任命项目管理人员，签订项目责任书、制定项目经理部管理制度	项目经理
		落实现场办公、生活场所	项目副经理
	项目策划	项目管理计划	项目经理、项目副经理
		项目实施计划	项目经理、项目副经理
设计阶段	方案设计	组织方案设计	设计经理
		获得方案设计批复	设计经理
	初步设计	初步设计	设计经理
	施工图设计	组织进行施工图设计	设计经理
		组织设计院内部进行校审	设计经理
		设计院专家跟踪指导、论证	设计经理
	施工图审查	送第三方设计审查，包括施工图审查、消防审查、节能审查等	设计经理
		根据审查意见反馈进行设计修改	设计经理
		获得审查报告	设计经理
	设计图纸交底	组织交底会议、形成会议纪要、多方签字盖章形成正式文件	设计经理、施工经理

项目实施阶段	工作分项	工作内容	岗位职责
设计阶段	设计变更	联系、组织相关人员解决设计上的问题，确定变更内容，形成变更文件，多方签字盖章确认生效，交付实施	设计经理、施工经理
	编制设备清单	根据施工图编制设备清单	设计经理、采购经理
		提供材料设备采购技术参数	设计经理、采购经理
项目审批	报建审批	协助建设单位进行项目报建、审批	项目经理、设计经理
采购管理	采购计划	编制施工招标、材料设备采购计划	设计、采购主管
	土建施工招标	施工区块划分	项目经理、采购经理
		协调采购管理部门编制招标限价并审计、编制资格预审文件、资格预审编制招标文件、评标、定标	项目经理、项目副经理、采购经理
		签订施工合同	项目经理、商务经理
	设备采购	提供材料设备采购清单和技术参数	采购经理
		内部招标询价、编制招标限制价并审计、供货商资格预审、编制招标文件、确定供货商	项目副经理、采购经理
		签订采购合同	项目经理、商务经理
		货款支付、设备催交	采购经理
		现场验货、交付保管	采购经理
施工管理	施工准备	总承包合同备案	商务经理
		协助建设单位解决高压线迁移问题	项目副经理
		施工用电、用水开户	项目副经理、商务经理
		办理施工许可证	项目副经理
		签定材料试验检测合同	项目副经理
		签定桩基础检测合同、边坡处理和基坑维护检测合同	项目副经理
		管理分包单位进行场地平整	项目副经理
		编制总体施工进度计划、总体施工方案、应急预案等	项目副经理
		协调施工总平面布置、施工道路、施工围墙、文明施工措施等	项目副经理
		审核施工组织设计	项目总工程师
		组织专项施工方案的专家评审（高大支模架等危险性较大工程）	项目总工程师
		了解地下管线、市政管网的情况并向施工单位交底、制定保护措施	项目副经理
		进行质量、技术、安全交底	项目总工程师、质量总监、安全总监
		检查施工准备、安全文明施工措施落实情况	项目副经理、安全总监
		组织规划部门定位放线并复核	项目副经理

续表

项目实施阶段	工作分项	工作内容		岗位职责
施工管理	施工过程	协调各施工区间的施工界面、配合作业		项目副经理
		协调设计、监理、施工、检测等单位的相互配合、监督管理		项目副经理
		进度管理	编制总体进度计划	项目副经理
			审查分包单位的施工进度计划	
			检查分包单位周计划、月计划的执行情况	
			对比总体进度计划，监督分包单位采取纠偏措施，并做好协调工作	
			必要时修正进度计划	
		质量管理	督促和检查分包单位建立质量管理体系	项目总工程师、质量总监
			督促监理单位加强对分包单位施工过程中的质量管理	
			定期或不定期进行质量检查	
			协调设计、采购、施工接口关系，避免设计、采购对施工质量的影响	
			质量事故的处理、检查和验收	
			定期向质安环部和建设单位汇报质量控制情况	
		费用管理	制定项目费用计划	商务经理
			每月统计汇总总分包单位完成的工程量，编制工程进度款申请支付报表，报送建设单位并督促支付工程进度款	
			按照分包合同给各分包单位支付工程进度款	
			进行费用分析，若出现偏差，采取纠偏措施并向企业总部汇报	
			项目费用变更	
		HSE管理	制定项目 HSE 管理目标，建立 HSE 管理体系	安全总监、项目副经理
			监督、检查分包单位的 HSE 管理体系	
			督促监理单位对分包单位进行 HSE 监督管理	
			定期或不定期进行 HSE 专项检查	
			督促分包单位进行不合格项整改	
			HSE 事故处理	
		协调组织施工变更		项目副经理
		施工资料管理		项目总工程师、质量总监
		定期与建设单位沟通、汇报施工安全、进度、质量、费用等问题		项目副经理、安全总监
		协调解决施工过程中出现的不可预见的其他问题		项目副经理、安全总监
	施工过程验收	组织分部分项验收：基础工程验收、主体结构验收		项目总工程师、质量总监

项目实施阶段	工作分项	工作内容	岗位职责
项目验收移交	项目验收、试运行	制定验收计划	项目总工程师、质量总监
		组织专项检测（节能保温、消防、防水、防雷、环保、电力、电梯、自来水、煤气、建筑面积等）	项目总工程师、质量总监
		组织专项验收（消防、环保、水保、交通、市政、园林、白蚁等）	项目总工程师、质量总监
		进行验收前的自检	项目总工程师、质量总监
		进行缺陷修补	项目总工程师、质量总监
		项目试运行	项目总工程师、项目经理
		协助建设单位组织工程综合验收	项目总工程师、质量总监
	项目收尾、移交	工程收尾	项目副经理
		收集竣工资料、向建设单位提交完整的竣工验收资料及竣工验收报告	项目总工程师、质量总监
		工程费用结算	商务经理
		建筑物实体移交	项目经理、项目副经理
		竣工资料移交	项目总工程师、质量总监
	保修及服务	协调施工单位做好质保期内的保修与服务	项目副经理

4. 总承包项目管理主要文件一览表（表3-5）

总承包项目管理主要文件一览表 表3-5

序号	文件类型	文件内容
1	项目建设单位往来文函	项目施工管理（质量、安全、进度、协调）相关往来文件
		合同费用相关往来文件
		安全管理相关（防洪度汛、防台风、防寒流、森林防火）往来文件
		与项目实施相关各类专题报告
		项目前期报建文件
2	施工监理往来文函	施工组织设计、施工方案、施工计划、技术措施审核文件
		施工生产过程中形成的质量、技术、进度、费控、安全生产等文件
		监理通知、协调会纪要、监理工程师指令、指示、往来文函
		施工质量检查分析评估、工程质量事故、施工安全事故报告
		工程费用往来文件
3	设计文件	设计施工供图计划
		设计图纸
		施工图审查、消防审查、避雷审查等审查报告、报建文件
		设计通知、设计变更通知、设计简报、技术要求、设计函件、专题研究报告
4	项目进度管控文件	项目总体进度计划、年度进度计划、月进度计划、施工进度分析报告、施工进度纠偏报告

续表

序号	文件类型	文件内容
5	项目质量管控文件	施工产品、设备、物资材料抽样抽检试验文件
		施工过程测量复核、抽检文件
		隐蔽工程施工记录及验收声像文件、重要部位施工工序记录及验收声像文件
		重要节点工程质量检查、汇报材料及工程质量监督检查报告
		施工管理日志
6	HSE 管控文件	HSE 管理计划
		重大危险源、重要危险因素、重大环境因素的识别、评价及预控措施
		过程管理文件
		应急预案体系文件
7	项目成本、费控管理文件	有关付款申请文件、成本分析报告
		合同变更、索赔等相关文件
		项目完工结算、竣工决算文件
8	项目采购（承包人采购设备、材料及专业分包）管控文件	采购招标文件、合同文件
		与设备供应商相关会议纪要
		设备、材料出厂质量合格证明，设备、材料装箱单、开箱记录、工具单、备品备件清单
		设备制造图、产品说明书、零部件目录、出厂试验报告、专用工器具交接清单
		设备检定、验收记录
9	工程验收及阶段验收自查报告	分部工程、单位工程验收文件
		阶段验收自查报告
10	项目管理作业程序文件	施工质量、安全、进度管理相关制度、措施文件
		项目"三合一体系"运行管理文件
11	运行文件	试运行相关会议文件、单位验收相关报告
		设备静态、动态调试方案
		设备验收记录，设备验收报告
		试运行报告
		安全操作规程、事故分析处理报告
		运行、维护、消缺、验评记录
		技术培训记录
12	竣工专项验收报告	消防专项验收报告
		环保专项验收报告
		建筑节能专项验收报告
		规划验收报告
		建筑面积测绘报告
		空气质量检测报告
		自来水质量检测报告
		供电验收、燃气施工验收、防雷验收、雨污分离验收、白蚁防治验收、通讯验收、车位及出入口验收、园林绿化验收、档案验收
		工程质量监督报告

3.2.4 管理措施

1. 项目部组建

（1）人员任职资格

包括岗位定位、学历、工作经历、专业技术职务水平、执业资格证书以及绩效考核成绩。任职资格标准根据特大型、大型、中型项目划分为三个层次，具体参见表3-6，小型项目按照中型项目标准进行配置。

（2）组建流程

1）子集团公司层面

① 各子公司人力资源部联合其他相关部门拟定项目班子组建方案，经子公司生产管理、技术质量、市场商务分管副总评审后，由子公司负责人审核后形成提案，以正式文件上报集团总部人力资源部门。

② 提案需包括请示文件及项目班子组建评审表，参见表3-7、表3-8。

③ 原则上，上报项目班子组建方案中，候选人需满足相应项目类型的岗位任职资格；项目管理业绩优秀并且专业水平较高的，可以适当放宽学历或专业技术职务的条件，但需提前征求集团总部对应职能部门意见。

2）集团公司层面

① 特大型项目

集团总部人力资源部收到提案后，组织生产管理、市场商务、技术质量、安全监督等部门进行总承包项目经理部项目班子组建方案评审，报集团生产管理分管领导、总经理审核后，由董事长审批签发。

② 其他项目

集团公司人力资源部收到提案后，组织生产管理、市场商务、技术质量、安全监督等部门进行总承包项目经理部项目班子组建方案评审，报集团生产管理分管领导审批签发。

（3）项目班子变更

因生产经营需要或人员调动导致总承包项目经理部项目班子成员有所调整的，须进行项目班子变更；变更审批流程同项目班子组建审批流程，但在子公司及集团总部的相关部门评审中，仅需变更岗位的相关部门参与评审。

（4）申报时间要求

子公司原则上需于项目中标之日起1个月内完成本单位的班子组建评审工作，将申请文件上报集团总部人力资源部门；特殊情况未能按照时间要求报送的需提前书面向集团总部人力资源部门说明情况。

2. 总承包项目经理部撤销

项目经理部在工程合同履约完成和企业下达的责任目标完成后按照相应程序及时撤销，按照本书第24章项目收尾管理中规定执行。

总承包项目经理部项目班子人员任职资格

表3-6

| 序号 | 单位 | 级号 | 岗位 | 岗位定位及原则性要求 | 任职资格 | | | | | |
					1. 学历	2. 工作经历(二)	其中	3. 职称	4. 考核	5. 职(执)业资格
1	特大型项目	1	项目经理级	全面负责项目的管理与内外协调，能独立主持项目工作	博士	4年	3年相关工作经验，主持过1个以上大型项目施工	高级职称	近2年的胜任力评定为B级以上	须持一级注册建造师证书，安全生产考核B证
					硕士	6年	4年相关工作经验，主持过1个以上大型项目施工			
					本科	8年	6年相关工作经验，主持过1个以上大型项目施工			
					大专	12年	10年相关工作经验，主持过2个以上大型项目施工			
		2	项目副经理级	负责分管业务的管理与内外协调，独立主持或在授权下临时组织项目工作	博士	2年	2年相应专业工作经验，担任过1个以上大型项目副经理	中级职称	近2年的胜任力评定为B级以上	持注册建造师证书或注册结构工程师证书
					硕士	5年	3年相应专业工作经验，担任过1个以上大型项目副经理			
					本科	6年	4年相应专业工作经验，担任过1个以上大型项目副经理			
					大专	9年	6年相应专业工作经验，担任过2个以上大型项目副经理			
		3	项目经理助理级	负责分管业务的管理与内外协调，独立主持或在授权下临时组织项目工作	博士	1年	—	中级职称	近2年的胜任力评定为B级以上	安全总监持注册安全工程师证，安全生产考核C证；质量总监持质量工程师证
					硕士	4年				
					本科	5年				
					大专	6年	2年相应专业工作经验，担任过1个大型项目经理助理			

续表

序号	单位	级号	岗位	岗位定位及原则性要求	任职资格					
					1. 学历	2. 工作经历(二)	其中	3. 职称	4. 考核	5. 职(执)业资格
2	大型项目	1	项目经理级	全面负责项目的管理与内外协调，能独立主持项目工作	博士	3 年	有 2 年相关工作经验，担任过 1 个中型项目经理	高级职称	近 2 年的胜任力评定为 B 级以上	须持一级注册建造师证书，安全生产考核 B 证
					硕士	4 年	有 3 年相关工作经验，担任过 1 个中型项目经理或 1 个特大型项目副经理或 2 个大型项目副经理			
					本科	6 年				
					大专	9 年	项目副经理			
		2	项目副经理级	负责分管业务的管理与内外协调，独立主持或在授权下临时主持项目工作	博士	2 年	1 年及以上相应专业工作经验	中级职称	近 2 年的胜任力评定为 B 级以上	持注册建造师或注册造价工程师或结构工程师证书
					硕士	3 年	2 年及以上相应专业工作经验，担任过 1 个中型项目经理或 2 个大型项目经理助理			
					本科	4 年				
					大专	6 年	3 年及以上相应专业工作经验，担任过 1 个特大型项目经理或 1 个大型项目经理助理			
					中专	9 年				
		3	项目经理助理级	负责分管业务的管理与内外协调，独立主持或在授权下临时组织项目工作	博士	—	—	中级职称	近 2 年的胜任力评定至少 1 次 B 级以上	安全总监须持注册安全工程师证，安全生产考核 C 证；质量总监须持质量员证
					硕士	2 年	1 年及以上相应专业相关工作经验，担任过 1 个中型项目副经理或 2 个中型项目经理助理			
					本科	3 年				
					大专	5 年	2 年及以上相应专业相关工作经验，担任过 2 个中型项目经理助理或 1 个中型项目副经理			
					中专	7 年				

序号	单位	级号	岗位	岗位定位及原则性要求	1. 学历	2. 工作经历(≥)	其中	3. 职称	4. 考核	5. 职(执)业资格
3	中型项目	1	项目经理级	全面负责项目的管理与内外协调，能独立主持项目工作	博士	2年	1年相关工作经验	助理级职称	近2年的胜任力评定为B级及以上	须持一级注册建造师证书、安全生产考核B证
					硕士	3年	2年相关工作经验，担任过1个小型项目经理或1个大型项目副经理			
					本科	4年				
					大专	6年				
		2	项目副经理级	负责分管业务的管理与内外协调，独立主持或在任授权下临时组织项目工作	硕士	2年	1年及以上相应专业相关工作经验	助理级职称	近2年的胜任力评定为B级及以上	须持二级注册建造师证书、安全生产考核B证
					本科	3年	2年相关工作经验，担任过1个小型项目经理或1个大型项目副经理助理			
					大专	4年				
					中专	6年				
		3	项目经理助理级	负责分管业务的管理与内外协调，独立主持或在任授权下临时组织项目工作	硕士	0.5年	1年以上相应专业工作经验	助理级职称	上1年度的胜任力评定为C级以上	安全总监须持注册安全工程师证、安全生产考核C证；质量总监须持质量员证
					本科	2年				
					大专	3年				
					中专	4年				

总承包项目经理部项目班子组建评审表（特大型） 表 3-7

项目名称				
项目面积		承建合同金额		
岗位	拟任人员	任职资格标准		资格审查
项目经理				□符合
				□符合
				□符合
项目执行经理				□符合
				□符合
项目生产经理				□符合
				□符合
项目商务经理				□符合
				□符合
项目总工程师				□符合
				□符合
安全总监				□符合
				□符合
质量总监				□符合
				□符合

申报单位： 年　月　日	生产管理部： 年　月　日	技术质量部： 年　月　日	安全监督部： 年　月　日

市场商务部： 年　月　日	人力资源部： 年　月　日	企业分管领导： 年　月　日

企业总经理： 年　月　日	企业董事长： 年　月　日

总承包项目经理部项目班子组建评审表（大型及以下）　　　表 3-8

项目名称			
项目面积		承建合同金额	
岗位	拟任人员	任职资格标准	资格审查
项目经理			□符合
			□符合
			□符合
项目执行经理			□符合
			□符合
项目生产经理			□符合
			□符合
项目商务经理			□符合
			□符合
项目总工程师			□符合
			□符合
安全总监			□符合
			□符合
质量总监			□符合
			□符合
申报单位： 年　月　日	生产管理部： 年　月　日		市场商务部： 年　月　日
技术质量部： 年　月　日	安全监督部： 年　月　日		人力资源部： 年　月　日
企业分管领导： 年　月　日			

3.3 项目工程总承包管理机构岗位配备

特大型、大型项目总承包机构的岗位及人员定编参照表3-9确定。总承包中型项目按照10~20人配置，总承包小型项目按照5~10人配置。

工程总承包企业可根据项目的规模、性质和工程所在地确定项目部人员配备标准。在人员精简职责不减的情况下，岗位设置可一专多能，一岗多责。兼职人员数量不得超过人员定编的30%。

总承包项目岗位及人员配置表（参考）　　　　表3-9

部门/岗位	岗位设置	人员编制	
		特大型项目	大型项目
项目领导	项目经理/书记、总工程师/设计经理、项目副经理（生产）、项目副经理（商务/物资）、安装经理、质量总监、安全总监	7~10	6~8
设计技术部	部门经理、技术工程师、方案工程师、计划工程师	6~12	4~8
商务部	部门经理、合约工程师、成本工程师	5~8	3~5
工程部	部门经理、控制（协调）工程师、质量工程师	4~8	3~5
安全部	部门经理、安全工程师、环境工程师	4~6	4~5
机电部	部门经理、专业工程师	4~6	3~5
财务部	部门经理、会计、出纳	3~4	2~3
综合部	部门经理、文书、秘书	3~6	2~3
合计		36~60人	27~42人

3.4 项目管理制度建设

3.4.1 基本要求

（1）总承包项目经理部应建立和完善相关的基本制度，总承包项目经理部的规章制度应满足工程总承包项目管理的需要。

（2）总承包项目经理部应按照规章制度对项目进行全过程和全方位规范化管理，确保总承包项目实施全过程"凡事有章可循，凡事有人负责，凡事有据可查"的要求。

（3）总承包项目经理部自行制订的规章制度与工程总承包企业现行的有关规定不一致时，应报送企业或授权的职能部门批准。

（4）项目管理制度应符合项目管理制度目录要求（见第3.4.2部分），并说明具体规章制度存放地点、审批程序、发放范围和取阅规定，并明确制度公布的具体要求。

3.4.2　项目管理制度目录

（1）项目管理岗位责任制度；

（2）项目计划管理制度；

（3）项目投资融资管理制度；

（4）项目勘察设计管理制度；

（5）项目采购制造管理制度；

（6）项目工程技术管理制度；

（7）项目工程质量管理制度；

（8）项目生态保护管理制度；

（9）项目职业健康安全管理制度；

（10）项目分包管理制度；

（11）项目计量支付管理制度；

（12）项目变更索赔管理制度；

（13）项目合同管理制度；

（14）项目成本费用管理制度；

（15）项目薪酬与激励制度；

（16）项目例会制度；

（17）项目协调沟通制度。

第4章 项目报建手续管理

4.1 概述

按照我国当前的工程建设相关规定，工程建设项目必须通过审批手续获得正式施工许可证后方能施工。项目报建手续工作的责任主体是建设单位，应由建设单位组织完成，工程总承包商是协助地位。但由于报建报审文件多数是基于设计文件，总承包商需要对设计文件的质量和深度负责，保证从内容、格式和深度上符合审批要求。另外，工程总承包模式下，设计周期和施工工期合并作为项目总工期，项目迟迟不能完成报建手续，则无法取得施工许可证。施工无法开始，在总工期不变的情况下，后续施工组织困难会很大，总包商可能会增加施工赶工成本，项目工期延误的风险也很大。所以，工程总承包商对报建手续工作应高度重视，积极协助建设单位及时取得施工许可证。

如前述项目投标管理，工程总承包商进入项目的时间，最早是在可行性研究报告批复后，最晚是在初步设计审批后。所以，工程总承包商的报建手续管理不涉及土地许可手续和可行性研究报告审批手续。此外，竣工验收手续在收尾阶段描述，本章节不涉及。

4.2 编制项目报建手续流程

我国将工程建设项目审批流程主要划分为立项用地规划许可、工程建设许可、施工许可、竣工验收等四个阶段，其他行政许可、涉及安全的强制性评估、中介服务、市政公用服务以及备案等事项纳入相关阶段同步办理。

四个阶段主要报批审批内容：

（1）立项用地规划许可阶段主要包括项目审批核准备案、选址意见书核发、用地预审、用地规划许可等。

（2）工程建设许可阶段主要包括设计方案审查、建设工程规划许可证核发等。

（3）施工许可阶段主要包括消防、人防等设计审核确认和施工许可证核发等。

（4）竣工验收阶段主要包括规划、国土、消防、人防等验收及竣工验收备案等。

为改革和优化营商环境，推动政府职能转向减审批、强监管、优服务，促进市场公平竞争，2018年5月，国务院办公厅发布《关于开展工程建设项目审批制度改革试点的通知》（国办发〔2018〕33号），各地方政府对工程建设审批流程进行了优化简化。

工程建设项目从投资来源分为政府投资类项目和社会投资类项目，以广东省广州市工程建设审批流程为例说明如下。

4.2.1 政府投资类项目审批流程（图4-1）

4.2.2 社会投资类项目审批流程（图4-2）

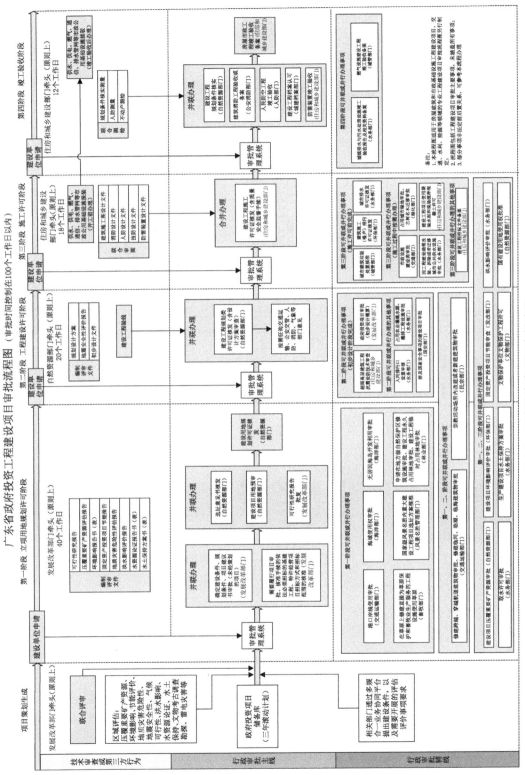

图 4-1　政府投资类项目审批流程

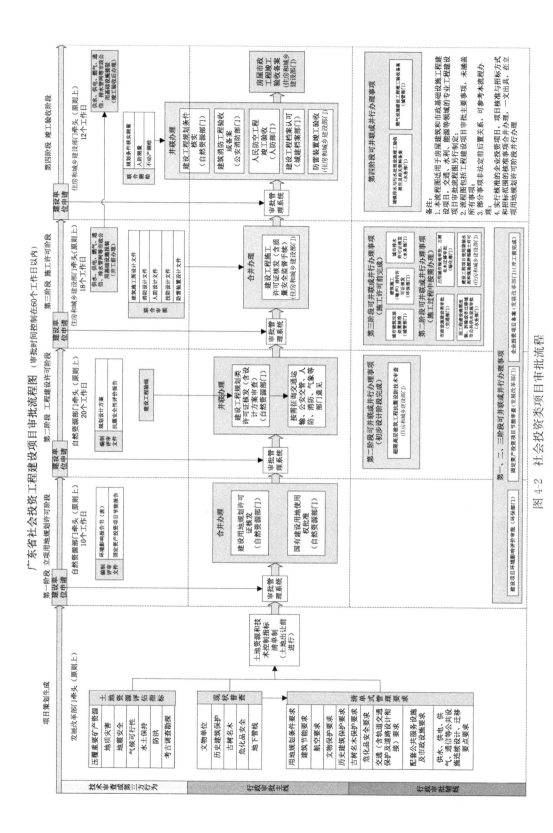

图 4-2 社会投资类项目审批流程

4.3 编制报建手续技术文件

4.3.1 明确职责分工，制定进度计划

工程总承包商在签订合同后，应设置专人协助建设单位办理工程建设许可和施工许可工作，应以书面形式明确建设单位、总承包商在报建报批工作的职责分工，并制定报批计划。如表 4-1 所示。

报建手续计划表   表 4-1

序号	事项清单	样式要求	主办单位	主办人	计划报审时间	计划完成时间

4.3.2 组织工程建设许可阶段报审文件

以广东省广州市工程建设审批程序为例，房屋建筑工程在工程建设许可阶段报审的主要的文件及要求如表 4-2 所示。

工程建设许可阶段主要报审文件表   表 4-2

序号	事项名称	实施主体	材料序号	申请材料清单	提供单位	获取方式	适用情形
1	政府投资项目审批（初步设计概算）	发展改革部门	1	可行性研究报告批复文件	发展改革部门	数据共享自动获取	
			2	项目初步设计报告审批申请文件	项目单位或主管部门	系统填报	
			3	项目初步设计文本	项目单位或主管部门	电子材料自动复用	
2	建设工程规划类许可证核发（建筑类）、建设工程规划类许可证核发（市政类）	自然资源主管部门	1	建设工程规划许可证核发（建构筑物工程）申请表	项目单位	系统填报	建构筑物工程
			2	建设工程规划许可证核发（市政工程）申请表	项目单位	系统填报	市政工程
			3	土地权属证明文件（国有土地使用权证、用地批准书或不动产权证书）	自然资源主管部门	数据共享自动获取	
			4	项目可研审批、核准或备案文件	发展改革部门	数据共享自动获取	

序号	事项名称	实施主体	材料序号	申请材料清单	提供单位	获取方式	适用情形
2	建设工程规划类许可证核发（建筑类）、建设工程规划类许可证核发（市政类）	自然资源主管部门	5	建设工程设计方案	项目单位	电子材料自动复用	
			6	历史文化街区、名镇、名村核心保护范围内拆除历史建筑以外的建筑物、构筑物或其他设施的申请	项目单位	系统填报	涉及历史文化街区、名镇、名村核心保护范围内拆除历史建筑以外的建筑物、构筑物或其他设施的
			7	历史建筑实施原址保护申请	项目单位	系统填报	涉及历史建筑实施原址保护的
			8	历史建筑外部修缮装饰、添加设施以及改变历史建筑的结构或使用性质的申请	项目单位	系统填报	涉及历史建筑外部修缮装饰、添加设施以及改变历史建筑的结构或使用性质的
3	超限高层建筑工程抗震设防审批	住房和城乡建设部门	1	超限高层建筑工程抗震设防专项审查申请表	项目单位	系统填报	
			2	建筑结构工程超限设计的可行性论证报告	项目单位		
			3	建设项目的岩土工程勘察报告	项目单位		
			4	结构工程初步设计计算书	项目单位		
			5	初步设计文件（建筑和结构专业部分含勘察设计企业资质证书副本、出图专用章和执业专用章）	项目单位	电子材料自动复用	
			6	相应的说明文件	项目单位		涉及参考使用国外有关抗震设计标准、工程实例和震害资料及计算机程序的项目

序号	事项名称	实施主体	材料序号	申请材料清单	提供单位	获取方式	适用情形
3	超限高层建筑工程抗震设防审批	住房和城乡建设部门	7	抗震试验研究报告	项目单位		涉及需进行模型抗震性能试验研究的结构工程
			8	项目可研审批、核准或备案文件	发展改革部门	电子材料自动复用	
			9	规划（建筑）方案批准意见书或建设工程规划许可证	自然资源主管部门	数据共享自动获取	
			10	风洞试验报告	项目单位		涉及进行风洞试验研究的结构工程
			11	地震安全性评价报告	项目单位	电子材料自动复用	对国家标准《建筑工程抗震设防分类标准》GB 50223 规定的特殊防范类（甲类）建筑工程
4	大中型建设工程初步设计审查	住房和城乡建设部门	1	项目立项批准文件	发展改革部门	数据共享自动获取	
			2	广东省大中型建设工程初步设计审查申请表	项目单位	系统填报	
			3	建设项目选址意见书或建设用地规划许可证；规划设计要点的批准文件	自然资源主管部门	数据共享自动获取	
			4	环保、人防等部门批准文件	环保、人防部门	数据共享自动获取	
			5	拟建场地工程地质勘察报告	项目单位		
			6	工程初步设计文件（含设计概算）	项目单位		
			7	地震安全性评价报告	项目单位		

序号	事项名称	实施主体	材料序号	申请材料清单	提供单位	获取方式	适用情形
5	新建、扩建、改建建设工程避免危害气象探测环境审批	气象部门	1	新建、扩建、改建建设工程避免危害气象探测环境行政许可申请表	项目单位	系统填报	
			2	新建、扩建、改建建设工程概况和规划总平面图	项目单位	电子材料自动复用	
			3	新建、扩建、改建建设工程与气象探测设施或观测场的相对位置示意图	项目单位	电子材料自动复用	
6	国家级风景名胜区内重大建设工程项目选址方案核准	林业部门	1	拟建项目选址方案（主要包括：1.项目的必要性、合理性、可行性分析；2.项目的选址比选方案；3.项目对风景名胜区的资源生态和景观环境影响评价分析；4.项目的初步设计及其他基础资料；5.项目用地红线图）	项目单位	电子材料自动复用	
			2	在风景名胜区内实施重大建设工程项目的申请文件	项目单位	系统填报	
			3	拟建项目所在风景名胜区管理机构出具的审查报告（报告中附专家审查意见）	风景名胜区管理机构	数据共享自动获取	
			4	拟建项目所在风景名胜区的规划文件及批复（经批准的风景名胜区《总体规划》《详细规划》文本及批复文件）	自然资源主管部门	数据共享自动获取	

序号	事项名称	实施主体	材料序号	申请材料清单	提供单位	获取方式	适用情形
7	应建防空地下室的民用建筑项目许可	人防部门	1	民用建筑人防地下工程行政审批申请表	项目单位	系统填报	
			2	建设项目基底红线图（或总平面图）	自然资源主管部门	电子材料自动复用	
			3	工程建筑设计方案图	自然资源主管部门	电子材料自动复用	
			4	应建防空地下室面积计算统计表	项目单位		
			5	立项批文	发展改革部门	数据共享自动获取	
8	易地修建防空地下室的民用建筑项目许可	人防部门	1	民用建筑人防地下工程行政审批申请表	项目单位	系统填报	
			2	建设项目基底红线图（或总平面图）	自然资源主管部门	电子材料自动复用	
			3	工程建筑设计方案图	自然资源主管部门	电子材料自动复用	
			4	应建防空地下室面积计算统计表	项目单位		
			5	工程地质勘察报告	项目单位		
			6	人防地下室建设适宜性分析报告	项目单位		
			7	立项批文	发展改革部门	数据共享自动获取	
9	建设工程验线	自然资源主管部门	1	建设工程批后管理跟踪表	项目单位		
			2	城市建设工程规划验线申请表	项目单位	系统填报	
			3	建设工程规划许可证	自然资源主管部门	数据共享自动获取	
			4	建筑总平面图或道路（桥梁）平面图等	项目单位	电子材料自动复用	

4.3.3 组织施工许可阶段报审文件

以广东省广州市工程建设审批程序为例，对于房屋建筑工程，在施工许可阶段报审的主要文件及要求如表4-3所示。

施工许可阶段主要报建手续文件表 表 4-3

序号	事项名称	实施主体	材料序号	申请材料清单	提供单位	获取方式	适用情形
1	建筑工程项目施工图设计文件审查	住房和城乡建设部门	1	无	项目单位	图审服务机构提供	
2	防雷装置设计审核	住房和城乡建设部门	1	雷电防护装置设计审核申请表	项目单位	系统填报	
			2	设计单位和人员的资质证明和资格证书的复印件	项目单位	电子材料自动复用	
			3	雷电防护装置设计说明书、设计图纸及相关资料	项目单位		
			4	设计中所采用的防雷产品相关资料	项目单位		
3	占用城市绿地审批、古树名木迁移审核	城管部门	1	工程建设涉及城市绿地、树木审批申请文件	项目单位	系统填报	
			2	拟建项目施工平面图、涉及影响改变城市绿化规划、绿化用地性质临时占用城市绿地或修剪、移植、砍伐树木平面图树木移植、大修剪方案（含现状树木位置图）	项目单位	电子材料自动复用	
			3	建设工程规划许可证	自然资源主管部门	数据共享自动获取	
			4	古树名木移植专家论证意见	项目单位		仅涉及古树名木移植时提供

序号	事项名称	实施主体	材料序号	申请材料清单	提供单位	获取方式	适用情形
3	占用城市绿地审批、古树名木迁移审核	城管部门	5	砍伐、迁移树木现场平面示意图	项目单位		1. 影响交通、管线、房屋和人身安全的城市树木；2. 影响市政道路建设工程及在规划预留路口上的城市树木；3. 在建筑红线内影响建设项目实施的城市树木；4. 影响电力、市政、交通和通信部门紧急抢险救灾的城市树木；5. 影响政府重大工程项目实施的城市树木；6. 自然枯死的城市树木；7. 其他符合法律法规等规定的情形
			6	城市绿化工程设计方案及工程建设项目附属绿化设计变更方案和图纸	项目单位	电子材料自动复用	涉及城市绿地但不会对城市景观及市容环境秩序造成大的影响建设工程
			7	项目完工后恢复协议（包括恢复承诺书、恢复具体时间和方案）	项目单位		
4	占用、挖掘城市道路审批、城市桥梁上架设各类市政管线审批、依附于城市道路建设各种管线、杆线等设施审批	城管部门	1	市政设施建设类审批申请文件	项目单位	系统填报	
			2	拟建建筑工程施工许可证和建设工程规划类许可证	自然资源主管部门	数据共享自动获取	
			3	市政设施建设的设计文书	项目单位		

序号	事项名称	实施主体	材料序号	申请材料清单	提供单位	获取方式	适用情形
4	占用、挖掘城市道路审批、城市桥梁上架设各类市政管线审批、依附于城市道路建设各种管线、杆线等设施审批	城管部门	4	施工单位的资质证明（含施工组织设计方案、安全评估报告及事故预警和应急处置方案）	项目单位	电子材料自动复用	
			5	占用城市道路的平面图	项目单位		涉及占用城市道路的建设项目
			6	挖掘影响范围内的地下管线放样资料；挖掘破路设计图和挖掘道路的施工组织设计	项目单位		涉及挖掘城市道路的建设项目
			7	城市排水指导意见	水利主管部门		对与城镇排水与污水处理设施相连接的建设项目
			8	对桥梁、隧道的沉降和位移的监测方案以及对桥梁、隧道影响的分析评估报告或原设计单位的荷载验算书及安全技术意见	项目单位		涉及挖掘城市道路，并需在城市桥梁、隧道的安全保护区域内申请的挖掘项目
			9	安全评估报告（桥梁、隧道的原设计单位的荷载验算书及技术安全意见、施工组织、事故预警和应急抢险方案、城市桥梁上架设各类市政管线的定期自行检修方案和配合桥梁管理部门做好日常检测、养护作业的承诺书）	项目单位		涉及城市桥梁上架设各类市政管线的建设项目
5	因工程建设确需改装、拆除或者迁移城市公共供水设施审批	水务水利部门	1	因工程建设需要拆除、改动、迁移供水、排水与污水处理设施的申请文件	项目单位	系统填报	

序号	事项名称	实施主体	材料序号	申请材料清单	提供单位	获取方式	适用情形
5	因工程建设确需改装、拆除或者迁移城市公共供水设施审批	水务水利部门	2	同意改装、拆除或迁移城市公共供水、排水、污水设施的书面意见	项目单位		
			3	具有市政设计资质单位出具的供水、排水、污水处理设施迁移、改建设计方案、设计图纸、位置平面图及详细数据资料	项目单位	电子材料自动复用	
6	建设工程消防设计审核	住房和城乡建设部门	1	建设工程消防设计审核申报表	项目单位	系统填报	
			2	设计单位资质证明文件	项目单位	电子材料自动复用	
			3	消防设计文件	项目单位	电子材料自动复用	
			4	建设工程规划许可证明文件	自然资源主管部门	数据共享自动获取	依法需要办理建设工程规划许可的，应当提供
			5	主管部门批准的证明文件			依法需要主管部门批准的临时性建筑，属于人员密集场所的，应当提供
			6	提供特殊消防设计文件或者设计采用的国际标准、境外消防技术标准的中文文本以及其他有关消防设计的应用实例、产品说明等技术资料	项目单位		（一）国家工程建设消防技术标准没有规定的；（二）消防设计文件拟采用的新技术、新工艺、新材料可能影响工程消防安全，不符合国家标准规定的；（三）拟采用国际标准或者境外消防技术标准的

序号	事项名称	实施主体	材料序号	申请材料清单	提供单位	获取方式	适用情形
7	建筑工程施工许可证核发	住房和城乡建设部门	1	建筑工程施工许可证申请表	项目单位	系统填报	
			2	建筑工程用地批准手续（国有土地使用证、国有土地使用权出让批准书、建设用地批准书或建设用地规划许可证等）	自然资源主管部门	数据共享自动获取	
			3	建设工程规划许可证	自然资源主管部门	数据共享自动获取	
			4	中标通知书（按照规定可直接发包的工程应直接发包备案表）	项目单位		
			5	施工合同	项目单位	电子材料自动复用	
			6	施工图设计文件审查合格书	项目单位	电子材料自动复用	
			7	建筑工程质量监督登记表	项目单位	系统填报	
			8	建筑工程安全监督登记表	项目单位	系统填报	
			9	建设资金已经落实承诺书	项目单位	电子材料自动复用	
8	建设工程项目使用袋装水泥和现场搅拌混凝土许可	住房和城乡建设部门	1	使用袋装水泥和现场搅拌混凝土行政许可申请表	项目单位	系统填报	
			2	施工单位使用袋装水泥和现场搅拌混凝土情况说明	项目单位		
			3	场地示意图	项目单位		
			4	施工企业安全生产许可证	项目单位	数据共享自动获取	
			5	建设工程规划许可证	自然资源主管部门	数据共享自动获取	
			6	建筑工程施工许可证	自然资源主管部门	数据共享自动获取	

序号	事项名称	实施主体	材料序号	申请材料清单	提供单位	获取方式	适用情形
9	房屋建筑和市政基础设施工程招标投标情况报告备案	住房和城乡建设部门	1	房屋建筑和市政基础设施工程招标投标情况报告备案表	项目单位	系统填报	
			2	招标公告或投标邀请书	项目单位		
			3	开标、唱标、评标、定标记录	项目单位		
			4	建设工程中标通知书	项目单位		
			5	建设工程招标代理合同	项目单位		
			6	招标人评价意见表	项目单位		
			7	评标委员会信息表	项目单位		
			8	定标委员会信息表	项目单位		
10	建设工程招标文件备案	住房和城乡建设部门	1	项目审批文件	发展改革部门	数据共享自动获取	
			2	建设资金落实证明文件	项目单位	电子材料自动复用	
			3	建设工程规划许可文件	自然资源主管部门	数据共享自动获取	
			4	用地批复文件	自然资源主管部门	数据共享自动获取	
			5	市政府会议纪要或批示等资料	项目单位		
			6	行政主管部门标前审查备案意见	项目单位		
			7	招标代理合同书	项目单位		
			8	代理机构经办人劳动合同	项目单位		
			9	代理机构经办人社保证明	项目单位		
			10	招标控制价	项目单位		
			11	工程量清单	项目单位		
			12	预算评审报告	项目单位		
			13	按招标文件范本编制的招标文件（含招标公告）	项目单位		

序号	事项名称	实施主体	材料序号	申请材料清单	提供单位	获取方式	适用情形
10	建设工程招标文件备案	住房和城乡建设部门	14	工程地质勘察报告	项目单位		
			15	设计施工图纸	项目单位	电子材料自动复用	
			16	勘察单位营业执照	项目单位	数据共享自动获取	
			17	勘察单位资质证书	项目单位	数据共享自动获取	
			18	设计单位营业执照	项目单位	数据共享自动获取	
			19	工程勘察设计中标通知书	项目单位		
			20	初步设计批复文件	发展改革部门	数据共享自动获取	
			21	概算审批文件	发展改革部门	数据共享自动获取	
11	用水报装	供水公司	1	产权证明	项目单位	数据共享自动获取	
			2	用水报装申请表	项目单位	系统填报	
			3	供用水合同	项目单位		
			4	红线图	项目单位	电子材料自动复用	
12	燃气报装和接驳	燃气公司	1	产权证明文件	项目单位	数据共享自动获取	
			2	项目代码回执	发展改革部门	数据共享自动获取	
			3	项目平面图及用气点所在层平面图	项目单位		
			4	业主自行组织建设燃气管道工程责任承诺书	项目单位		
			5	用气申请表	项目单位	系统填报	
13	用电报装和接驳	供电公司	1	项目代码回执	发展改革部门	数据共享自动获取	
			2	物业权属证明	项目单位	数据共享自动获取	

序号	事项名称	实施主体	材料序号	申请材料清单	提供单位	获取方式	适用情形
14	有线数字电视新装申请	数字电视公司					
15	城市建筑垃圾处置（受纳）核准	城管部门	1	城市建筑垃圾处置核准申请表	城市主管部门	数据共享自动获取	
			2	施工单位与运输单位签订的合同书	项目单位		
			3	建筑垃圾消纳场地所属权人同意接受该项目建筑垃圾证明	城市主管部门	数据共享自动获取	
			4	建筑垃圾消纳场的土地用途证明	自然资源主管部门	数据共享自动获取	
			5	建筑垃圾消纳场地的平面图、进场路线图	城市主管部门	数据共享自动获取	
			6	建筑垃圾消纳场地基本情况表	城市主管部门	数据共享自动获取	
16	污水排入排水管网许可证核发	水务水利部门	1	城市排水许可申请表	项目单位	系统填报	
			2	接驳设施的资料	项目单位		
			3	排水户内部排水管网、专用检测井、污水排放口位置和口径的图纸和说明	项目单位		
			4	按规定建设污水预处理设施的材料	项目单位		

序号	事项名称	实施主体	材料序号	申请材料清单	提供单位	获取方式	适用情形
16	污水排入排水管网许可证核发	水务水利部门	5	排水许可申请受理之日前一个月内由具有计量认证资格的排水监测机构出具的排水水质、水量检测报告；拟排放污水的排水户提交水质、水量预测报告	项目单位		
			6	列入重点排污单位名录的排水户应当提供已安装的主要水污染物排放自动监测设备材料；排放污水可能对排水设施正常运行造成危害的重点排污工业企业，应当提供已在排放口安装能够对水量、酸碱值、化学需氧量进行检测的在线检测装置的资料	项目单位		

第5章 项目管理策划

5.1 基本要求

5.1.1 项目管理策划编制

项目管理策划是总体管理的一部分，致力于制定项目管理目标并规定必要的运行过程和相关资源以实现目标。

工程总承包项目经理部应在项目初始阶段开展项目规划工作，并编制项目管理计划和项目实施计划。

（1）通过工程总承包项目的策划活动，形成项目的管理计划和实施计划。

（2）项目管理计划是工程总承包企业对工程总承包项目实施管理的重要内部文件，是编制项目实施计划的基础和重要依据。

（3）项目实施计划是对实现项目目标的具体和深化。对项目的资源配置、费用、进度、内外接口和风险管理等制定工作要点和进度控制点。

（4）通常项目实施计划需经过项目发包人的审查和确认。

（5）根据项目的实际情况，也可将项目管理计划的内容并入项目实施计划中。

（6）根据项目的规模和特点，可将项目管理计划和项目实施计划合并编制为项目计划。

5.1.2 项目管理策划基本内容

项目管理策划应结合项目特点，根据合同和工程总承包企业管理的要求，明确项目目标和工作范围，分析项目风险以及采取的应对措施，确定项目各项管理原则、措施和进程。

（1）项目策划内容中应体现企业发展的战略要求，明确项目在实现企业战略中的地位，通过对项目各类风险的分析和研究，明确项目部的工作目标、管理原则、管理的基本程序和方法。

（2）项目风险的分析和研究工作要在项目风险规划基础上进行。

（3）项目策划要具有可操作性，并随着项目进展和情况的变化，及时进行调整。

（4）在项目策划阶段，工程总承包企业和项目经理部应充分考虑各种风险对项目目标的影响，确保业务连续性。

（5）项目策划阶段应考虑工厂化预制、模块化施工和装配式建筑等方面要求。

5.1.3 项目策划的范围

项目策划的范围宜涵盖项目活动的全过程所涉及的全要素。

5.2 项目策划内容

5.2.1 项目策划要求

项目策划应满足合同要求。同时，基于应对风险和机遇的措施，应考虑到工程总承包企业及其环境内外部因素，应确定与项目管理有关的相关方及其要求和期望。适当时，还包括或引用与组织结构、资源、进度、预算、风险管理、环境管理、职业健康安全管理以及安保管理有关的策划。应符合工程所在地对社会环境、依托条件、项目相关方需求以及项目对技术、质量、安全、费用、进度、职业健康、环境保护、相关政策和法律法规等方面的要求。

5.2.2 项目策划应包括的主要内容

(1) 明确项目策划原则；

(2) 明确项目技术、质量、安全、费用、进度、职业健康和环境保护等目标，并制定相关管理程序；

(3) 确定项目的管理模式、组织机构和职责分工；

(4) 制定资源配置计划；

(5) 制定项目协调程序；

(6) 制定应对风险和机遇的措施；

(7) 制定分包计划。

5.3 项目管理目标

5.3.1 基本要求

项目管理目标应由项目经理组织编制，需根据合同和工程总承包企业管理层的总体要求，体现企业对项目实施的要求和项目经理对项目的总体规划和实施方案，并由工程总承包企业相关负责人审批，在项目初始阶段完成。

5.3.2 项目管理目标应包括的主要内容（表5-1）

(1) 技术目标：对采用技术的先进性、可靠性和适宜性的分析与说明；

(2) 质量目标：对实施质量管理与控制、保证项目产品和服务质量的说明；

(3) 安全目标：对实施安全管理、保证项目过程及项目产品安全的说明；

（4）费用目标：对实施费用管理与控制、保证项目成本达标的说明；

（5）进度目标：对实施进度管理与控制、保证项目进度达标的说明；

（6）职业健康目标：对实施职业健康管理、保证项目管理和生产人员职业健康的说明；

（7）环境保护目标：对实施环境管理、保证项目过程和项目产品符合环保要求的说明。

5.4　项目管理计划

5.4.1　编制人和审批

项目管理计划应由项目经理组织编制，并由工程总承包企业相关负责人审批。

1. 编制根据

项目经理应根据合同和工程总承包企业管理层的总体要求，组织项目各职能经理编制项目管理计划。

2. 体现内容和发布禁止

管理计划应体现企业对项目实施的要求和项目经理对项目的总体规划和实施方案，该计划属企业内部文件不对外发放。

5.4.2　项目管理计划编制的主要依据

（1）项目合同；

（2）项目发包人和其他项目相关方的要求；

（3）项目情况和实施条件；

（4）项目发包人提供的信息和资料；

（5）相关市场信息；

（6）工程总承包企业管理层的总体要求。

5.4.3　项目管理计划应包括的主要内容（表5-2）

（1）项目概况；

（2）项目范围；

（3）项目管理目标；

（4）项目实施条件分析；

（5）项目的管理模式、组织机构和职责分工；

（6）项目实施的基本原则；

（7）项目协调程序；

（8）项目的资源配置计划；

（9）项目风险分析与对策；

（10）合同管理；

（11）内部控制的其他相关内容。

注：1. 以上所列内容为项目管理计划的基本内容，各行业可根据本行业的特点和项目的规模进行调整。

2. 项目管理计划需对项目的税费筹划和组织模式进行描述。

5.4.4 项目管理计划编制实例说明或编制清单（附件5-1）

附件5-1：××××项目管理计划编制实例说明或编制清单

项目管理主要目标及《项目管理计划》编制计划表见表5-1、表5-2。

附件5-1
表5-1

项目管理主要目标（指标）

项目名称及编号		
收益指标	营业收入指标	
	成本指标	
	利润	
	利润率	
工程款回收率		
技术目标		
质量目标		
安全目标		
费用目标		
工期进度目标		
职业健康目标		
环境保护目标		
标准化目标		
信息化目标		
人才培养目标		
风险控制目标		
其他目标		
工程总承包企业财务部意见		
工程总承包企业相关部门意见		
工程总承包项目经理部主管领导意见		
工程总承包企业领导意见		

《项目管理计划》编制计划表　　　　　　　　表 5-2

序号	策划项目	要点	责任部门或人员	完成期限
1	项目概况			
2	项目范围			
3	项目管理目标			
4	项目实施条件分析			
5	项目的组织管理模式、组织机构和职责分工			
6	项目实施的基本原则			
7	项目协调程序			
8	项目的资源配置计划			
9	项目风险分析与对策			
10	合同管理			
11	内部控制的其他相关内容			

注：以上所列内容为项目管理计划的主要内容，可根据项目规模和具体情况考虑编制以下内容：项目设计管理、项目技术管理、项目采购管理、项目物流管理、项目施工管理、项目 HSE 管理、项目试运行与竣工验收管理、项目收尾管理、项目进度管理、项目质量管理、项目成本管理、项目计量支付管理、项目财务管理（应包含项目的税费筹划）、项目分包管理、项目人力资源管理、项目综合事务管理、项目文档管理、项目考核管理、项目总结管理。

5.5 项目实施计划

5.5.1 编制人和许可

项目实施计划应由项目经理组织编制，并经项目发包人认可。

1. 总则

项目实施计划是实现项目合同目标、项目策划目标和企业目标的具体措施和手段，也是反映项目经理和项目经理部落实工程总承包企业对项目管理的要求。

2. 获得批准

项目实施计划应在项目管理计划获得批准后，由项目经理组织项目经理部人员进行编制。项目实施计划应具有可操作性。

5.5.2 项目实施计划的编制依据

（1）批准后的项目管理计划；

（2）项目管理目标责任书。项目管理目标责任书的内容按照各行业和企业的特点制定。实行项目经理负责制的项目应签订项目管理目标责任书，企业管理层的总体要求是工程总承包企业管理层对项目实施目标的具体要求，应将这些要求纳入项目实施计划中；

（3）项目的基础资料。包括合同、批复文件等。

5.5.3 项目实施计划主要编制程序

（1）研究和分析项目合同、项目管理计划和项目实施条件等；

（2）拟定编写大纲；

（3）确定编写人员并进行分工编写；

（4）汇总协调与修改完善；

（5）接照规定审批。

5.5.4 项目实施计划主要内容

1. 概述

（1）项目简要介绍；

（2）项目范围；

（3）合同类型；

（4）项目特点；

（5）特殊要求；

（6）当有特殊性时，需包括特殊要求。

2. 总体实施方案

（1）项目目标；

（2）项目实施的组织形式；

（3）项目阶段的划分；

（4）项目工作分解结构；

（5）项目实施要求；

（6）项目沟通与协调程序；

（7）对项目各阶段的工作及其文件的要求；

（8）项目分包计划。

3. 项目实施要点

（1）工程设计实施要点；

（2）采购实施要点；

（3）施工实施要点；

（4）试运行实施要点；

（5）合同管理要点；

（6）资源管理要点；

（7）质量控制要点；

（8）进度控制要点；

（9）费用估算及控制要点；

（10）安全管理要点；

（11）职业健康管理要点；

（12）环境管理要点；

（13）沟通和协调管理要点；

（14）财务管理要点；

（15）风险管理要点；

（16）文件及信息管理要点；

（17）报告制度；

（18）工作计划、控制管理、管理规定和报告制度的要点。

4. 项目初步进度计划

5. 工作计划要点的主要内容

（1）编制依据；

（2）工作原则、要求；

（3）工作范围、分工；

（4）工作程序、内容；

（5）标准、规范；

（6）工作进度、主要控制点（里程碑）；

（7）接口关系；

（8）特殊情况处理。

6. 控制管理要点的主要内容

（1）执行效果测量基准的建立；

（2）计划执行的跟踪、检查；

（3）偏差分析与反馈；

（4）纠正措施。

7. 管理规定要点的主要内容

（1）管理系统、规章制度、规定；

（2）管理原则与内容；

（3）管理职责与权限；

（4）管理程序与要求；

（5）变更管理与协调；

8. 报告制度要点的主要内容

（1）报告的种类与功能；

（2）报告的编制与审批；

（3）报告的内容与格式；

（4）报告提交的时间；

（5）报告的发送。

5.5.5 项目初步进度计划

1. 项目初步进度计划应确定下列活动的进度控制点

（1）收集相关的原始数据和基础资料；

（2）发表项目管理规定；

（3）发表项目计划；

（4）发表项目进度计划；

（5）发表工程设计执行计划；

（6）发表项目采购执行计划；

（7）发表项目施工执行计划；

（8）发表项目试运行执行计划；

（9）完成工程总承包企业内部项目费用估算和预算，发表项目费用进度计划。

2. 项目初步进度计划应确定下列主要内容

（1）签订分包合同；

（2）发表项目各阶段的设计文件；

（3）完成项目费用估算和预算；

（4）关键设备、材料采购；

（5）取得项目施工许可证；

（6）开始现场施工；

（7）竣工；

（8）开始试运行；

（9）开始考核；

（10）交付使用。

5.5.6 项目实施计划的管理应符合的规定

（1）项目实施计划应由项目经理签署，并经项目发包人认可；

（2）项目发包人对项目实施计划提出异议时，经协商后可由项目经理主持修改；

（3）项目经理部应对项目实施计划的执行情况进行动态监控；

（4）项目结束后，项目经理部应对项目实施计划的编制和执行进行分析和评价，并把相关活动结果的证据整理归档。

5.5.7 项目实施计划编制大纲实例或编制清单（附件 5-2）

附件 5-2：××××项目实施计划编制大纲实例或编制清单

附件 5-2

第6章 项目计划管理

6.1 项目计划管控体系和职责

6.1.1 项目计划管理意义

通过建立涵盖工程总承包项目全过程的计划管控体系，将项目部的计划管理工作规范化，遵循设计、采购及施工之间的合理交叉、相互协调、资源优化的原则，统筹协调进度、成本、质量管理，以全面实现合同规定的各项目标。

6.1.2 项目计划分类

项目计划主要分为项目管理计划和项目实施计划，其主要内容如表6-1所述。

项目计划内容统计表 表6-1

序号	计划名称	计划类别	计划内容	备注
1	项目管理计划	项目总体规划	项目管理计划	
2		工作计划	部门工作计划	重点工作及事项计划
3			项目检验计划	
4			项目专项验收计划	
5			质量、安全、成本计划	
6			竣工验收计划	
7			交付计划	
8	项目实施计划	资源计划	劳动力计划	
9			机械设备计划	
10			主要材料计划	
11			项目资金计划	
12		进度计划	项目总进度计划	
13			设计进度计划	
14			采购进度计划	
15			施工进度计划	
16			试运行进度计划	
17			年、月及周进度计划	

6.1.3 项目计划管控体系组织架构

项目经理为项目计划管理第一责任人，总承包项目经理部应设置计划经理及计划管理部门，全面负责项目计划管理与计划考核，可下设编制、监督、协调三个工作组。计划管理部门人员数量依据项目规模及难易程度确定（图 6-1）。

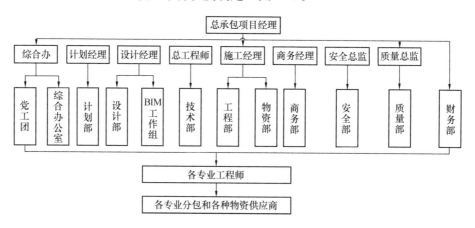

图 6-1 项目部计划管理组织机构图

6.1.4 计划管理职责

1. 项目经理职责

（1）组织编制项目管理计划；

（2）审核批准设计、采购、施工、试运行等项目实施计划；

（3）负责在项目实施过程中采取有效措施保证各项工作按计划开展，并根据实际情况对计划进行调整、审核与批准。

2. 计划经理及计划管理部门职责

（1）计划经理直接领导计划管理部，对项目计划管理全面负责；

（2）协助项目经理编制项目管理计划；组织编制项目实施计划；负责编制项目总进度计划；

（3）负责组织协调设计、采购、施工、试运行等各自编制实施计划；负责组织设计、采购、施工之间的计划互审；

（4）监督计划管理的落实，并对计划进行动态管理。监督协调各部门的计划执行，并进行跟踪、分析和控制，并定期编制计划报告；审核计划调整方案；

（5）定期组织召开计划例会，通报计划执行情况及改进要求。制定计划延误奖惩措施并执行。定期总结计划进度管理情况，持续改进和提高项目计划管理水平，并对计划进行总结评价。

3. 其他部门的计划管理职责（表6-2）

表 6-2

其他部门计划管理职责

序号	部门	职责
1	设计部	1. 负责设计单位及设计分包单位进度计划的编制审核； 2. 定期编制设计进度计划报告，报送计划管理部审批后执行； 3. 负责设计单位及设计分包单位的计划管控及计划调整审核
2	采购部	1. 负责编制材料、设备、分包等供应商的采购计划； 2. 定期编制采购进度计划报告，报送计划管理部审批后执行； 3. 负责对供应商进度工作的协调和管控
3	工程部	1. 负责施工进度计划编制及审核； 2. 定期编制施工进度报告，在审核批准后执行进度计划； 3. 负责对施工进度工作的协调和管控
4	其余部门	1. 负责各自部门的计划编制及审核，报计划部进行审核，经项目经理批准后执行； 2. 并定期编制计划报告，对本部门的工作计划进行协调和管控

6.2 项目计划目标确定

6.2.1 计划目标确定原则

（1）依据总承包合同规定，符合项目总工期、阶段性目标、里程碑目标；

（2）符合项目总体规划要求；

（3）符合企业及项目部计划管理规定；

（4）符合项目合理交叉统筹管理的要求。

6.2.2 项目管理计划目标

项目管理目标计划是项目实施要达到的具体任务目标，是项目整体实施的总目标和规划（表6-3）。

表 6-3

项目管理计划目标

序号	目标内容	主控责任人	协助责任人	形成的资料	备注
1	营业收入指标				
2	成本指标				
3	利润指标				
4	资金计划				
5	工期目标				
6	质量目标				
7	安全、环境与职业健康管理目标				
8	技术目标				
9	绿色文明施工目标				
10	其他管理目标				

6.2.3 项目实施计划目标

具体见表 6-4～表 6-6。

项目工作计划目标　　　　　　　　　　　　　表 6-4

序号	目标内容	完成时间	责任方	形成的资料	备注
1	各部门日常工作计划目标				
2	项目检验目标				
3	项目专项验收目标				
4	项目质量管理过程目标				
5	项目安全管理过程目标				
6	项目成本管理过程目标				
7	项目竣工验收目标				
8	项目交付目标				

项目资源计划目标　　　　　　　　　　　　　表 6-5

序号	目标内容	完成时间	责任方	形成的资料	备注
1	专业分包目标				
2	劳动力计划目标				
3	机械设备计划目标				
4	主要材料计划目标				
5	项目资金计划目标				

项目进度计划目标　　　　　　　　　　　　　表 6-6

序号	阶段	工作内容	完成时间	责任方	形成的资料	备注
1		项目总进度计划				
2		设计进度计划				
3		采购进度计划				
4		施工进度计划				
5		试运行进度计划				
6		年度进度计划				
7		月度进度计划				
8		周进度计划				

6.3 项目计划编制与审批

6.3.1 项目计划编制要求

1. 项目计划编制格式

项目计划的编制格式包括计划图表和编制说明。

计划图表：可用的计划图表包括各种工作表格、单代号网络图、双代网络图、时标网络计划、含有逻辑关系的横道图等，应包含测量基准、计划进度基准曲线、资源配置数量、任务工程量等内容。

编制说明：进度计划编制依据，计划目标，关键线路说明，资源要求，外部约束条件，风险分析和控制措施。

2. 计划编制主要工具

使用 Project、P6 等专业软件编制。

3. 项目计划编制方法

（1）分级编制：

计划要符合业主要求与合同约定，实行分级编制、分级控制。按照上一级计划控制下一级计划，下一级计划深化分解上一级计划的原则制定。每一级的计划编制内容应满足其实施需求。例如总计划编制深度为项目的分部工程，各部门的进度计划应满足分项工程计划。按照工作范围和进度目标，分解工作，分解层次包括项目、单项工程、单位工程、分部工程、分项工程和单元任务活动（表 6-7）。

四级进度计划

表 6-7

序号	计划内容	编制要求	编制责任方	审批方	备注
1	一级进度计划	里程碑计划			框架
2	二级进度计划	项目总体进度计划			计划基准
3	三级进度计划	详细控制计划			执行计划
4	四级进度计划	详细的作业计划			执行计划

（2）项目计划的逻辑关系

应在工程进度计划中体现主要里程碑节点、关键线路的逻辑关系、任务项工期、重要性、资源名称。设计—采购—施工—试运行之间的交叉，各阶段内部工序之间的逻辑关系需要梳理清晰。

6.3.2 项目计划实施流程

具体见图 6-2。

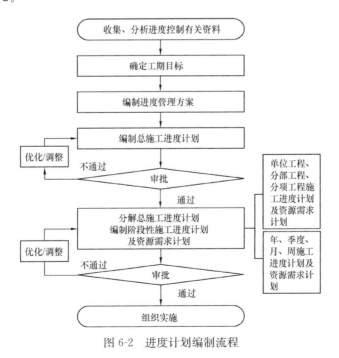

图 6-2 进度计划编制流程

6.3.3 项目计划编制内容

1. 项目管理计划

项目管理计划为项目的总控性计划，应体现设计、采购、施工、试运行等各项工作间的总体协调性和全过程的计划控制。

涵盖从总承包合同签订生效到项目交付业主各个关键阶段的关键线路和主要里程碑；确定项目设计、采购、施工与试运行等各项工作的起止时间和相互间制约关系（表6-8）。

里程碑节点计划   表 6-8

序号	主要内容	开始时间	完成/进场/安装时间	前置条件	备注
1	合同工期				
2	设计总方案				
3	施工图设计文件				
4	主要采供				
5	施工许可证/开工令				
6	土建主体结构				
7	主要设备				
8	项目竣工				
9	项目试运行				
10	项目交付业主				

2. 项目总进度计划

项目总进度计划包含各专业之间的逻辑关系、主要条件、准确的工程量及各种资源的配置数量等。

依据项目发包人要求及合同约定，以工艺线路和交付节点为依据，分析各单项工程的先后逻辑顺序；从最终交付日期倒推出各单项工程的交付时间节点；依据单项工程的交付节点编排各单项工程进度计划；依据各单项工程进度计划，编制总进度计划（表6-9）。

项目总进度计划   表 6-9

序号	主要内容	开始时间	完成/进场/安装时间	前置条件	备注
1	合同工期				
2	设计总方案				
3	施工图设计文件				
4	关键设备材料设计				
5	采购主要供应商				
6	施工许可证/开工令				
7	采购关键设备材料				
8	土建地基基础工程				
9	土建主体结构				

序号	主要内容	开始时间	完成/进场/安装时间	前置条件	备注
10	主要分包商				
11	关键机械设备				
12	安装工程				
13	综合调试				
14	分项验收				
15	项目竣工				
16	项目试运行合同				
17	试运行培训				
18	试运行资源准备				
19	试运行				
20	项目交付业主				

3. 各部门的进度计划

设计进度计划、采购进度计划、施工进度计划、试运行进度计划等均是对项目总计划的细化，是在总计划的约束前提下，根据工作内容、资源条件等编制更加细化的实施计划，应包括各项具体工作和其逻辑关系；计划应包括工作量及需要配置的资源（管理力量、劳动力、主要材料、机械设备等）。

阶段性进度计划：包括年度进度计划、月度进度计划、周进度计划。在实施计划的基础上，对实施计划进行进一步细化，计划中明确工程实施中所有重要的内容，能够每周在项目实施过程中将此计划和实际情况进行对照。

6.3.4　项目计划审批

具体见表 6-10。

各类计划的审批责任表　　　　　　　表 6-10

序号	项目计划	审核责任人	审批责任人	备注
1	项目管理计划	企业主管部门	企业主管领导	
2	项目总进度计划	项目经理	企业主管部门	
3	部门实施计划	计划经理	项目经理	
4	分包及供应商计划	部门经理	计划经理	
5	阶段性计划	部门经理	计划经理	

（1）总进度计划由项目经理组织编制，项目经理和各项目部门主管共同对总计划进行评审，评审后报公司进行审批；各部门分别对设计、采购供应商及施工分包提交的计划进行审核，经项目经理审定后作为项目施工组织总计划实施。

（2）计划审批的主要内容：

1）合同中规定的目标和主要控制节点是否明确一致；

2）工作分解结构的完整性要符合项目范围要求；

3）设计、采购、施工和试运行之间交叉作业的合理性；

4）计划与项目外部环境条件一致性；

5）影响计划的风险因素要有对策和措施；

6）工程量及资源配置的合理性；

7）进度计划与质量安全费用的协调性。

6.4 项目计划实施

6.4.1 项目计划报告

项目经理部定期发布计划报告，报告包含当前计划实施情况、进度偏差情况、进度偏差产生的原因，及可能对总计划的影响，针对计划实施偏差提出的措施意见（表6-11）。

项目周计划报告样表

表6-11

序号	报告内容	报告形式	备注
1	进度跟踪曲线图	当期计划完成与实际完成的对比；累计实际完成与计划完成对比	以工程量对比
2	进度分析	工程量对比，百分比完成对比	
3	资源投入数据	劳动力、机械、材料投入使用数据	
4	完成形象进度	照片及图元标注	
5	工程安全及控制	安全状况及安全隐患情况	
6	工程质量及控制	工程质量状况及质量问题	
7	下周期的实施计划	下一周期的计划安排	
8	存在的问题及采取的措施	影响计划实施的因素；需要重点协调的问题；应对措施及实施方案	
编制人		计划编制人	
审核人		部门经理	
审批人		项目经理	

6.4.2 计划实施专项会议

计划管理专项会议依据项目进展不同阶段制定会议的频次，并在项目运行之初制定会议制度，该会议由计划经理组织召开，并形成计划管理专项会议纪要。计划实施滚动管理。

6.4.3 计划实施主要工作

（1）项目计划实施采用逐级管理，用控制基本活动和详细的作业计划来达到控制整体项目的进度；

（2）对进度计划的实施情况进行跟踪、数据采集，采用检查、比较、分析等方法，找出计划实施中存在的问题、影响计划实施的问题、制约因素和潜在问题，分析影响进度偏差的原因，为计划控制和调整提供依据；

（3）督促采购和施工管理部门加强对劳动力、机械设备、材料等资源进场情况管理和控制，强调劳动力、机械设备、材料到场的及时性和匹配性，确保现场资源满足工期要求。

项目工作界面进度控制：根据项目进度计划对设计、采购、施工、试运行之间的交叉和接口关系进行重点控制，协调、控制和处理各分包商及项目参与方之间的接口和界面，加强对多专业施工、工作面交接、交叉施工等的组织管理工作，对工作面的进度情况实施重点控制。具体工作内容如表 6-12 所示。

工作界面计划控制要点　　　　　　　　　　　　　表 6-12

序号	界面划分内容	具体要点	备注
1	设计与采购实施控制重点	设计向采购提交技术规范文件	
2		采购向设计提供订货的关键设备资料	
3		设计对供货商图纸的审核、确认及返回	
4		设计变更对采购进度的影响	
5	设计与施工的控制重点	设计文件的交付、施工图纸的提交	
6		施工对设计的可施工性分析、设计交底和图纸会审	
7		设计变更对施工进度的影响	
8	设计与试运行工作的控制重点	设计提交试运行操作原则和要求	
9		试运行对设计提出试运行要求，设计对试运行的指导与服务	
10		试运行过程中对设计问题的处理和对试运行的影响	
11	采购与施工计划控制重点	关键设备的订购、验收	
12		设备材料质量问题对施工进度的影响	
13		采购设备及材料进场时间及开箱检验对施工的影响	
14		采购变更对施工进度的影响	
15		施工质量及进度对设备材料进场及安装的影响	
16	采购与试运行计划控制重点	试运行所需材料及设备的确认	
17		试运行发现设备材料的质量问题的处理及对试运行的影响	
18	施工与试运行控制重点	施工对试运行条件的满足程度	
19		试运行过程中发现的施工质量对试运行的影响	

6.5　项目计划动态控制

经工程总承包企业批准的总计划，项目经理部应严格遵照执行，不得进行原则性的调整和修改。

6.5.1 项目计划控制流程

目标计划编制→计划实施（经济措施、组织措施、技术措施、管理措施）→动态监控→对比分析→计划偏离→调整计划→计划一致→执行计划。

6.5.2 计划控制的要点

（1）分级计划管理，主抓关键线路。

（2）方法：计划跟踪及数据处理、对比分析、计划调整方法、调整顺序改变某些工作的逻辑关系，缩短某些工作的持续时间，调整项目进度计划。

（3）项目各阶段进度计划与控制的衔接和统筹。

1）设计阶段：设计进度计划与采购计划交叉，此时采购关键设备及长周期制造设备的采购计划即属于主导进度计划，该设计应满足采购计划。

2）施工阶段，施工进度计划与采购计划有交叉，此时施工进度计划属于主导进度计划，采购在该阶段的任务是配合施工进行设备采购与补充。

（4）计划实施出现偏差时，应采取相应的控制措施进行计划纠偏。

6.5.3 控制计划实施纠偏的措施

（1）组织措施：调整项目组织结构，优化项目计划管理体系，调整任务分工、调整工作流程组织和项目管理人员等；

（2）管理措施：调整进度计划管理的方法和手段，强化合同管理，加强现场管理和协调的工作力度，改变施工管理方法，科学安全施工部署等；

（3）技术措施：改进施工方法，改变施工机具投入，对工程量、耗用资源数量进行统计分析，编制统计报表等；

（4）经济措施：通过经济手段提高效率、增加投入等。

6.5.4 进度计划的调整

通过对计划的跟踪检查对比分析，发现计划的偏差，确定偏差的幅度、产生的原因及对项目计划目标的影响程度；预测整个项目的进度发展趋势，对可能的进度延迟进行预警，提出纠偏建议，采取适当的措施，使进度控制在允许偏差范围内。计划调整实施步骤如下：

（1）由分项责任方提交进度计划报告。

（2）部门经理对分项计划报告进行系统分析，并分析确定该分项对整体计划的影响结论；报计划经理进行审核。

（3）出现的工作不是关键工作，计划延迟不影响总计划的目标时，需要根据偏差值与总时差和自由时差的大小关系确定对后续工作和总工期的影响程度，仅进行分项或分部工程的计划调整；当产生偏差的工作是关键工作，延迟影响总计划的目标时，则无论偏差大小，都对后续工作及总工期产生影响，必须采取相应的调整措施。

（4）计划调整应综合质量、安全、费用等部门的综合论证，确定影响最小，保证质量，性价比最优的计划修改方案和措施。调整部门工作为平行实施，或进行穿插搭接实施；增加资源，缩短部门工作的持续时间；增减实施内容，利用现有的资源，集中优势资源解决关键工作，保障总计划的有效实施。

6.6　项目计划评价

6.6.1　项目计划考核

（1）不符合计划进度，进度拖延累计超过 3 天，由总承包方项目经理汇报原因并制定措施；

（2）不符合计划进度，进度拖延累计超过 7 天或 10 日内没有抢回 3 天的工期，总承包方项目经理驻场制定措施；

（3）不符合计划进度，进度拖延累计超过 10 天或 20 日内没有抢回 5 天的工期，总承包方企业主要领导协调解决；

（4）如果进度计划累计 15 天或 25 日内未抢回拖后的 7 天工期，总承包方企业主要领导驻场。

6.6.2　计划总结

项目经理部应在项目完成后及时进行计划总计，为计划控制提供反馈信息，总结应完成的资料如下：

（1）施工进度计划；

（2）施工进度计划执行的实际记录；

（3）施工进度计划检查结果；

（4）施工进度计划的调整资料；

（5）施工进度控制总结应包括：

1）合同工期目标和计划工期目标完成情况；

2）施工进度控制经验；

3）施工进度控制中存在的问题；

4）科学的施工进度计划方法的应用情况；

5）施工进度控制的改进意见。

6.6.3　计划评价

项目经理部建立计划实施考核制度，按照计划考核制度，对项目计划的实施进行全面考核，并采取相应的奖惩措施。

第7章 项目合同管理

7.1 项目合同管理职责

项目合同管理的目的是规范总承包项目经理部合同管理工作，明确合同管理部门职能及人员岗位职责，本章节内容适用于工程总承包项目的合同管理。

7.1.1 基本要求

工程总承包项目经理部应专门设置合约管理部门及合约管理工程师。

工程总承包项目经理部根据工程承包范围及项目具体情况明确各部门职能及部门人员岗位职责。

7.1.2 管理流程

具体见图 7-1。

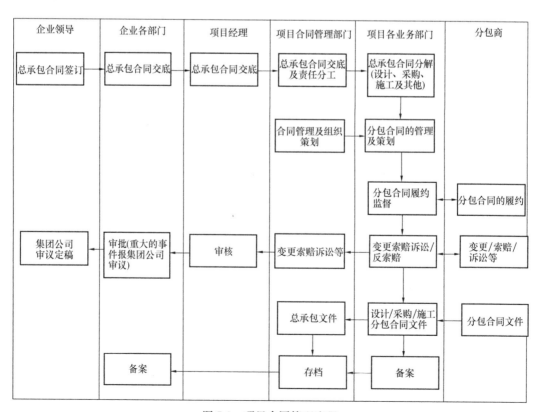

图 7-1 项目合同管理流程

（1）总承包合同签订后，工程总承包企业合同主控部门应向总承包项目经理部进行交底，总承包项目经理部合同管理部门负责对合同进行责任分解；

（2）总承包项目经理部各部门针对合同责任进行分包合同的管理及策划、履约过程中的监督、变更索赔及诉讼的管理。

7.1.3　管理职能

项目合同管理主控部门为合约商务部，合约商务部主要负责合同起草、洽谈、评审、签订、合同风险防范、法律纠纷的处理及过程中的成本管理等工作（表7-1）。

项目合同管理职能分配表　　　　　　　　　　　　表7-1

管理部门	管理职能	职　责
合约商务部	合约管理	负责项目整体合同体系策划与设计； 负责组织工程总承包合同的谈判策划与实施； 负责工程总承包合同管理，包括补充协议的签订、合同变更、甲指分包合同管理； 负责组织所有合同的评审、签订、分析、交底； 负责签证、索赔资料的完整性、合理性审核
	法务管理	负责合同风险的监督与防范，制定风险应对策略，并组织实施； 负责法律纠纷处理及履约争议的处理； 负责索赔证据的收集与资料办理； 负责商务函件的合法合规性审核
	成本管理	负责与建设单位的产值结算； 负责对建设单位签证、索赔的办理； 负责对分包单位的过程结算及最终结算审核； 负责对整个项目的成本统计、成本核算、成本分析、措施制定、成本考核管理； 编制分包单位资金支付计划； 建立相应台账
	合约资料管理	建立各类合同台账； 按照"7.7.4. 节中1. 合同资料分类"收集资料并按要求方式归档

7.2　项目合同策划与设计

7.2.1　基本要求

项目经理部成立后应按照施工组织方案要求，编制可行的合同管理策划，根据策划及项目经理部合同管理要求编制项目合同管理细则。

工程总承包合同或各分包合同，均应理清各方合同关系，选择合适的合同文本，避免因文本使用不当带来的责任纠纷及法律纠纷而造成经济损失。

合同谈判前应进行策划，分析合同风险，制定谈判思路，组成谈判小组，达到谈判预期目标。

7.2.2 管理流程

1. 合同文本的选用

目前现行的国际、国家、地方文本和即将出台的国家文本均可作为发承包双方、总分包双方签约使用，企业也可制定或修订适合企业内部管理的合同文本。可参照使用的文本：

（1）《设计采购施工（EPC）/交钥匙合同条件》（亦称银皮书）；

（2）住房和城乡建设部、国家工商总局制定的《建设项目工程总承包合同示范文本（试行）》GF-2011-0216（2011 版）；

（3）国家发展改革委联合九部委发布的《标准设计施工总承包招标文件》（2012 版），其中第四章"合同条款及格式"提供的合同范本；

（4）浙江省招标投标办公室 2018 年 9 月 13 日发布的《浙江省重点工程建设项目 EPC 总承包招标文件示范文本（征求意见稿）》中的合同范本；

（5）深圳市住房和城乡建设局 2018 年 9 月 18 日发布的《建设工程设计采购施工（EPC）总承包合同（示范文本）》SFL-2017-01；

（6）河北省住房和城乡建设厅 2018 年 10 月 31 日发布的《房屋建筑和市政基础设施工程总承包招标文件示范文本》；

（7）企业自行制定或修订的合同文本。

目前国家即将出台两份新修订的工程总承包合同示范文本，还有正在研究制定的工程总承包设计、采购、施工的分包合同示范文本，正式发布后均可参照使用。

2. 合同体系的建立

根据工程总承包企业的资质与自行实施及分包的工作内容，建立相应的合同体系，明确合同主体关系。若工程总承包单位仅具有设计资质，则需将建设工程施工内容分包给有施工资质的企业；若工程总承包企业仅具有施工资质，则需将设计任务分包给具有设计资质的设计单位；设计单位与施工单位亦可成立联合体，共同作为工程总承包合同主体（表7-2）。

合同类型及主体责任关系   表 7-2

名称	合同类别	责任主体关系
工程总承包合同	地质勘察合同	发包人直接发包
		总承包人分包
	文物勘探合同	发包人直接发包
		总承包人分包
	咨询服务合同	承包人委托

名称	合同类别		责任主体关系
工程总承包合同	设计合同		总承包人自行设计
			总承包人分包
	勘察文件审查合同		发包人负责
			承包人负责
	设计、消防审查合同		对应合同承包范围
	监测合同		对应总承包合同承包范围
	观测合同		对应总承包合同承包范围
	检测合同		对应总承包合同承包范围
	检验实验合同		承包人负责
	采购合同	材料买卖合同	发包人采购
			承包人采购
		设备采购合同	发包人采购
			承包人采购
		机械、设备、料具租赁合同	承包人采购
		加工合同	承包人采购
		运输合同	承包人采购
		其他合同	承包人采购
	保险合同		根据总承包合同约定
	施工合同		承包人自行施工
			承包人进行施工分包

7.2.3　管理职能

工程总承包项目经理部各部门分工策划与职责分配，按照合同分类对应各部门职责，可参考表 7-3。

合同策划与设计职责分配表　　　　　　　　　　　　　　　　　　表 7-3

管理部门	管理职能	职责
设计管理部	勘察设计类合同管理	负责总承包合同项下的内部设计合同或设计分包合同计划编制、合同起草、评审、洽谈、签订
机电部	设备采购、租赁类合同管理	负责总承包合同项下设备供应合同计划编制、合同起草、评审、洽谈、签订
物资部	材料、物资合同管理	负责总承包合同项下材料、物资的采购合同计划编制、合同起草、评审、洽谈、签订
工程部	施工分包合同管理	负责总承包合同项下施工分包合同管理或专业分包、劳务分包合同管理计划编制、合同起草、评审、洽谈、签订

管理部门	管理职能	职　责
合约商务部	工程总承包合同管理	负责工程总承包合同起草、洽谈、评审、签订 负责各分包合同示范文本制定
其他部门	其他合同	负责总承包合同项下其他合同计划编制、合同起草、评审、洽谈、签订

7.2.4　管理措施

（1）总承包合同谈判前应进行谈判策划，策划可由工程总承包企业组织或拟成立总承包项目经理部组织，从各方面找出问题和存在的风险点，梳理谈判重点，制定谈判思路，明确谈判目标。谈判策划书可参考表7-4。

（2）总承包合同签订后，项目经理部针对工程实施过程中签订的各类合同拟定计划表，明确计划进场时间、责任主体及责任人。拟签合同计划表可参考表7-5。

（3）项目经理部管理各部门根据合同计划表，对招标、合同谈判、采购方案进行策划，选定分包单位，起草、评审及签订合同。

合同谈判策划书　　　　　　　　　　　　　　表 7-4

项目名称			
策划内容	问题及风险点	谈判重点及建议	策划人
项目前期情况			
开工风险策划			
工期风险策划			
技术风险策划			
质量风险策划			
安全风险策划			
资金风险策划			
经济风险策划			
政策风险策划			
法律风险策划			
合同条款风险策划			
其他风险策划			

编制人：　　　　　　　　　　审核人：　　　　　　　　　　批准人：

编制时间：　　　　　　　　　审核时间：　　　　　　　　　批准时间：

总承包项目经理部拟签合同计划表　　　　表 7-5

序号	类别	合同名称	合同内容	计划签约额	拟签时间	拟进场时间	责任主体（业主、企业、总承包项目部）	责任部门	责任人	备注说明

某 EPC 工程总承包单位分包合同汇总表如表 7-6 所示。

某 EPC 工程总承包单位分包合同汇总表　　　　表 7-6

合同类别	合同名称
勘察合同	地质勘察合同
勘探合同	文物勘探合同
设计合同	工程设计合同
	景观设计合同
	室内设计合同
	泛光照明设计合同
咨询服务合同	建设工程造价咨询合同
	绿色建筑咨询服务合同
	实测实量技术服务合同
监理合同	建设工程监理合同
审查合同	勘察文件审查合同
	施工图设计审查合同
	消防技术性审查合同
监测合同	土壤中氡浓度监测合同
	基坑变形监测合同
观测合同	建筑物沉降观测合同
检测合同	施工质量综合检测
	建筑消防设施检测
检验试验合同	建筑材料检验试验合同
保险合同	工程一切险合同
施工分包合同	建设工程施工分包合同（内部施工企业）
	人防工程防护设备施工分包合同
	基坑边坡支护施工合同
	断桥铝合金窗施工合同
	钢质防火门、卷帘门合同
	钢质入户门合同
	幕墙施工合同
	综合布线系统施工合同
	单元楼宇门制作安装合同

合同类别	合同名称
施工分包合同	室内装饰工程施工合同
	市政给水管道工程建设合同
	天然气工程施工委托合同
	供热工程合同
	小区园林绿化工程
	10kV 外线工程合同
	变配电工程合同
	市政道路开口施工合同
	车库管理系统施工合同
	车库交通设施工合同
	数字监控系统合同
	服务中心灯光音响系统
	高清 LED 显示屏系统工程
	办公楼会议系统
	驻地网通信建设合同
	通信建设合同
	办公楼监控系统
	有线电视安装入网
采购合同	户内配电箱采购合同
	消火栓箱采购合同
	多联机空调采购安装合同
	风机采购合同
	产品买卖合同（电梯采购）
	产品安装合同（电梯安装）
	配电箱采购合同
	人防设备采购合同
	小区室外健身器材采购合同
	可燃气体报警器采购安装工程合同
	电表箱采购合同
	空调采购合同
	消火栓箱采购合同
	热计量表采购合同
	消防自喷设备、消防水箱、潜污泵等买卖合同
	生活供水设备买卖合同
	隔油提升设备采购
	标识标牌制作安装合同

注：以上合同类别及内容仅供参考，具体以工程承包范围、分包模式、招标要求等确定合同类别、合同主体关系等。

7.3　项目合同评审

7.3.1　基本要求

总承包项目经理部应根据法律、法规、企业授权、企业管理制度等制定项目部合同管理制度及实施细则，明确合同管理各环节的责任部门、责任划分、责任人。按照合同类别制定项目经理部内部合同评审流程，各类合同签订前严格按内部评审程序评审。内部评审完成，按照企业合同管理程序进行合同评审。

7.3.2　管理流程（图7-2）

（1）工程总承包企业计划采供部门为分供招标的主控部门，负责组织招标、起草合同文件，根据企业管理程序发起合同评审，针对评审过程中提出的问题与分包商进行洽谈、修订合同文件，直到合同文件审批通过。

（2）合同签订后，由合约商务部归档。

（3）计划采供部门具体执行合同内容，合约商务部门针对执行过程进行监督管理。

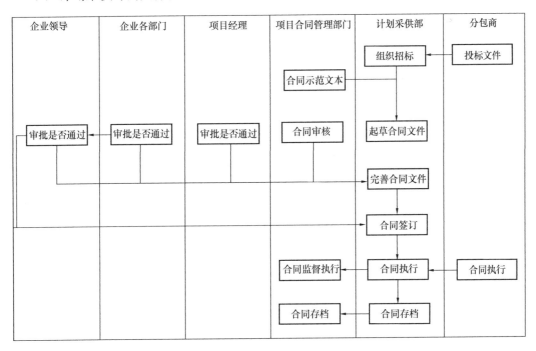

图 7-2　工程总承包项目合同评审流程图

7.3.3　管理职能

总承包项目经理部按照不同合同类别制定相应的内部评审流程，各部门按照职责分配严格提出评审意见，承办部门进行问题闭合。各类分包合同的评审流程设置可根据具体职责分配，增加项目经理部及工程总承包企业相关领导和部门。项目经理部各部门职能分配可参考表7-7。

合同内部评审职能分配表 表7-7

承办部门	合同类别	评审部门	职能分配
设计管理部	勘察设计类合同	设计管理部	勘察设计类合同的签订计划，合同起草、谈判等
		财务部	负责对结算办法、付款条件、税务信息、发票提供等的审核
		合约商务部	负责合同文本的完整性、文字语言的准确性、条款设置的合理合法性、违约责任、各类风险等
机电部	设备采购、租赁类合同	机电部	设备采购、租赁类合同的签订计划，合同起草、谈判等
		财务部	负责对结算办法、付款条件、税务信息、发票提供等的审核
		合约商务部	负责合同文本的完整性、文字语言的准确性、条款设置的合理合法性、违约责任、各类风险等
物资部	材料、物资合同	物资部	材料、物资类合同的签订计划，合同起草、谈判等
		财务部	负责对结算办法、付款条件、税务信息、发票提供等的审核
		合约商务部	负责合同文本的完整性、文字语言的准确性、条款设置的合理合法性、违约责任、各类风险等
工程部	专业分包/劳务分包	工程部	专业分包、劳务分包类合同的签订计划，合同起草、谈判等，具体负责工期、进度、现场管理等相关内容的审核
		技术质量部	负责技术、标准、图纸、方案、质量标准、保修等方面的审核
		安全部	负责安全管理、文明施工等方面的审核
		机电部/物资部	负责材料、设备等方面的审核
		财务部	负责对结算办法、付款条件、税务信息、发票提供等的审核
		合约商务部	负责合同文本的完整性、文字语言的准确性、条款设置的合理合法性、违约责任、各类风险等的审核
合约商务部	工程总承包合同	合约商务部	组织合同起草、制定谈判策划、组织合同洽谈等；负责合同文本的完整性、文字语言的准确性、条款设置的合理合法性、违约责任、各类风险等的把控
		设计管理部	负责设计、勘察有关内容的审核
		工程部	负责工期、进度、现场管理等方面的审核
		技术质量部	负责技术、标准、图纸、方案、质量标准、保修等方面的审核
		安全部	负责安全管理、文明施工等方面的审核

承办部门	合同类别	评审部门	职能分配
合约商务部	工程总承包合同	机电部/物资部	负责材料、设备采购等方面的审核
		财务部	负责对结算办法、付款条件、税务信息、发票提供等的审核
		企业相关部门及领导	根据企业管理办法要求及对项目部授权范围自行确定
其他部门	其他合同	相关部门	

7.3.4 管理措施

各承办部门根据合同类型制定合同内部评审表，可参考表 7-8；合同评审完后由承办人针对合同意见进行封闭报项目经理审批。

合同内部评审表　　　　　　　　　　　表 7-8

合同名称				
合同金额（万元）			合同类别	
签订单位	发包方			
	承包方			
承办人			联系电话	
合同要点				
评审部门	评审意见			评审人员
设计管理部				
工程部				
技术质量部				
安全部				
机电部/物资部				
财务部				
合约商务部				
闭合意见				
项目经理				

注：1. 承办人根据合同类别确定需评审部门；

　　 2. 评审意见一栏不够填写可另附页；

　　 3. 承办人负责全程跟踪审批流程；

　　 4. 各部门评审完成后，承办人负责对评审意见进行闭合，项目经理根据闭合结果确定最终结论。

7.4 项目合同实施

7.4.1 基本要求

各类合同需经合同主体各方签字盖章且满足生效条件后方可实际履行；总承包项目经理部成立、合同生效后应立即组织合同交底；总承包项目经理部应明确各类合同的交底人及接收人，明确具体的责任分工；合同履行过程实施动态管控，按照总承包合同认真履行合同责任和义务，同时加强分包方的履约管理，与分包方建立良好的合作关系，最大限度确保总承包合同顺利履行。

7.4.2 管理流程

总承包合同交底应由主导项目招投标工作、合同洽谈工作的业务部门负责，项目经理组织项目经理部全体人员落实总承包合同交底内容，并进行履约责任分解，各部门将履约责任具体分配到人；总承包合同交底及履约责任分解流程见本书 7.1.2 部分。

7.4.3 管理职能

项目经理部将总承包合同责任进行分解，经项目经理审批后下发执行，各部门根据职责分工负责对应合同的履行情况的监督、检查，防范合同风险。

7.4.4 管理措施

（1）合同交底要与投标报价交底相结合，对合同主要条款及重点条款进行交底与解读，并识别出合同中的风险点及注意事项，并提出相应的要求及措施，项目经理部做好交底记录，交底记录参照表 7-9。

总承包合同交底记录表

表 7-9

合同编号：

合同名称			项目经理		
合同价格（万元）		建筑面积（m²）			
交底人		交底日期			
接受交底人					
姓名	岗位	姓名	岗位	姓名	岗位

	交底内容			
一	项目背景与前期情况			
二	投标前项目风险评估情况			
三	投标报价交底		（专项交底，资料后附）	
四	合同评审及洽谈过程中存在的问题及风险点			
五	合同主要条款交底			
	交底内容	相关条款	风险点/注意事项	要求及措施
	1. 承包范围			
	2. 质量			
	3. 工期			
	4. 安全、文明			
	5. 价格、结算、支付			
	6. 变更、索赔			
	7. 双方责任和义务			
	8. 违约责任、争议解决			
	9. 保函、保证金			
	10. 保险			
	11. 保修			
	……			

项目部人员问题答疑：

（2）项目各部门应根据总承包合同中的承包内容进行责任分解，并对交底时提出的要求进行落实，对合同中的问题及风险点要进行策划，制定具体防范和解决措施，总承包合同履约责任分解参照表 7-10。

（3）工程完工后，项目各部门针对合同履约过程中的执行情况进行总结评价，合同总结评价参照表 7-11。

总承包合同履约责任分解表　　　　　　　　　　表 7-10

序号	合同责任明细	目标与要求	责任部门/岗位	责任人	合同条款
1	勘察				
1.1	工程开工准备				
1.2	起草、洽谈、评审勘察分包合同				
1.3	勘察标准、规范、技术标准、相关法律法规				
1.4	勘察报告				
…	……				

序号	合同责任明细	目标与要求	责任部门/岗位	责任人	合同条款
2	设计				
2.1	工程开工准备				
2.2	起草、洽谈、评审设计咨询合同、设计分包合同				
2.3	设计标准、规范、技术标准、相关法律法规				
2.4	设计义务一般要求				
2.5	方案设计				
2.6	初步设计				
2.7	施工图设计				
2.8	设计进度				
2.9	设计变更				
2.10	优化设计/限额设计				
2.11	设计文件审核				
2.12	设计文件审批				
2.13	设计分包结算与支付申请				
...	......				
3	采购				
3.1	材料、设备种类				
3.2	采购招标、选择供应商				
3.3	采购合同洽谈、评审、签订				
3.4	采购物流进度				
3.5	材料、设备进场验收				
3.6	结算、付款申请审核				
3.7	材料、设备资料管理				
...	......				
4	施工				
4.1	临水、临电				
4.2	场地				
4.3	临建				
4.4	测量				
4.5	施工许可、批件、备案等				
4.6	分包单位招标				
4.7	分包合同起草、洽谈、签订				
4.8	施工组织设计				
4.9	专项方案				
4.10	总体进度计划				

序号	合同责任明细	目标与要求	责任部门/岗位	责任人	合同条款
4.11	土建施工				
4.12	安装施工				
4.13	现场清理				
4.14	分包结算及付款申请审核				
4.15	土建技术资料				
4.16	安装技术资料				
4.17	竣工验收				
...	......				
5	现场管理				
5.1	安全				
5.2	文明				
5.3	环境卫生				
5.4	现场安保				
5.5	外围协调				
...	......				
6	商务、合同、法务				
6.1	法律法规				
6.2	生效条件				
6.3	计划开竣工日期				
6.4	预付款保函、履约保函等				
6.5	工程保险				
6.6	制定各类合同文本				
6.7	分包结算				
6.8	进度审批支付				
6.9	合同价格				
6.10	暂列金额				
6.11	暂估价招标、结算、支付				
6.12	价格调整				
6.13	变更、签证、索赔				
6.14	税费				
6.15	争议、诉讼、仲裁				
6.16	违约罚款				
6.17	不可抗力				
6.18	商务资料管理				
6.19	竣工结算				
6.20	保修、保修金				
...	......				
编制		审核		审批	
时间		时间		时间	

合同评价总结表 表 7-11

工程名称		建设单位	
合同签订时间		合同编号	
合同价款		结算价款	
合同工期		实际工期	
合同约定质量标准		竣工工程质量标准	
合同总结、评价内容			责任部门/责任人
第一部分：合同订立阶段评价			
第二部分：合同条款评价			
第三部分：合同履约情况评价			
第四部分：项目部整体合同管理工作评价			
第五部分：对本项目实施有重大影响的合同条款评价			
第六部分：经验、教训总结			

7.5 项目合同变更、签证、索赔管理

7.5.1 基本要求

总承包项目经理部应制定变更、签证、索赔管理办法，明确责任部门、责任人及相关人，特别注意明确权限设置；变更、签证、索赔管理办法要对应总承包合同及分包合同约定，特别注意合同中时效约定；所有的变更、签证、索赔都必须有书面文件和记录，并有合同约定权限相应人员的签字。

7.5.2 管理流程

1. 合同变更批准程序

（1）业主或设计提出的变更，必须经项目工程师审阅；

（2）审阅后的变更，经项目工程师批复交采购经理及合约商务经理签订变更合同；

（3）对于变更价格或变更进度与原合同差异较大时，应经过项目经理批准；

（4）重大功能性变更、业主需求的变更等影响合同实质性内容的变更需报企业相关部门审批。

2. 对发包人签证

（1）签证事实发生后，现场经办人收集资料，起草签证单；

（2）技术性的签证必须经项目工程师审核，经济性签证必须经商务经理审核；

（3）有必要时及时组织项目部各相关部门会审；

（4）所有签证需经项目经理审批后报送；

（5）重大功能性变更的签证须经工程总承包企业相关部门审核，报企业领导批示；

（6）必要时需经过专业律师审核，特别是有可能通过法律途径主张的签证或索赔。

3. 索赔

索赔事件发生后，按照合同约定程序，在合同约定时效内办理。索赔报告内容参见表7-12。

索赔报告内容 表7-12

目录	提纲	内容	编制人
第一部分	总论	对索赔事件进行综合表述；叙述事件发生和截止的日期；对事件处理采取的措施、方案，投入的人、材、机等减轻索赔事件造成的损失；提出对索赔事件的造成损失的经济补偿和工期要求	
第二部分	合同相关条款及索赔论证	提取合同相关条款，确保项目部的索赔权利；简要重申索赔事件处理过程，引证索赔的合同依据，并明确所附的证据材料；索赔一般分为两个部分，费用索赔和工期索赔	
第三部分	索赔费用计算	索赔费用一般包括人工费、材料费、机械费、总部管理费、总承包项目部管理费、分包项目部管理费、保函、保险、贷款利息、临时设施费、税金、预期利润等；业主逾期付款利息及违约金；工期损失费；因工期调整引起方案调整增加的费用；给各分包商、供应商造成的损失及违约金等；其他费用	
第四部分	索赔工期计算	顺延工期；避免工期延误的违约金；按业主要求重新调整进度计划后的赶工费	
第五部分	索赔证据	均作为索赔报告附件，保证真实有效，手续齐全。索赔证据一般包括：总承包合同、招投标文件、来往函件、会议纪要、变更指令、其他执行文件、各类分包合同、订货合同、租赁合同等；业主审批的技术方案、进度计划等、保单、保函、相关法律、法规、条例、规范、标准、规定等；工程影像资料、发票、收付款凭证、有关部门发布的信息价等；其他证据	

管理流程见本书7.7.2部分。

7.5.3 管理职能

项目工程师负责变更的审阅、批复；技术性签证资料的审核；索赔事件中技术性资料证据的审核。

采购经理负责对变更引起的采购计划调整及时起草洽谈补充合同；负责对变更引起的采购签证资料进行审核；负责索赔事件中与采购有关的证据资料审核。

商务经理负责对变更引起的各项变化及时组织合同评审；对签证资料的费用计算进行审核，对签证资料的规范性、有效性、合规性进行审核；对索赔报告完整性、正确性、证据资料的有效性等进行全方位审核。

项目经理负责对造价及工期影响较大的变更进行批复；负责所有签证的签署；对重大

签证进行审阅，组织相关人员进行会审；对索赔报告进行批复。

工程总承包企业相关部门对重大功能性变更、业主需求的变更等影响合同实质性内容的变更进行审批，并对相应的签证进行审核。

7.5.4 管理措施

项目实施过程中，项目经理部对变更内容及造价向发包人提出变更申请，由发包人提出审批意见（表7-13）。

变更申请　　　　　　　　　　　　　　　表7-13

项目名称：			工程包号：		
编号：			日期：		
致：			自：		
标题：					
变更依据：					
附件： □工程量计算书　　□单价分析表　　□合同图纸/技术规格书　　□修改后图纸　　□可参照的合同规定 □其他_____					
本次申请细目：					
序号	说明	单位	数量	单价	金额
大写金额：					
现提交本次变更申请，给你方批准，具体内容如下：					
发文者：			审核：		
日期：			日期：		
审核意见：					

7.6　项目合同风险管理（合同纠纷处理）

7.6.1　合同风险分类

1. 合同文本使用错误

应区别工程总承包与施工总承包的合同关系，明确各类合同主体关系，制定工程总承包项目合同体系，正确使用对应文本；尽可能使用国家制定的工程总承包合同和即将出台的三个分包合同。

2. 合同主体不合格

合同主体不具备相应民事行为能力、合同主体不具备法律规定的特别资质要求、合同主体超越权限订立合同等。

3. 合同内容违法

合同的标的违法、合同内容损害公共利益、合同条款违反法律强制性规定等。

4. 合同条款不完善或内容不明确、不具体

合同主要条款缺失、合同权利义务表述不清、文字表达有歧义等。

5. 合同主体的变更

合同主体变更包括债权债务转让、转包分包、转租、法人破产等，合同主体不同，履约能力、诚信、信誉、抗风险能力等情况不同，导致工程不能顺利进行。

6. 情势变更

情势变更是指合同成立后出现不同预见的情况，使合同赖以成立的基础发生了重大变化，继续履行合同将对一方当事人显失公平。

7. 一方违约的风险

合同一般都预先约定责任条款，实际发生违约行为时，根据违约责任条款可追究违约方的责任。

7.6.2 管理流程

（1）由业务部门根据自己的业务需求或决策部门的意见确定需签合同的目的和要求；

（2）由业务部门或相关部门根据合同的目的和要求，通过资格审查和资信调查，选择合格的合同相对方；国家规定必须进行招投标的项目则通过招投标确定；

（3）与合格的合同相对方进行商务谈判，必要时要求专业法律人员参加；

（4）双方签订合同，并将已签订的合同交由合同管理部门登记存档；

（5）业务部门跟踪合同履行，如发现对方有预期违约或违约情况时，应当及时向合同管理部门和决策部门报告，根据不同情况可以要求对方继续履行合同、提供担保、解除合同，或采取诉讼、仲裁等方式解决。

7.6.3 管理职能

各业务部门跟踪合同履行，合同管理部门负责针对各种风险制定解决方案，报决策部门或企业负责领导汇报，并对最终决策方案进行实施。

7.6.4 管理措施

1. 风险管理措施

（1）建立合同签订审批制度、法人授权委托制度、印章使用登记制度、合同台账登记归档制度、合同争议解决、责任追究制度等完整的合同风险管理制度。

（2）建立健全合同管理机构，组织业务人员和管理人员学习相关法律法规。

（3）建立合同标准文本制度。对于重复性的合同项目，采用标准文本可以有效控制合同质量，减少重复起草、会签、审批等工作，降低失误率，提高效率。

（4）聘请专业法律顾问，协助进行合同洽谈、文本制定、争议解决等事项。

2. 各类风险管理要求

（1）合同主体不合格。不与法人的职能部门、分支机构签合同，不与自然人签合同；要注意法律法规有关合同主体的特殊规定，审查特定合同特殊的主体资格，并加强对签订合同主体的资格审查。

（2）合同内容违法。对于合同中存在的违法违规行为坚决不予审核通过，法务人员要熟悉相关法律法规，坚持原则，严格要求，情节严重的要予以上报企业层级。

（3）合同条款不完善或内容不明确，不具体。严格审查合同内容，按照项目部评审流程严格评审或会审，重大合同须经过企业层级的评审；制定各类合同审查办法和标准，明确审查要求，保证疏而不漏。

（4）合同主体的变更。针对合同主体变更的风险，首先在签订合同时对主体变更的行为严格约定，必要时采取措施追究对方违约责任并根据情况解除合同；履约过程应密切注意合同对方履约能力和履约情况，及时行使法律法规和合同赋予的权利。

（5）情势变更。由于客观情势发生重大变化，致使合同一方当事人没有意义或造成重大损害，这种变化是订立合同时不能预见且不能克服的，为了防止损害发生，该当事人可以要求就合同内容重新协商；协商不成，可请求人民法院或仲裁机构变更或解除合同。

（6）一方违约的风险。合同中一般都明确约定各方违约责任，但违约责任使用条件是违约事实发生，但如果一定要等到违约事实发生后才能行使权利，则面临风险较大，所以要在一方有明显的违约迹象但尚未实际违约时，应及时行使自己的不安抗辩权。

7.7 项目合同文件管理

7.7.1 基本要求

合约资料管理须由合约管理部门专人负责，应保留资料原件及复印件各一套，使用复印件，原件存档。

合约资料应分类登记台账。工程开工后，合约管理部门应着手建立合约档案，并随合同实施及时补充档案文件。

工程竣工后档案移交至企业合同主管部门，合约总结及工程经济指标分析在工程结算办理完毕后及时归档。

7.7.2 管理流程

具体见图 7-3。

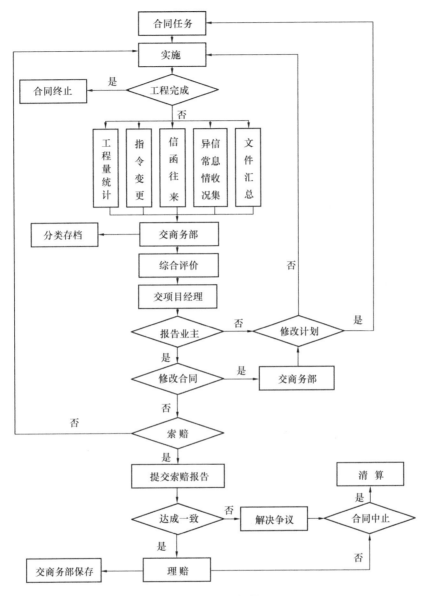

图 7-3 项目合同文件管理流程

7.7.3 管理职能

合约管理部门负责合同资料的完整性、有效性、及时性、严密性，确保资料既能满足竣工结算的依据，又能作为过程索赔的有力证据，并能保证在有必要采取诉讼或仲裁方式解决争议时，能作为法庭证据使用。

7.7.4 管理措施

1. 合同资料分类

合同资料分以下三类，由专人分工管理。

（1）第一类：合同及附件

1）招（议）标文件；

2）投标书（包括其附属文件）；

3）中标通知书；

4）合同（协议书、专用条款、通用条款）；

5）合同补充条款和协议；

6）质量保修协议书；

7）发包人批准的施工组织设计（含进度计划）。

（2）第二类：合同履行过程记录

1）发函登记簿（包括发函原件、传真记录、寄送凭证）；

2）收函登记簿（包括收函原件）；

3）图纸、图纸会审纪要、变更、设计交底文件及图纸供应记录；

4）建设单位设计变更通知单及变更工程价款报告；

5）签证单及签证工程价款报告；

6）会议纪要（与会人员签字盖章）；

7）工程师（监理）指令、通知及对该指令和通知的复函；

8）发生违约事件的原始资料（书面、影像、录音等）；

9）索赔申请、索赔报告及依据资料；

10）停、送水、电，道路开通、封闭的日期记录；

11）干扰事件影响的日期及恢复施工的日期记录；

12）气象记录；

13）质量事故记录；

14）甲供材料进场记录；

15）工程预付款、进度款支付的数额及支付时间；

16）催付工程款通知；

17）建设单位审核的形象进度月报表及周期报表；

18）经审核的各分包单位进度月报表及周期报表；

19）报送总部的已完工程量月报告及周期报表；

20）开工报告、开工通知书；

21）中间验收报告；

22）竣工验收报告；

23）停复工通知（报告）；

24）工期延误报告；

25）竣工验收证明；

26）工程交付证明；

27）工程预算书；

28）竣工结算报告及应提交资料；

29）竣工结算书或按合同约定分期、分段结算书；

30）建设单位审定的工程结算书；

31）国家、省、市有关影响工程造价、工期的文件规定等。

（3）第三类：管理体系记录

1）合同谈判策划记录；

2）合同交底记录；

3）合同履行检查记录；

4）各类合同台账；

5）各类合同履行情况台账；

6）警示通知单及处理结果记录；

7）项目责任成本及成本核算资料；

8）工程项目管理目标责任书；

9）项目管理人员岗位成本责任状；

10）总承包项目部总分包结算会签记录表；

11）工程经济指标分析；

12）完工后的合同总结；

13）其他。

2. 合同资料的管理方式

书面留存复印件一份，原件归档一份，扫描原件电子版一份。对于索赔证据类资料，建议同时以影像录音方式保存。

3. 合同管理部门建立台账，负责合同分类及登记。

如表 7-14 所示。

已签合同分类登记台账 表 7-14

序号	合同编码	合同名称	合同内容	合同签约额	合同签约主体			签订时间	计划进场时间	实际进场时间	是否影响工期
					甲方	乙方	其他方（若有）				

7.8 工程保险管理

工程保险是建设项目工程总承包国际通行的做法。工程建设过程中面临的高风险导致工程保险成为风险防范的重要手段之一。为了避免某些风险可能带来的巨大损失和对项目造成的不利影响，一般要求对相关事项进行保险。工程保险是风险转移的常用方法，通常有以下几种：

7.8.1 建筑工程一切险、安装工程一切险、第三者责任险

建筑工程一切险承保建设项目在建造过程中因自然灾害或意外事故而引起的一切损失。

安装工程一切险主要承保机器设备安装、企业技术改造、设备更新等安装工程项目的物质损失和第三者责任。

第三者责任险主要承保因施工工地发生意外事故造成施工工地及邻近地区的第三者人身伤亡或财产损失。

对于建筑工程一切险、安装工程一切险和第三者责任险，无论应投保方是发包人还是承包人，其在投保时均将发包人、承包人及分包商等相关方共同列为被保险人。

在项目建设过程中，注意及时对建筑、安装工程一切险的保险金金额进行调整。若工期存在延误情况，应及时续保，以便使建设项目在工程建设的整个期间都处在保险期内。

7.8.2 设计责任险

对设计单位完成设计的建设工程，由于设计的疏忽或过失而引发的工程质量事故造成的建设工程本身的物质损失或第三者人身伤亡或财产损失，依法应由被保险人承担经济赔偿责任的，在本保险期限内，由该委托人首次向被保险人提出赔偿要求并经被保险人向保险人提出索赔申请时，保险人负责赔偿。

7.8.3 人身意外伤害险

为建设工程施工人员提供保障，通常有两种做法：一是办理社保中的工伤保险；二是投保商业保险。

7.8.4 雇主责任险

主要为承包人的技术人员以及管理人员提供保障。

7.8.5 施工机具险

施工机具险主要是承保承包人施工用的工程机械；可以与建筑、安装工程一切险一起投保，也可单独投保。

7.8.6 机动车辆险

机动车辆保险是指对机动车辆由于自然灾害或意外事故所造成的人身伤亡或财产损失负赔偿责任的一种商业保险。

7.8.7 货物运输险

由承包人负责采购运输的设备、材料、部件的运输险，由承包人投保。

第8章 项 目 成 本 管 理

8.1 项目成本管理职责

（1）项目经理部是编制项目实施预算和现金流量的核心和主体，对预算的编制负全责。

（2）项目经理部商务管理部门负责组织设计管理部门、物资采购部门及工程管理部门编制项目预算，执行项目成本管理目标，实施项目成本控制，并根据项目财务部门提供信息编制项目月度成本报告。商务管理部门根据项目执行情况，提出项目整体预算调整报告，报项目经理审批。

（3）项目设计部门、物资采购部门及工程管理部门负责编制项目设计、物资采购及施工预算，在工程实施过程中测算实际成本，编制预算执行情况分析表。当实际成本超过预期目标时，进行偏差分析，采取纠偏措施。需要调整设计、物资采购、施工预算时，向商务管理部门进行申请。

（4）项目财务部门每月应定期向商务管理部门提供财务支付费用清单，以供商务管理部门编制项目财务分析。

（5）项目人力资源管理部门每月应定期向商务管理部门提供项目人员工资、奖金及"五险一金"等信息，以供商务管理部门编制项目财务分析。

（6）项目商务管理部门组织设计管理部门、物资采购部门、工程管理部门等收集、整理项目的成本资料、数据，建立清晰适用的数据库。

8.2 项目成本管理流程图

项目成本管理流程图如图 8-1 所示。

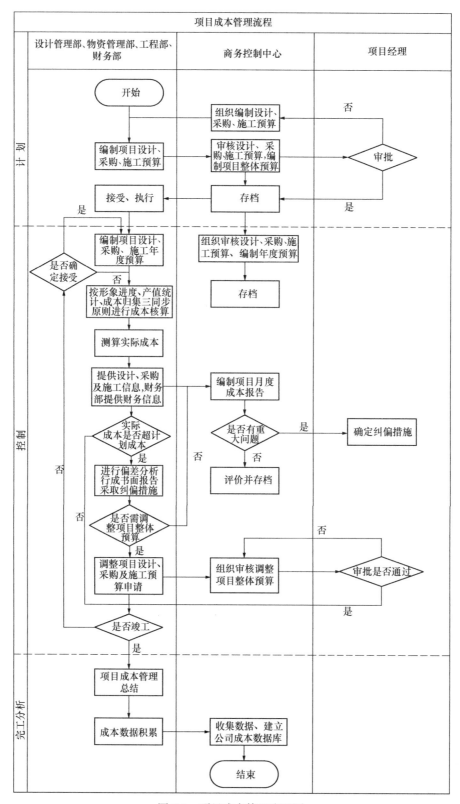

图 8-1　项目成本管理流程图

8.3 项目整体预算的编制

项目整体预算的编制应以实事求是的原则，严禁夸大亏损和隐瞒利润，也应避免编制过于保守，影响项目实施。

8.3.1 编制的依据

项目整体预算和现金流计划的编制应在全面分析现有资料的基础上，依据施工组织设计和当地现行市场价格进行合理的编制，具体依据如下：

（1）总承包合同；

（2）工程设计文件；

（3）报价估算资料；

（4）批准的项目策划书；

（5）当地的相关计价文件、信息价；

（6）相关法律法规文件及规定。

8.3.2 项目整体预算编制程序

项目整体预算编制程序如下：

（1）商务管理部门组织设计管理部门、物资采购部门、工程管理部门、财务部门、人力资源管理部门及办公室等部门确定项目成本科目及成本编码系统；

（2）商务管理部门组织各部门依据成本科目及成本编码编制项目实施预算；

（3）编制整体预算汇总表，填写预算说明书；

（4）依据整体预算汇总表分月编制现金流量计划；

（5）整套资料报公司审批。

8.3.3 项目成本科目和成本编码系统的编制

工程开工前，商务管理部门应组织相关部门共同建立本项目成本科目及成本编码系统的编制。付款支付前，项目商务管理部门应将推荐的成本科目及成本编码格式递交财务部门和项目经理批准，得到批准后方可开始项目财务支出。

在工程施工期间，对所有付款应遵循成本科目和成本编码系统，商务管理部门需要核对每张发票并计入正确的成本科目及成本编码，确保准确地控制成本；成本科目及成本编码和相应的支付金额必须在付款凭证中清晰表明；抵扣款也需要计入成本科目和成本编码中，并相应标出。

8.3.4 项目整体预算的组成及确定

项目整体预算包括预计收入、预计支出、项目利润，参见项目预算总表（表 8-1）、成本科目及成本编码预算表（表 8-2）。

项目预算总表格

表 8-1

合同编号		
项目名称		
总承包商		
计划开工日期		
计划竣工日期		

项目预算

内　容		金　额
预计收入	合同总价	
	暂定项目	
	备用金	
	收入合计	
预计支出	项目管理费	
	项目临时工程费	
	项目设计费	
	项目采购费	
	项目施工费	
	其他费	
	支出合计	
项目风险与机会		
项目利润/亏损		
项目利润率		
备　注		

成本科目及成本编码预算表

表 8-2

成本编码	成本科目	金额	百分比
0101	项目管理费		
	……		

成本编码	成本科目	金额	百分比
0102	项目临时设施工程费		
	……		
0103	项目设计费		
	……		
0104	项目采购费		
	……		
0105	项目施工费		
	……		
0106	其他		
	……		

1. 预计收入

预计收入包括合同总价、暂定项目和备用金。

在执行过程中还应对补充协议、索赔、变更、认价等引起的调整额进行补充。

其他收入填写在其他业务收入中。

2. 预计支出

预计支出由项目管理费、项目临时费用（大型临时设施及施工措施费）、项目设计费用、项目采购费用、项目施工费用及其他费用组成。

项目管理费主要包括业主现场费、监理现场费、承包商现场管理费、现场其他费、保险保函及财务费、标前相关费用、维修费等，应根据项目的实际情况填列。各项目管理费应根据成本策划合理确定。

项目临时费用主要包括大型临建及施工措施费。

项目设计费用为设计合作单位、设计分包单位及设计相关的专家、顾问等其他费用。

项目采购费用为计入永久性工程的设备及材料采购费用及相关费用。

项目施工费用为人工费、设备及材料费、施工机具费、专业分包费等相关的施工费，根据项目情况填写。

其他费用包括暂列金额、计日工、总承包服务费、风险等，其中暂列金额、计日工、总承包服务费按照总承包合同规定计算，风险根据项目情况进行识别及估算并提出应对措施。

3. 项目利润

项目利润为净利润。

8.3.5 项目整体预算的报送与审批

项目经理部在项目实施前编制项目整体预算，报企业相关部门审批。批准后的项目整体预算即成为控制成本的基准。

8.3.6 项目年度预算的编制

项目经理部应编制年度预算。年度预算于每年底根据企业财务部门统一要求的时间报送。年度预算批准后即作为下一年度成本控制的基准。

8.4 成本控制

8.4.1 目标责任制

项目经理部应建立成本目标责任制，将成本目标层层分解，责任到人。项目经理是项目成本管理工作的第一责任人。

8.4.2 成本控制措施

成本控制有如下相关措施：

在分包商和成本控制计划内，由商务管理部门办理各类分包单位的预付款内部审批事务，建立各类分包单位合同价款支付台账。

（1）确定设计、采购、施工、试运行及培训等相关合作单位。

（2）实行采购预算管理制度，使采购工作支出控制在成本计划范围内。通过推行控制订货余量，减少采购中间环节，保持到货计划与项目计划一致性、合理调整优化路径等方法，最大限度降低采购成本。

（3）优化项目实施方案，合理配置资源，做好施工现场管理及施工分包合同管理，防范成本控制风险，控制好分包成本。

（4）严格培训上岗人员，合理安排试运行程序，力争缩短试运行周期，降低试运行成本。

（5）各项管理成本实行预算管理制。

（6）按照"项目组织管理"相关规定进行项目经理部人员配置，并根据项目实施的不同阶段对管理人员人数进行动态控制，采取一人多能，一人多岗，确保项目管理人员成本控制在成本计划内。

（7）临时设施的建造、租赁或购置需执行项目经理部的意见，并在实施前将方案及造价或租赁、购置的预算报项目经理审批。

（8）在成本管理期间因工期、汇率等因素变化，预计将要突破项目成本预算额时，应说明原因，提前报企业相关部门审批。

（9）项目商务管理部门应当在支付前准确按照成本科目及成本编码登记所有费用，并按照工料机分解表，要求各分包商定期上报相应情况。

8.4.3　月度成本报告

在项目执行阶段，月度成本报告是成本控制的主要工具。报告应由项目商务管理部门及财务部门提供相应信息，商务管理部门按月度汇总完成，并报送项目经理，见月度成本报告（表 8-3～表 8-5）。

月度成本报告—项目盈亏分析　　　　　　　　　　　　　表 8-3

项目经理部		截止日期	
工程名称		工程编号	
（本表收入和支出数据同表应收应付账款、表月度财务报表）			
一、收入			元
1. 自开工累计到账合同收入—财务账面反映实际收到业主付款总额　　0.00			
（截止账单号 IP♯　　　　）与财务实收情况一致			
2. 应收工程款—监理已批准但尚未到账的合同收入　　0.00			
（当前账单号 IP♯　　　　）与等同于应收账目 A2 项			
3. 应收工程款—已申请并等待监理批准的合同收入　　0.00			
（当前账单号 IP♯　　　　）与等同于应收账目 A3 项			
4. 应收工程款—暂不具备申请条件的已完工程了估算的合同收入　　0.00			
（计划账单号 IP♯　　　　）与等同于应收账目 A4 项			
5. 应收工程款—其他情况发生的收入　　0.00			
等同于应收账目 A5 项目			
6. 自开工累计到账的其他情况发生的收入			
收入合计			

续表

二、支出	
1. 自开工累计支付工程款—财务账面反映实际已付分包商进度款合计	
2. 应付工程款—项目部已审核确认但未经财务支付的分包商进度款	
等同于应付账款目"A/P"累计总和	
3. 自开工累计项目部经费支出—财务账面反映实际已付的项目部经费合计	
等同表 已付金额累计总和	
4. 应付项目经费—财务部已审核确认但未经财务支付的项目部经费	
等同表 未付金额合计	
5. 其他情况发生的支持调整	
支出合计	
三、利润/（亏损）	
收入合计	
支出合计	
利润/（亏损）	
四、批准	
确认上述数据准确无误，并签章：	

财务部门	商务管理部门：	
	截止到上月累计收入	
	截止到上月累计支出	
	截止到上月利润/（亏损）	
	截止到本月利润/（亏损）	

月度成本报告—应收账款　　　　　　　　　　　　　　　　表 8-4

项目部：　　　　　　　　　　　　　　　　截止时间：

工程名称：　　　　　　　　　　　　　　工程编号：

（1）应收账目"A/R"（A2、A3、A4、A5 累计数值分别对应表项目盈亏分析收入项下的 2、3、4、5 分项）					
序号	明　细	A/R 截止到上月	本　月	累　计	备　注
		（1）	（2）	（3）=（1）+（2）	
A2	监理批准但未支付的账单				IP♯
A3	监理尚未批准但已申请的账单				IP♯
A4	尚未申请的实体工程量估算				
A5	其他收入				
	（1）				
	（2）				
	（3）				
	总　计				

续表

（2）应付账目"A/P"（累计总和数据抄填入表支出项下第2分项）

序号	明 细	A/R 截止到上月 (1)	本 月 (2)	累 计 (3)＝(1)＋(2)	备 注
总 计					

确认上述数据准确无误并盖章：

注：本表由商务控制中心填写

月度成本报告—月度财务报表　　　　　　　　　表 8-5

项目经理部：　　　　　　　　　　　　截止时间：

工程名称：　　　　　　　　　　　　　工程编号：

序号	明 细	成本编码	已付金额 本月 (1)	已付金额 累计 (2)	未付金额 (3)	合 计 (4)＝(2)＋(3)
1	工资		(1)	(2)	(3)	(4)＝(2)＋(3)
2	上缴管理费					IP♯
3	利润					
4	内部支付费用					
5	折旧					
6	其他					
	(1)					
	(2)					
	(3)					
总 计						

确认上述数据准确无误，并盖章：

财务部门：

项目整体预算应作为标准的比较基础。当期报告数据应与相应的预算数字和上期报告数字比较，反映项目的发展趋势。

季度财务预测应包含以下内容：

（1）项目管理费——预测整个工程。

（2）分包合同汇总——更新至目前状况。

（3）材料采购汇总——更新至目前状况。

（4）预计的利润和亏损报表——估计到工程完工。

（5）估计的应收和应付账目——估计到工程完工。

8.5 项目整体预算的调整

项目整体预算每年根据实际执行情况进行更新，并说明预算变化的原因，随月度成本报告企业相关部门。

在项目实施过程中，出现设计方案确定后的估算与编制项目整体预算时依据的合同额（或暂定额）有较大差异，重大工程变更、市场重大变化、企业对项目管理要求做出重大调整等对项目利润产生影响时，项目经理部应及时提出项目整体预算调整申请，并附详细的分析资料，计算依据报企业相关部门审批，按照流程审批后，调整项目整体预算。

8.6 成本数据积累

已完成工程的成本数据主要包括直接人工费、设备及材料费、机械费在"量"和"价"上的消耗数据、现场管理费等成本数据；其他如工期、质量等方面的数据。成本数据价格分类见成本数据价格分类表（表8-6）。

成本数据价格分类

表8-6

序号	分类	设定范围
1	设计费	计费标准、方式等
2	物资采购价格	按照物资的品种设定
3	劳务分包价格	参照劳务分包企业或常用分包模式设定，如人工工资标准
4	专业分包价格	根据常用的分包方式设定分部分项工程
5	施工机械设备租赁价格	按照施工机械常用的租赁方式设定
6	周转料具租赁价格	按照周转料具的种类设定，如钢管、扣件租赁等
7	临时设施价格	按照临时设施的种类设定
8	现场费用开支标准	按照项目预算设定项目房屋租赁费、伙食费、办公费、医疗费、招待费、国内（外）交通费、差旅交通费、探亲路费、津贴、防暑降温费、服装费、劳动保护费、固定电话费、手机通信网络费、车辆使用费等费用
9	物流运输价格	按物资从采购地到目的地的陆路运输费用、空运费用等设定
10	工程经济指标分析表	按量单的分部核算分部工程的经济指标
11	其他	

项目设计管理部门、物资采购部门及工程管理部门应收集、整理项目的成本资料、数据，建立适用的数据库，报商务管理部门。

商务管理部门根据项目各部分的成本数据，建立和完善项目成本数据库，为后续投标报价、分包采购、成本测算、价格监控等提供可靠的数据支持。

第9章 项目分包管理

9.1 管理要求

9.1.1 项目分包管控体系

总承包项目经理部应建立管理组织体系架构，各职能部门应具体负责专业分包合同的履约和日常管理，根据合同文件和相关要求对专业分包进行组织、协调和管理，对分包方进行相关教育和交底，对施工进度、工程质量、技术措施、安全生产、文明施工、环境保护、资金支付等进行全面管控，对专业分包方的不良行为进行整理上报。组织架构如图9-1所示。

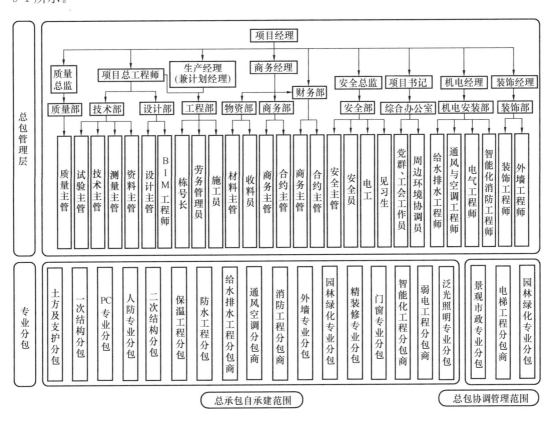

图 9-1 分包管控组织架构

9.1.2 项目分包管理要求 (表 9-1)

项目分包管理要求 表 9-1

序号	关键活动	管理要求	时间要求	主责部门	相关部门
1	办理进场手续	根据合同约定，填写分包商进场审批表，为分包商提供生产、生活场所，组织进场	分包进场前一周	项目经理部劳务管理员	工程管理部门安全管理部门
2	进场验收	根据合同约定查验分包商资质资信资料、查验分包单位各管理岗位人员配备、劳务工人花名册、劳动合同、身份证、上岗证、特种作业证、项目经理、安全员等资料并备案；为分包商所有人员办理门禁卡	进场当日	项目经理部劳务管理员	安全管理部门
3	劳务工人教育培训	对劳务作业人员进行安全教育、技术交底、技能培训、规章制度宣贯、法律知识和维权知识宣传等培训	日常工作	安全管理部门技术管理部门工程管理部门	劳务管理员
4	劳务用工监督管理	对分包商现场用工行为实施监督管理，监督分包商的用工合同签订、劳动力统计和考勤、维护劳务工人合法权益、使用劳务管理门禁系统、劳务工人实名制管理等	日常工作	项目经理部劳务管理员	综合办、合同造价管理部门、安全管理部门
5	劳务工人工资支付监督管理	项目经理是劳务工人工资支付监督管理的第一责任人，组织有关人员监督分包商按《劳动合同》约定足额支付劳务工人工资，不得低于当地最低工资标准；监督分包商每月支付工资公示；落实工资保障金制度等。合同造价部门在每月工程款付款之前向项目部劳务管理员了解分包上月工资发放情况和工资表收集情况，对发生拖欠工人工资情况的分包暂缓付款	日常工作	项目经理部劳务管理员	综合办、合同造价管理部门、财务管理部门
6	分包商考核	每月组织项目和建设、监理单位对分包商进行考核，分包商完成工作后也组织考核，考核结果报子集团公司/集团工程部，分公司审核	日常工作	项目经理部劳务管理员	合同造价部门、工程管理部门、物资管理部门、质量管理部门、安全管理部门

序号	关键活动	管理要求	时间要求	主责部门	相关部门
7	分包商退场	分包商根据合同约定完成任务，办理工程移交手续，办理物资设备移交手续，签订分包退场承诺书，协助办理结算和支付，监督劳务工人工资发放到位，退还工资保证金，做好劳务工人退场登记等工作	退场前30天	项目经理部劳务管理员	合同造价管理部门、工程管理部门、财务管理部门、综合办、物资管理部门、质量管理部门、安全管理部门

9.1.3　总包和专业分包责任机制

应建立总包和专业分包责任机制（表 9-2），分包单位必须对其分包工程的安全、质量、工期、消防、文明施工、成品保护等负责，完成分包合同规定的各项义务，接受总承包单位项目部的统一管理。

总包和专业分包责任机制　　　　　　　　　　　　　　　　表 9-2

序号	项目	具体事宜	分包责任人	总包负责人
1	深化设计	负责编制分包工程的施工组织设计和各种专项方案，负责相关专业的深化设计	深化设计师	技术管理部门
2	质量管理及验收	（1）按照总承包单位确定的质量目标，制定本分包工程的质量控制计划，各专业单位以自行控制为主，严格执行自检、隐检，工程验收采取分包单位质量初验，总承包单位复验，分包单位、总承包单位和监理工程师会同综合检查验收制度，且必须使用统一验收表格，逐级传递、依次进行。 （2）按规范、标准控制工程质量，主动接受总承包单位对质量的监督及检验，在自检合格的基础上向总承包单位报验。 （3）组织好本专业分包工程的交工验收工作，保证按总承包单位及业主规定的节点工期完成业主对本专业分包工程的验收	质量员	质量管理部门
3	协调问题及资料管理	（1）施工中出现的问题，各专业承包单位必须以工程联系单的方式告知总承包单位，由总承包单位将分包单位意见和问题送交业主和监理工程师，由总承包单位组织与各分包单位、业主以及监理工程师共同协商解决问题。 （2）按总承包单位的规定进行文件和资料的管理，保证达到总承包单位的要求	资料员	资料室技术管理部门
4	会议管理	分包单位现场代表必须按时参加总承包单位召集的各种形式的专题会、协调会，接受并落实总承包单位安排和部署的各项工作任务和指令	安全员项目负责人	项目经理部
5	进度计划	分包单位按时编制工程进度计划，周计划、月度计划和季度计划，定期核查计划的实际执行情况和完成情况	项目负责人	工程管理部门

续表

序号	项目	具体事宜	分包责任人	总包负责人
6	现场施工	（1）施工现场的总平面布置由总承包单位规划后，各分包单不得随意改变，如确需调整，必须提前以书面报告的形式告知总承包单位，经总承包单位书面批准后方可改变。 （2）保证进场施工作业人员、施工机械、计量器具的数量及质量能满足工程的需要。按总承包单位的总体安排及部署布置库房、加工预制场地等，并保证以上场地的管理达到总承包单位的要求。 （3）施工现场的管理严格按总承包单位规定，做到工完场清，安全设施、消防设施、个人劳保用品的配备要达到总承包单位的规定，安全、消防、文明施工保证体系齐全，责任明确，保证总承包单位制定的安全，消防、文明施工目标的实现	项目负责人	工程管理部门 技术管理部门
7	管理制度	分包单位进场后必须执行总承包单位制定的各项管理制度	分包单位	项目部
8	图纸会审	对施工图纸详细审核，进行细化、深化、优化设计，及时上报总承包单位，并及时与设计单位等进行图纸会审，协助设计单位将对施工图的修改方案落实到图纸上	技术员	技术管理部门
9	材料管理	按总承包单位要求编制材料、设备、成品、半成品采购计划及进场计划，并上报总承包单位备案。对甲供物资，承担进场验收的质量责任。对自行采购物资，进场前必须向业主及总承包单位提供样品、数量、规格及有关证书（生产厂家资质证书、质量保证书、合格证、检测试验报告等）进行报验，报验通过方能组织进场	项目负责人 材料管理部门	
10	协调管理	在总承包单位统一协调领导下，积极做好与其他分包单位的配合协作，对自己专业分包工程的成品保护负责，并不得损坏其他分包单位的劳动成果	项目负责人	项目经理部

9.1.4 人员配置管理

工程总承包项目各专业分包的管理人员配置均需按照表9-3、表9-4所示。

建筑工程专业分包项目管理机构岗位设置和专业人员配备　　　　表9-3

工程规模 （万元）	岗位设置及专业人员数量（人）									
	项目负责人	技术负责人	施工员	质量员	安全员	标准员	材料员	机械员	劳务员	资料员
<500	1	1	1*	1	1	1*	1*	1*	1*	1*
≥500～<2000	1	1	2	1	1	1*	1	1*	1*	1
≥2000～<5000	1	1	3	2	1	1*	1	1*	1	1
≥5000～10000	1	1	3	2	2	1	2	1	1	2*

工程规模	岗位设置及专业人员数量（人）									
（万元）	项目负责人	技术负责人	施工员	质量员	安全员	标准员	材料员	机械员	劳务员	资料员
≥10000	1	1	4	3	3	1	3	1*	2*	3*

注：1. 专业分包单位无自带或租赁特种设备时，可不设置机械员岗位。

2. 可兼职的岗位用"＊"表示。

建筑工程总承包项目管理机构岗位设置和专业人员配备　　　　表 9-4

工程规模	岗位设置及专业人员数量（人）									
（万 m²）	项目负责人	技术负责人	施工员	质量员	安全员	标准员	材料员	机械员	劳务员	资料员
<1	1	1	1	1	1	1*	1*	1*	1*	1*
≥1～<5	1	1	2	1	2	1*	1	1*	1*	1
≥5～<10	1	1	3	2	3	1*	2	1	1	2*
≥10～<20	1	1	4	3	4	1*	3*	2*	2*	2
≥20～<30	1	1	5	5	5	1	3*	2	2	3*
≥30	1	1	6	6	6	1	4	2	2	3

注：可兼职的岗位用"＊"表示。

专业分包单位按监管部门和分包合同要求配置专业管理人员，其中施工、技术、质量、安全等管理人员必须纳入总包体系下进行管理。

根据不同标段施工界面，总包委派一名责任工程师作为本标段分包现场施工进度、成本、安全、质量、环保等目标管理及信息沟通协调的现场第一责任人，负责所管辖分包的各项施工管理及协调事务。

9.1.5 主要专业分包的协调管理制度

在施工过程中，总包方始终担任承上启下的纽带作用。各专业分包在安全、进度、质量管理方面存在着不同分歧，需总承包方建立完善的协调管理制度用以约束和督促各专业分包实现履约。主要包含以下几方面制度：

（1）会议制度：定期召开安全、进度、生产例会，根据项目规模及施工条件选择与会人员级别及会议频次，建议每周召开 1～2 次专题会，以 PPT 图片形式回顾本周期工作内容及存在问题，各单位依次汇报，对节点滞后或安全质量隐患提出整改措施或意见，对不同单位诉求进行整合并分析给出最合理处理意见，最后总结整理为会议纪要签字存档。对于不按时参会或不按时整改单位可给予适度警告、罚款、约谈处理。

（2）移交制度：各单位之间（子）分项工程办理移交手续，各单位内部根据需要办理工序移交手续，明确各阶段主体责任，落实到具体负责人，对上部分项工程或上道工序内容验收并确认，以避免安全、质量管理隐患纠纷，场容场貌措施界限不清。

（3）样板制度：各专业单位进场大面积施工前需进行工艺样板及实体样板施工，如坐浆灌浆工艺、外立面防渗漏打胶工艺、机电配管工艺、首段吊装就位实体样板、幕墙首段龙骨及饰面实体样板等，待监理、设计及总包业主方确认后编制专项施工方案，方案确认后组织分级交底并组织大面积施工。

9.2 项目分包管理范围和职责

工程总承包项目一般技术复杂，涉及专业较多，工程总承包企业不可能将全部项目内容全部自行完成，特别是某些专业性较强的工作需通过分包的方式来实施。对于工程总承包企业而言，分包商工作的好坏直接影响整个工程的成功与否，因而对于分包管理就显得尤为重要。

分包商是指工程总承包企业对外签订的关于特定工程项目总承包合同项下的各类分包合同（包括勘察设计、采购、施工、咨询及服务等）的履约单位。

项目分包管理的目的是规范工程总承包企业对项目分包商的选择、评价和管理，确保分包商提供的服务符合合同约定、工程总承包企业管理要求及相关法律法规的规定，并通过整合工程总承包企业内外优质资源，与分包商达到"优势互补、利益共享、风险共担"的目的。

9.2.1 项目分包范围

1. 勘察设计分包

设计分包主要指工程总承包企业与业主签订总承包合同之后，再由工程总承包企业将部分勘察设计工作分包给一个或多个勘察设计单位来进行。

2. 采购分包

采购分包主要是指工程总承包企业与业主签订总承包合同之后，工程总承包企业将设备、材料及有关劳务服务再分包给有经验的专业服务商，并与其签订采购分包合同。

3. 施工分包

施工分包主要指工程总承包企业与业主签订总承包合同之后，再由工程总承包企业将土建、安装工程通过招标投标等方式分包给一个或几个施工单位来进行。

9.2.2 分包工作中的各方职责

1. 业主

业主与分包商之间没有合同关系，原则上对分包商不能直接进行管理，需要将管理意见通过工程总承包企业反映给分包商。但为了工作的便利，在执行项目过程中可以制定相关协调程序，可以约定在指定情况下业主可以通过工程总承包单位或监理单位向分包商发布指令，以便提高工作效率。

业主对分包工作的职责主要是对工程总承包企业分包方案的审批以及对分包商的最终确定。

2. 工程总承包企业

工程总承包企业与分包商之间是合同关系，对于分包商的工作负有直接的责任。从最初的分包工作策划、选定分包商、对分包工作的组织协调管理、到最后分包工作的移交，工程总承包企业都应有具体的管理部门，及时提醒和纠正分包工作出现的问题，使分包工作按时、保质地进行，从而为工程总承包企业顺利完成整个项目提供可靠的保证。

（1）工程总承包项目管理部门负责编制、修订项目分包管理内容。

（2）工程总承包企业的设计管理部门为设计分包商的主管部门，负责组织标前勘察与设计分包商的资格预审及招标工作。

（3）工程总承包企业的采购管理部门为采购分包商的主管部门，负责设备材料供应商的资格预审及招标工作。

（4）工程总承包企业的施工管理部门为施工分包商的主管部门，负责施工管理分包商的资格预审及招标工作，必要时各相关部门应组织对分包商的考察工作。

（5）工程总承包企业的合同管理部门为分包合同管理的主管部门。

（6）总承包项目管理部门在项目实施阶段指导设计、采购及施工部门对分包商的选择、评审工作，并监督检查各部门对分包商和合作单位的管理和控制工作；在项目收尾阶段负责组织分包商考核评价工作。工程总承包企业相关部门根据职能分工，按照项目分包管理的规定，参与工程分包商和合作单位的选择、评价和控制工作。

（7）对于业主提供潜在供方名录的分包项目，工程总承包企业应对供方的资质及能力进行预审（必要时考查落实）和确认。如果认为不符合要求时，应及时报告业主并提出建议。否则，不应免除工程总承包企业应承担的责任。

3. 分包商

分包商在工程总承包企业的领导下开展工作，应遵循分包合同的要求按时、保质地完成分包任务。分包商一般只接受工程总承包企业的指令，不能擅自接受业主及监理单位的指令（有约定的情况除外），由此造成相关后果应由分包商负责。监理单位对于分包商的工作负有监督管理的职责。监理单位一般不宜对分包商直接下指令，而应通过工程总承包企业对分包商进行管理。但为了工作的便利，在执行项目过程中，可以约定在指定具体情况时，监理单位可以向分包商发布指令。

9.3　项目合格供方选择和评价

9.3.1　项目分包工作计划

总承包项目经理部应根据企业相关规定，编制项目分包工作计划，建立项目分包工作清单，明确分包管理界面和接口要求，一般可分为设计分包、采购分包、施工分包、专业承包、劳务分包及服务分包等，分包责任主体分为业主指定分包及自行分包两种。可参考表 9-5。

业主分包指定分包（或工程总承包企业自行分包）一览表　　　表 9-5

序号	工程名称	分包范围	合同额	是否已确定单位	分包单位	进/退场时间	负责人/电话

9.3.2　项目合格供方名录的建立

工程总承包企业相关部门负责建立健全项目合格供方名录（表 9-6），并根据新的供方评价及市场信息保持对名录库及时更新。

项目合格供方名录　　　　表 9-6

序号	分包商名称	资质等级	主营范围	注册资本金	法定代表人	代表业绩	持质量、环境、安全证书	银行资信等级	住址、电话、邮箱
一	勘察设计								
	……								
二	施工安装								
	……								
三	支持服务								
	……								

9.3.3　分包工作招标

工程总承包企业相关部门应负责分包工作招标，组织选定分包商。

1. 招标原则

分包工作招标原则：

（1）有利于提高配置优质市场资源的能力。

（2）有利于提高总承包模式项目工程分包管理水平，规范和完善工程分包行为，降低工程总承包企业经营成本和风险。

（3）有利于工程进度、质量、环境和职业健康安全管理目标的实现及合同履约。

（4）有利于长期合作单位的培养，坚持与分包商的"优势互补、利益共享、风险共担"和"优势互补、竞争选择、动态管理"的原则，促进工程分包管理的制度化、标准化和流程化建设。

2. 招标条件

分包工作招标条件：

（1）投标人持有有效的经过年检的营业执照、注册资金等满足合同规模和风险管控的要求，企业财务状况和资信等级良好。

（2）投标人需要提供企业资质证书、组织机构代码证、安全生产许可证、安全质量及业绩证明。

（3）投标人出示企业法人代表授权委托书及委托人信息简表。

（4）投标人需提供勘察、设计、施工（制造）技术能力证明。

（5）具有与合同建设规模相适应的勘察、设计、施工等资质等级，如有境外分包，应同时具有对外承包经营权资格。

（6）依据项目需要，投标人应提供特殊作业人员（电工、电焊工等）证书和安全员证书的复印件和施工管理机构、安全质量管理体系及其人员配备。

3. 确定分包方案和招标方式

（1）分包方案

通常在签订总承包合同时，分包方案作为投标书的一部分已经初步确定，主要包括拟分包的工作范围、数量、需签订分包合同的时间、分包项目完工时间等。在正式开始分包招标之前，应对分包方案进行审核，以进一步明确以下问题：

1）总承包项目经理部中各部门对分包管理的责任关系。

2）各个分包合同之间，分包合同与主合同之间在时间、技术、价格和管理等方面协调一致。

3）分包合同和工程总承包企业自行完成的工作加总必须能涵盖主合同的所有工作。

（2）招标方式

各类分包合同的招标方式通常有以下几种：

1）公开招标。工程总承包企业以招标公告的方式邀请不特定的法人或者其他组织投标。

2）邀请招标。工程总承包企业向合格供方名录中的法人，以投标邀请书的方式，邀请特定的法人或者其他组织招标。对于专业性很强的分包工作常用此种方式。

（3）招标要求

1）公开招标选定分包商。设计管理部门、采购管理部门及施工管理部门分别制定相应招标文件和评标办法，按照相应法律法规，以公开招标的方式择优选择分包商，报工程总承包企业批准后确定。

2）业主指定分包商。在不违背工程总承包企业利益的前提下，按照与业主签订的总承包合同中对指定分包商的约定，确定分包商。

3）其他方式确定分包商。由于项目技术复杂或有特殊要求涉及专利权保护，受自然资源或环境限制，新技术或技术规程事先难以确定等原因，可供选择具备资格的合格供方实行邀请招标。具备资格的合格供方数量有限，实行公开招标不适宜或不可行时，可在项目合格供方名录内实行邀请招标。

4. 资格预审

投标前对提交资格预审申请文件的潜在投标人进行资格审查。

5. 招标文件的准备

由工程总承包企业分包招标部门，负责组织有关部门准备招标文件，并将招标文件发放给批准的投标人。具体的招标文件根据每一个独立的分包项目要求进行准备。招标文件包应包含投标人须知、投标书格式等。

6. 评标

（1）独立进行商务标和技术标的评标。

（2）由分包工作主管部门组织合同管理部门及有关部门人员参加技术标评审，确定其技术上的可行性。

（3）由合同管理部门组织财务部门和其他有关部门人员参加商务标的评审，并要保持评标结果的保密性。

（4）评标结果需提交业主批准。

7. 发布中标通知

在评标结果得到业主批准后，总承包企业将书面通知中标人和未中标人。合同管理部门根据与所选择的分包商达成的条件，修改分包合同文件。分包商提交履约保函，双方正式签订分包合同。

9.3.4 供方资信评价

对供方资信评价的内容包括资质、信誉、经历、资源、能力和服务，可按职责分工对合格供方进行资信评价。各责任部门将评价信息反馈给总承包项目管理部门，由总承包项目管理部门统计评价结果。

资信评价结构可分为 3 个等级：优秀、合格和不合格。评价为优秀的供方可直接列入合格供方名录；评价为合格的供方列入合格供方名录，总承包项目管理部门在后期项目中考虑录用；评价为不合格的供方不列入合格供方名录，且视情节（在施工中的违规程度）给予警告直至取消资格的处罚。资信评价结果作为下一年度或项目开工前资质审查的依据。

9.3.5 合格供方工作考评

1. 考评内容

考评内容包括队伍的综合素质、工期进度、工程质量、安全生产、文明施工、劳动合同、持证上岗、工资支付以及与项目经理部在项目实施过程中的工作配合、遵纪守法等内容。

2. 考评

考评流程如下：

（1）设计管理部门、采购管理部门及施工管理部门每季度对供方进行季度考核评价。

（2）设计管理部门、采购管理部门及施工管理部门在每季度考核的基础上，每半年对供方进行一次履约综合考核评价，填写工程总承包项目供方绩效考核表，向总承包项目管理部门报备。

（3）在完成合同约定的工作后或最终结算前，设计管理部门、采购管理部门及施工管理部门对供方进行综合考核评价，填写工程总承包项目供方绩效考核表，报总承包项目管理部门核查。

（4）总承包项目管理部门组织年度考评结果评审，及时更新项目合格供方名录。

（5）对履约考评不通过或发生重大质量、安全责任事故及媒体曝光的单位，总承包项目管理部门应及时向项目经理报告，并提出是否将该供方调整出合格供方名录的意见，合同管理部门据此核定更新合格供方名录。

9.3.6　专业劳务分包方的评价与选择

（1）总承包项目经理部负责劳务、专业分包商的评价。评价的依据资料由负责评价的部门保存。对拟选用的分包商，应从以下方面对其进行评价：

1）是否符合地方政府主管部门的有关规定。

2）是否满足顾客和法律法规对分包工程的资质要求。

3）是否具备比较完善的质量管理体系、环境管理体系、职业健康安全管理体系及其相应的保证能力，包括资源配备情况，各专业施工人员的数量和能力，必要的硬件、软件等能否满足要求。

4）有无类似项目的施工经验，以往施工的类似项目的情况。

5）满足顾客提出的特殊要求的能力。

6）其他需要评价的情况。

（2）根据施工项目的重要程度，对分包商的评价可采用以下一种或几种方法：

1）验证其营业执照、资质等级、施工能力、设备保证、人员素质、以往业绩等方面的证明资料；有质量管理体系、环境管理体系、职业健康安全管理体系认证要求时，查验认证证书。

2）实地查看以往承建的类似项目，了解各相关方的意见。

3）针对具体工程的特殊要求，通过问卷进行考察评价。

4）其他适宜的方法。

9.3.7　分包工程的招标和进场计划

（1）分包商的选择应引入竞争机制，通过招标方式确定，分包价款一定限额及以下的可按照企业相关规定采用议标方式。

（2）根据招标文件和图纸所涉及的专业，结合项目建设总体进度计划要求，应编制分包工程的招标和进场计划，明确工作流程。可参考表 9-7 编制。

分包工程招标计划和进场计划 　　　　　　　　　表 9-7

序号	专业分包内容	招标时间	进/退场时间

9.3.8 合格供方进场准备

工程总承包企业确认的供方经业主认可后，工程总承包企业与合格供方签订总分包合同以及分包安全生产协议、总分包方消防保卫协议书、分包管理手册等，纳入总承包管理。专业分包商进场后，由总承包项目经理部进行项目总承包管理规定交底。

（1）分析总进度计划。通过对总进度计划的分析，确定分包商的进场顺序，从而确定分包的招标顺序。

（2）确定专业分包范围。根据招标文件和施工图纸，确定专业分包的种类和数量，对招标文件和施工图纸中涉及的专业应进行核对，防止遗漏。

（3）编制招标和进场计划。在分析进度和确定分包工作内容的基础上，编制分包工作的招标和进场计划。

（4）审核。分包招标和进场计划应经过工程总承包企业审核方可生效，审核的目的主要是核对进场时间和专业分包的种类、数量能否满足需要。

9.4 项目分包合同管理

9.4.1 分包合同类型

1. 总价分包合同

在总价分包合同中，总承包企业支付给分包商的价款是固定的，未经双方同意，任何一方不得改变分包价款。总价合同通常用于采购分包、小型的施工分包。

2. 单价分包合同

在单价分包合同中，总承包企业按分包商实际完成的工作量和分包合同规定的单价进行结算支付。单价合同通常用于施工分包。

3. 成本加酬金合同

在成本加酬金合同中，对于分包商在分包范围内的实际支出费用采用实报实销的方式进行支付，分包商还可以获得一定额度的酬金。成本加酬金合同通常用于设计分包以及时间紧迫的施工分包。采用此种方式时，须在合同中规定方便判断的执行标准。

9.4.2 分包合同的签订

1. 订立分包合同应遵循的原则

（1）当事人的法律地位平等，一方不得将自己的意志强加给另一方。

（2）当事人依法享有自愿订立合同的权利，任何单位和个人不得非法进行干预。

（3）当事人确定各方的权利和义务应当遵守公平原则。

（4）当事人行使权利、履行义务应当遵循诚实信用原则。

（5）当事人应当遵守法律、行政法规和社会公德，不得扰乱社会经济秩序，不得损害社会公共利益。

（6）分包商不得将分包的工程再行转包。

2. 分包合同评审

（1）设计分包合同

在分包合同订立前，根据分包的需要对设计分包合同的性质、分包范围、采用的技术、考核指标、采用的标准规范、安全与环境保护要求等内容加以研究评审，并成为订立设计分包合同以及实施履约监督的管理重点。

（2）采购分包合同

在分包合同订立前，应特别关注分包商的资质、信誉、拟采用的标准规范、时间的限制以及付款方式等内容加以研究评审，并成为订立采购分包合同以及实施履约监督的管理重点。

（3）施工分包合同

在分包合同订立前，应关注对分包人的资格预审、分包范围、管理职责划分、竣工检验及移交方式等内容加以研究评审，并成为订立施工分包合同以及实施履约监控的重点。

3. 分包合同管理要点

（1）了解法律对雇用分包商的规定

对于涉外项目，工程总承包企业应该了解当地法律对雇用分包商的规定，工程总承包企业是否有义务代扣分包商应缴纳的各类税费，是否对分包商在从事分包工作中发生的债务承担连带责任。

（2）分包项目范围和内容

总承包企业应对分包合同的工作内容和范围进行精确的描述和定义，防止不必要的争执和纠纷。分包合同内容不能与主合同相矛盾，并合理采取转移风险的措施。

（3）分包项目的工程变更

总承包项目经理部根据项目情况和需要，向分包商发出书面指令或通知，要求对项目范围和内容进行变更，经双方评审并确认后则构成分包工程变更，应按变更程序处理；项目经理部接受分包商书面合理化建议，对其在各方面的作用及产生的影响进行澄清和评审，确认后，则构成变更，应按变更程序处理。由分包商实施分包合同约定范围内的变化和更改均不构成分包工程变更。

（4）工期延误的违约赔偿

总承包企业应制定合理的、责任明确的条款防止分包商工期的延误。一般应规定总承包企业有权督促分包商的进度。

（5）分包合同争端处理

分包合同争端处理最主要的原则是按照程序和法律规定办理并优先采用"和解"或"调解"的方式求得解决。

（6）分包合同的索赔处理

分包合同的索赔处理应纳入总承包合同管理系统，具体要求参见本书第 7 章项目合同管理的相关内容和说明。

（7）分包合同文件管理

分包合同文件管理应纳入总承包合同文件管理系统，具体要求参见本书第 7 章项目合同管理的有关内容和说明。

（8）分包合同收尾管理

应对分包合同约定目标进行核查，当确认已完成缺陷修补并达到约定要求时，及时进行分包合同的最终结算和结束分包合同的工作。当分包合同结束后应进行总结评价工作，包括对分包合同订立、履行及其相关效果评价。

9.5　项目分包组织与实施管理

9.5.1　分包商进场要求

各分包方进入施工现场前，均需按工程总承包企业相关管理规定的要求设置相应的组织管理机构，配置对口的管理人员，按以下规定程序执行：

（1）进入施工现场的各分包商按工程总承包企业设置好的机构统一命名。

（2）往来信函及有关文件需标注单位名称时，一律以工程总承包企业确定的名称为准。

（3）分包商应按照工程总承包企业设置的机构和管理岗位配齐相应的管理人员。

（4）分包商应为进场的管理人员、施工人员购买人身保险，以预防意外伤害发生后带来不必要的纠纷。

（5）分包商常年驻工地的管理人员，如项目经理、项目技术负责人、施工员、质量员、安全员、材料员、维修电工等应持证上岗。项目经理、技术负责人员应具有项目经理证上岗证书和工程师资格证书。分包商进场前要向总承包企业上交管理人员岗位证书。如果证件不全，工程总承包企业将拒绝其进场。

（6）进场的劳务人员必须持有身份证、劳务人员与分包商签订的劳务合同、社会保险和医疗保险等资料、特殊工种上岗证。其中特殊工种包括电工、电气焊工、维修电工、架子工、起重工、防水工等。分包商进场，必须将其劳务人员的花名册及上述证件复印件上报工程总承包企业、监理单位。劳务人员应携带上述证件，以备随时检查。被查者如证件不全，将被清出施工现场，其所属单位将处以罚款。

（7）各分包商进场前向总承包项目经理部提交下列资料：

1）企业各类资质证书及营业执照。

2）中标通知书及合同。

3）管理人员名单、分工及联系方式，关键岗位人员资格证书。

4）岗位职责及管理制度。

5）施工人员名单及身份证、劳务人员与分包商签订的劳务合同、社会保险和医疗保险等资料、特殊工种上岗证等复印件。

（8）上述各项资料由总承包项目经理部负责收集、整理，收集齐全后装订成册归档。

9.5.2　分包商进场验证

（1）分包商进场后，总承包项目经理部应按照总承包要求和分包的承诺，对分包商进行人员、设备等方面的检查。对专业管理人员和特种作业人员，除查验上岗证外，还应通过考试、实验操作等方式考核其能力。

（2）施工过程中，应定期检查分包商的人员变化、安全措施费用投入、安全防护设施使用等情况，不符合要求的及时监督整改。应注意作业人员的思想和身体素质方面的变化，及时进行沟通和交流。

9.5.3　分包作业人员教育培训

（1）总承包项目经理部每月应对分包单位的全体人员进行至少一次质量、环境、职业健康安全管理教育。当项目作业人员、施工阶段、现场条件等发生重大变化，或发生重大质量、环境、职业健康安全事故时，应及时组织教育培训，必要时企业相关部门协助。对分包单位的教育培训应分层次进行，具体安排应在项目质量计划（或施工组织设计）和职业健康安全与环境管理实施方案中明确。

（2）对分包作业人员的教育培训应至少包括以下内容：

1）企业的质量、职业健康安全与环境管理方针。

2）项目的质量、职业健康安全与环境管理目标。

3）相关法律法规的要求。

4）质量控制、安全生产和文明施工、环境管理、成本控制等方面的有关要求。

5）施工生产过程中的注意事项。

6）项目规章制度，以及违反的处罚规定。

7）应急准备和响应要求。

8）其他需要进行教育培训的事项（如必要的专业知识、技能培训）。

（3）对分包作业人员的教育培训可采取集中会议的方式，也可以分组进行，还可以通过板报、录像、宣传画、局部现场会等方式进行，以增强项目作业人员的质量、职业健康安全与环境管理意识，防止各类事故的发生。

（4）架子工、起重工、司索、信号指挥、电工、焊工、机械操作工、起重机司机等特种作业人员应持证上岗。按照有关规定，结合项目实际情况，企业应组织涂装工、电气设备安装工、管工、防腐蚀工等其他特种工种的职业资格培训，或招用持相应职业资格证书的人员。

分包单位特种作业人员的培训、取证、复检工作由所在单位负责实施。

（5）总承包项目经理部应按照三级教育的有关规定做好相应的教育培训工作，并切实有效地开展安全教育培训活动。

9.5.4　设计分包组织与实施管理

1. 调度管理

总承包企业对于分包商的管理主要体现在协调监督方面，而对各分包商工作的协调管理主要通过总承包项目经理部实现。一般应要求各分包商设置专门的调度机构和专职的调度人员，服从总承包项目经理部的领导。

（1）总承包项目经理部的职责

1）根据对项目建设的全面信息汇总，下达工程调度指令，并督促执行。

2）接受设计分包商的有关报表、申请、文件等，按相关工作程序做出处理，并督促执行。

3）指挥、调度、协调各设计分包商的工作。

（2）设计分包商的职责

1）设计分包商调度人员应定期向总承包项目经理部上报设计工作的进展情况和需协调解决的问题。

2）接受总承包项目经理部下达的各项指令、通知、函件等，并督促执行。

3）与总承包项目经理部及时沟通设计出图、现场服务情况，以便及时掌握设计动态。

2. 设计分包过程管理

设计管理部门在设计分包工作的实施过程中其主要管理工作如下：

（1）做好开工前的准备工作。

（2）组织设计分包商按项目设计统一规定进行设计。

（3）组织各设计分包商编制采购设备、材料的技术文件，及时组织处理采购过程中出现的设计方面技术问题。

（4）协调各专业、各设计分包商之间的衔接，解决各设计专业和设计分包商之间的技术问题。

（5）收集、记录、保存对合同条款的修订信息、重大设计变更的文字资料，并负责落实新条款和变更的实施情况，为后续的合同结算工作准备可靠依据。

（6）审核设计分包商交付的设计文件与规定要求的符合性，并做好设计分包的支付结算工作。

（7）项目结束时，组织设计分包商整理项目设计阶段的所有资料，并完成立卷、归档工作。

3. 设计分包现场服务管理

（1）督促落实设计分包商以保证其有一套能够开展现场服务的团队。

（2）组织设计分包商做好现场设计交底工作，并协助供应商做出技术方案。

（3）配合施工，解决与设计有关的技术问题，其中包括提供图纸、说明书、技术规程书以及其他设计文件的解释。

（4）协调、处理现场设计变更。

9.5.5 采购分包组织与实施管理

1. 调度管理

（1）总承包项目经理部的职责

1）根据对项目建设的全面信息汇总，对采购分包商的工作分析、总结，对下一步的工作提出建议，下达工程调度指令，并督促执行。

2）向采购部门下达采购计划，总体上负责项目设备物资的调度。

3）了解和掌握物资的需求情况。

（2）采购分包商的职责

1）定期向总承包项目经理部上报物资生产情况、运输情况、中转站物资到货、发货、采购计划执行情况和需协调的问题。

2）接受总承包项目经理部下达的各项指令、通知、函件等，并督促检查执行。

2. 采购分包过程管理

采购部门在采购分包工作的实施过程中其主要管理工作如下：

（1）协调各分包商之间的进度搭接工作，协调采购分包商与供应商、施工管理部门的工作搭接。

（2）做好采购分包的支付结算工作。

（3）依据合同要求各分包商对自购物资的质量负责。监理单位对各分包商的物资采购计划进行审查，对各分包商采购的物资进行查验。

（4）督促采购分包商严格按照采购程序中规定的原则选择合格的供应商，并着重在物资质量的保证方面进行选择。

（5）分包工作结束后，组织分包商整理相关技术资料并完成立卷、归档工作。

9.5.6　施工分包组织与实施管理

1. 调度管理

（1）总承包项目经理部的职责

1）根据对项目建设的全面信息汇总，对施工分包商的工作分析、总结，对下一步的工作提出建议，下达工程调度指令，并督促执行。

2）接受施工分包商等的有关报表、申请、文件等，按相关工作程序做出处理、并督促执行。

（2）施工分包商的职责

1）全面掌握项目施工和物资供应的进展情况，并进行分析、汇总，将需要协调解决的问题上报总承包企业总承包项目管理部门。

2）了解和掌握项目月度施工计划和周进度计划，并进行分析、控制，分析未完成计划的原因，提出改进措施，做到月计划、周控制、日落实，确保进度计划的实施。

3）接受总承包企业总承包项目管理部门的有关指令、通知、函件等，并督促执行。

2. 施工分包过程管理

（1）施工准备

1）施工管理部门应对施工分包商管理体系的建立、质量管理体系的运行情况、HSE管理体系的运行情况、施工资源的配备情况进行一次全面的审查，并将结论意见报监理单位核准后，合格的分包商由监理单位签发开工令、不合格的分包商签发整改通知单。

2）施工经理主持召开施工前会议，与施工分包商商讨工作计划，明确工作区域、工作协调配合及合同管理规程等事宜。

（2）施工过程中

1）施工管理部门会同监理单位对施工分包商进行报验的工作组织验收，对施工分包商的工作质量进行监控。

2）施工管理部门监督施工分包商做好物资的库房管理，及时掌握施工分包商的物资需求情况，安排好物资调拨工作。

3）施工管理部门审查施工分包商提交的各类进度报表，掌握项目的综合进度。确保信息的准确性、及时性，并以此作为对分包商结算的依据。

4）施工管理部门建立定期和不定期的会议制度，检查施工分包商各种计划的落实程度、各施工分包商之间的工作接口处理情况、合同的履约状况，解决目前已经发生的各种问题，对后期工作做出安排。

5）施工管理部门应随时注意设计变更或工程量增减等情况引起的工程变更，并采取相应的措施妥善处理变更。

（3）完工阶段

1）审核施工分包商完成的施工和安装工作与规定要求的符合性。

2）审核施工分包商在所承包工程完工后提交的工程验收申请报告单。

3）审核施工分包商编制的所承包工程的竣工资料，并完成立卷、归档工作。

9.5.7 分包商动态管理与考核

（1）总承包项目经理部负责每半年对分包商在施工过程中的情况进行一次考核，填写分包商考核记录，报企业分包商管理部门保存，作为年度集中评价的信息输入。

（2）每年度或一个单位工程施工完毕后，由使用单位的相关部门和总承包项目经理部对分包商进行综合考核评价，将考核结果报有关部门复核备案。

（3）分包商在施工过程中违反合同条款时，总承包项目经理部应以书面形式责令其整改，并观其实施效果。确有改进，予以保留；亦可视情况按合同规定处理。

（4）当分包商遇到下列情况之一时，总承包项目经理部填写分包商辞退报告，报企业总承包项目管理部门，经企业分管领导审批后解除分包合同，从合格供方名录中删除，在备注栏中填写辞退报告编号，并报送工程总承包企业主管部门备案。

1）人员素质、技术水平、装备能力的实际情况与投标承诺不符，影响工程正常实施。

2）施工进度不能满足合同要求。

3）发生重大质量、安全或环境污染事故，严重损害本单位信誉。

4）不服从合理的指挥调度，未经允许直接与业主发生经济和技术性往来。

5）已构成影响信誉的其他事实。

9.6　进退场管理

9.6.1　专业分包进退场流程

如图 9-2 所示。

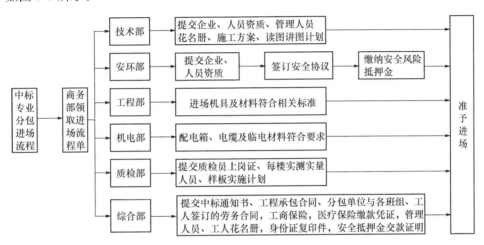

图 9-2　专业分包进场流程图

9.6.2　进场提交资料

（1）分包单位资质（3 套加盖单位公章）：营业执照、资质证书、安全生产许可证、业绩资料、主要管理人员岗位证书及安全 A、B、C 证等。

（2）三个协议：分包单位签订合同，合同备案完成后由合约部提供安全、消防、临电三个协议到安全部留底。

（3）分包主要管理人员资料（1 套加盖单位公章）：主要管理人员任命书，任命书上的主要管理人员必须与备案上一致（专业分包主要管理人员：项目负责人、技术负责人、安全员、质量员、劳务员。劳务分包主要管理人员：项目负责人、安全员、劳务员）。主要管理人员花名册，主要管理人员合同复印件。主要管理人员工资发放记录、社保每季度提交一次。

9.6.3　人员进场管理

（1）工人进场安全教育：总包组织，分包单位人员进场后分批次进行。

（2）工人进场安全总交底：总包组织，分包单位人员进场后分批次进行。

（3）工人进出场登记表（电子版、纸质版各一份）。

（4）施工人员安全教育档案手册：分包单位人员进场后陆续进行，审核从业人员信息，超龄人员：男 55 周岁，女 50 周岁以上不允许进场作业，手册需加盖单位公章。三级教育卡及试卷等须按要求填写。劳务合同一式三份，须加盖单位公章。

9.6.4 特种作业及监护人员管理

（1）特种作业人员必须持建设行政主管部门颁发有效期内的特种作业人员操作资格证。特种作业人员进场后证件及时上报总包复核报监，需附身份证复印件。

（2）动火作业、小型机械作业必须办理监护员证。监护员证办理需填报工人内部上岗培训报名表，并考试统一办理（办理监护员证需提交一寸相片 2 张，身份证复印件等）。

9.6.5 材料机具出入场管理

（1）分包单位材料、机具等进出施工现场必须到项目部开具进/出门证，进/出门证必须通过安全、工程部等各部门会签确认方有效，凭证出入。

（2）大中小型机械设备、机具、电箱等进入施工现场必须通知总包单位组织验收，验收合格方可投入施工现场使用。大中小型机械设备必须提供合格证、检测报告、操作人员证件等报件。

9.6.6 安全生产文明施工奖罚制度

项目编制安全生产文明施工奖罚措施制度。对施工过程中发现的违章行为进行惩处，对表现良好的单位和个人进行奖励。

9.6.7 劳务管理

（1）劳务管理严格按照"十步工作法"和"劳务管理十不准"要求执行。做好实名制录入（提供身份证原件），门禁管理。施工人员进场后统一办理门禁卡，凭门禁卡出入施工现场。

（2）"三个台账"：实名制台账（实名制录入）。人工费台账（支付凭证录入），工人工资发放台账（工人工资支付凭证录入）。

（3）支付凭证、工人工资支付表，劳务工人考勤表（加盖单位公章，每月月底上报）。

（4）工人体检，分包单位组织工人体检，并将体检报告或复印件交安全部。体检合格人员方可进场施工。

（5）食堂食品经营许可证及从业人员健康证要及时办理，食品采购做好采购记录。饭菜留样记录保留 72h。

（6）各家单位做好各自宿舍卫生工作，生活垃圾严禁随意丢弃，身份证复印件按床位张贴在墙上。

9.6.8 商务对进退场的约束要求

商务对分包进退场的管理要求如表 9-8 所示。

商务对专业分包进退场的管理要求   表 9-8

合同	进场要求	退场要求
劳务分包、塔吊等	（1）经工程总承包企业组织正规招（议）标流程确认的分包单位签订施工合同，足额缴纳履约保证金后方可进场。（2）所有分包方进场人员必须严格遵守发包方公司现场管理条例。分包方工人进场后，到项目部登记，提供相关证件，由项目部统一办理和更换个人保险，如果有人员变动及时到项目部办理更换保险手续。（3）建立安全教育培训制度，进场时组织开展进场安全教育。（4）在农民工进场前先行签订合同并进行岗前培训、安全教育等，特殊工种持证率必须达到100%，并严格按照安全管理要求施工，杜绝工人工伤等各种事故的发生。混凝土振捣手进场时，分包方必须向项目部申请对振捣手进行考核，合格后方可进场施工。（5）根据工程需要，合理配合劳动力并负责对本单位进场施工人员的用工教育和具体管理工作，严格控制队伍人数，杜绝私招乱用社会闲散人员，禁止无证人员混入本队伍中进场施工。在施工过程中，因工程需要变动生产人员，必须事先得到发包方专管人员的同意，并补交变动人员名单及有关证件复印件。施工人员进场之前，需向发包方指派的现场专管人员递交本施工队伍人员花名册、身份证、特殊工种操作证等一切所需证件的复印件或原件	（1）项目已完工结算。经项目部生产、技术、合约、材料、安环等部门会签同意、项目领导同意后方可退场。（2）付款已按要求预留保修金。（3）对租用发包方材料或办公用具进行验收，均合格后办理退场

9.7 分包结算管理

分包商按照合同约定进行结算，向总承包项目经理部提出结算申请及相应结算资料；总承包项目经理部受理后，参照第16章项目计量支付管理相关内容进行款项的确认，并按分包商合同规定办理会签审批，依据总承包项目经理部财务结算流程办理款项支付手续。

9.8 劳务用工管理

9.8.1 基本要求

（1）为适应快速施工生产的需要，合理有效地使用外部劳务，加强外部劳务管理，提高劳动生产率，促进施工生产任务的完成，根据国家有关政策规定，结合项目实际，制定项目劳务用工管理相关制度。

（2）使用外部劳务，必须遵守国家有关政策、法规，并依照工程总承包企业相关制度组织实施。

9.8.2 使用的原则和条件

（1）使用外部劳务必须坚持"合理有序、总量控制"的原则，有计划地使用外部劳务。

（2）使用外部劳务仅限于施工生产第一线，非施工生产单位、岗位原则上不得使用。

非施工生产岗位必须使用外部劳务时，应报使用计划，并注明使用部门、岗位，未经批准，一律不准私招乱聘。

（3）大型先进机械设备操作、财务管理、物资的采购保管、爆破物品的保管等重要岗位不得使用外部劳务。

（4）资格准入管理

1）劳务承包企业准入：由项目经理部负责进行推荐，经企业综合评价合格后方可准入，并纳入公司合格劳务供方名录。

2）劳务派遣公司准入：由项目经理部负责进行评价推荐，经企业综合评价备案后方可准入。

（5）队伍、人员选用管理

1）选用劳务承包企业时，原则上从工程总承包企业合格劳务供方名录中选用。否则必须经过项目经理部各部门及领导综合评审，并报工程总承包企业审核批复后，方可使用。

2）选用劳务派遣企业时，从有派遣资格和一定经济实力的企业中选用。在选用劳务派遣企业时，必须从工程总承包企业备案合格的劳务派遣企业中选用，未列入工程总承包企业备案合格的劳务派遣企业中拟使用的劳务派遣企业，应按程序先进行评审，申报和备案，方可选用。

3）人员选用必须符合下列条件：

① 必须身体健康，具有一定文化程度和劳动技能，年龄在50岁以下的公民（有专业特长的可控制在55岁以下）。并持有本人居民身份证，户口所在地政府劳动部门发的《外出人员就业登记卡》、施工所在地劳动部门发的《外来人员就业证》和公安机关发的《居住证》。严禁使用18周岁以下的童工。

② 必须与劳务施工企业或劳务派遣企业签订《劳动合同》，合同必须贯彻国家《劳动法》、《劳动合同法》等有关法律、规定，并遵守平等、自愿、协商一致的原则。合同内容公正、合理、合法。

9.8.3　劳务分包合同管理

（1）用工单位使用劳务人员，应签订书面合同，并严格执行规范性合同文本。杜绝发生先干后签、口头协议等违规行为。招用劳务队应签订《劳务分包合同》。

（2）签订《劳务分包合同》要求

1）《劳务分包合同》由项目经理部组织签订，签约人必须是企业的法定代表人或其授权委托的代理人，未经授权，其他人不得以企业的名义签订《劳务分包合同》。

2）签订《劳务分包合同》应严格实行劳务作业项目工费综合单价承包，以书面形式订立，并以满足与建设单位签订的施工合同为前提，任何单位和个人不得利用劳务分包进行违法活动，损害企业利益。

3）签约人在签订《劳务分包合同》前要按照选择使用劳务队的条件，严格审查提供劳务方的主体资格和符合的条件。

4)《劳务分包合同》中应根据工程特点和实际，在验工计价时，应预留一定比例的农民工工资保证金，确保民工工资发放。

5)《劳务分包合同》由合同文本和合同附件组成。合同主要内容包括：合同双方主体、合同方式、工费单价、履约时间、双方责任、劳务费的计量与结算、变更与解除、违约责任、纠纷解决办法的处理等。法人代表授权书、劳务承包项目及单价表等为合同附件，与合同文本同时有效，并由双方代表逐一签字，合同签订单位要建立完整的合同管理台账。

6) 加强《劳务分包合同》履约管理，及时解决履约中出现的问题。需要修改、变更、补充、中止合同的，应及时完善手续，收集和保管好有关证据材料。负责合同管理的人员调动工作时，要把合同签订、履行债权债务情况以及其他需要说明的问题逐项移交清楚。

7) 严格企业公章的使用管理，防范外部劳务队刻制或使用冠有本企业名称的公章。

8) 依法订立的《劳务分包合同》，具有法律约束力，合同双方必须严格遵守，全面履行，任何一方不得随意变更或解除，需要补充或变更时，必须经双方协商一致，签订书面协议。履行合同中发生纠纷或争议时，双方应及时协商解决，或由上级主管部门协调，协商或调解不成的，当事人可向仲裁机构申请仲裁或向人民法院提起诉讼。

9.8.4　监管与罚则

(1) 各部门和具体用工单位必须明确外部劳务管理职责，建立健全规章制度，本着"谁用工谁负责，谁主管谁负责"的原则，加强外部劳务日常管理工作。要全面建立和实行外部劳务工资保证金制度和外部劳务工资支付监控制度，加强对农民工工资支付情况的监督检查。

(2) 加强对劳务分包队伍现场和内业资料的管理，特殊工程、关键工序、重要质量控制点要实行旁站制度，明确专人监督、指导和帮助。多支队伍交叉施工时要加强现场协调，及早发现隐患，及时解决存在的问题。各项总结、布置、检查、评比，要求劳务队与内部队伍同等参与。

(3) 对外部劳务人员必须进行劳动纪律、法规法纪、规章制度、安全生产、操作规程教育，对农民工必须进行以基本生产技能为主要内容的岗位培训。

(4) 将外部劳务人员的治安管理工作纳入本项目综合治理目标管理，建立治安保卫和群防群治组织，认真查处各类治安案件，严厉打击违法犯罪分子。

(5) 加强对使用外部劳务的监督。

1) 各级领导必须廉洁自律，不得利用职权在选用分包队伍中谋求不正当利益。

2) 选用或辞退劳务队，必须坚持集体审批、公开办公。各职能部门要加强对单项劳务分包工程定价、验工计价、结算拨付工程款等环节进行监督并执行"会审"制度。

3) 坚持企务公开，增加透明度，加强群众监督、对外部劳务使用管理中的不正之风，实行群众监督举报制度。

9.8.5 组织与职责

（1）应将外部劳务管理工作列入重要议事日程，项目经理对外部劳务管理工作负有领导责任。

（2）各职能部门管理职责：

1）计划管理部门职责

① 对劳务队的营业执照、资质证书、业绩和商业信誉进行审核，对使用外部劳务实施监督和控制。

② 负责制定外部劳务验工计价和劳务价款结算规定。

③ 负责劳务分包合同的签订，监督合同的履行，负责验工计价工作。

2）财务管理部门职责

① 负责对外部劳务队财务履约能力进行审查和考核。

② 负责代发外部劳务队中民工工资。

③ 负责制定外部劳务费的支付规定。

3）工程管理部门职责

① 负责对劳务队施工能力、施工简历及对项目适应能力进行考核。

② 负责施工管理、现场管理和技术指导工作。

4）安全、质量管理部门职责

① 负责制定外部劳务质量安全管理规定。

② 负责安全、质量教育，建立和落实安全质量管理制度。

③ 负责调查、处理安全质量事故。

5）综合办公室职责

① 负责外部劳务使用管理的宣传工作。

② 负责对外部劳务人员进行思想政治教育、普法教育。

（3）分部要选派责任心强，政策水平较高，具有一定专业技术和管理能力的人员担负外部劳务管理工作。加强对外部劳务管理人员的政策纪律教育。

（4）外部劳务管理人员必须认真执行国家政策、法规，廉洁奉公，忠于职守。管理人员不称职的要及时撤换，对玩忽职守、损公肥私者应视情节轻重给予处分或追究法律责任。

（5）项目经理部应加强对所用外部劳务的管理，建立健全名册、档案、台账等基础资料。要定期巡回检查，并负责监督办法的实施。

9.9 分包商综合评价

9.9.1 制定依据

为提高分包单位履约水平，保证工程的质量和安全，根据《建设工程质量管理条例》

制定分包商综合评价表。

9.9.2 评价内容

（1）总包单位可从安全、施工、质量、质保、环境绩效综合能力及信誉等方面对分包单位做出评价。

（2）总承包企业自合同签订之日起，对分包商定期进行综合评价。建设工程施工周期超过一年的，每年至少评价一次。不满一年的，至少评价一次。在竣工验收后应给出最终的综合评价。

第10章 项目设计及深化设计管理

10.1 项目设计前期策划

10.1.1 项目设计资料收集要点

项目设计的基础资料由建设方（或 EPC 总承包项目部）提供，基础资料由设计经理（或项目负责人）统一管理，原件留存，复印件或电子版分发各有关人员，当建设方提出修改项目资料时，设计经理应联合有关设计负责人对修改内容进行审查和评估，确定修改后，设计经理应将修改后的资料分发给所受影响的相关部门。

1. 方案阶段资料收集

（1）控制性详细规划文本和图纸；

（2）建筑测绘图纸（含坐标的建筑用地红线图、地形图及电子文件）；

（3）市政管网现状图；

（4）项目四周的道路图纸；

（5）现有的交通调查数据；

（6）项目所在区域功能整体定位（主要业态）等。

2. 初步设计阶段资料收集

（1）发展改革委批复的文件（立项文件或批文、可行性研究批复文件）；

（2）规划局批复的文件（选址意见书、地形图、规划红线图、建设用地规划条件、建设工程规划许可证）；

（3）绿色建筑星级标准；

（4）地质勘察报告；

（5）批复的交通影响评价文件、环境影响评价文件、能源技术评价文件等；

（6）人防规划意见书等。

3. 施工图阶段资料收集

（1）初步设计批复文件；

（2）经审图机构审查通过的地质勘察报告；

（3）市政条件（给水、排水、燃气、供热、供电、通信等）详细接口及管径；

（4）确定专项设计的界面范围等。

10.1.2 项目设计任务书要点

初步设计阶段比较容易出现的设计通病，是在现场踏勘深度上，因设计人员未认真踏勘现场，对路径的关键控制点不能做到现场的实际论证，导致施工图阶段（甚至施工过程中）出现重大疏漏，为避免此种现象发生，在初步设计阶段要做好现场勘查，并对设计任务书的深度进行要求。

（1）初步设计阶段设计任务书要点包括：

1）项目概况；

2）设计依据；

3）总体设计要求；

4）建筑设计说明；

5）结构设计说明；

6）给水排水设计说明；

7）采暖通风及空调设计；

8）电气设计（含弱电智能化设计）；

9）内、外装修设计；

10）设计概算、各专业图纸及文件要求。

（2）在工程实施阶段施工图的出图质量直接影响工程实体的实施，需在施工图开展前确定各专业的设计任务内容。

1）综合初步设计的审批意见（或建设方的设计委托书的要求）明确施工图设计应注意的要点；

2）项目的设计定位、功能要求以及设计要达到的技术水平和解决的重点问题；

3）需其他各专业设计人员注意的有关项目的特殊要求与设计原则，包括对项目限额设计的必要说明；

4）具有技术难点和技术创新的项目，需明确专项研究的内容；

5）注明有关专业尚需落实和深化的内容与要求；

6）需落实节能、消防、环境保护和职业安全卫生措施的要求，确定设计所依据的法律、法规、标准、规范，提出控制要求；

7）明确管线汇总要求；

8）有关专项设计（幕墙、钢结构、园林景观、精装修等）的审核深化设计要求。

详见附件 10-1～附件 10-5：某××项目工程施工图设计要点。

附件 10-1：某工程施工设计要点（建筑专业）

附件 10-2：某工程施工设计要点（结构专业）

附件 10-3：某工程施工设计要点（给水排水专业）

附件 10-4：某工程施工设计要点（通风空调专业）

附件 10-5：某工程施工设计要点（电气专业）

附件10-1

附件10-2

附件10-3

附件10-4

附件10-5

10.1.3 项目设计合同

设计合同示范文本参见《建设工程设计合同示范文本（房屋建筑工程）》GF－2015－0209，其中需注意以下几点：

（1）技术标准（是否需要参考国外技术标准）；

（2）工程设计要求（是否有特别的设计技术要求）；

（3）工程设计周期（参见《全国建筑设计周期定额》（2016版）的规定）；

（4）设计费用的支付条款及支付条件；

（5）工程设计变更与索赔的原则。

10.2 项目设计实施及控制

10.2.1 设计管理计划

1. 项目策划需要确定以下内容

（1）项目名称、类别、技术经济指标；

（2）主导部门、参加部门、合作单位；

（3）设计范围；

（4）包含设计阶段、设计管理级别；

（5）技术特点及难点、质量目标（含适用的标准规范清单）；

（6）总设计师或项目负责人；

（7）设计输入及评审要求；

（8）项目费用控制指标。

2. 项目设计管理计划需要确定以下内容

（1）项目基本信息，包括确定：图号项目名称、PW管理（ProjectWise协同工作平台软件）、BIM设计（Building Information Modeling）、部门负责人及设计经理人选；

（2）各专业岗位设计人员，建筑、结构、机电专业、其他特殊等专业人员；

（3）进度控制时间节点（进度计划和主要控制点）；

（4）互提资料及时间节点；

（5）质量保证程序和要求；

（6）技术经济的具体要求；

（7）与采购、施工和试运行的接口关系及要求。

10.2.2 项目设计文件审核要点

审核要点：项目设计文件在建筑使用功能、品质价值与投资控制方面促进建筑及其他专业的精细化，建筑、结构以及各机电专业的设计合理性；各参数取值的合理性；机电专业系统构架的经济性等。

1. 建筑专业（含总图）

（1）根据不同功能空间关注交通组织（人员流向与车辆流向）；

（2）根据项目周边地形地貌等条件关注场地的竖向设计；

（3）根据项目的特性遵循技术先进、功能适用、运行可靠、投资合理及环保节能的原则。

2. 结构专业

（1）结构的选型需综合考虑建筑使用功能、材料特性、施工条件、自然环境及抗震设防等因素；

（2）基坑支护方案需综合考虑现场实际情况，达到技术可行、经济性较好；

（3）地基及基础类型需综合考虑地质勘察报告和项目具体情况确定。

3. 给水排水专业

（1）自备水源或市政水源情况；

（2）各系统的供应方式及合理利用（给水系统、热水系统、中水系统、直饮水系统、消防水系统、循环冷却水系统等）；

（3）污水、雨水、废水的处理方法与周边环境及当地环境保护要求的结合。

4. 暖通专业（含动力专业）

（1）制冷机房、锅炉房、换热机房、空压机房、大型通风空调机房的专项方案；

（2）冷源选择的安全可靠性、经济合理性及节能环保；

（3）《建筑防烟排烟系统技术标准》GB 51251—2017 对建筑及其他专业的影响。

5. 电气专业

（1）城市电网提供的等级、供电回路数及容量；

（2）负荷级别及总负荷容量的确定（计算书）；

（3）变配电室及柴油发电机房的设置原则及位置。

6. 弱电智能化专业

（1）各子系统种类是否满足建设方需求；

（2）各系统设备材料选型表；

（3）进线间、配线间、弱电竖井、消防控制室、智能化机房的详细布置方案。

10.2.3 项目设计过程控制要点

1. 项目设计方案阶段确定控制要点

（1）方案设计及初步设计在实施前应进行室组评审，复杂项目应组织专家论证会议。

（2）在初步设计审批后有较大修改的施工图设计需进行室组评审。

（3）施工图阶段中的专项设计（幕墙、钢结构、园林景观、医疗专项、精装修等）在实施前均应进行室组评审，并与建筑设计统一。

（4）每个阶段需形成工程项目设计室（组）评审表（表 10-1）。

设计室（组）评审表 表 10-1

项目名称				设计阶段	
				专业代码	
主持人		设计人		项目负责人	
评审人员				评审日期	
评审意见				设计人回复情况	
签字栏：					

注：本表一式四份，由设计经理、项目负责人、设计负责人、设计人各一份。

2. 项目设计校审控制要点

（1）图纸文件的校审，包括技术内容的正确性、设计深度的符合性、图面的清晰度。

（2）互提资料的校审（内部通过 PW）。

（3）计算书文件的校审。

（4）如设备资料在设计阶段不能确定，需订货后二次深化设计的，必须在图纸中明确待设备确定后二次深化，但必须保证设备与各专业界面预留量满足设备运行。

（5）形成"工程设计校审记录表""工程设计互提资料任务便签"。详见表 10-2、表 10-3。

工程设计校审记录表 表 10-2

项目名称				设计阶段	
				专业代码	
设计人		校对人			
		审核人			
		审定人			
图号		校对审核意见			处理情况

注：1. 本表分别由校对人、审核人、审定人填写，注明日期。
　　2. 本表由设计经理及设计人归档留存。

工程设计互提资料任务便签 表 10-3

阶段：（　　　　　）	日期：（××××.××.××）	编号：（专业代码-××）
××专业提给××专业-××资料		
项目名称： 提出专业：××专业 1. 2. 3. …		
设计负责人：　×××　　　　设计人：　×××　　　　校对人：×××		
联系方式：×××-×××××××× 接收专业及签收：＿＿＿＿＿＿＿＿＿＿		

注：本表有设计经理、提出专业、接收专业分别留存。

10.3　深化设计管理要则

从项目施工角度，设计、采购、施工一体化解决了工程实施过程中的协调配合问题，解决技术链之间的有效衔接，形成高度的组织化管理，通过高效的管理方法，解决设计、采购、施工之间的相互脱节，减少过程中的浪费，提升施工效率和效益。在施工图、施工节点以及专项设计不能达到施工指导的情况下，需要结合专业性质或者设备参数对部分专业的图纸进行深化，以便通过深化设计对施工图进行完善或者优化，为施工创造有利的条件。

10.3.1　深化设计明细表

（1）建筑外装饰深化设计：明框玻璃幕墙、隐框玻璃幕墙、石材幕墙、铝板幕墙等，幕墙与百叶窗的节点、点式玻璃雨棚、首层的无框地弹门、外装饰与泛光照明结合的深化设计等。

（2）建筑内装饰深化设计：地面砖（或石材或木质地板或橡胶卷材等）排版详图、墙面砖详图（立面装饰定位图与机电、消防安装专业的设备定位）、顶面的排版详图、不同材质的收口或者有造型的部位的细部节点详图等。

（3）钢结构深化设计：主体钢结构、附属钢结构（雨棚、车库入口、连廊、采光屋顶等）、钢结构和混凝土结构加固深化设计等。

（4）园林景观深化设计：园区内的雕塑、小品、水系、独立构筑物等深化设计。

（5）厨房区域深化设计：厨房工艺流程设计、厨房设备定位、厨房设备机电设计等。

（6）综合管线深化设计：各机电管线自身合理性、间距的合规性、实施的先后顺序及排布的合理性以及高度控制等。

（7）机电专业深化设计：地板辐射采暖、太阳能热水系统、太阳能发电系统、冷冻机房详图、换热站详图、气体泵房详图、纯水系统、污水处理系统、气体传输系统、物流小车系统、能耗监测系统等。

（8）特殊用房的深化设计：信息机房、消防控制室、检验科室、射线防护区域、口腔科室、血液透析科室、层流病房、净化手术室等。

（9）弱电智能化深化设计：信息设施系统（信息接入系统、电话交换系统、移动通信覆盖系统、信息网络系统、综合布线系统、有线电视系统、会议系统、广播系统、电梯五方对讲系统、时钟系统、信息引导及发布系统等）、公共安全系统（火灾自动报警及联动控制系统、视频监控系统、入侵报警系统、出入口控制系统、停车收费管理及车位引导系统、电子巡查系统、访客对讲系统、安全防范综合管理系统、应急响应系统等）、建筑设备管理系统（建筑设备监控系统、建筑能效监管系统等）、信息化应用系统（视频探视对讲系统、对讲系统、智能卡应用系统、排队叫号系统等）、智能化集成系统。

10.3.2 深化设计实施要点

深化设计阶段要从各专业协作一体化、设计采购施工一体化、市场需求技术管理一体化等方面实施，为工程实施创造有利条件。

（1）采用 BIM 设计，确保各个专业在同一模型上设计，实现建筑、结构、机电、装饰、专项区域的设计一体化，对主要设备材料提出设备材料技术规格书，形成高质量的设计成果。

（2）项目设计与设备采购和施工管理的协同

1）项目的主要设备材料或与设计细节密切相关的，由采购部门与设计部门组织供货商从技术和成本方面综合论证，最终确定设计的工艺和设计方案。

2）设计部门结合施工现场的条件出具最终的设备材料技术规格书，要包括产品规格、技术要求、安装节点、施工安装注意事项、推荐品牌等。

3）需要设备材料厂家深化设计图纸的需由采购部门督促设备材料厂家返回深化设计图纸，转交设计部门审查确认，确认后可生产。

4）施工管理方要根据施工进度组织各专业向施工单位进行设计交底，提出施工注意事项，对重要的技术方案要做专家论证。

5）试运行阶段设计部门要配合运行调试，编制和提交操作手册等。

（3）传统的施工总承包在技术与管理上"两张皮"，技术是技术，管理是管理，技术与市场需求脱钩，造成技术成果难以转化成施工成果。工程总承包的设计管理需要解决管理和运行机制不适合技术发展和市场需求的问题，真正实现技术管理与市场需求的一体化。

10.3.3 深化设计管理流程

工程总承包的设计管理体系和管理流程为工程总承包中的设计提供有力的保证，从而提升施工的效率。建立设计采购施工的管理流程，明确设计范围组织设计资源确定设计管理模式，具体设计管理流程详见图 10-1。

10.3.4 深化设计周期

方案设计、初步设计、建筑施工图设计根据项目进展情况及《全国建筑设计周期定额》（2016 版）的规定综合约定合理的设计周期，专项工程的设计要满足项目实施进展及设备材料的招采周期。以 10 万 m² 医疗建筑为例，最紧凑的设计周期，初步设计周期：40 日历日，施工图设计周期 55 日历日；其中的专项设计在初步设计阶段开始介入，施工图设计阶段同步进行设计，设计周期延后施工图设计周期。

10.3.5 专项设计阶段资料收集

工程总承包项目中除了主体设计外还会有专项设计，专项设计应与主体设计的界面及建设方的需求相结合，专项设计的详细程度也影响工程总承包项目的进度及费用。专项设

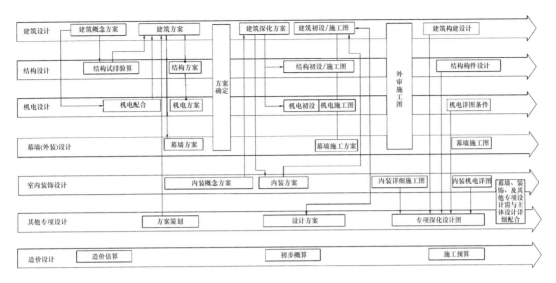

图 10-1　设计管理流程图

计阶段主要需要了解如下资料：

（1）批复的初步设计文件；

（2）主体设计各专业的施工图（第三方审图机构审图合格）；

（3）主体设计与专项设计的界面划分图；

（4）建设方对专项设计的设计任务书；

（5）专项设计区域涉及特殊设备的详细参数及安装方式等。

10.4　项目设计文件管理

工程总承包项目中的项目设计文件较多，需要根据项目文件类型对项目设计文件进行分类管理，并对项目周期内的文件存档及文件往来进行管理。

10.4.1　项目设计文件编码

项目设计文件的编码需以中华人民共和国档案行业标准《归档文件整理规则》DA/22—2015 为依据，确保设计文件的资料完整，便于文件的查找。项目设计图纸各专业及图纸目录的编号以各设计单位的图形编码为准。编码与分类原则如下：

（1）信息分类可采用四位编码，如图 10-2 所示。其中前两位表示信息大类，后两位表示信息类。信息大类第一位表示信息总分类，第二位表示子分类；信息类由两位组成，第四位表示信息子类。

注：1. 信息类别号由四位数字组成，编号方法见上文。

　　2. 信息顺序号即流水号，按 001，002，…顺序编号。

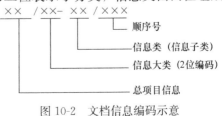

图 10-2　文档信息编码示意

（2）详细"文档信息编码与分类"可根据项目具体情况细化。项目设计文件与采购部门、施工部门的往来文件及设计部门自行归档的文件应根据工程总承包项目部总体文件归档要求进行文件的编码归档。例如可对"设计管理专题会会议纪要""建设单位提供的设计条件文件""建设单位向设计单位的联系单的回复""设计单位咨询成果文件""施工项目部工作联系单的回复""变更洽商/技术核定单等"分别设定编码。

10.4.2　项目设计文件控制管理

项目设计控制管理过程中需要对外发内部的联系文件、资料、图纸，应根据本书10.4.1条的约定原则或项目经理部的规定对文件进行编号、登记，项目设计经理确认后方可签字、下发并归档。

（1）项目设计管理过程中的文件要定期电子归档。

（2）项目实时竣工图及时更新（项目设计变更与施工图的及时统一）。

10.5　项目设计变更管理

10.5.1　设计变更

项目实施过程中，已确认过的设计任务、范围、技术需求、施工的进度、质量、成本费用会发生部分的变更，工程总承包项目中设置的项目设计经理整体协调各阶段设计流程，准确及时对接采购和施工。如施工现场有变更要及时反映到设计部门，由设计部门出具设计变更，设计变更分为建设方变更（根据建设方需求而做的变更）和内部变更（因项目部设计任务书不明确、设计本身缺陷造成的变更或根据自身的技术能力进行的优化设计）。设计变更根据对项目的质量、工期、成本费用影响的程度分为重大设计变更和一般设计变更，设计变更处理原则：

（1）设计变更应坚持"先批准，后变更；先设计，后施工"的原则。对施工过程中发现项目情况与设计不符时，施工部门应及时主动提出变更设计建议。

（2）设计变更在尊重施工图设计，有先进的技术能力或新型的设备材料，且确保工程质量和技术标准的前提下，对降低工程造价，加快施工进度时，可对施工图设计进行优化和调整。

（3）设计变更原因应具体明确，不得含糊其辞，变更的文字内容及附图应清晰，以便造价部门根据变更内容及项目合同中的约定向建设方做相应的经济类变更洽商。

10.5.2　设计变更流程

设计变更为项目施工过程的依据也是项目结算时的重要依据，所有的设计变更要保留记录，设计变更管理流程见图10-3。

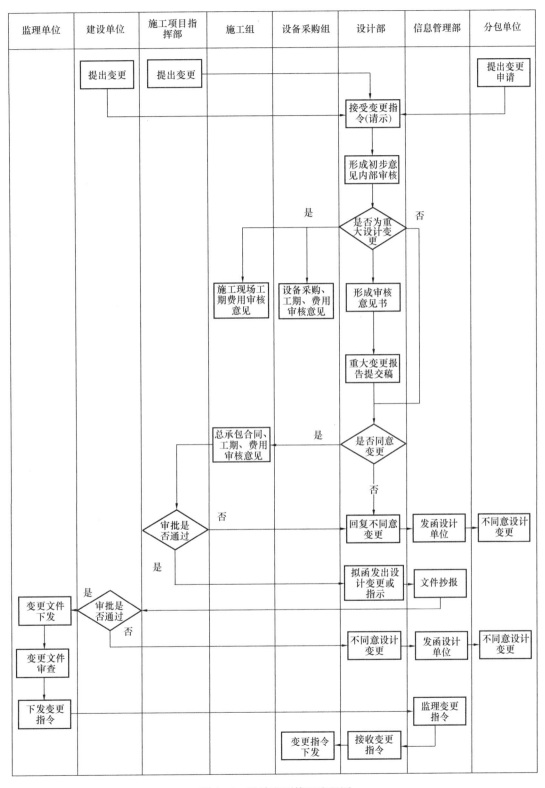

图 10-3　设计变更管理流程图

10.6 项目设计收尾和评价

《建设项目工程总承包管理规范》GB 50358—2017 对项目设计收尾的要求，设计部门应根据项目文件管理规定，收集、整理设计图纸、资料和有关记录，组织编制项目设计文件总目录并存档，组织编制设计完工报告。

10.6.1 文档编目存档

项目设计部应根据施工部门在施工过程中整理的设计变更及洽商等文件，在施工图的基础上形成项目竣工图，设计部门根据项目部要求收集、整理设计图纸、资料和有关记录，在全部设计文件完成后，组织编制项目设计文件总目录并存档，文档编制要求参照本书 10.4.1 部分。

设计单位归档的目录：

（1）工程地质、水文地质、勘察报告、勘察记录及说明等；

（2）地形、地貌、控制点、建筑物、构筑物及重要设备安装测量定位、观测记录等；

（3）水文、气象、地震等其他设计基础资料；

（4）总体规划文件；

（5）方案设计；

（6）初步设计及其报批文件；

（7）技术资料；

（8）施工图设计图纸；

（9）新技术或专利文件等；

（10）工程设计计算书；

（11）现场重大技术研讨会会议纪要；

（12）设计变更处理情况；

（13）设计质量事故及处理情况；

（14）设计回访详细记录；

（15）设计评价、鉴定等。

10.6.2 设计总结及后评价

项目总结及后评价是在项目已经完成并运行一段时间后，对项目的目的、执行过程、效益、作用和影响进行系统的、客观的分析和总结。通过分析评价总结经验教训，并通过及时有效的信息反馈，为未来其他项目的设计提出改进建议，从而达到提高投资效益的目的。

第 11 章 项 目 技 术 管 理

11.1 项目技术管理体系

11.1.1 基本要求

（1）工程总承包项目经理部应建立完善的项目技术管理体系，成立设计管理部门、技术管理部门或设计技术管理部门，负责总承包项目设计与技术管理工作。

（2）以设计为龙头，设计方案或设计图与施工技术方案搭接作业，有效实现设计与实际现场施工紧密联系，达到设计技术优化的目的。

（3）技术管理要以工程总承包项目管理为中心，结合矩阵管理模式，充分发挥设计、施工技术在项目管理各工作任务或环节中的作用，为工程进度和质量提供服务。

11.1.2 部门职能

1. 设计管理部门

（1）负责项目设计管理工作。负责对设计单位的设计活动进行管理，对承包商完成的技术文件、设计变更、设计深化及优化等根据授权进行审查、批准、协调、管理。

（2）负责依据项目设计、采办、施工统筹计划，编制项目详细设计进度计划，审查承包商编制的设计计划，对设计进度负责，支持、监督和督促设计单位按计划开展工作，并定期将实际设计进度反馈给相关执行部门和项目经理部。

（3）负责审查、批准设计单位拟采用的涉及项目投资控制和技术水平等方面的设计标准。

（4）负责设计总体工作管理，组织协调勘察与设计单位之间、各设计单位之间、设计单位与专利商、设备制造、施工等单位之间的配合与互供资料，对其技术活动进行管理，对其往来技术文件进行审查批准。

（5）负责牵头协调其他职能部门与设计单位的工作，职能部门与设计单位进行的工作联系须按照设计管理部门的统一要求，在设计部的协调组织下开展相关工作。

（6）参与完工和竣工验收，协调设计单位对工厂试运行投产、开车提供支持和指导。

2. 技术管理部门

（1）负责项目的全面技术管理工作。

（2）参与编制施工组织设计，负责编制施工技术方案、安全技术措施、环境保护措施等。

（3）监督执行和落实各项技术管理制度。

（4）负责技术洽商，参加图纸审核。

（5）熟悉图纸、熟悉企业施工技术标准和有关施工工艺标准及其相关规定，负责监督和指导项目各部门行使质量职能，做好施工技术准备工作。

（6）负责各项有关试验，正确选择取样、送检工作。

（7）负责各项计量器具验收、登记、统计、送检等计量管理工作。

（8）参与不合格品的鉴定、记录、处理、分析、制定纠正措施、报告等全部具体工作。

（9）负责施工技术资料及技术档案的管理，并负责对分包企业工程技术资料的管理情况进行监督检查和指导。

（10）负责对分包企业和分供方提出书面技术要求。

（11）负责新技术、新材料、新工艺、新设备的推广应用和管理工作。

11.2 施工组织设计管理

11.2.1 基本要求

（1）施工前应编制项目施工组织设计。

（2）施工组织设计应符合《建筑施工组织设计规范》GB/T 50502—2014 等相关法律、法规和文件的要求。

（3）施工组织设计按照编制对象，分为施工组织总设计和单位工程施工组织设计。

（4）科学安排施工程序，充分利用资源配置，流水施工，按时或提前交付。

（5）制定切实可行的生产、安全、质量保证措施，有效组织落实。

（6）优化施工工艺，提高施工水平，合理规划施工布置。

11.2.2 管理流程

施工组织设计管理流程应符合《建筑施工组织设计规范》GB/T 50502—2014 中相关规定。施工总承包项目经理部编制的施工组织设计文件应经内部审核后，填写审批表上报施工总承包企业审批。

具体流程详见图 11-1，施工组织设计编制大纲参见附件 11-1。

附件 11-1：施工组织设计编制大纲

附件11-1

11.2.3 管理职能

施工组织设计管理过程中涉及的每个组织机构应明确管理职能，保证管理工作有序开展。

具体管理职能详见表 11-1。

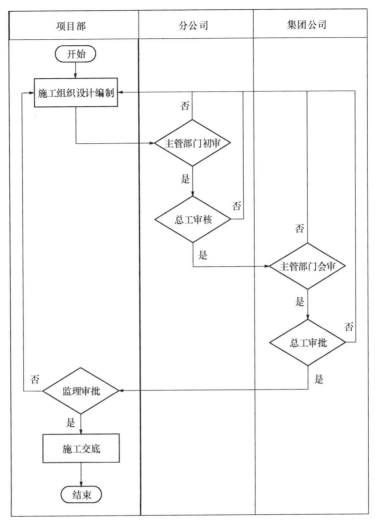

图 11-1 施工组织设计管理流程

施工组织设计管理职能   表 11-1

组织机构	管理职能
施工总承包项目经理部	1. 项目负责人主持编制施工组织设计； 2. 专业技术人员负责编制施工组织设计； 3. 负责填写审批表，发起审批流程； 4. 负责施工组织设计现场交底，并记录； 5. 负责竣工验收后施工组织设计归档
分公司	1. 主管部门负责施工组织设计初审； 2. 分公司总工程师负责施工组织设计审核，填写审核意见并签字
施工总承包企业	1. 主管部门负责施工组织设计会审； 2. 企业总工程师负责施工组织设计审批，填写审核意见并签字； 3. 负责施工组织设计文件及审批表加盖公章，登记留档

11.2.4 管理措施

（1）施工总承包项目经理部应明确编制项目施工组织设计人员，项目技术负责人负责内审并提供指导；

（2）加强施工组织设计文件的审核和管理，落实责任主体；

（3）项目施工组织设计的编制和审批应严格按照国家、地方及企业的规定和要求进行；

（4）施工组织设计应实行动态管理，及时修改或补充，经重新审批后实施；

（5）施工前，应进行施工组织设计逐级交底，针对性要强，有效指导施工；

（6）施工过程中，应对施工组织设计的执行情况进行检查、分析并适时调整。

11.3 专项施工方案管理

11.3.1 基本要求

（1）专项施工方案可分为一般分部分项工程、重点难点分部分项工程、危险性较大的分部分项工程、超过一定规模的危险性较大的分部分项工程专项施工方案；

（2）依据《建设工程安全生产管理条例》《危险性较大的分部分项工程安全管理规定》（住房和城乡建设部令第37号）、《关于实施〈危险性较大的分部分项工程安全管理规定〉有关问题的通知》（建办质〔2018〕31号）、《建筑施工组织设计规范》GB/T 50502—2014及相关安全生产法律法规，规范项目专项施工方案管理；

（3）专项施工方案编制应结合工程具体特点、简明扼要、突出重点，应具有针对性、适用性、科学性，并附相关图纸和有关节点图示，必要时应附计算书。

11.3.2 管理流程

专项施工方案管理流程类同施工组织设计管理，可根据项目实际，建议调整采用。专项施工方案审批表见表11-2。

专项施工方案审批表 表 11-2

工程名称		建设单位	
专项方案名称		编制人	
施工单位		项目经理	
专业分包单位		项目经理	
内容概述			

专业分包单位 审核意见	（非专业分包工程不填写此栏） 项目经理：　　　　　　　单位技术负责人： 　　　　　　　　　　　　　　　　年　月　日（公章）
施工总承包项目部 审核意见	项目经理： 　　　　　　　　　　　　　　　　年　月　日（公章）
施工总承包企业 审核意见	单位技术负责人： 　　　　　　　　　　　　　　　　年　月　日（公章）
监理（建设） 单位审查意见	总监理工程师： （建设单位项目负责人）　　　　　　年　月　日（公章）

11.3.3 管理职能

专项施工方案管理过程中涉及的每个组织机构应明确管理职能，保证管理工作有序开展。

具体管理职能详见表 11-3，专项施工方案编制大纲参见附件 11-2。

附件 11-2：专项施工方案编制大纲

附件11-2

专项施工方案管理职能　　　　　　　　　　　　　　　表 11-3

组织机构	管理职能
施工总承包项目部	1. 编制不同类别专项施工方案清单； 2. 项目负责人主持编制专项施工方案； 3. 专业技术人员负责编制专项施工方案； 4. 负责填写审批表，发起审批流程； 5. 负责专项施工方案技术交底，并记录； 6. 负责竣工验收后专项施工方案归档
分公司	1. 主管部门负责专项施工方案初审； 2. 分公司总工程师负责专项施工方案审核，填写审核意见并签字
施工总承包企业	1. 主管部门负责专项施工方案会审； 2. 企业总工程师负责专项施工方案审批，填写审核意见并签字； 3. 负责专项施工方案及审批表加盖公章，登记留档

11.3.4 管理措施

（1）项目施工准备阶段应根据工程规模和特点确定所需编制的专项施工方案，并梳理出不同类别专项施工方案编制清单；

（2）专项施工方案管理应规范专项施工方案编制、审批及实施程序，落实各级技术质量管理部门审批和监督管理责任；

（3）专项施工方案应由项目负责人（项目经理）在施工前主持组织编制。实行施工总承包的，专项施工方案应由施工总承包企业组织编制；实行分包的，专项施工方案应由相关专业分包单位组织编制。现场使用的塔吊、施工电梯、附着升降脚手架、爬模等起重设备和自升式设备设施，应由具备专业承包资质的安装单位编制专项施工方案；

（4）施工方案实施前，编制人员或者项目技术负责人应当向施工现场管理人员进行方案交底。施工现场管理人员应当向作业人员进行安全技术交底，并由双方和项目专职安全生产管理人员共同签字确认；

（5）施工总承包项目经理部应当严格按照专项施工方案组织施工，不得擅自修改专项施工方案；因规划调整、设计变更等原因确需调整的，修改后的专项施工方案应按规定重新审核和论证；

（6）项目专职安全生产管理人员应当对专项施工方案实施情况进行现场监督，对未按照专项方案施工的，应要求立即整改，并及时报告项目负责人，项目负责人应及时组织限期整改；项目部应当按照规定对危大工程进行施工监测和安全巡视，发现危及人身安全的紧急情况，应当立即组织作业人员撤离危险区域；

（7）对于按照规定需要验收的危大工程，施工总承包单位、监理单位应当组织相关人员进行验收。验收合格的，经施工单位项目技术负责人及总监理工程师签字确认后，方可进入下一道工序；

（8）主管部门对施工方案的编制、审批、交底、管理及实施情况进行抽查和指导；施工总承包项目经理部未按照有关规定进行专项施工方案的编制、审核或组织论证，以及未按有关要求组织方案交底、实施、监测、验收，施工总承包企业应对项目经理部及相关责任人进行处罚和通报批评。

11.4 设计阶段技术管理

11.4.1 基本要求

（1）设计阶段技术管理要渗透设计全过程，即从设计任务书、设计策划、方案设计、初步设计、施工图设计到施工图交付施工，通过技术管理保证工程质量；

（2）施工技术应从设计策划阶段提前介入，积极参与项目规划大纲和前期设计方案制定，合理分析设计方案的可行性，有效控制项目投资，发挥工程总承包模式下设计施工一体化的优势。特别是在设计方案阶段能够结合施工技术方案，将会改善施工实施阶段技术难度，为资源节约提供支持；

（3）工程总承包项目经理部应针对重大技术方案进行论证，解决项目重大技术问题；

（4）设计策划应纳入项目施工组织总设计，全面控制工程进度；

（5）依托技术管理，强化深化设计及设计变更管理，协调采购与深化设计关系，优化设计方案，保证设计图纸质量，减少设计与工程变更；

（6）设计阶段应考虑采用"五新"技术，并对新技术应用成果总结、留档。

11.4.2　管理流程

具体参见图 11-2。

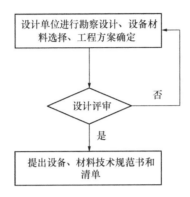

图 11-2　设计阶段技术管理流程

11.4.3　管理职能

设计阶段技术管理主要以设计管理部门为主，技术管理部门配合完成设计施工的融合（表 11-4）。

设计阶段技术管理职能　　　　　　　　　　　　　　　　表 11-4

组织机构	管理职能
设计管理部门	1. 负责建立设计阶段技术管理制度和工作流程； 2. 负责施工组织总设计中设计策划内容； 3. 负责设计阶段重大技术方案的论证； 4. 负责收集设计技术规范、标准； 5. 负责设计成果的收发和整理
技术管理部门	1. 负责参与重大技术方案论证； 2. 负责与设计管理部门协调完成施工组织总设计； 3. 负责设计方案介入，实现设计、采购、施工搭接作业计划

11.4.4　管理措施

（1）建立设计、采购、施工三位一体的深度融合机制，各部门之间协同工作，形成合力；

（2）改常规项目的直线作业关系变为搭接作业关系，为现场实施留出余量，以保证施工有序进行；

（3）杜绝家长式技术管理，设计、施工方应避免不结合现场实际设计，以及不看设计的施工方式，积极沟通，结合实际不断优化方案，保证项目的顺利实施；

（4）形成专家技术团队，充分利用专家技术先进性的变现能力，从总承包项目角度尽可能技术优化、设计优化，获取价值；

（5）建立健全各项制度和程序文件，防止管理混乱、相互推诿或指令相互矛盾。

11.5　采购过程技术管理

采购过程技术管理主要体现在以下方面：

（1）若工程总承包企业负责采购，在采购过程中，应对需购买的主要设备、材料提出技术和商务要求，发相关生产厂商询价。设计管理部门组织内部设计单位及设计分包商向设备采购与管理部门提供设备、材料请购文件及相关技术要求、技术指标，协助设备采购与管理部门完成询价文件中的技术文件。

（2）内部设计及设计分包应提供（材料）设备技术规范书、（材料）设备清册，设计管理部门对设备技术规范书、（材料）设备清册提出评审意见。

（3）若工程总承包企业负责采购，设计管理部门应配合设备采购与管理部门与制造厂商进行技术协商，为详细工程设计提供必要条件。在设备制造过程中，设计管理部门应及时处理有关设计问题或技术问题，参与设备监造。

（4）关键设备、材料进场验收由项目设备采购与管理部门组织实施，设计管理部门配合完成。

11.6　施工技术管理

11.6.1　基本要求

（1）施工技术管理主要包括设计文件审核、施工技术交底、设计变更和工程洽商（详见第 10 章项目设计及深化设计管理）、施工日志记录、施工技术总结；

（2）设计文件审核应对审核内容及程序有明确要求，应及时、全面、细致；

（3）施工技术交底应言语简练，有针对性和可操作性；

（4）施工日志记录应简明、快捷地反映每一项施工过程；

（5）施工技术总结应真实反映客观实际，以平时收集的资料为依据。

11.6.2　管理流程

（1）设计文件审核管理流程：内部会审→多方会审→现场核对。图纸会审记录如表11-5 所示。

图纸会审记录

表 11-5

工程名称			会审日期	年　月　日	
总体会审		专业会审			
会议地址		监理（建设）单位会议主持人		记录人	
建设单位					
监理单位					
设计单位					
施工单位					
会审记录					
说明	1. 记录难于表述的事项，应以有关单位签发并加盖公章的文件为准； 2. 内容多时可加 A4 纸附页。本记录是经会议主持单位整理后的正式文件，所有与会人员以签到名单为准				

施工单位（公章） 项目经理： 项目技术负责人： 年　月　日	监理单位（公章） 总监理工程师： 年　月　日	设计单位（公章） 项目负责人： 年　月　日	建设单位（公章） 项目负责人： 年　月　日

（2）施工技术交底管理流程：设计交底→内部交底→现场交底。设计交底、施工交底记录分别如表 11-6、表 11-7 所示。

设计交底记录　　　　　　　　　　　　　　　　表 11-6

工程名称				交底时间	年　月　日
交底地点			专业名称		
序号	提出的图纸意见		图纸修订意见		设计负责人
施工单位（公章） 项目经理： 项目技术负责人： 年　月　日		监理单位（公章） 总监理工程师： 年　月　日	设计单位（公章） 项目负责人： 年　月　日		建设单位（公章） 项目负责人： 年　月　日

施工交底记录　　　　　　　　　　　　　　　　表 11-7

工程名称			交底时间	年　月　日
交底项目		工程部位		
交底提要		交底对象及人数		
内容：				
被交底人签字				
说明： 　一式三份，交底人、接交人各一份，存档一份入技术资料	施工单位		监理（建设）单位	
	交底人 年　月　日	项目技术负责人 年　月　日	专业监理工程师 （建设单位项目技术负责人） 年　月　日	

11.6.3　管理职能

（1）设计文件审核管理职能（表 11-8）。

设计文件审核管理职能　　　　　　　　　　　　　　　表 11-8

组织机构	管理职能
设计管理部门	1. 负责落实技术部完成内部会审后反馈的设计问题； 2. 负责参与配合建设单位或监理组织的多方施工图会审； 3. 负责处理或协商施工图会审存在问题
技术管理部门	1. 负责组织分包商或合作单位内部会审； 2. 负责设计文件的交接、审核及现场核对工作； 3. 负责参与配合建设单位或监理组织的多方施工图会审； 4. 负责设计文件审核过程资料的签字盖章及封存归档； 5. 负责设计文件及会审记录的存档和妥善保管

（2）施工技术交底管理职能（表 11-9）。

施工技术交底管理职能　　　　　　　　　　　　　　　表 11-9

组织机构	管理职能
设计管理部门	1. 负责参与配合设计交底，明确项目设计内容及建设过程的特殊要求； 2. 负责确保设计方案合理
技术管理部门	1. 负责施工组织可行，资源配置可靠； 2. 负责施工总承包项目经理部内部交底和施工队现场交底； 3. 负责形成书面交底记录，并完成签字手续，归档保管

（3）技术部负责做好施工日志记录，并完成施工技术总结。

11.6.4　管理措施

1. 设计文件审核

（1）设计文件的管理必须做好记录和签字，手续齐全；

（2）设计文件必须妥善保管，防止遗失、失窃；

（3）设计审核文件内容要分专业、分系统全面细致审核，形成有效记录；

（4）设计文件审核要完成三级程序，才可以申请开工；

（5）设计文件审核问题解决要以会议纪要或设计回复为依据。

2. 施工技术交底

（1）施工技术交底实行三级交底，施工全过程动态管理；

（2）施工技术交底内容要齐全，应注明施工技术方案或工艺的关键点及操作要领；

（3）施工技术交底必须在施工前 3 天完成，应形成记录并签字，归档保管。

3. 施工日志记录

施工日志记录应连续填写，手写字迹工整，突出重点；施工日志记录问题要反映实际，必须有纠正和验证记录，形成闭合。

4. 施工技术总结

施工技术总结应分综合、重难点、单项三类，必须在对应技术工作完成 2 个月内撰写完成总结报告，内容详实，技术部分重点描述。

11.7 工程测量及检验试验

（1）工程测量应明确施工测量范围和任务，建议采用比较先进的测量设备，必要时可考虑加入无人机、GIS、三维扫描等信息技术手段；

（2）工程测量应依据国家现有测量技术、验收、总结规范，形成可行的施工测量技术方案，包括施工控制网的布设与测量、原始地形测绘、测量放样、工程量计算等；

（3）施工总承包企业可设置工地试验室，并配备足够的试验人员持证上岗。对原材料试验检测，严禁不合格的原材料进入施工现场；对混凝土配合比试验，并检测混凝土质量，保证满足施工质量要求；

（4）施工总承包项目经理部应根据施工测量任务和要求，开工前列出设备仪器清单，报送监理审核；

（5）施工总承包项目部应建立现场测量及检验试验管理制度，不定期检查实施情况。

11.8 科技创新和新技术应用

（1）根据图纸设计及建筑业推广应用新技术内容要求，施工总承包项目经理部应充分讨论分析，确定设计应用内容，分析施工中可以采取的项目，通过施工组织更多地应用新技术；

（2）要明确技术攻关和创新内容，提高工程技术含量，以技术保质量，增加技术亮点；

（3）项目技术管理策划阶段应形成工程新技术应用项目清单，明确工作内容和责任主体（表 11-10）。

工程新技术应用项目清单　　　　　　　　　　　　　　表 11-10

序号	新技术应用内容		应用部位	应用数量	实施单位
1	混凝土技术	清水混凝土技术			
		混凝土裂缝控制技术			
2	钢筋技术	高强钢筋应用技术			
		高强钢筋直螺纹连接技术			
...	......				

11.9　分包技术管理

11.9.1　基本要求

（1）项目实施前，工程总承包企业对各分包企业方案、工艺、程序进行全面了解，以便协调管理；

（2）工程总承包企业应明确分包企业管理责任，对专业分包管理实行动态调控；

（3）分包单位应服从工程总承包企业管理，有序生产，保证履约要求。

11.9.2　管理流程

（1）分包单位编制的技术文件，比如施工方案、技术交底、图纸会审、工程洽商等，必须提交工程总承包企业审核，再逐级上报审批；

（2）材料设备报审、竣工资料等由分包企业准备好资料交由工程总承包企业统一报审。

11.9.3　管理职能（表 11-11）

分包技术管理职能　　　　　　　　　　　表 11-11

组织机构	管理职能
工程总承包企业	1. 负责专业施工图纸、图纸会审、技术资料的确认、报审和管理； 2. 负责与业主、设计、监理、政府有关职能部门的协调； 3. 负责参与分包单位技术指导、沟通和协调
分包单位	1. 负责专业工程图纸会审、深化设计、技术资料填写或编制； 2. 负责专业工程技术交底，并记录签字，动态管理； 3. 负责专业工程施工技术管理，指导现场施工

11.9.4　管理措施

（1）分包企业按照工程总承包企业要求的月计划、周计划完成施工，保证工期；

（2）工程总承包企业统一部署施工现场，建立用水、用电审批制度，各分包企业按要求执行；

（3）分包企业应按时按要求向工程总承包企业提交编制的技术文件，完成相应审批手续；

（4）设计变更、技术核定单、工程洽商等应及时报送工程总承包企业，并留底存档；

（5）分包企业编制并完成审批的施工组织设计应分工逐级向下交底，并做好记录。

11.10 工程技术资料管理

11.10.1 基本要求

（1）工程技术资料包括设计文件及交底、会审、变更资料，施工组织设计、专项施工方案、创优策划、会议纪要、影像资料、验收记录、竣工资料、施工日志、技术总结等；

（2）工程技术资料填写要及时准确，并完成报验，分类归档保管。

11.10.2 管理流程

工程技术资料文件编制、审核和审批→分类归档→台账登记→移交入库。

11.10.3 管理职能

如表 11-12 所示。

工程技术资料管理职能　　　　　　　　　　　　　　表 11-12

组织机构	管理职能
技术管理部门	1. 负责各类工程技术资料文件编制、内审、报审和报批； 2. 负责工程技术资料文件收集、整理、组卷、归档，并建立台账； 3. 负责移交工程技术资料文件入库
档案管理部门	1. 负责工程技术资料文件接收入库； 2. 负责工程技术资料文件保存维护

11.10.4 管理措施

（1）工程总承包项目经理部应建立档案室，统一保管工程技术资料及其他项目管理文件；

（2）项目经理部技术管理部门应建立项目技术资料管理责任制，逐层管理，保证技术资料的完整性、真实性和连续性；

（3）项目经理部设计管理部门与技术管理部门应建立设计文件收发台账，并签字盖章，及时领取；

（4）工程技术资料应装订成册，分组卷保管，建立目录，统一标识；

（5）工程总承包项目经理部应购置最新颁布的技术标准及规范，并形成规范库，方便查阅；

（6）技术标准及规范应实行动态管理，及时更新并公布；

（7）文件管理人员应该做好工程技术资料借阅登记，保证按期归还；

（8）作废文件应登记造册，集中销毁。

第 12 章 项目 BIM 技术管理

12.1 项目 BIM 技术应用目标

12.1.1 项目 BIM 实施目标

项目 BIM 实施规划总体目标的确定，可以清晰地识别利用 BIM 技术可能给项目带来的潜在价值。BIM 实施目标应该与建设项目的目标密切相关，且必须是具体的、可衡量的以及能够促进建设项目的规划、设计、施工和运营成功进行的。确定了 BIM 目标，也就对应地确定了 BIM 应用，有些目标对应某一个应用，有些目标需要若干个应用共同完成。在定义 BIM 目标的过程中可用优先级表示某个 BIM 目标对建设项目各阶段的重要性，在具体实施过程中，根据情况可以进行适当的调整。举例某项目的 BIM 目标与对应的 BIM 应用，如表 12-1 所示。

某建设项目 BIM 目标与 BIM 应用　　　　　　表 12-1

序号	BIM 目标	对应的 BIM 应用
1	设计方案比选	风环境模拟、能耗分析、BIM＋VR
2	提高设计各专业协同效率	3D 协同设计
3	指导现场施工	模型轻量化
4	施工方案优化	施工模拟
5	施工进度控制	4D 进度模拟
6	施工质量、安全管理	云平台搭建、模型轻量化
7	辅助造价进行成本核算	5D 成本分析
8	运维管理	创建运维模型

通过对项目 BIM 目标及应用分析，BIM 目标按可以实现的内容分为两大类：技术级目标及项目级目标。

1. 技术级目标

技术级 BIM 目标通常是指具体采用一项或几项 BIM 技术，实现一项或几项 BIM 应用，从而实现 BIM 目标。例如通过 BIM＋VR 技术，使建筑设计方案可视化，使决策者沉浸式体验方案效果，提升方案决策效率。

技术级 BIM 目标，是目前国内 BIM 进行的主要内容，也是目前最容易实现的 BIM 目标，其所产生的经济效益和社会效益也最明显。通过在技术级进行大量的 BIM 应用，才有可能实现整个项目的 BIM 应用，更重要的是，通过对 BIM 技术的认可，可以影响整个项目在管理领域采用 BIM 的思维方式。因此，制定并实现技术级 BIM 目标是实现建筑业信息化管理的前提条件。

2. 项目级目标

BIM 既是一种工具，也是一种管理模式，工程项目管理与 BIM 技术的有机融合是价值实现的核心。从建设工程全生命期的 BIM 应用来看，采用 BIM 技术可以提高项目管理水平，更好地管理项目。在建设项目中 BIM 技术也只有在项目管理中"生根"，才有生存发展的空间。因此，必须对项目中原有的工作模式和管理流程进行改变，建立以 BIM 为中心的项目管理模式，涵盖项目的投资、规划、设计、施工、运营各个阶段。

基于 BIM 技术的工程项目管理信息系统包含：项目前期管理、招投标管理、进度管理、质量管理、安全管理、投资控制管理、合同管理、物资设备管理和后期运维管理。在制定项目级 BIM 目标时，应充分分析项目特点及 BIM 技术水平，选取全部或部分管理模块作为具体项目的项目级目标。

12.1.2 实施步骤

BIM 技术管理部门正式颁发实施导则及技术标准之前，应适时组织实施导则及技术标准的宣贯，各参与方应积极参与学习，并提出相关问题。正式颁布后，各参与方应按照导则要求，完成自身的 BIM 工作，同时应与其他 BIM 工作相关方进行积极协作，共同推进 BIM 工作的实施。

BIM 实施步骤确定每个步骤之间的信息交换模块，并为后续策划工作提供依据。项目级 BIM 实施步骤包括总体步骤和分项步骤两个层级，总体步骤确定不同阶段不同参与方 BIM 应用之间的顺序和相互关系，使得所有团队成员都清楚他们的工作步骤和其他团队成员工作步骤之间的关系；分项步骤则具体描述一个或几个参与方完成某一个特定任务的步骤。

1. 总体步骤

在编制 BIM 实施总体步骤图时应考虑以下几方面内容：

（1）将与 BIM 相关的各阶段、各参与方加入总体步骤图；

（2）定义每个 BIM 应用任务的责任方；

（3）确定每个阶段 BIM 应用的信息交换模块。

某工程总承包项目 BIM 实施总体步骤图，如图 12-1 所示。

2. 分项步骤

BIM 实施总体步骤创建后，根据每个阶段具体的 BIM 应用创建分项步骤图，清楚地定义 BIM 应用完成的顺序。具体步骤图的编制可参考以下几方面内容：

（1）将项目任务进行分解，对分项任务进行 BIM 应用；

（2）同样定义各任务方之间的依赖关系；

（3）可以考虑增加补充额外的信息进入步骤图；

（4）可以考虑增加关键节点控制。

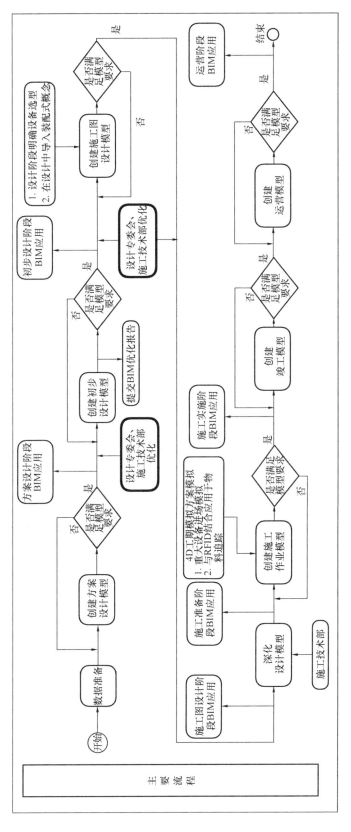

图 12-1　某工程总承包项目 BIM 实施总体步骤图

3. 实施步骤把控要点

各参与方对自身所负责的 BIM 模型应及时更新，保证模型的实时有效性。各参与方应分阶段定期提交 BIM 模型至 BIM 中心，方便项目组对 BIM 进度的总体把控。负责整合、审核、查验、审批的 BIM 参与方应对模型和模型应用成果及时进行相应的工作，并及时反馈意见，确保工作准时顺利进行。

各参与方有义务对自身的 BIM 工作人员进行业务培训，培训的内容应包括 BIM 工作管理与步骤、BIM 软件使用、BIM 与传统工作方式结合的方法、BIM 条件下的成果交付与验收等。培训的目标应确保上岗人员的知识能力、技术水平和组织管理符合本项目的 BIM 工作要求。BIM 各参与方在 BIM 工作实施前，应根据合同所约定的 BIM 内容，拟定相应的工作计划和实施保障措施，并在工作过程中落实执行。最终向 BIM 技术管理部提交 BIM 模型成果及应用成果交付计划，并在 BIM 工作过程中接受业主的管理与监督。

12.2 编制项目 BIM 技术策划方案

项目级 BIM 实施需要所有参建单位共同参与，项目 BIM 实施团队通常包括项目的主要参与方，有业主、勘察单位、设计单位、施工单位、材料供应商、设备供应商、工程监理单位、物业管理单位等。其中业主或项目总承包单位是最佳的 BIM 规划团队负责人。

对于一个项目来说，BIM 模型所包含的信息，应在所有参建方之间充分交互、即时更新，随着建筑项目过程的推进，模型深度不断增加，信息量日益丰富，这就需要所有参建方在统一的标准及规则下各司其职，共同完善和维护 BIM 模型信息。

12.2.1 组织架构

对于业主主导的 BIM 工作，业主方职责主要在于相关 BIM 文件、技术方案及标准的核定与确认，同时进行标准管理、监督执行、设计协调、施工协调、模型审核。对于业主不具备相应 BIM 管理水平时，可以引入 BIM 咨询单位，其主要职责在于对项目级 BIM 实施规划的编制，包含总体目标、界面划分、招标文件 BIM 条款编制、组织模型的提交与审查、相关技术指导与培训。

设计单位和施工单位需完成 BIM 在各自阶段的应用并提交成果；监理单位应负责对现场模型比对、设计变更发生时确认设计模型的更新，审核施工信息，督促施工方施工模型与现场的一致性。

各类产品供应商和供货商则应负责做好其提供产品的模型信息，并做好更新工作。

最终模型和数据信息在运营商那里整合，根据运营的需求，由运营方自身制订运营方案，同时利用 BIM 模型开展维修计划制订、储备统计、空间管理等工作。

对于工程总承包项目，当采用 BIM 技术进行总承包项目管理时，需要建立不同于单纯设计或施工阶段 BIM 应用的工作模式。由于项目特点及地方政策制度的不同，其组织架构与运行模式也不一致，因此对于工程总承包项目的 BIM 技术应用，也存在着多种工作模式。但是相同的是，对于采用工程总承包模式的项目通常参与方众多，管理协调工程量巨大，因此在项目前期必须对参与单位、组织架构、工作职能进行详细策划，合理分配信息分享层级与权限。参照中国建筑股份有限公司《建筑工程设计 BIM 应用指南（第二版）》，基于 BIM 技术的工程总承包项目管理基本组织架构如图 12-2 所示。

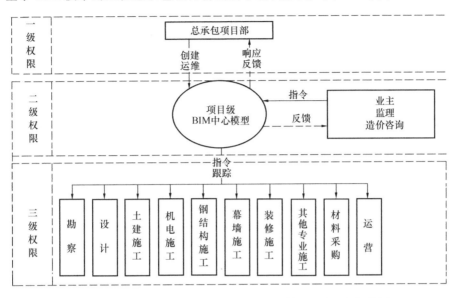

图 12-2　基于 BIM 技术的工程总承包项目管理基本组织架构图

一级权限：由总承包项目部负责创建、运营、维护项目级 BIM 中心模型，并全权负责组织 BIM 模型对项目运行信息的处理，对信息的传递与反馈具有最高处理权限。

二级权限：向项目业主、监理及咨询机构提供，可分享大部分项目运行信息并具有次高级处理权。

三级权限：向勘察、设计、各施工单位、材料设备供应商提供，仅可分享与该单位自身工作相关的具体信息，对信息的处理主要为响应指令与反馈工作状态。

12.2.2　人员配置计划

（1）人员配备要求（表 12-2）。

人员配备表格　　　　　　　　　　　　　　表 12-2

参与方 人员		BIM 技术 管理部	设计组			BIM 施工方		运维方 BIM 组
			主体	景观	幕墙等专项	模型深化 BIM 组	BIM 现场应用组	
管理人员（人）		1	1	1	1	1	1	1
专业人员	土建（人）	2	3	2	2	2	2	1
	机电（人）	3	4	2	3	4	3	3
	4D（人）	2	1	1	1	1	2	1
	展示（人）	1	1	1	1	1	1	1
小计		9	10	7	8	9	9	7
总计		59						

（2）人员素质要求（表 12-3）。

人员素质要求表格

表 12-3

参与方	管理人员	专业人员
BIM 技术应用组	具备 10 年以上工程经验，5 年以上 BIM 管理经验，具备独立管理大型 BIM 建筑工程经验，掌握 BIM 技术；管理人员需具有良好的组织能力及沟通能力	具备 5 年以上工程设计经验，从事 BIM 应用 3 年上，熟悉 BIM 建模及专业软件，具有 10 万 m² 以上项目的 BIM 实施经验
BIM 设计方	具备 10 年以上设计经验，熟悉 BIM 技术；具有良好的组织能力及沟通能力	具备 5 年以上设计经验，熟悉 BIM 建模及专业软件，具有 5 万 m² 以上项目的 BIM 建模经验
BIM 施工方	具备 5 年以上施工管理经验，熟悉 BIM 技术；具有良好的组织能力及沟通能力	具备 2 年以上施工现场经验，熟悉 BIM 建模及专业软件
装修装饰 BIM 组	具备 5 年以上装修装饰设计与管理经验，熟悉 BIM 技术；具有良好的组织能力及沟通能力	具备 2 年以上装修装饰设计经验，熟悉 BIM 建模及专业软件
运维组	具备 5 年以上运维管理经验；熟悉 BIM 技术；具有良好的组织能力及沟通能力	具备 2 年以上运维管理经验，熟悉 BIM 建模及专业软件

12.2.3 人员分工及职责

1. 项目 BIM 总负责

（1）建立并管理项目 BIM 团队，确定各方人员职责与权限，并定期进行考核、评价和奖惩。

（2）负责收集、贯彻国际、国家及行业的相关标准；负责组织制定 BIM 应用标准与规范；负责宣传及检查 BIM 应用标准与规范的执行；负责根据实际应用情况组织 BIM 应用标准与规范的修订。

（3）负责对 BIM 工作进度的管理与监控。

（4）组织、协调人员进行各专业 BIM 模型的搭建、建筑分析、二维出图等工作。

（5）负责各专业的综合协调工作（阶段性管线综合控制、专业协调）。

（6）负责 BIM 交付成果的质量管理，包括阶段性检查及交付检查等，组织解决存在的问题。

（7）负责对外数据接收或交付，配合业主及其他相关合作方检验，并完成数据和文件的接收或交付。

2. BIM 技术支持岗

负责 BIM 软硬件及网络环境的建立，协调所有参与方及软件厂商等，基于项目要求设立数字工作空间和项目初始数据集，根据需要参加项目专题讨论会，包括为项目团队成员提供培训和辅导，监控 BIM 环境中各参与方的准备工作。

3. 设计 BIM 优化岗

利用 BIM 模型，结合设计、施工各参与方共同对设计进行优化，同时分析其经济性和可施工性。

（1）规划经济指标的控制。BIM 体量模型加入面积计算规则，添加所有建筑楼层房间使用性质等相关信息作为未来智慧城市以及城市管理的数据基础。

（2）绿色建筑分析应用。分别体现在规划设计阶段、方案设计阶段、初步设计阶段及施工图设计阶段。

（3）方案及初步设计报审的可视化管理。

（4）施工图审查与设计差错优化。

4. 设计施工 BIM 协调岗

对设计和施工提交内容与各自合同规定的 BIM 有关事项一致性提供审核和建议，把设计团队和施工企业产生的 BIM 模型中适当的元素并入标准数据库。在设计阶段，协调施工深化团队提前介入，同时考虑后期运维需求，对施工不合理及有优化空间的设计成果进行优化，将问题解决在施工图出图前。

5. 施工 BIM 各专业应用岗

负责各专业 BIM 建模、深化设计、图纸交底、施工方案交底等工作，负责本专业模型数据的集成，进行基于 BIM 模型的施工。负责创建 BIM 模型、基于 BIM 模型创建三维视图、添加指定的 BIM 信息，配合项目需求，负责 BIM 可持续设计（绿色设计、节能分析、漫游动画、工程量统计等）。协助项目建筑师、工程师完成从方案到施工图阶段的出图工作。

6. 施工 BIM 协调及综合应用岗

配合 BIM 负责人工作，负责项目 BIM 技术在现场施工管理方面的应用及相关工作；负责建立并维护 BIM 协同工作平台、BIM 管理系统；负责 BIM 模型的管理工作及相关硬件维护工作。通常其具有以下角色和职责：

（1）制定并实施施工方 BIM 工作计划。

（2）与业主方 BIM 应用协调人协调项目范围相关培训。

（3）协调软件培训及文件管理，建立高效应用软件的方案。

（4）建立数据共享服务器，并完成相应权限设定。

（5）负责整合相关协调会所需的综合施工模型。促进综合施工模型在协调与碰撞检查会议的有效应用，并提供所有碰撞和硬碰撞的辨识和解决方案。

（6）提供施工方 BIM 模型的建模质量控制与检查。

7. 设备招采协调岗

针对智慧运维需求在设备招采阶段提前选择可以提供智慧运维接口的设备。

8. 平台管理及应用岗

包括质量、安全、进度检查及信息采集，4D、5D 模拟，工艺工序模拟，物料追踪，资料管理；审核所有信息保证其符合标准、规程和项目要求。

（1）BIM 系统管理。负责 BIM 应用系统、数据协调及存储系统、构件库管理系统的日常维护、备份等工作；负责各系统的人员及权限的设置与维护；负责各项环境资源的准备及维护。

（2）BIM数据维护。负责收集、整理各参与方的构件资源数据及模型、图纸、文档等项目交付数据；负责对构件资源数据及项目交付数据进行标准化审核，并提交审核情况报告；负责对构件资源数据进行结构化整理并导入构件库，并保证数据的良好检索能力；负责对构件库中构件资源的一致性、时效性进行维护，保证构件库资源的可用性；负责对数据信息的汇总、提取，供其他方使用。

9. 运维管理及商业数据分析岗

（1）对所有运维相关数据进行系统采集、储存、管理及更新维护。

（2）灾难与突发事件的BIM模型应用培训及管理。包括火灾、水管爆裂、停电等。

（3）空间管理。包括租金、设施维护管理。

（4）安保管理。包括视频监控、楼宇对讲、周边防盗。

（5）运营管理。包括停车场管理、电子巡查、门禁。

（6）照明智能化管理的应用。包括公共区域的回路照明管理。

（7）通风系统管理。

（8）绿化系统管理。

（9）人流车流道路指示系统。

（10）监控系统。智能分析不同时段人流量、人流方向数据，提供商业布局依据等。

12.2.4 软硬件配置及平台部署

BIM实施的软硬件及平台部署主要是指在明确应用目标和信息交换要求和标准的基础上，确定整个技术实施的软硬件和平台部署方案，这些基础设施是保障BIM实施的基础和必要条件。

1. 应用软件

目前在BIM技术发展过程中，BIM不是一个软件的事，也远远不止一类软件能解决问题，要想充分发挥BIM在建设工程中的价值，从而为项目增值，需要大量的BIM软件进行支持。BIM软件分类很多，按其职能可以分为工具类、软件平台类和平台软件三大类。工具类包括建模软件、性能分析软件、计算软件等，软件平台类则是软件公司为其产品研发的软件平台，平台软件则是软件公司为实现模型信息交互而研发的虚拟平台。对于项目来说，应根据项目的特点和BIM团队的实际能力，正确选择适合项目的BIM软件。一般软件选择步骤和主要工作内容可参考如下：

（1）调研和初选。结合项目需求，调研市场上现有的BIM软件及应用状况。调研内容着重考察：BIM软件功能、数据交换能力、二次开发扩展能力、软件性价比、技术支持及服务能力等。调研完成后可以初步遴选一些软件进行进一步分析。

（2）分析及评估。对初选的BIM软件进行分析和评估，主要因素包括：是否满足项目功能需求，软件学习的难易程度，软件采购的成本和投资回报率估算等。

（3）试点应用。抽调有经验人员对选定的BIM软件进行试用，试用的内容包括：软件的实际使用功能，软件的稳定性及成熟度，软件与现有软件的兼容性，软件操作、学习、维护等易用性等。

（4）正式应用。基于 BIM 软件调研、分析和测试，形成备选软件方案，由企业及项目部门审核批准最终 BIM 软件方案，并全面部署。

2. 硬件及网络

硬件的配置对于 BIM 应用的实施非常关键，尤其当项目规模较大的时候，对硬件资源的要求就更加明显。鉴于科技发展的速度越来越快，硬件设备的更新周期越来越短。因此，在 BIM 硬件建设中，既要考虑项目 BIM 应用对硬件资源的要求，也要与项目及企业的发展规划相结合，既不盲目求高求大，也不过于保守，处理好投资收益比。举例来说，对于一个项目来说最好的工作站是下面能负担的最贵的工作站。因为，目前 BIM 技术仍然是一个软件驱动的行业，也就是说针对目前的软件发展速度，还不存在某一个能负担得起的配置对软件来说存在"浪费"的情况。这里说的"浪费"是指硬件配置过高超过了软件最大的能力需求的现象。在这种情况下，选择一个适合的硬件环境尤其重要。硬件环境的选用要根据确定的软件环境来决定，要考虑现有硬件设备和可以使用的资金，实现选定软件方案的最佳运行环境。

通常 BIM 硬件环境包括：客户端（个人计算机及移动终端）、服务器、网络及存储设备，还包括与 BIM 应用相关的 VR 等类似设备。BIM 应用硬件和网络在企业 BIM 应用初期的资金投入相对集中，对后期的整体应用效果影响较大。

企业应当根据整体信息化发展规划及项目 BIM 应用需求，对 BIM 硬件资源进行整体考虑。在确定所选用的 BIM 软件系统以后，重新检查现有的硬件资源配置及其组织架构，整体规划并建立适应 BIM 需要的硬件资源，实现对企业硬件资源的合理配置。特别应优化投资，在适用性和经济性之间找到合理的平衡，在保证项目需求的情况下，为企业的长期信息化发展奠定良好的硬件资源基础。同时，企业在项目中配置硬件环境时，还要顾及其他 BIM 参与方的相关配置，如果上游应用的软硬件环境配置过高，可能造成交付的 BIM 成果不能被下游使用的情况。

3. 平台部署

以往建筑工程经常出现的设计错误、施工返工、工期延误、效率低下等问题的重要原因之一就是信息流通不畅和信息孤岛的存在。

随着建筑工程的规模日益扩大，项目各参与方承担的任务越来越重，不同专业的相关人员进行信息交流也越来越多，基于 BIM 技术建立起来的建筑工程协同工作平台有利于信息的充分交流和不同参与方的协商，还可以改变信息交流中的"无序"及"无痕"现象，实现信息交流的集中管理与信息共享。

（1）BIM 协同管理平台的重要性。BIM 应用作为一种工具，其信息必须在一个信息通畅交流的平台上运行，所有参建单位都共同参与，信息即时传输，才能发挥出 BIM 的巨大效益。不使用协同的平台，没有真正意义上的 BIM，靠单打独斗地使用 BIM 的各项应用，线下还依然采用传统的工作方式，只会增加管理的繁琐度，增加建筑工程管理成本。

只有基于 BIM 协同管理平台，参建单位之间才能够使信息共享，达到减少内耗、完善各阶段各流程协同、兼顾运营管理的目的，从而科学、高效地管理项目。

（2）BIM 协同平台的选择要求。BIM 协同平台软件应该具备以下几个特点：

1）智能化。首先该平台管理的不是模型文档的时间版本，而是对模型文档内容的智能化管理，即应深入模型内容的数据库管理，从而能对模型的更新版本进行管理。

2）结构化。要想更有效地管理模型和其上的 BIM 应用，必须对模型进行结构化的重构，在平台上建立基于二维数据列表和三维模型一一对应的结构化数据模式。

3）兼容性。由于在 BIM 应用和操作中，不可避免地要采用多款软件才能达到某些 BIM 应用的目的，那么基于多款 BIM 软件的交互平台，必须解决不同格式 BIM 模型的兼容性问题，否则同样达不到信息充分交互的目的。

4）适应性。平台应该具有更强的适应性，能适应不同的项目特点和管理方式，即平台的设置和流程应采用自定义的方式，具有更宽泛的适应能力。

5）可操作性。建筑领域，尤其是施工行业，技术人员对 IT 技术和平台操作的能力普遍不高，为防止增加产品应用的难度，提高可操作性，该平台应该在使用界面上简单易行，人性化操作。

基于 BIM 的工程项目协同管理平台，在对工程项目全过程中产生的各类信息（如三维模型、图纸、合同、文档）进行集中管理的基础上，为工程项目团队提供一个信息交流和协同工作的环境，对工程项目中的数据存储、沟通交流、进度计划、质量监控、成本控制等进行统一的协作管理。

12.2.5 建模标准

项目级 BIM 模型标准具体规定 BIM 模型的构建方式，需要遵循以下三个基本原则：

（1）一致性。BIM 模型必须保证与二维图纸一致，无论是基于二维图纸的翻模，还是基于 BIM 模型的二维出图。同时确保项目模型在各个阶段（方案、扩初、施工图、施工过程、竣工）要跟随深化设计及时更新。

（2）合理性。模型的构建要符合实际情况，如设计阶段 BIM 模型可以整层建模，施工阶段则需要按施工顺序调整模型，如果造价需要的话还需要按计价规则进行调整。

（3）准确性。根据 BIM 实施规划的阶段需求，合理制定 BIM 模型细度标准，准确创建模型几何信息和属性信息，包括模型的表达也应该确保与实际情况一致。

总之，BIM 模型应充分考虑项目 BIM 应用的目的与建模的工作量，控制好投入与收益比，做到既满足项目应用需求，又不过度建模，避免造成成本的浪费。

通常项目级 BIM 模型标准应包含：文件目录架构、文件命名标准、模型细度标准等。

1. 文件目录架构

由于建设项目 BIM 模型在创建和应用过程中会牵涉和生产较多的文件，需要对各类文件进行分类存放；同时，由于建设项目体量庞大，构建的模型也较大，在实际使用时通常需要拆分成多个模型，因此为了方便文件的使用和管理，也需要多文件目录的结构进行重点设置。

（1）BIM 资源文件夹结构（以 Revit 为例说明）。标准模板、图框、族和项目手册等通用数据保存在中央服务器中，并实施访问权限管理。文件夹结构及命名方式示意如图 12-3 所示。

图 12-3　文件夹结构及命名方式示意

（2）项目文件夹。各参与方提交的模型数据需统一集中保存在中央服务器上，服务器上项目文件夹结构和命名方式示意如图 12-4 所示。

图 12-4　项目文件夹结构和命名方式示意

2. 命名规则

有了清晰的文件目录后，还需要对 BIM 技术中的文件命名进行规定，文件命名包含：项目文件的命名、模型文件的命名、族的命名、构件的命名等。规范、清晰的文件命名将有助于众多参与人员提高对文件名标识理解的效率和准确性，必要时应调研所使用软件对命名的规定。

（1）文件命名的一般规则如下：

1）简明扼要地描述文件内容；

2）命名方式应有一定的规律，便于参与人员理解与实施；

3）宜使用汉字、英文、数字等计算机操作系统允许的字符；

4）一般计算机操作系统中不允许使用空格；

5）使用字母大小写方式、中划线"－"或下划线"＿"来隔开单词。

（2）模型文件命名。以某项目 Revit 软件为例的模型文件命名规则：

项目名称＿单位简称＿分段（区）＿专业＿楼层或标高＿中心或本地文件 .rvt

1）项目名称：可以用英文字母简称。对于大型或复杂项目，由于模型拆分后文件较多，携带项目名称显得累赘，因此在项目内使用的时候可以考虑不设；

2）单位简称：可以用英文字母简称。在大型项目中有可能一个建设阶段都包含了几个参与方，因此为了明确区分模型的参与方，可以选择性设置本项；

3）分段（区）：确认模型位于项目的哪个分区或者分段；

4）专业：识别模型文件是哪个专业，专业代码参见现行国家标准《建筑信息模型设计交付标准》中的相关规定，如表12-4所示。

建筑工程专业代码 表12-4

专业（中文）	专业（英文）	专业代码（中文）	专业代码（英文）
规划	Planning	规	PL
总图	General	总	G
建筑	Architecture	建	A
结构	Structural	结	S
给水排水	Plumbing	水	P
暖通	Mechanical	暖	M
电气	Electrical	电	E
智能化	Telecommunications	通	T
动力	Energy Power	动	EP
消防	Fire Protection	消	F
勘察	Investigation	勘	V
景观	Landscape	景	L
室内装饰	Interior Design	室内	I
绿色节能	Green Building	绿建	GR
环境工程	Environmental Engineering	环	EE
地理信息	Geographic Information System	地	GIS
市政	Civil Engineering	市政	CE
经济	Economics	经	EC
管理	Management	管	MT
采购	Procurement	采购	PC
招投标	Bidding	招投标	BI
产品	Product	产品	PD
建筑信息模型	Building Information Modeling	模型	BIM
其他专业	Other Disciplines	其他	X

5）楼层或标高：识别模型文件位于哪个楼层或标高；

6）中心文件或本地文件：当模型使用工作集时强制要求，以识别模型文件的本地文件或中心文件类型。

3. 模型细度标准

BIM模型是整个BIM实施的基础，所有的BIM应用都是基于模型而完成的，因此对于模型细度的规定标准是整个BIM实施的重中之重，明确哪些内容需要建模、需要详细到何种程度，既要满足应用需求，又要避免过度建模。

模型细度标准工作应该在项目之初开始，需要考虑到底需要在 BIM 模型中包含何种程度的信息。信息过低会使 BIM 应用受阻，信息度过高又会导致投入成本过高，同时也将降低应用操作的效率。项目初期还应该考虑模型建立的阶段性，不同阶段主体不同，因此，还应该确定不同阶段模型细度的标准，确保各阶段建模有标准可依。采用阶段 BIM 模型细度标准需要确保在最后一个阶段的模型细度要能达到交付要求。

以往，国内 BIM 模型标准还没有统一规定的时候，大多采用的是 LOD 等级分类，LOD 是美国建筑师学会为了规范 BIM 参与各方及项目各阶段的界限，使用模型深度等级（Level of Detail，LOD）来定义 BIM 模型中的建筑元素的精度，在其 2008 年的文档中定义了 LOD 的概念。BIM 元素的深度等级可以随着项目的发展从概念性近似的低级到建成后精确的高级不断发展。

目前，国家已分别出台了现行国家标准《建筑信息模型设计交付标准》GB/T 51301 和现行行业标准《建筑工程设计信息模型制图标准》JGJ/T 448，对各项目 BIM 技术应用的开展制定了参考标准。其中定义了以下几大方面内容：

（1）基础要素。包含模型基本原则、对数据标准的应用、命名体系。

（2）模型准备。包含模型架构（单元）、模型精细度、几何输入、信息输入、系统逻辑性、关联逻辑性。

（3）交付物及其表达。包含多种交付物、表格及表达方式。

（4）协同过程。包含需求定义、需求响应及数据环境。

标准中引入了模型单元（Model Unit）这一概念：建筑信息模型中承载建筑信息的实体及其相关属性的集合，是工程对象的数字化表述。建筑信息模型应由模型单元组成，交付全过程应以模型单元作为基本操作对象。

同时，对模型单元包含信息进行了重新定义，模型单元应以几何信息和属性信息描述工程对象的设计信息，可使用二维图形、文字、文档、多媒体等方式补充和增强表达设计信息。关于几何表达精度（Gx）和信息深度（Nx）组合应用举例如下：

（1）高 G/高 N：支持全方位高要求的模型，包括关键节点的交付。

（2）高 G/低 N：支持渲染及生产加工模型。

（3）低 G/高 N：通常支持各阶段使用模型。

（4）低 G/低 N：工程可行性研究、概念性设计。

在制定项目级 BIM 实施规划中应从整体规划中定义项目全生命期的模型标准，对于各阶段而言，应充分考虑项目需求、阶段特点，甚至各参建方的 BIM 应用能力，根据具体情况分别制定阶段模型标准。

12.2.6　模型审核制度

由于设计 BIM 模型需要传递至施工阶段继续深化，那么设计 BIM 模型与施工图纸的准确性至关重要，因此，在建模团队提供设计 BIM 模型后，BIM 审核组将对模型进行审核，其审核工作对 BIM 模型是否规范建模起到了把关作用，作为后面所有其他模型应用点的基础条件。

为了规范审核标准，需制定模型审核制度，明确审核依据、审核原则、审核时间要求、审核内容、审核方法、审核成果。

1. 审核依据

一般将项目建模标准作为模型审核的依据。

2. 审核原则

（1）完整性

确保 BIM 审核模型交付资料的完整度，包括 BIM 整体模型、BIM 子模型、BIM 各专业模型、相关设计图纸、相关 BIM 优化及协调单、BIM 设计反馈报告、模型说明文件、Fuzor 导出文件等。

（2）一致性

根据二维图纸审核 BIM 模型的各个构件以及各项参数，确保审核 BIM 模型与图纸的一致性。

（3）准确度

BIM 模型是按照工程应用阶段进行划分的，多阶段的模型具有连续性，要求每个阶段的模型均需准确无误，以确保下一阶段可以准确继承上一阶段 BIM 模型数据。

3. 审核时间

根据 BIM 审核模型的体量确定并约束 BIM 模型的审核时间节点，如约 5 万 m^2 的审核模型要求两个日历天内完成模型的审核。

4. 审核内容

（1）审核建筑、结构、给水排水、暖通、电气专业等建模标准中所规定的构件要求，包括构件信息的材质、尺寸、族类型的命名等要求。

（2）审核构件的信息及位置。

（3）审核模型或图纸中不合理的地方。

（4）审核模型的净高及不满足净高的地方。

（5）审核模型管道连接方式，需落实施工的可实施性。

（6）审核模型管线综合的联合支架要求。

（7）审核模型的管线综合，应根据管道综合的调整范围进行校审，如立管调整原则应控制在 0.3m 范围内，横管调整原则应控制在 2m 范围内等。

5. 审核方法

（1）各专业应逐一审核模型构件与图纸一致性。

（2）土建专业应按构件类型逐一审查。

（3）机电专业应按系统类型逐一审查。

6. 审核成果

一般以模型审核报告单的形式提交模型的审核成果，根据校审 BIM 模型过程中的审核问题提交对应的模型审核报告单。

在建模团队交付 BIM 模型后，模型审核方需要依照模型审核制度回执对应的模型审核报告单，其模型审核报告单需定期存档，方便模型问题跟踪，且模型审核报告单需业主方、设计方、建模团队三方知悉，明确 BIM 模型中凸显的各项问题和解决办法。

12.2.7 项目 BIM 技术应用点策划

项目 BIM 技术的具体应用点策划是建设项目 BIM 应用实施过程中十分重要的内容，它明确了 BIM 技术在建设项目实施中应用的功能和可能的价值。

BIM 有着很广泛的应用范围，从横向上可以覆盖不同的专业，从纵向上可以跨越整个建筑工程的全生命期，使得在不同的阶段、不同的参与方都可以应用 BIM 技术来开展工作。且 BIM 应用点日益增多，在项目 BIM 技术应用点策划中，项目管理组需根据项目特点及需求准确制定 BIM 应用点，同时，也可以根据项目实际需求专项定制 BIM 应用。这里仅按照建设工程的全生命期各个阶段的 BIM 应用点策划进行简要举例说明。

1. 规划阶段 BIM 技术应用点策划

项目前期的规划阶段 BIM 技术应用点策划对整个建筑工程项目的影响很大，项目前期阶段的工作对于成本、建筑物的功能影响力是最大的，越往后这种影响力越小。因此，在有条件的前提下，在项目的前期就应该应用 BIM 技术，使项目所有利益相关者能够尽早参与项目的前期策划，让各参与方都可以及早发现问题并做好协调，以保证项目的设计、施工和交付能顺利进行，减少各种不必要的浪费和延误。

BIM 技术在前期的应用点工作有很多，包括现状建模与模型维护、场地分析、成本估算、方案论证、阶段规划、建筑策划等。

例如：建筑策划是在总体规划目标确定后，根据定量分析得出设计依据的过程。相对于根据经验确定设计内容及依据的传统方法，建筑策划利用对建设目标所处社会环境及相关因素的逻辑数理分析，研究项目任务书对设计的合理导向，制定和论证建筑设计依据，科学确定设计内容，并寻找达到这一目标的科学方法。在这一过程中，除了需要运用建筑学原理，借鉴过去经验和遵守规范，更重要的是要以实际调查为基础，用计算机等现代化手段对目标进行研究。BIM 能够帮助项目团队在建筑规划阶段通过对空间进行分析来理解复杂空间的标准和法规，从而节省时间，提供团队工作效率。特别是在客户讨论需求、选择及分析最佳方案时，能借助 BIM 及相关分析数据，做出关键性的决定。BIM 在建筑策划阶段的应用成果还会帮助建筑师在建筑设计阶段随时查看初步设计是否符合业主要求，是否满足建筑策划阶段得到的设计依据，通过 BIM 连贯的信息传递或追溯，大大减少以后详图设计阶段发现不合格需要修改设计的巨大浪费。

2. 设计阶段 BIM 技术应用点策划

BIM 技术在建筑设计的应用范围很广，具体应用点很多，无论在设计方案论证，还是在设计创作、设计协同、性能分析、结构分析，以及在绿色建筑评估、规范验证、工程量统计等许多方面都有广泛的应用。

例如：通过 BIM 技术进行的协同设计是一种新兴的建筑设计方式，可使分布在不同地理位置的不同专业设计人员通过网络的协同展开设计工作。协同设计是在建筑业环境发生深刻变化、建筑传统设计方式必须得到改变的背景下出现的，也是数字化建筑设计技术与快速发展的网络技术相结合的产物。现有协同设计主要是基于 CAD 平台，并不能充分实现专业间的信息交流，这是因为 CAD 的通用文件格式仅仅是对图形的描述，无法加载附加信息，导致专业间的数据不具有关联性。BIM 的出现使协同已经不再是简单的文件参照，BIM 技术为协同设计提供底层支撑，大幅提升协同设计的技术含量。借助 BIM 的技术优势，协同范畴也从单纯设计阶段扩展到建筑全生命期，需要规划、设计、施工、运营等各方的集体参与，具备了更广泛的意义，从而带来综合效益的大幅提升。

3. 施工阶段 BIM 技术应用点策划

施工阶段对设计的任何改变的成本都是很高的，如果不在施工开始之前，把设计存在的问题找出来，就需要付出很高的代价。同时，如果缺乏科学、合理的施工计划和施工组织安排，也需要为造成的窝工、延误、浪费付出额外的费用。因此，施工企业对于应用新技术、新方法来减少错误和浪费，消除返工和延误，从而提高劳动生产效率、提升施工利润的积极性是很高的，而且，从目前的实际情况来看，施工单位的 BIM 具体应用已经为施工企业带来了巨大价值。其中主要的应用点包括：管线综合、深化设计、场地规划、施工进度模拟、施工组织模拟、数字化建造、施工质量与安全监控、物料追踪等。

例如：利用 BIM 技术为建筑工程数字化建造提供了坚实的基础。目前，制造行业的生产效率极高，其中部分原因是利用数字化数据模型实现了制造方法的自动化。同样，BIM 结合数字化制造也能提高建筑行业的生产效率。通过 BIM 模型与数字化建造系统的结合，建筑行业也可采用类似方法实现建筑施工流程的自动化。建筑中的许多构件可异地加工，然后运到建筑施工现场，装配到建筑中（如门窗、预制混凝土结构和钢结构等构件）。通过数字化建造，可自动完成建筑物构件的预制，这些通过工厂精密机械技术制造出来的构件不仅降低了建造误差，且大幅提高构件制造的生产率，使得整个建筑建造工期缩短并容易掌控。BIM 模型直接用于制造环节还可在制造商与设计人员之间形成一种自然的反馈循环，即在建筑设计流程中提前考虑尽可能多地实现数字化建造。同样与参与竞标的制造商共享构件模型也有助于缩短招标周期，便于制造商根据设计要求的构件用量编制更为统一的投标文件。同时标准化构件间的协调也有助于减少现场的问题发生，降低不断上升的建造、安装成本。

4. 运维阶段 BIM 技术应用点策划

建筑工程的运营维护，是建筑物全生命期中最长的一个阶段，由于需要长期运营维护，对运营维护的科学安排能够显著提升运营质量与效率，同时也将有效降低运营成本，从而全面提升运维管理工作。

在运营维护阶段 BIM 应用点主要包括：设施维保、资产管理、空间管理与分析、安防管理、运营监测等。

例如：利用 BIM 及相应灾害分析模拟软件，可在灾害发生前模拟灾害发生的过程，分析灾害发生的原因，制定避免灾害发生的措施，以及发生灾害后人员疏散、救援支持的应急预案。当灾害发生后，BIM 模型可提供救援人员紧急状况点的完整信息，有效提高突发状况应对效率。此外楼宇自动化系统能及时获取建筑物及设备状态信息，通过 BIM 和楼宇自动化系统的结合，使得 BIM 模型能清晰呈现出建筑物内部紧急状况的位置，甚至到紧急状况点最合适的路线，救援人员可由此做出正确的现场处置，提高应急行动成效。

12. 2. 8　族库管理

参数化建模是建筑信息模型的基本思想之一，在建模软件 Revit 中，参数化建模思想的直接体现就是族的应用。族是 Revit 中所有图元的综合，是图元信息的结构化表达。族在建模过程中的基础地位与灵活多样的特点决定了族需要一种统一的管理手段，而族库管理是实现族统筹检索协作的重方位、实时的监控，为 BIM 技术应用提供了科学、有效的管理工具和手段，更好地建立管理层与作业层的联系，提高工作效率，降低施工组织成本。

1. 族的标准化管理

族参数的设置和修改都应遵循统一的标准流程，通过族的标准化制作和基于标准化工作流的族库管理，能够根据工作流合理地进行族的分配，减少建模人员在大族库中搜索的时间，能够大大减少族的错误的可能，通过合理的审核流程，族在制作过程中的错误能够得到及时的修正。

2. 族库的分类管理

在传统的族库建设中，族的基本分类主要依靠专业进行划分，但是这种分类方式在族库较小和小型项目团队中适用，当族库变大和项目团队扩展到企业级别的时候并不适用。因此需要对族库进行合理的分类管理，通常族库的分类方式有按照专业分类、按照用途分类、按照使用阶段分类、按照族来源分类等。

（1）按专业分类

专业分类是最普遍的族分类方式，通常按照建筑设计中的功能和专业划分为建筑、结构和 MEP 分类，MEP 又划分为暖通、给水排水、电气，这也是 Revit 自带族库的分类方式。

（2）按用途分类

按照族的使用用途分还可以将族划分为设计阶段的族、施工阶段的族和配套管理阶段的族库。

1）设计族主要是从概念设计到施工图设计阶段使用的族，这类族也是该阶段最常见的族，通常按照专业进行划分。

2）施工族是进行施工图深化设计阶段需要使用的族，包括了施工阶段、施工机械、施工材料、施工人员、施工工具、施工装置等族类型，这些族还很少，如脚手架、模板族等，主要为施工阶段的应用建立的族。

3）配套管理族主要是项目完成后，需要对运营维护过程出现的过程与软件接口所构建的族。这类族主要目的是为了方便建筑项目的运营维护，如风景、人物、在建筑和施工阶段使用的配套设施等。

（3）按照使用阶段分类

按照使用阶段可以将族划分为标准库族、临时库族和项目库族。

1）标准库是经过一段时间的使用和检查，被大多数人认为适合长时间使用的族。这类族错误很少，是建模过程的首选族，但是可能缺少很多与实际相关的族。

2）临时库是为了满足项目需求，项目部自建的族，仅经过项目部的审查，没有经过长期的检验。这类族包含一定数目的错误，需要经过一段时间的试用和检验，但是能够满足项目建模的需要。

3）项目库由标准库、临时库和项目自建族组成。在项目建模过程中，由专人将建模使用的族存储于项目库中，并按照工作流对族库进行划分，对缺少的族进行登记。项目库的使用可以大大减少族的检索时间。

（4）按照族来源分类

按照族的来源可以将族划分为公司族、官方族和引入族。

1）公司族是公司内部为了项目需要自建的族，这部分族与公司项目的贴合度高，是公司的宝贵财富，需要进行特别的保护。

2）官方族是 Revit 公司软件自带或者官方论坛中流传出的族，这部分族获取容易，但是族建模规范，很具有参考价值。

3）引入族是为了能够促进族库的交流，通过族交换、族购买从其他族库或者其他公司获得的族，这部分族大大减少了族的自建成本，减少了建族成本，但是族质量、贴合度上会有不同程度差别。

3. 族库的搜索与索引管理

为了方便族的检索和使用，需要对族进行排序。族的排序标准可以分为下载次数、评价等级、制作时间等。其中下载次数反映了该族的需求数量，是衡量族价值的主要指标；评价等级反映了族的质量，族的质量等级有利于族的优胜劣汰；不同时间制作的族的利用度不同，按照制作时间划分可以避免单纯的按照下载次数划分造成的局限性。

族在族库中的查询可以分为全局搜索和分类索引两部分。

（1）全局搜索可以借用百度、谷歌等搜索引擎的算法，从族库的各种信息中通过关键词快速搜索到相关信息。但是这种方式会产生很大的不确定性。

（2）分类索引的方式类似于族的排序功能，但是索引通过不同的文字信息更加准确地捕捉到族的具体信息。分类索引可以通过属性和标签两种方式进行索引。

属性的方式可以通过族设定的实例属性值进行索引，这包括了族的名称、与族相关的项目以及族的制作人等。

利用标签云的方式进行索引的灵活性更高，对于一个族根据使用者的习惯确定不同的标签，进行检索时，通过检索标签即可获得相关的族。

4. 族库的权限管理

族库的权限可以分为上传权限和下载权限。

（1）上传权限由各级服务器的审核员具有。项目人员无法将自建族和修改后的族直接上传至族库，只有将族先传给族审核人员，经过审核人员上传后才能够出现在族库中。首次出现在族库中的族只能出现在临时库中，经过一段时间的试用后，临时库中的族经过审核员的审核，达到一定的标准后才能从临时库进入标准库。

（2）下载权限也分两种。具有全部权限的人员能够同时从标准库、临时库中进行族下载，而具有部分权限的人员只能从项目库中下载族。从而最大可能减少了族外泄的机会。

5. 族库的数据安全管理

族是公司的宝贵知识财富，但是建筑信息的价值在于共享和流通，在与外界进行信息交换的同时必须对信息的加密、信息的格式和信息共享的范围进行严格的规定。族库需要根据族库的使用频率和状态进行备份。为了保证备份族库的安全性，可以分阶段对数据进行完整备份、增量备份和差分备份。

12.3　项目 BIM 技术实施管理

12.3.1　项目样板制作与管理

1. 项目设置

项目设置包括项目信息、对象样式以及项目参数的设置。建筑、结构和机电应采用同一个轴网文件，避免模型合并整理时产生偏差，应参考红线坐标，采取共享坐标方式设定。所有模型和参照模型的坐标都需要和项目给定的原点坐标保持一致。

（1）项目坐标：项目定位可选择正负零平面上的左下角两条轴网的交点，各拆分单体均以此点作为项目基点；

（2）标高：以正负零标高为各拆分单体的定位标高，并设置好项目指北针的角度。

（3）基点：共同约定，以正负零平面上的左下角两条轴网交点，0 标高作为本项目基点。

（4）定位：建立项目统一的轴网标高模型文件，位置存放在某项目根目录，连接标高轴网到本模型文件内定位。

对于非 Revit 模型，请将项目规定原点置于项目基点位置，或者在项目基点位置有可对齐元素（点或线端点/交叉点）。

2. 标高命名

标高命名与楼层编码对应。

3. 项目样板分类

项目样板分为土建样板和机电样板，机电各专业应基于同一个机电项目样板创建，共用一个中心文件，使各专业协同工作更方便，管线综合优化实时性和直观性增强。

4. 文字注释

同一类项目应设置统一的文字注释字体，确保项目字体的一致性，如字体设置为：仿宋 GB 2312，宽度系数：0.7，文字大小根据图纸比例和项目实际情况确定。

5. 机电系统设置

对管道、风管、桥架、线管及配线类型进行设置，包括连接方式、材质及规格类型等内容，并设置相关图元及系统族对应的属性参数。

6. 视图样板创建

机电专业视图样板需按水、暖、电各专业对视图的显示需求设置，例如：通风排烟视图样板、采暖视图样板、空调视图样板。其中宜创建一个对所有专业模型都可见的协调视图样板，这样便于直观地协同调整各专业模型，及时查漏补缺。

视图样板应规定视图比例、视图范围、可见性设置、视图规程及子规程、过滤器属性等。

7. 管道、风管、桥架系统颜色

为了统一视图样板中过滤器对水暖电模型系统的区分，方便项目参与各方协同工作时易于理解模型的组成，通过对不同专业和系统模型赋予不同的颜色，将有利于直观快速识别模型系统，建议以 RGB 值为准制定各专业色彩对照表，并按其 RGB 值设定管道、风管、桥架系统颜色。对于不常见的特殊的管线系统应根据设计要求由各负责人自行定义，其中系统名称、材质、图形替换、连接方式、承压等级等应与设计一致，且应完善相应的过滤器。

8. 视图创建

通过共享标高进行楼层平面的创建，相应楼层专业视图平面可直接套用创建好的视图样板进行专业视图划分。

12.3.2 建模阶段技术管理

1. BIM 主要系统模型拆分及管理

鉴于计算机软硬件的性能限制，需要对模型进行拆分。不同的建模软件和硬件环境对于模型的处理能力会有所不同，模型拆分一般没有硬性的标准和规则，根据实际情况灵活处理。各专业应优先按设计、施工段划分模型，其次宜根据以下原则对模型进行拆分：

（1）按土建模型拆分；

（2）按分区拆分；

（3）按施工缝拆分；

（4）按单个楼层拆分；

（5）按系统、子系统拆分。

其中幕墙系统的拆分与幕墙的整体形态构成原理及建模方式有紧密关系，在实际划分时，应考虑幕墙体系自身的逻辑以及与之相关的结构体系一并考虑。

2. BIM 模型核查管理

在模型建立完成后，对照各专业的 CAD 图纸，审查该模型的正确性，再对各专业模型进行整合，进行碰撞检查和净高控制检查，可通过实时漫游功能和校审工具提高项目团队之间的协作和核查效率，确保模型准确无误，指导现场施工。

3. BIM 模型质量管理

BIM 建模成果在与项目参与方共享或提交 BIM 技术应用组之前，BIM 质量负责人应对 BIM 建模成果进行质量检查确认，确保其符合要求。BIM 成果质量检查应考虑以下内容：

（1）目视检查：确保没有意外的模型构件，并检查模型是否能正确地表达设计意图；

（2）检查冲突：由冲突检测软件检测两个（或多个）模型之间是否有冲突问题；

（3）标准检查：确保该模型符合建模标准规定的内容；

（4）内容验证：确保数据没有未定义或错误定义的内容。

4. 设计变更模型更新

BIM 工作小组要与设计院保持密切联系，第一时间将收到的设计变更在 BIM 模型中及时更新，并与其他专业模型再次进行协调检查，确保无误后应用于现场施工。对于变更较大或需各专业统一协调修改的部位，可进行三维模型的变更交底，相关专业需配合参加分包专业的变更交底，需及时对模型做出修改，并先进行自我核对确保本身专业无误后通知总包 BIM 小组人员修改部位，总包将对模型再次进行专业之间的核查。

5. 模型维护

各专业模型应在本地备份，同时更新到服务器，由总包单位统一再进行备份，并对模型版本进行管理，将不同版本的模型进行分类管理。

12.3.3 深化设计阶段技术管理

深化设计阶段技术管理是以 BIM 技术为基础，结合施工工艺的要求，对 BIM 模型进行补充、深化、细化乃至部分优化的协同管理及控制过程。它不仅对整个施工过程 BIM 应用起到承上启下的作用，还对 BIM 各相关环节的协调和综合起到重要作用。

1. 明确深化设计阶段技术管理内容

深化设计阶段技术管理内容主要包括：深化设计 BIM 模型管理、专业 BIM 深化设计图纸管理（如钢结构、幕墙等专业）、BIM 加工图纸管理、节点放样及复杂节点 BIM 深化管理等。明确深化设计阶段技术的主要管理内容，使得各专业人员根据具体界定的行为规则和责任对本专业进行深化设计，使深化设计阶段的技术管理有序进行。

2. 细化深化设计阶段技术管理流程

（1）在总承包项目 BIM 技术应用组下建立专门的 BIM 深化设计部门，并受总工程师领导，设置专门的 BIM 管理人员对深化设计阶段 BIM 技术工作进行总体指挥与管理；

（2）建立强有力的深化设计团队，并与总包深化设计部门管理人员进行对接；

（3）由 BIM 深化设计部门定期组织开展 BIM 图纸会审，梳理 BIM 模型和图纸问题，协调各专业之间的矛盾，并组织各专业提供相关的技术需求，以便深化设计时综合考虑并反映到深化设计图纸中去；

（4）深化设计单位根据施工计划合理划分 BIM 深化批次，制定合理的深化设计进度计划，建立完整的 BIM 深化模型；

（5）各专业 BIM 深化人员对工程中深化设计的重难点展开讨论，积极主动沟通，并协调深化设计相关技术内容；

（6）BIM 深化设计部门将深化设计的成果形成统一意见后报总包、监理、设计、业主同意后确认并执行。

3. 梳理深化设计 BIM 模型及图纸问题

BIM 技术全部应用都基于 BIM 模型，各专业人员借助三维可视化的 BIM 模型梳理各专业的矛盾、图纸未标注、尺寸不合理、节点不合理、安装自身碰撞的一系列问题，将所发现的 BIM 模型和设计问题分专业、模型和图纸号汇总，通过业主与设计院沟通，或者直接与设计院沟通进行一一深化和处理，在此过程中，与设计人员及时进行图纸会审排除疑问，使得施工畅通、人员能力提升，加深对设计图纸的理解。

4. 审核深化 BIM 技术成果

建立专业深化设计 BIM 审核团队，在深化设计阶段对深化设计 BIM 模型进行审核和校验，对土建、机电安装、钢结构、幕墙等各专业深化模型进行碰撞审核，从而在施工前解决深化设计模型和图纸的错漏问题。审核无误后对预留洞口、现场管线、各自标高和定位均出图交底，并提前定位出孔洞预留图，避免事后返工拆改。

12. 3. 4　成果输出技术管理

传统项目管理中的技术交底通常以文字描述为主，施工管理人员以口头讲授的方式对工人进行交底。这样的交底方式存在较大弊端，不同的管理人员对同一道工序有着不同的理解，口头传授的方式也五花八门，工人在理解时存在较大困难，尤其对于一些抽象的技术术语，工人更是摸不着头脑，交流过程中容易出现理解错误的情况。工人一旦理解错误，就存在较大风险的质量和安全隐患，对工程极为不利。

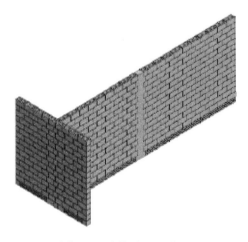

例如面对工程的关键部位及复杂工艺工序等均采用 BIM 技术进行建模，然后对模型进行反复模拟，找出最优方案，最后利用三维可视化实时模拟对工人进行技术交底。以砌筑工程为例（图 12-5），BIM 技术对墙体进行建模，建模细致到从每一块砖的放置到灰缝、接槎和错槎的控制，再到墙体拉结筋和构造柱、钢筋的布置，砌体墙所具备的元素都可以实现可视化。

通过 BIM 技术对复杂节点进行施工工序的优化模拟并指导现场施工有很重大的意义。模型

图 12-5　砌体墙 BIM 模型

优化完成后，组织各施工段工长和现场施工人员召开交底会议，通过可视化模拟演示来对工人进行技术交底。通过这样的方式交底，工人会更容易理解，交底的内容也会进行的更彻底。从现场实际实施情况来看，效果较显著，既保证了工程质量，又避免了施工过程中容易出现的问题而导致的返工和窝工等情况的发生。

12. 3. 5　现场应用阶段技术管理

1. 总平临建布置 BIM 管理

施工场地的布置与优化是项目施工的基础和前提，合理有效的场地布置方案在提高办公效率、方便起居生活、提高场地利用率、减少临建使用数量、减少二次搬运、提高材料堆放和加工空间、方便交通运输、避免塔吊打架、加快施工进度、降低生产成本等方面有着重要的意义。传统施工场地布置往往都是现场技术负责人根据现场 CAD 平面图并结合施工经验进行大致布置。因为 CAD 图纸是平面二维图，没有具体的模型信息，项目技术负责人往往是凭经验和感觉进行的场地布置，因此很难及时发现场地布置中存在的问题，

更没有能对场地布置方案进行合理优化的可靠依据。因此需要采用 BIM 技术实现基于 BIM 信息化的场地布置优化。

进行场地优化布置时，施工应充分考虑现场的各类用地与工程进度、材料周转、进场之间的协调要求，因此现场平面布置原则如下：

（1）在保证施工顺利进行的前提下尽量少占施工用地。少占施工用地对于施工而言减少了场内运输工作量和临时水电管网，既便于管理又减少了施工成本。为了减少施工场地，采取了一些技术措施予以解决。例如，合理地计算各种材料现场的储备量，以减少仓库、堆场面积；对于可场外加工的构件采用场外加工方式等。

（2）在保证工程顺利进行的前提下尽量减少临时设施的用量。对必须配置的临时设施，应尽量选择对大面积施工影响小的区域，布置时不要影响正常施工。临时水电系统的选择应使管网线路的长度为最短等。

（3）最大限度缩短在场内的运输距离，特别是尽可能减少场内二次搬运。为缩短运距，各种材料必须按计划分期分批地进场，以充分利用场地。合理安排生产流程，施工机械的位置及材料、半成品等的堆场应尽量布置在使用地点附近。合理选择运输方式和铺设工地的运输道路以保证各种材料和其他资源的运距及转运次数为最少。在同等条件下，应优先减少楼面上的水平运输工作。

（4）应符合劳动保护、技术安全和消防的要求。为保证施工的顺利进行，要求场内道路畅通，机械设备所用的管线等不得妨碍场内交通。易燃设施（如木工材料、油漆材料仓库等）和有碍人体健康的设施应满足消防要求并布置在空旷和下风处。施工现场平面布置必须保证上述基本原则外，还必须结合施工现场的具体情况，考虑施工总平面图的要求和所采用的施工方法、施工进度，设计多种方案从中择优。进行比较时，一般应考虑施工用地面积、场地利用系数、场内运输量、临时设施面积、临时设施成本、各种管线用量等技术经济指标。

（5）场内外交通组织。将拟使用的临时通道作出详细设计与说明，提交业主、监理工程师批准，同时根据施工现场情况，搭设临时设施并设置标志、围栏、警告装置以及其他工程安全设施。

总体的实施流程如图 12-6 所示。

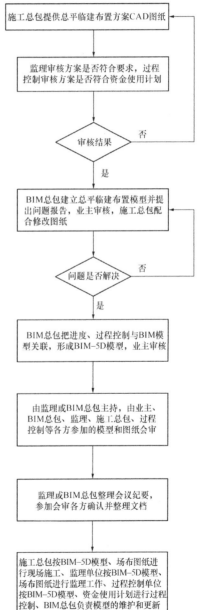

图 12-6　总平临建布置 BIM 管理流程图

2. 土方填挖 BIM 管理

一般情况下，需要基于项目的特点及需求进行土方填挖的 BIM 管理，具体如下：

（1）建立原始地貌模型（图 12-7）

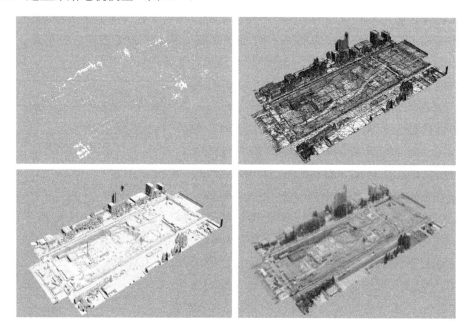

图 12-7　建立原始地貌模型

1）利用 BIM＋无人机＋三维激光扫描仪获得地表原始数据；

2）将影像资料通过 Context Capture Center 软件处理达到模型原材料数据；

3）生成原始地貌模型。

（2）地下商业空间层高、标高优化

通过对模型分析，设计师对市政道路与地下商业空间的层高、标高进行优化分析，节约土方开挖工程量。

（3）基底开挖图纸深化（图 12-8）

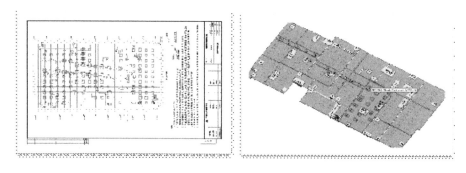

图 12-8　出具基底开挖施工图

对设计基底形状及连接部位深化后得到基底模型，出具基底开挖施工图，大大加快开挖进度。

（4）开挖总量计算

设计标高和基底模型确定后，选取土方量计算区域，输入基底开挖标高参数，即可得到土方工程量。

（5）土方平衡

根据计算出的土方开挖与回填量，做好现场土方施工阶段平面布置，确定土方平衡方案。

1）挖填计划

① 土方清表作业组织部署：土方清表开挖从两端向中间推进，渣土全部外运。

② 根据调查，结合当地政府减雾治霾要求，每天出土时间 22 点～次日 5 点。

③ 根据现场实际情况，各段分别设置 2～3 处出入口确保满足车辆进出需求。

④ 渣土运输车辆运行方向考虑具体情况。

⑤ 配备渣土运输车洗车、冲洗等设备，严禁车辆携带泥土上路。

⑥ 渣土相关手续应齐全，所有手续严格按照相关规定办理。

2）土方开挖施工部署（图 12-9）

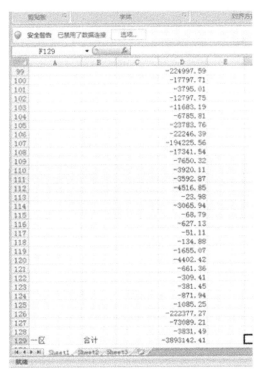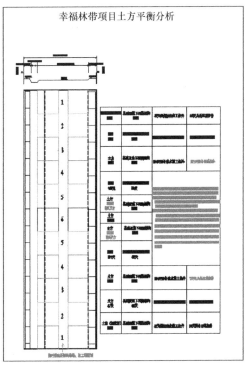

图 12-9　优化土方开挖方案

① 建立项目 BIM 模型生成土方开挖总量，综合地铁、管廊、商业、园林绿化模型生成土方回填量，利用 BIM 模拟，确定最优土方开挖方案，节约成本的同时，大大加快了进度。

② 利用 BIM 技术建立三维平面布置图，还原现场平面布置，通过施工进度模拟各流水段之间工序安排，按照先施工段内，再施工平面，边施工边回填，最后选择周边堆场或现场场内堆放的原则考虑土方平衡。

3）出土交通疏导规划

① 工程考虑场内堆土，堆土高度不大于 2.5m，堆土坡度不大于 1∶1.5，场内堆土 100%防尘网覆盖。场外不堆土，直接拉至指定弃土场。

② 土方运输车辆运行方向考虑将土方运至弃土场。

③ 利用 BIM 技术，建立道路及疏导线模型，辅助编制交通疏导方案，为项目土方外运时交通导改及现场封闭施工做准备。

土方填挖 BIM 管理的总体流程如图 12-10 所示。

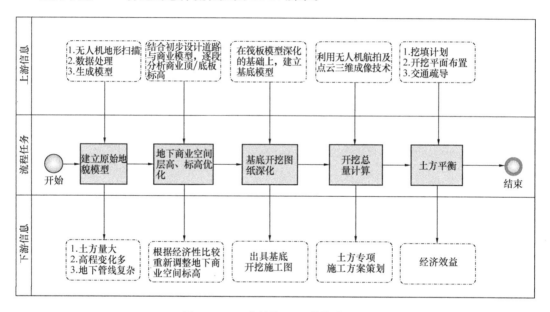

图 12-10 土方填挖 BIM 管控流程图

3. 基于 BIM 的进度管理

（1）进度计划

做好施工计划是保证各项工序顺利完成的前提，在单项工程施工中，通过 BIM 协同平台进行人员、机械、技术、材料和设备的组织，安排好单项工程施工顺序和方案，计划数据存储于 BIM 模型中。施工前各部门通过 BIM 平台查询施工计划，做好施工中所需机械、材料、人员、资金的安排。

（2）进度控制

施工过程中，通过 BIM 平台实现可视化监控，记录施工内容等信息，将施工完成情况与施工进度计划进行数据比较，分析出进度超前或者滞后的原因，针对具体情况，由项目决策者进行方案调整和决策。

（3）基于 BIM 的质量管理

建立与 BIM 数据平台关联的移动终端 APP，质量管理人员通过移动终端 APP 将质量检查发现问题进行动态反馈，技术、材料设备等管理部门通过 BIM 平台随时查看存在问题并进行原因分析，将质量问题控制在过程中。

（4）基于 BIM 的合同管理

将工程承包合同、材料设备供应合同、分包合同等合同中约定的相关内容进行分解，分解至各级管理部门和相关管理人员，将分解信息存储于 BIM 平台，关联至施工过程各项工序，建立合同管理全员参与机制，在项目实施中根据需要实时获取合同信息。

（5）基于 BIM 的风险管理

识别出项目施工过程中可能发生的尽可能多的风险，通过专家打分法确定风险因素的权重和等级，计算出风险发生的概率，同时将风险项目归类至各施工环节，施工每一个节点相应管理人员可以通过 BIM 平台及时查询到可能发生的风险，通过决策，提出风险应对的办法，达到规避风险、减少损失、提高效益的目的。

4. 基于 BIM 的成本管理

（1）施工前期成本预测

施工前期，成本人员通过设计阶段已经建立好的 BIM 模型，结合企业工程实施阶段相似项目成本费用执行情况及工程当地价格及价格影响因素，综合相关政策法规进行成本预测，预测的数据汇总至 BIM 信息模型中，通过 BIM 平台实现实时查看和成本目标修正。

（2）施工过程中成本数据收集与分析

在施工过程中，进行成本管理的第一步即成本数据收集，及时准确收集成本数据，才可以进行成本分析，纠正成本偏差。基于 BIM 技术的成本管理系统，将项目实施过程中发生的人工费、材料费、机械费、其他费用及时共享于 BIM 平台，具有相应权限的成本管理人员进入 BIM 平台即可及时查看相应成本数据，将数据进行分析归纳，得出目前项目成本目标执行情况，对于出现的偏差及时进行分析和决策。

12.3.6 竣工模型阶段技术管理

工程竣工 BIM 模型宜在施工过程模型基础上，对其进行整合及文件链接，最终形成工程竣工 BIM 模型。基于 BIM 的竣工模型管理，注重在施工过程中将工程信息实时录入协同管理平台，并关联 BIM 模型相关部位，最终形成与实际工程一致、包含工程信息的竣工模型。竣工模型的信息录入、集成、提交，采用全数字化表达方式，对工程进行详细的分类梳理，建立可视化、结构化、智能化、集成化的工程竣工档案。

竣工 BIM 成果应包括但不限于以下内容：竣工 BIM 模型（包含完整、准确的施工阶段几何信息及非几何信息）、竣工 BIM 成果资料（过程实施资料、竣工资料及多媒体资料、工程量清单、模拟方案、汇报报告）。

竣工模型需根据不同的需求来交付，具体如下：

（1）针对政府主管部门的 BIM 模型交付：施工单位应配合建设单位完成竣工模型交付，应符合政府相关规定中交付要求。

（2）针对建设单位的 BIM 模型交付：施工单位应按照合同约定或《BIM 实施方案》中的要求交付成果。

（3）针对企业内部的 BIM 模型交付：交付应符合企业相关要求，相关工作应由项目部完成，经企业相关部门审核后归档。

竣工后的 BIM 模型档案管理也是竣工模型管理的重点工作之一。第一，BIM 竣工模型中的信息，应满足国家、地方及行业现行标准中对质量验收资料的要求。如涉及运维部分，应满足业主运维管理所需资料及信息要求。第二，与工程实体部位、构件有对应关系的资料，应关联至协同管理平台中的对应模型部位，否则，应在平台中根据竣工资料目录分类标准，建立结构化资料库，以便快速检索、提取。第三，竣工模型资料包括但不限于：施工管理资料、施工技术资料、施工测量资料、施工物资资料、施工记录、施工试验资料、过程验收资料、竣工质量验收资料等。对竣工模型有运维需求的项目，还应包含设备材料信息、系统调试记录等。第四，模型资料交付前，必须进行内部审核，录入的资料、信息必须经过检验，并按接收方的需求进行筛选，不宜包含冗余信息。

竣工阶段的 BIM 技术管理流程如图 12-11 所示。

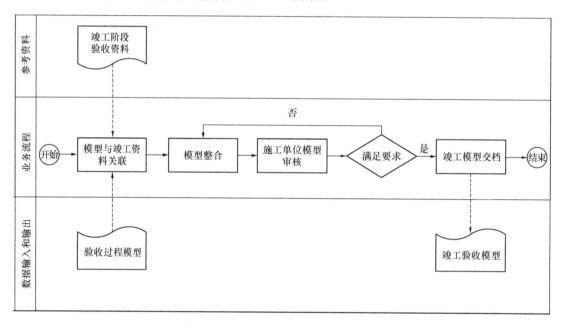

图 12-11　竣工阶段的 BIM 技术管理流程

12.4　项目 BIM 成果交付与验收

12.4.1　模型交付技术管理

1. 模型交付内容

BIM 模型的交付内容是指在项目的各阶段工作中，应用 BIM 技术按照一定流程所产生的结果。BIM 的交付内容，应以优化建筑设计、提高设计质量为目标，将交付内容的重点放在 BIM 技术的优势方面。BIM 模型是 BIM 技术中工程数据信息的载体，它并不是

BIM 交付的目的。

（1）方案设计阶段的模型交付内容

1）BIM 方案设计模型：应提供经建筑分析及方案优化后的 BIM 方案设计模型，也可同时提供用于多方案比选的各 BIM 方案设计模型。

2）建筑分析模型及报告：应提供必要的初步能耗分析模型及生成的分析报告。对大型公共建筑，特别是复杂造型项目，还应进行空间分析、结构力学分析、声学分析、能耗分析及彩光分析等，并提供分析报告。

3）BIM 浏览模型：应提供由 BIM 设计模型创建的带有必要工程数据信息的 BIM 浏览模型。此模型文件体量小，对计算机配置要求不高，可以用于模型审查、批注、浏览漫游、测量打印等，但不能修改。BIM 浏览模型不仅可以满足项目设计校对审核过程和项目协调的需要，同时还可以保证原始设计模型的数据安全。查看浏览模型一般只需安装 BIM 模型浏览器即可，并可以在平板电脑、手机等移动设备上快速预览，实现高效、实时协同。

4）由 BIM 模型生成的二维视图：由 BIM 模型生成的二维视图可直接用于方案评审，包括总平面图、各层平面图、主要立面图、主要剖面图、透视图等。

（2）初步设计阶段的模型交付内容

1）BIM 各专业设计模型：应提供各专业 BIM 初步设计模型。

2）BIM 综合协调模型：应提供综合协调模型，重点应用于进行专业间的综合协调及完成优化分析工作。

3）BIM 浏览模型：与方案设计阶段类似，应提供由 BIM 设计模型且带有必要工程数据信息的 BIM 浏览模型。

4）由 BIM 模型生成的二维视图：该阶段由 BIM 模型生成的二维视图的重点应是通过二维方式绘制的比较复杂的剖面图、立面图等视图，对于总平面图、各层平面图等建议由 BIM 模型直接生成。

（3）施工图交付阶段模型交付内容

1）BIM 专业设计模型：应提供最终各专业 BIM 设计模型。

2）BIM 综合协调模型：应提供综合协调模型，重点应用于进行各专业间的综合协调及检查是否因为设计错误造成无法施工等情况。

3）BIM 浏览模型：与方案设计阶段类似，应提供由 BIM 设计模型创建的带有必要工程数据信息的 BIM 浏览模型。

4）BIM 分析模型及报告：应提供最终的能耗分析模型、最终照明分析模型、成本分析计算模型及生成的分析报告，并依据需要及业主要求提供其他分析模型及分析报告等。

5）由 BIM 模型生成的二维视图：在经过碰撞和设计修改，消除了相应错误以后，可根据要求通过 BIM 模型生成或更新所需的二维视图，如剖面图、综合管线图、综合结构留洞图等。对于最终的交付图纸，本阶段可将视图导出到二维环境中再次进行图面处理，其中局部详图可不作为 BIM 交付物，在二维环境中直接绘制，或在 BIM 软件中进行二维绘制。

2. 模型交付深度

BIM 的交付深度定义了一个 BIM 模型单元从最初级的概念化的程度发展到最高级的竣工级精度的步骤。《建筑信息模型设计交付标准》GB/T 51301—2018 按照方案设计、初步设计、施工图设计、深化设计、竣工移交五个阶段，详尽描述了各专业的交付内容及深度等级标准。这也是目前相关单位制定本企业交付深度规范的基本依据。

1）交付深度等级的建立原则。BIM 交付物深度规范应遵循"适度"的原则，包括三个方面的内容：模型造型精度、模型信息含量、合理的构件范围。适度建模，即满足设计表达要求。适度创建模型非常重要，模型过于简单，将不能支持 BIM 的相关应用要求；模型构建过于精细，超出应用需求，不仅会带来无效劳动，还会因模型规模庞大而造成软件运行效率下降等问题。

2）BIM 交付模型的等级划分及深度要求。在 BIM 交付物中，交付成果文件深度标准，实际上是信息模型深度标准。交付深度等级包含几何表达精度和信息深度。需根据项目实际设计过程中的交付要求，并参考现行国家标准《建筑信息模型设计交付标准》GB/T 51301—2018，建立基于项目的模型交付深度规范。

3. 模型交付技术管理

为规范信息模型成果交付，需对信息模型成果进行维护与管理。信息模型成果的维护与管理主要包括建筑工程信息模型交付物中 BIM 模型的建立、变更、版本管理，信息模型成果中的族构件管理，成果交付文件保密需求等。

（1）对信息模型成果中的 BIM 模型版本进行管理，可根据合同交付要求及相关审查要求确定，BIM 模型建立过程中，需保持模型版本的统一性，便于交付成果读取，如模型版本发生变化，需进行说明。

（2）信息模型成果如涉密专业性较强，则对维护与管理者专业性要求相应较高。

信息模型成果在进行交付时，也应遵循以下原则：

（1）阶段性成果维护：模型交付中，需根据项目情况，对不同阶段成果交付分别进行维护与管理，建立阶段性成果交付体系。

（2）模型成果过程记录：对交付过程进行记录，防止信息遗漏。

12.4.2 图纸交付技术管理

1. 图纸交付内容

由 BIM 模型生成的二维视图。由 BIM 模型生成的二维视图可直接用于方案评审，包括总平面图、各层平面图、主要立面图、主要剖面图、透视图等。

对于现阶段 BIM 模式下二维视图的交付模式，既不能一味要求 BIM 模型生成的二维视图必须完全符合现有二维制图标准，也不能否认 BIM 模型可直接生成二维视图的价值。应该根据 BIM 技术的优势与特点，确定现阶段合理的 BIM 模式下二维视图的交付要求。

（1）BIM 模型生成二维视图的审核原则。现阶段对于通过 BIM 模型生成二维视图的审核原则应为二维视图能够完整、准确、清晰地表达设计意图与具体设计内容，并以此原则合理把握交付要求的尺度。审核过程中，如果过度追求图纸美观以及原有的表达习惯，意味着需要花费大量精力对生成的图纸进行修补，或是将 BIM 模型生成的视图导出到传统二维工具中进行深化设计。这些都会造成出图环节中的大量浪费，同时也会造成图纸与 BIM 模型间的关联性被破坏，故而得不偿失。

（2）BIM 模型生成二维视图的交付范围。

1）应针对模型及构件确定 BIM 模型生成的二维视图。可以自动生成二维视图的，就不必为了达到出图的要求，在模型中过多细化构件的几何特征。设计方和施工方则要依据业主方在 BIM 实施规划中的要求，明确相应的 BIM 交付成果。而成果交付应以 BIM 模型为核心，并有效实现全生命期中的信息表达和传递。因此，需要清晰地界定各交付物的责任、作用和权限。

2）BIM 模型生成二维视图的重点，为立面图、剖面图、透视图等。这样才能够更准确地表达设计意图，有效解决二维设计模式下存在的问题，真正体现 BIM 技术在出图方面的价值。例如，在原有二维设计模式下，图纸审查中常出现剖面图数量不够、表示的建筑构件过少、图形表达方式不正确等问题，BIM 技术就可以有效地解决这些问题。

3）方案设计阶段的交付图纸主要用于方案的评审及多方案的比选，初步设计阶段的交付图纸主要用于阶段性审核、确定具体技术方案及为施工图设计奠定基础。如果业主和政府审批部门可接受所用 BIM 软件的现有二维视图表达方式，则可采用 BIM 模型生成总平面图、各专业平面图、立面图等二维视图，将其直接作为交付物。这样不仅能够减少对图纸细节处理的大量工作，提高出图效率，更重要的是能够保持模型与图纸间良好的关联性，在后续修改中可以保持图纸与模型信息的一致性，避免多处修改可能产生的错误。

2. 图纸交付技术管理

与图纸交付有关的管理要点主要有以下几方面：

（1）应提交符合出图规范，与模型成果相对应的二维设计图文件，二者应对照一致。

（2）设计（包括深化设计）BIM 模型应与二维设计图纸对应同期交付。项目参与方提交设计图纸供各方复查时，要求同步提交 BIM 模型用于复查。

（3）能够保持系统图、BIM 模型、生成二维视图的一致性与关联性，完全实现一处修改、全程刷新。

（4）通过对二维制图标准的必要调整，由 BIM 模型直接生成的二维视图能够完全满足调整后的二维制图规范要求。

（5）建立以项目为单元、权限清晰的设计过程图纸管理系统，保证合适的人在合适的时间得到合适的过程成果；建立专业间设计条件图交流规则，实现专业间图纸交流自动触发；建立项目设计成果自动收集子系统，形成完善的设计成果资源库，实现设计成果的共享及再利用。

（6）建立图纸安全管理系统，提供不同等级的图纸加密解决方案，保证设计成果不被非法利用；建立项目设计成果的自动收集子系统，保证项目设计成果能及时有效收集。

图纸交付的技术管理流程如图 12-12 所示。

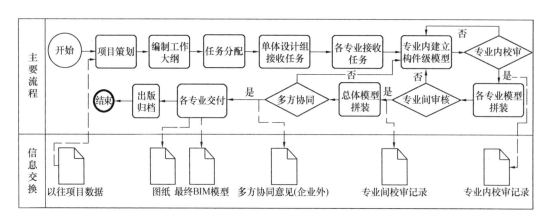

图 12-12　图纸交付的技术管理流程

12.4.3　其他成果交付技术管理

1. 其他成果交付内容

（1）方案设计阶段其他成果交付的内容

1）建筑分析模型及报告：应提供必要的初步能量分析模型及生成的分析报告。对大型公共建筑，特别是复杂造型项目，还应进行空间分析、结构力学分析、声学分析、能耗分析及采光分析等，并提供分析报告。

2）可视化模型及生成的文件：应提交基于 BIM 模型的表示真实尺寸的可视化展示模型，及其生成的室内外效果图、场景漫游、交互式漫游虚拟现实系统、对应的展示视频文件等可视化成果。

（2）初步设计阶段的模型交付内容

1）建筑分析模型及报告：应提供能量分析模型、照明分析模型及生成的分析报告，并根据需要及业主要求提供其他分析模型及分析报告。

2）可视化模型及生成文件：应提交基于 BIM 设计模型的表示真实尺寸的可视化展示模型，及其创建的室内外效果图、场景漫游、交互式实时漫游虚拟现实系统、对应的展示视频文件等可视化成果。

（3）施工图交付阶段模型交付内容

1）BIM 分析模型及报告：应提供最终的能量分析模型、最终照明分析模型、成本分析计算模型及生成的分析报告，并依据需要及业主要求提供其他分析模型及分析报告等。

2）可视化模型及生成文件：应提交基于 BIM 设计模型的表示真实尺寸的可视化展示模型，及其构件的室内外效果图、场景漫游、交互式实时漫游虚拟现实系统、对应的展示视频文件等可视化成果。

2. 其他成果交付技术管理。

（1）其他 BIM 应用成果，经过内部审查后，符合交付条件的，向业主提交 BIM 应用成果。

（2）对于各参与方交付的 BIM 应用成果，业主将给予审核反馈，反馈意见交给相关方，参与方应按照反馈意见进行整改。

（3）最终经业主认可的 BIM 应用成果，业主将予以接收存档。

12.4.4　项目 BIM 成果验收

当前 BIM 成果的验收往往缺乏相关标准的约束和指导，我国政府、行业、企业都在积极组织制定相关标准，通过研究总结，关于 BIM 成果的要求有以下几个方面：

（1）成果准确性要求。BIM 交付物应确保几何信息和非几何信息的准确性。交付物的准确性是指模型和模型构件的形状和尺寸等信息及模型构件之间的位置关系准确无误，模型非几何信息满足相关标准规定，模型交付单位应进行交付前的协同检查及专业校审，确保 BIM 交付物的准确。

（2）成果一致性要求。各参与方应按规定选用项目 BIM 实施软件，并按规定提交统一格式的成果文件（数据），应符合格式要求，以保证最终 BIM 模型数据的一致性及完整性。项目应有针对各专业统一的命名标准，包括模型文件命名、图纸及相关表格命名、族构件命名、可视化成果命名等。应根据项目各参与方的企业标准及使用习惯制定项目的模型配色及线型要求，模型颜色应与设计图纸保持一致，并符合出图标准要求，机电专业可根据系统划分三维配色体系。项目 BIM 应用在实施过程中，每个阶段提交的 BIM 模型成果，应与同期项目的实施进度保持同步。

（3）交付深度要求。应在项目启动前制定项目级 BIM 模型精度标准，各阶段提交的模型及成果信息应符合各阶段 BIM 模型精细要求。项目在协同实施过程中，提资专业所提交的节点交付物应符合内容及深度要求，满足接收专业后续工作对模型信息的需求。

（4）信息延续性需求。BIM 具有信息集成整合，可视化和参数化设计的能力，可以减少重复工作和接口的复杂性。BIM 技术建立单一工程数据源，工程项目各参与方使用的是单一信息源，有效地实现各个专业之间的集成化协同工作，充分地提高信息的共享与复用，每一个环节产生的信息能够直接作为下一个环节的工作基础，确保信息的准确性和一致性，为沟通和协作提供底层支持，实现项目各参与方之间的信息交流和共享。

（5）提交进度要求。各阶段项目各参与方的 BIM 模型及应用成果应根据项目实施阶段节点进行交付。项目各参与方根据 BIM 相关复查意见完成 BIM 模型的修改和整理后，应在规定的时间内重新提交成果。

（6）信息安全及知识产权规定。项目人员宜通过受控的权限访问服务器上的 BIM 项目数据。所有 BIM 项目数据宜存放在服务器上，并对其进行定期备份。各项目 BIM 相关成果的知识产权受各项目参与方的合同条款保护。

第13章 项目采购管理

项目采购管理是指工程项目中由项目采购主管部门从本项目外部获得产品、服务的完整的购买过程。

建筑业作为国民经济的重要物质生产部门，它与整个国家经济的发展、人民生活的改善有着密切的关系。2005年以来，建筑市场规模不断扩大，建筑业总产值由34552亿元增加到2018年的235086亿元，增长了6倍多。企业规模不断扩大，但项目利润却没有提高，从项目的采购供应链着手进行管理无疑是正确的选择，采购管理已经逐渐成为企业在竞争激烈的市场中立于不败之地的重要途径。然而，由于供应链自身的复杂性和市场环境的不确定性及其他一些因素的存在，使得在采购管理上也存在着不少的风险。

项目采购管理是工程项目管理的重要组成部分，与工程项目建设全过程有着密切的联系，是工程项目建设的物质基础。对于工程项目来说，设备、材料的采购费用大约占项目总投资的50%～60%。而且类别品种极多、技术性强、涉及面广，同时对其质量有着严格的要求，具有较大的风险性。同时，采购交货的进度又直接影响项目的进度；采购质量的好坏也制约着项目质量的高低，并将决定项目建成后的连续、稳定和安全运行。因此，采购管理是工程项目管理中的重要组成部分，提高对采购管理工作重要性的认识，加强对采购工作的领导，对工程项目的顺利实施有着重要的意义。

13.1 项目采购管理体系和部门职责

13.1.1 项目采购管理特点

在工程总承包项目中，采购管理处于举足轻重的地位。采购管理工作对整个工程的工期、质量和成本都有直接影响。而采购形式的多样、采购责任的众多以及采购业务接触面广、工作地点多等特点，更增加了采购管理工作的难度。

一般来说工程总承包项目的采购通常分为：货物（材料、设备）采购、工程采购和服务采购。各种采购流程类似，但由于标的物不同，其采购的关注点和实体操作文件各不相同，这给采购从业人员增加了难度。

项目采购的执行在具备了必需的人力资源之外，还必须具备相应的设备、设施、原材料、零件、服务和其他物质资源。项目采购管理就是在有限的资源条件下，为实现项目目标所采取的一系列管理活动。通过采购管理的各阶段工作进行措施改进，以降低采购成本，提高工作效率。

相比于制造业，建筑施工企业存在采购品类多样化，采购过程复杂性的特点。同时，供应商数量众多，良莠不齐，并且受项目地域分散与一次性、生产供应市场高度区域化的严重影响。复杂多样性与地域多变性交织在一起，对项目采购管理能力形成严重挑战。

具体采购方式和管理模式如表 13-1 所示。

建设项目总承包采购行为分配表　　　　　　　　表 13-1

采购类型	货物类采购		工程类采购	服务类采购	
	材料采购	设备采购	专业分包	劳务分包	其他服务分包
采购组织	物资部	设备部	工程管理部	劳务中心	工程管理部
采购形式	购买	购买或租赁	分包	分包	分包
供应商	众多的材料经销商和生产商	设备制造商和代理商	工程公司	劳务公司	各种服务公司
采购方式	大宗材料以招标为主，辅材则以询价或零星采购为主	根据设备供应商的多少来决定公开或邀请招标	根据专业工程的特性决定招标或者直接发包	劳务队伍一般采用招标或单一来源方式	招标或直接发包
采购计划	材料采购计划	设备采购或租赁计划	工程分包计划	劳务分包计划	服务采购计划
评定手段	评标主要考虑价格因素和履约能力，一般采用合理低价法	评标综合平衡技术指标和价格条件，一般采用综合评标法	评标综合专业技术性、实施能力、质量标准、价格等，一般采用综合评估法	评标综合队伍资质、规模、经验及与我方合作关系，一般采用合理低价法	评标综合专业技术性、实施能力等，一般采用综合评估法
采购合同	买卖合同	购置或租赁合同	分包合同	分包合同	服务合同

13.1.2　项目采购管理问题

1. 采购过程管控——手段落后、管控乏力

（1）采购战略模糊甚至根本没有采购战略。企业决策层虽然重视采购工作，但目前主要将采购定位为保障现场供应，并未上升到战略层次；

（2）政策解读不及时。对于近几年的招投标法的变化改版解读不够、落实不到位；

（3）采购执行走样。一些企业采购虽有流程制度，但缺乏实际工作标准和具体要求，导致在执行过程中发生偏差，出现漏洞的现象比较常见；

（4）材料设备采购与工程劳务分包分别隶属于不同管理部门，采购职能相互独立、缺乏整合、信息和经验共享不足；

（5）采、管、控体系设置不太合理。在企业采购中，未能真正将三个职能进行独立、

相互制约、相互监督；

（6）采购需求标准不一、缺乏有效整合，规模优势无法发挥，采购成本居高不下；

（7）采购招标流于形式。在实际过程中，存在不少的围标、串标，或者在招标前提前内定中标人等现象；

（8）开标、评标、定标程序不规范，评标方法与标准不合理，定性指标多、弹性大、主观性强；

（9）采购绩效管理意识薄弱。对采购组织与人员考核困难，或者流于形式甚至完全没有考核。

2. 采购基础管理——重视不够、基础薄弱

（1）针对物资类采购而言，缺乏统一、规范的物料编码库。很多企业至今未能建立一套企业内部统一的物料编码库，并实现归口管理与维护，而是由各下属单位进行独立维护，进而造成日后企业内部信息共享难度加大；

（2）缺乏真正有效的供应商管理。针对供应商，供应商准入、跟踪、考核、分级奖惩制度不落地，导致供应商信息不准确、供应商评估基本未开展、优质供应商资源匮乏。与供应商关系纯粹是买卖关系，未能持续做到优胜劣汰，逐步建立长期合作伙伴关系；

（3）缺乏有效的专家管理。目前，很多企业的评委均由本项目部、公司的内部人员组成，从未选用外部专家，导致内部评委意见的独立性较差、专业性不足，影响评标质量和结果；

（4）缺乏对价格数据库管理和应用的重视。企业领导在采购决策时均需要价格参考，但实际企业平时疏于对价格数据库积累和应用的重视，包括对主材市场价格行情变化的情报收集，对各地区采购价格、合同价格、结算价格等数据的全面采集，对内部采购指导价体系的建立等。影响总包成本控制，为日后工程建设留有隐患。

3. 采购日常管理——工作繁重、效率低下

（1）采购招标人员少工作压力大，日常事务缠身，缺乏或疏于知识与技能培训，知识贫乏，专业技能不足，没有升职通道；

（2）采购管理粗放，技术手段落后。与外部沟通以电话、传真联系为主，邮件为辅；内部沟通则以口头汇报为主，辅以纸面汇报；

（3）采购审批流程冗长延误，工作效率低下。导致审批效率低下的原因很多，主要有审批环节过多、领导出差、人员异动等；

（4）采购计划编制申报不及时、不准确，导致采购备货仓促、采购返工等现象；

（5）采购过程文件缺乏标准化。各项目采用的招标文件、合同文件等千差万别，文件既不规范，也影响文件编制效率；

（6）投标文件的阅读和澄清、清标和评标工作量繁杂。

4. 采购难关痛点——迫在眉睫、势在必改

建筑施工企业采购管理存在方方面面的问题，头绪很多，无从下手。对于企业领导层而言，主要关注问题如下：

（1）采购过程不透明、不规范、串标围标。有些项目部和下属单位故意逃避招标采购和集中采购，暗箱操作；

（2）采购过程效率低下，尤其审批效率严重低下，影响项目工程进度；

（3）采购远程监控困难甚至失控；

（4）采购成本过高，企业利润流失。

通过对国内上百家建筑施工企业深入走访和调研，对于采购人员而言，主要关注的问题如下：

（1）采购工作的难点和重点在于供应商拓展、开发、谈判与沟通协调；

（2）供应商资源缺乏有效的管理，大部分没有数据库系统支持；供应商资源不足难以满足日常采购的需求；供应商沟通技术手段落后，高效的现代网络通信技术（电子邮箱、即时通信、自动短信）使用不足而且不规范；

（3）市场价格信息和采购价格信息资源不足，没有有效管理，大部分没有数据库系统支持，难以满足日常采购的需求；

（4）三分之二的采购人员实际工作经验不到 5 年，采购人员日趋年轻化，采购经验积累不够、知识传承问题日益突出。

如何做好项目采购管理是项目成功的关键要素，每个项目必须做好采购管理才有可能使得工程项目盈利。本章将从采购计划管理、供应商管理、采购招标管理、合同管理、采购履约管理几个阶段进行描述。

13.2　项目采购计划

13.2.1　制定采购预算与估计成本

制定采购预算的行为就是对组织内部各种工作进行稀缺资源的配置。预算不仅仅是计划活动的一个方面，同时也是组织政策的一种延伸，它还是一种控制机制，起着比较标准的作用。

制定采购预算是在具体实施项目采购行为发生之前对项目采购成本的估计和预测，是对整个项目资金的理性规划。采购预算可以从工程总预算中划拨，但实际应对各项采购业务时，需要重新核准。

项目采购预算通常问题有以下几方面：

（1）采购预算与施工总预算不匹配。采购预算来源自施工预算，但现实情况，很多企业操作时采购预算与施工预算之间关系脱离，无法匹配，这对整体项目成本管理留下难题。

（2）采购预算过度依赖施工预算。由于 EPC 工程施工预算中，包含范围广泛，加之物资费用、人工费用价格变化较大，单一的套用施工总承包预算自然会脱离实际。

（3）采购预算量和预算价与实际偏离过大。采购预算量来自施工总图（或信息化模型）和整体预算清单，但一般工程均存在或多或少的变更情况，这使得预算量和实际竣工结算量难免有所偏差，但前期尽量细化清单有利于进行招标采购以及竣工结算。预算价的问题核心与市场脱轨的情况，缺乏更好的询价手段。

项目采购预算通常需要做好如下几方面：

（1）做好采购预算对于施工总预算的分析，包括物资类、工程类、服务类采购均需要进行工作拆解。

（2）企业做好供应商管理，不仅可以为企业采购进行有力的支撑，同时可以通过询价方式为企业预算提供帮助。

（3）应用更多的询价工具和手段，比如目前互联网上的专业性工程物资价格网站，可以作为采购预算参考。

（4）建立基于本地企业的部品部件数据库，为新项目进行询价服务。

13.2.2 采购标的物分析

采购计划的制定离不开采购标的物的分析，计划阶段的重点在于选择什么样的处理方式和企业情况分析。

物资类采购：物资类采购可以说是整个项目采购中最为繁杂、变化最多的采购类型，分析维度主要考虑项目需求量、企业库存情况、整体预算情况。可以根据企业管理制度进行相应采购模式选择和流程确认。

工程类采购：本章中所指工程类采购，特指分包工程类采购，受招标法约束，建筑工程分包一般采用招标的形式，工程量由招标人确认，价格目前采用工程量清单报价体系。

服务类采购：服务类采购范围比较广泛，包括劳务分包、工程监理咨询服务等一系列服务采购。采用的方法也很多，招标、询价均有应用，特殊专业服务需应用单一来源采购模式。

13.2.3 项目采购计划订立流程

项目采购计划又称为项目采购准备或者项目采购立项。采购计划的制定核心是定义采购物项、采购工作节点时间、采购方式等一系列信息。

1. 项目采购计划的编制依据

（1）项目承包合同及有关附件；

（2）《项目开工报告》《项目采购开工报告》；

（3）项目实施规划；

（4）《项目总进度计划》《项目统筹网络计划》；

（5）企业项目管理其他要求。

2. 编制过程应注意事项

（1）编制采购计划过程的第一步是要确定项目的某些产品、服务和成果是项目团队自己提供还是通过采购来满足，然后确定采购的方法和流程以及找出潜在的卖方，确定采购量，确定采购时间，并把这些结果都写到项目采购计划中。

（2）编制采购计划过程也包括考虑潜在的供应商情况，了解采购部品的特性，定义采购方式、方法。

（3）在编制采购计划过程期间，项目进度计划对采购计划有很大的影响。制订项目采购管理计划过程中做出的决策也影响项目进度计划。根据项目进度网络计划和相关部门提交的设备需求计划，编制项目物资采购计划或招标计划，此计划要采购部门和各相关部门共同协商编制，做到合理、具有可操作性。这也是项目采购进度的指导依据。

（4）编制采购计划过程应考虑"项目自采"和"公司集采"关系密切的风险，优先考虑进行"公司集采"，降低采购风险，更有利于控制项目采购成本。

3. 项目采购规划的主要内容

（1）根据《项目开工报告》进一步明确采购工作范围和内容。

（2）根据公司及业主的要求，确定采购原则。

（3）根据项目总进度的要求，提出长周期设备和特殊材料采购的初步安排。

（4）根据项目特点和业主要求，明确适用的采购规定和标准。

（5）根据采购项目组织规划，确定采购组织机构及岗位设置。

4. 采购工作的原则

（1）经济原则：在规定的费用范围内，投资和操作费用综合考虑，以最佳效益为采购目标。

（2）质量保证原则：

技术先进、可靠，关键设备要考虑专利商的推荐意见；

严格审查并评定供货厂商的能力，选择合格的厂商；

对分承包方实施有效控制，确保其严格执行质量保证程序；

严格执行产品检验、试验标准和程序；

在经济性和质量保证方面出现矛盾时，质量优先、安全第一。

5. 进度控制

项目采购的进度控制目标应服从整个项目的进度控制目标。在项目采购计划中应明确规定项目采购进度控制的主要要求和目标。给出周期长设备采购的初步安排。

6. 项目采购组织规划

主要包括：采购组人员安排初步意见，与项目其他工作组的分工与衔接的补充说明。

7. 其他说明

特殊采购问题诸如：不能按正常程序采购的特殊设备；要求提前采购的设备；超限设备的采购和运输；现场组装设备的采购等，应逐一加以详细说明。

8. 采购规划的审批

项目采购规划编制完成后提交部门审核，采购部组织有关人员对《项目采购规划》进行全面评审，形成评审会议纪要，提出评审意见，由项目经理负责组织修订和改进。修订经确认后由公司签发执行。

13.3 供应商的选择与评价

13.3.1 供应商的选择

采购工作离不开供应商，供应商是项目采购管理中的一个重要组成部分，项目采购时应该本着"公开、公正、公平"的原则。2019 年国家推行招投标法修改意见中明确指出取消资格预审招标公告环节，主要是体现公平竞争。

供应商的选择是项目采购管理的重要部分，也是核心问题。给所有符合条件的供应商提供均等的机会，除按公司原则外，还应注重厂商的供货能力、业绩，对于关键设备材料不承诺最低价中标、适时制订报价脱标规则，一方面体现市场经济的规则，另一方面也能对采购成本有所控制，提高项目实施的质量。在供应商的选择方面，有以下两个问题值得关注。

给所有符合条件的承包商提供均等的机会，一方面体现市场经济运行的规则，另一方面也能对采购成本有所控制，提高项目实施的质量。操作重点从两方面入手。

首先是选择合适的供应商。选择合适的供应商一般应用招标采购进行。常见的采购招标方法主要包括：公开竞争性招标采购、邀请性招标采购、询价采购和单一来源采购，四种不同的采购方式按其特点来说分为招标采购和非招标采购。我们认为，在项目采购中采取公开招标的方式可以利用供应商之间的竞争来压低物资价格，帮助采购方以最低价格取得符合要求的工程或货物；并且多种招标方式的合理组合使用，也将有助于提高采购效率和质量，从而有利于控制采购成本。

其次是确定供应商的参与家数。选择供应商的数量。供应商数量的选择问题，实际上也就是供应商份额的分担问题。从采购方来说，只向一家询价厂家发询价会增加项目资源供应的风险，也不利于对供应商进行压价，缺乏采购成本控制的力度。而从供应商来说，批量供货由于数量上的优势，可以给采购方以商业折扣，减少货款的支付和采购附加费用，有利于减少现金流出，降低采购成本。因而，在进行供应商数量的选择时既要避免单一货源（特种情况的单一来源采购除外），寻求多家供应，同时又要保证所选供应商承担的供应份额充足，以获取供应商的优惠政策，降低物资的价格和采购成本。这样既能保证采购物资供应的质量，又能有力的控制采购支出。一般来说，供应商的数量以不超过 3～5 家为宜。

在项目采购中采取公开招标的方式可以利用供应商之间的竞争来压低物资价格，帮助采购方以最低价格取得符合要求的工程或货物；并且多种招标方式的合理组合使用，也将有助于提高采购效率和质量，从而有利于控制采购成本。

还有一种就是企业建立自己的供应商库，在采购时进行邀请。供应商的入库流程如图 13-1 所示。

其中，入库的标准同选择标准一样，但需更注重合作持续性及供货（用工）能力。

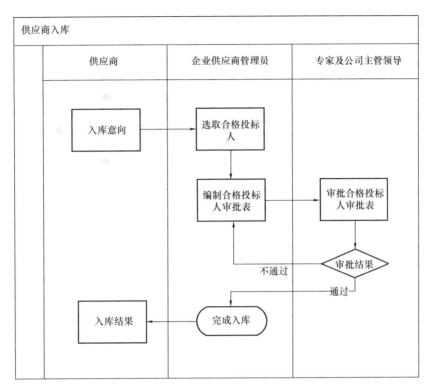

图 13-1　供应商的入库流程

13.3.2　供应商的评价体系

基于长期的降低采购成本的理念出发，在项目的采购管理中应该重视供应商评价体系的建立，把对供应商的评价管理纳入项目采购管理的一个部分。这样既可通过长期的合作来获得可靠的货源供应和质量保证，又可在时间长短和购买批量上获得采购价格的优势，对降低项目采购中的成本有很大的好处。具体流程如图 13-2 所示。

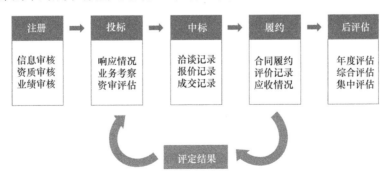

图 13-2　供应商评价流程

供应商的评价体系是贯彻采购全生命期的，因此在每一个采购环节，均应做到：

（1）注册：即供应商入库的注册，重点考察资质和信息真实性。

可以要求供应商进行资质文件的送达，文件并加盖企业公章。通常来说，供应商的入

217

库审核的核心资质如表 13-2 所列。

供应商入库审核需要的核心资质清单

表 13-2

评定项目	评定内容	证书情况	有效期	结果
基本资质	统一社会信用代码/身份证号/营业执照编号			
	纳税人证明			
	组织机构代码/统一信用代码			
	税务登记证			
	营业执照			
	资质证书			
	安全生产许可证			
	制造（生产）许可资质			
	管理体系认证			
	产品质量（性能）强制认证			
	安全、环保、节能产品认证			
	法人授权代理证			
	授权委托销售（代理）资格			
	荣誉证书			
	诚信合规			
	其他证书			

（2）投标：即供应商的投标报价，重点参考业务配合及实际能力。

投标过程中，更注重供应商的履约能力和本次所投标的标的物技术能力，一般采用的评定方法是利用现场的考察，并完成《供应商考察报告》。

（3）中标：即供应商的中标响应，重点记录相关谈判文件。

中标过程的评价是对供应商合同签署过程的记录性文件。比如《开标签到》《谈判记录》《中标通知书确认函》等。

（4）履约：即供应商的合同响应，重点记录合同履行情况和问题。

合同履约过程更多的是记录合同履约情况的文件，如果是物资类采购，文件如《收货记录单》《对账单》《结算单》《产品检测报告》。工程类更多的是从《施工组织设计》到《竣工文件》的一系列工程操作文件。服务类所涉及的文件多是服务过程的交付文件，根据提供服务的不同文件也更为多样。

（5）后评估：即供应商的复审，可以按照一定周期给予供应商评价。

供应商后评估是供应商评估的另一个重心，每个企业的评估流程要根据自身企业情况进行选择，评估项以合同履约行为为出发点进行设计。建议企业应用打分制来进行评定，如表 13-3 所示。

供应商后评估表　　　　　　　　　　　　表 13-3

序　号	考评内容	分　值	得　分	备　注
1	资质资料是否齐全有效	15		
2	近两年合作项目数量	5		
3	近两年质量投诉	30		
4	近两年服务投诉	25		
5	近两年商务投诉	25		

13.4　采购招标管理

13.4.1　采购招标方式和制度

通常来说，采购招标的方式包括：招标采购、非招标采购（包括：竞争性谈判采购、询价采购和直接采购）。

通常情况，对于适合进行招标采购项目（物资、分包、服务等），基于项目采购流程基本如图 13-3 所示。

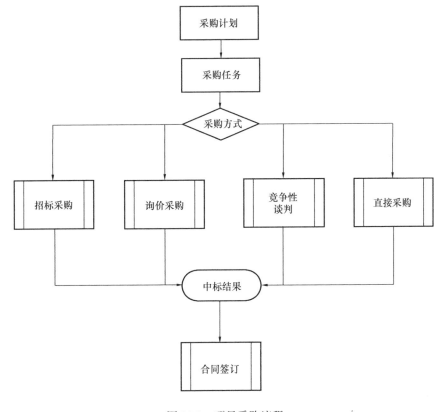

图 13-3　项目采购流程

采购招标应参照《中华人民共和国招标投标法》和《中华人民共和国招标投标法实施条例（2019 年修订)》相关规定实施，在中华人民共和国境内进行下列工程建设项目包括项目的勘察、设计、施工、监理以及与工程建设有关的重要设备、材料等的采购，必须进行招标：

（1）大型基础设施、公用事业等关系社会公共利益、公众安全的项目；

（2）全部或者部分使用国有资金投资或者国家融资的项目；

（3）使用国际组织或者外国政府贷款、援助资金的项目。

在此基础上，各地方政府又下发了相关管理办法，明确了各类采购的限制资金。

13.4.2 采购招标作业流程

在探讨项目采购管理中的问题时，我们所应该关注的是整个项目采购流程中的成本降低，是对总成本的控制，而不是单一地针对采购货物或服务的价格。获得了低价的采购物品固然是成本的降低，但获得优质的服务、及时快速的供货、可靠的货源保证等也无疑是获得了成本上的利益。同时，降低采购成本不仅指降低采购项目本身的成本，还要考虑相关方面的利益，成本就像在 U 形管中的水银，压缩这边的成本，那边的成本就会增加。单独降低某项成本而不顾及其他方面的反应，这种成本降低是不会体现在项目采购管理的利润之中的。所以，需要建立这种全流程成本的概念，来达到对整个项目采购管理总成本的控制和降低。

1. 招标作业流程

招标是众多采购方式中应用最为广泛、流程最为复杂，也是最能够体现"公开、公平、公正"的采购原则。

本章以物资采购举例说明，最为常见的公开招标业务流程见图 13-4。

2. 招标准备

招标准备阶段核心工作为招标计划、招标主体、招标方式的确认。招标计划是指招标时间计划节点，招标主体即谁来操作本次招标，招标方式是公开招标还是邀请招标。

3. 招标过程（表 13-4）

（1）招标人采用公开招标方式的，应当进行招标公告的公布。根据《中华人民共和国招标投标法实施条例（2019 年修订)》规定，取消招标中的资格预审环节，且在招标公告中，应不含有特意排挤和故意刁难的约束要求。投标人进行报名，招标人进行确认。

（2）发售招标文件：招标人采用邀请招标方式的，应当向三个以上具备承担招标项目的能力、资信良好的特定的法人或者其他组织发出投标邀请书。

（3）招标人根据招标项目的具体情况，可以组织潜在投标人踏勘项目现场。

（4）投标人投标：供应商针对招标要求进行投标报价。

（5）开标：招标（采购）人在招标文件约定地点和时间进行公开开标。即：开标应当在招标文件确定的提交投标文件截止时间的同一时间公开进行；开标地点应当为招标文件中预先确定的地点。

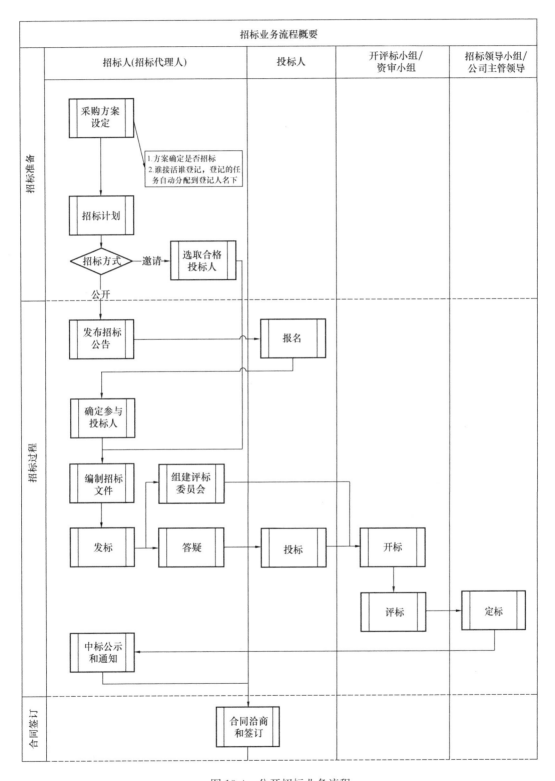

图 13-4　公开招标业务流程

（6）评标：招标（采购）人组织相关评委进行评标，评标委员会应当按照招标文件确定的评标标准和方法，对投标文件进行评审和比较；设有标底的，应当参考标底。评标委员会完成评标后，汇总评标结果，应当向招标人提出书面评标报告，并推荐合格的中标候选人。

（7）确定中标人：通过内部审批，最终确定中标人，并进行发布。

对于适合进行询价采购、单一来源采购的流程基本需把握几个重点：

1）质量是工程的生命，不应以牺牲质量为借口采用低价产品。

2）效率优先，操作重点在提高工作效率，满足项目应用。

3）操作灵活不等于松散管理，仍然在项目整体流程要求下进行。

（8）详细约束规定

招标过程和主要内容

表 13-4

作业流程	工作内容
发售招标文件	招标文件的发售期应不少于 5 日，重要项目在企业指定媒介公开招标文件的关键内容； 投标文件编制的时间从招标文件发出之日起距投标截止时间应不少于 7 日； 潜在投标人持单位委托书和经办人身份证购买招标文件，采用电子采购平台的项目应通过互联网购买； 招标文件的售价为制作招标文件的工本费
招标文件的澄清和修改（如有）	招标人可以对已经发售的招标文件进行澄清或修改，并通知所有获取招标文件的潜在投标人；可能影响投标人编制投标文件的，招标人应合理顺延提交投标文件的截止时间； 潜在投标人对招标文件有异议的，应在投标截止前 2 日内提出，采购人应在收到异议后 1 日内答复，采购人针对潜在投标人的异议修改招标文件后可能影响投标文件编制的项目，投标截止时间应依法适当顺延
踏勘现场和预备会（如有）	需要时，采购人应组织潜在投标人集体踏勘项目现场； 如召开投标预备会，采购人应在投标人须知中载明预备会召开的时间、地址
递交投标文件	投标人应在招标文件约定的投标截止时间、地点向采购人或代理机构递交投标文件； 投标文件应按照招标文件要求的密封条件密封，采用电子交易方式的项目应加密在网上进行投标； 招标文件要求缴纳投标保证金，投标人应按照招标文件要求缴纳。招标人收到投标人递交的投标文件后应出具回执
开标会议	采购人或代理机构主持开标会议。开标应在招标文件约定投标截止的时间、地点进行。开标记录应妥善保存； 投标人不足 3 人，招标投标活动中止。投标文件封存或退还投标人；经企业主管部门批准，该采购项目可转入其他采购方式采购； 投标人对开标活动有异议应当场提出，采购人应及时答复
组建评标委员会	采购人应负责组建评标委员会，评标委员会成员应为 5 人以上单数； 评标委员会组成人员的构成、专家资格等应由企业制度规定。采购人认为项目技术复杂或随机抽取不能满足评审需要时可直接指定部分专家或全部专家，指定的范围不限于企业咨询专家委员会的名单；指定专家的理由应在中标结果公示中或在报告中说明

作业流程	工作内容
评标委员会依法评标	评标委员会应依照法律和招标文件规定的评标办法进行评审； 评标委员会应撰写评标报告并向采购人推荐合格的中标候选人，在电子采购平台自动生成评审报告的，评标委员成员应审核并在线签字或签章； 公告中标候选人应不超过 3 家（进行资格招标的中标候选人按实际数量公告），中标候选人是否排序由招标文件约定
确定中标人	采购人在评标委员会推荐的候选人中确定中标人。如有排序，采购人认为第一名不能满足采购需要，可以在推荐名单中确定其他候选人。但应在招标投标情况书面报告中说明理由

4. 非招标采购作业流程

询价采购、谈判采购、直接采购的流程相对比招标要简单许多，标准作业要求如下：

（1）询价采购作业流程及要求

询价采购有的企业又称为竞价采购，其操作流程及标准规范如表 13-5 所示。

询价采购作业流程及要求 表 13-5

作业流程	工作内容
1. 编制并发出邀请函或公告	采购人编制并向 3 家以上供应商发出询（竞）价邀请函或告邀请函或公告内容应包括： （1）每一个参与的供应商是否需把采购"标的"本身费用之外的其他任何要素计入价格之内，包括任何适用的运费、保险费、关税和其他税项； （2）参与的供应商数量要求，以及数量不足时的处理办法； （3）供应商竞价规则，如报价方式、起始价格、报价梯度、是否设有最高限价、最高限价金额、竞价时长、延时方式等； （4）是否需要缴纳保证金、保证金金额等； （5）确定成交供应商的标准； （6）提交报价的形式，如信函、电子文件等
2. 组建评审小组（如需要）	采购人可依据项目的复杂程度和技术要求组建评审小组，是否需要从企业咨询专家委员会聘请专家参加评审小组由采购人决定
3. 报价	从邀请函或公告发出之日起至供应商提交响应文件截止之日止不得少于 3 日； 允许每个供应商以规定的方式和时间内一次报价或多次报价，并在规定截止时间后报出不可更改的价格
4. 成交结果	中选报价应当是满足竞价邀请函或公告中列明的采购人需要的最低报价
5. 成交通知	发布公开通知给供应商

（2）谈判采购作业流程及要求（表 13-6）。

谈判采购作业流程及要求

表 13-6

作业流程	工作内容
1. 组建谈判团队	依据谈判项目的特点组建谈判团队，团队的结构包括本企业项目相关部门的主要负责人和技术专家，必要时可聘请企业外部专家参加谈判；在国际谈判中还要注意语言人才的配备
2. 确定谈判目标	确定本次谈判目标：短期或长期； 寻找谈判问题和焦点：归纳阻碍实现目标的问题；熟悉谈判对手，包括决策者、对方、第三方； 风险预判：包括交易失败的应对预案，最糟糕的情形预判
3. 确定谈判预案	了解双方各自利益所在。在现有方案的基础上寻求更佳方案； 确定无法按照本企业计划达成协议时的其他最优方案
4. 确定决策规则	确定本企业内部决策的程序，如投票制、协商制等
5. 谈判准备	分析双方需求或利益，包括理性的、情感的、共同的、相互冲突的、价格诉求等需求；了解谈判各方的想法，通过角色转换，针对文化和矛盾冲突，研究取得对方信任的钥匙； 注意对方的沟通风格、习惯和关系； 确定谈判准则：了解对方谈判的准则和规范； 再次检查谈判目标：就双方而言为什么同意？为什么拒绝 集思广益：研究可以实现目标、满足需求的方案，交易条件及其关联条件；循序渐进策略：确定在循序渐进谈判中降低风险的具体步骤； 注意第三方：分析共同的竞争对手且对有影响的人制定风险防范预案；表达方式：为对方勾画蓝图、提出问题； 备选方案：如有必要对谈判适当调整或施加影响
6. 谈判过程及结果	依照预案，团队谈判主发言人陈述己方意见，辅助发言人补充预案；依照谈判议程、注意谈判截止时间以及需要改善谈判环境的安排； 分析破坏谈判的因素、谈判中的欺诈因素；调整最佳方案或优先方案； 在谈判过程中不断评价各项发生的事情，提醒己方适时调整目标和策略；针对对方的承诺，企业作出有余地的答复； 最终公布谈判结果

（3）直接采购作业流程及要求（表 13-7）。

直接采购作业流程及要求

表 13-7

作业流程	工作内容
1. 确定邀请方式	采购人采用订单方式直接采购由生产计划部门提出； 采购人决定采用邀请函方式直接采购的设备、物资应符合条件并应由企业有关部门批准或属企业单源采购清单目录内项目

作业流程	工作内容
2. 采购准备	采购人应根据需求对采购标的物的市场价格、质量、供货能力以及税率等重要信息进行充分调查摸底
3. 发出采购订单或单源采购邀请书	采购人向特定供应商发出采购订单或单源采购邀请书； 采购订单内容应包括：采购人全称地址、供应商全称地址、订单号码、采购日期、品名、规格、数量、币种、单价、总价、交货条件、付款条件、税别、单位、交货地点、交货时间、包装方式、检验、交易模式等内容； 单源采购邀请书内容应包括： (1) 采购人名称和地址； (2) 采购货物或者服务的使用范围和条件说明； (3) 提交响应文件的截止时间； (4) 拟协商的时间、地点； (5) 采购人（采购代理机构）的联系地址、联系人和电话
4. 采购小组	采用订单直接单源采购的采购机构和程序由企业制度规定； 采用邀请书方式单源直接采购的采购小组由采购人依据企业制度规定组建，采购人可根据需要决定是否聘请有经验的咨询专家参加采购小组
5. 采购协商	采用订单方式单源直接采购的采购小组与供应商协商的主要内容应包括： (1) 适价：价格是否合适； (2) 适质：质量是否满足要求； (3) 适时：交付时间是否满足要求； (4) 适量：交付量是否满足要求； (5) 适地：交付地点是否满足要求； 采用邀请书方式单源直接采购的采购小组应编写协商情况记录； 记录签字：协商情况记录应由采购小组参加谈判的全体人员签字认可。对记录有异议的采购人员，应签署不同意见并说明理由。采购人员拒绝在记录上签字又不书面说明其不同意见和理由的视为同意

13.5　采购合同管理

13.5.1　采购合同管理目的

合同管理能否做好做细也是采购的一个重点，确保合同文档的完整性、有效性和追溯性，使合同管理在采购工作中充分发挥指导、协调和快速查寻作用，对提高采购整体工作效率、降低成本有很深远的影响。通过规范管理，确保合同发挥其自身的潜力，将所做大量的工作对采购的不同阶段任务起到推进作用。对于采购文控人员来说，除了应在理论上对项目做更深层次的了解，在实践工作当中，也应该更积极地参与配合本部门及外部门工作，为部门及整个项目高效运作做好基础保障。

采购合同管理的主要目的主要有两点：

（1）保证合同的有效执行。项目执行组织在采购合同签订后，应该定时监督和控制供应商的产品供货和相关的服务情况。要督促供应商按时提供产品和服务，保证项目的工期。

（2）保证采购产品及服务质量的控制。为了保证这个项目所使用的各项物力、人力资源是符合预计的质量要求和标准的，项目执行组织应该对来自于供应商的产品和服务进行严格的检查和验收工作，可以在项目组织中设立质量小组或质量工程师，完成质量的控制工作。

13.5.2　采购合同签订过程中的管理要点

（1）合同管理过程是买卖双方都需要的。合同管理过程确保卖方的执行符合合同需求，确保买方可以按合同条款去执行。

（2）对于使用来自多个供应商提供的产品、服务或成果的大型项目来说，合同管理的关键是管理买方卖方间的接口，以及多个卖方间的接口。

（3）基于法律上的考虑，许多组织都将合同管理从项目中分离出来作为一项管理职能。即使一个合同由项目团队管理，他们也常常需要向执行组织内的其他职能部门汇报。

（4）应用的项目管理过程包括但不限于如下方面：

1）定义时间，授权承包商在适当时机开工。

2）定义考核条件，以监控承包商的成本、进度和技术绩效。

3）整体变更控制，以保证变更能得到适当的批准，所有相关人员得到变更通知。

4）风险监控，确保风险能得到规避或缓解。

13.5.3　采购合同订立形式

关于采购合同的订立的管理维度很多，包括：

（1）合同管理模式分类：

通常来说，基于EPC项目采购的合同管理模式通常有：固定单价合同和固定总价合同两种，鉴于不同项目灵活进行应用，固定单价合同利于核算与变更，固定总价合同利于小规模采购风险控制。

（2）合同文本架构：

而合同的文本架构国内基本基于《中华人民共和国合同法》，应用《建设工程施工合同（示范文本）》为基础进行。

（3）合同文件形式：

合同体系形式通常有：普通文本合同和电子合同，目前电子合同更为简便高效，更有利于项目存档。

13.5.4　采购合同订立流程

1. 合同签订前的谈判

成交（中标）通知书发出后，采购人应协助企业合同管理部门根据采购结果需针对合同非实质性内容进一步补充或细化的，编写拟补充、细化的条款；采购人应对合同双方提出的相关补充、细化条款的合法性和合理性进行分析，发现可能损害采购人的合法利益、增加了采购人的义务、背离了采购文件和成交供应商或承包商响应文件的实质性内容的，采购人应及时告知企业合同管理部门并提出预防风险的建议。

2. 签订合同

采购人和中标人应在双方约定的期限内（一般应在发出中标通知书 30 日内）签订合同。由于中标人拒绝签订合同，未按照采购文件规定的形式、金额、递交时间等要求提交履约保证金或其他原因导致在规定期限内合同无法签订的，采购人应及时采取补救措施。

3. 退还投标保证金（如有）

采购文件要求缴纳保证金的，采购人应尽快退还供应商或承包商的投标保证金，产生利息的一并退还。发生违反法律和采购文件约定的事项，投标保证金可不予退还。保证金额度以及管理办法参照招标投标法规的规定执行。对信用良好的供应商或承包商宜采取信用保函的方式提供投标担保。

4. 提交履约保证金（如有）

中标人应依照采购文件要求缴纳合同履约保证金。

13.6　采购履约管理

13.6.1　采购履约管理内容

履约管理从采购订单生成、订单执行到结算履约全过程管理。其核心是对采购合同的执行情况进行管理。

采购管理往往重招标轻履约，而履约阶段往往容易造成项目成本上升，所以必须管理好企业履约全过程。这其中包括：

（1）采购订单计划：指合同订立后实际的订单计划，明确供货地点、时间、验收方式等。

（2）收货及验收：供应商按照约定进行配送，项目现场进行收货"对量"，并及时进行检测。

（3）对账及结算：供应商针对发货和验收情况，发起对账单，项目予以回馈，双方达成一致，并进行结算，最终确认结算单和发票，进行支付。

13.6.2　采购履约管理要点

采购履约环节涉及资金走向，处理需十分谨慎，重点把握如下要点：

（1）一切行为基于合同：

1）按照合同进行质量验收、对量调差、对账结算。

2）若发生索赔，未解决的索赔可能在收尾之后提起诉讼。

3）合同的提前终止是合同的特殊情况，它产生于双方的协商一致或一方违约，或者合同中提到了买方有权决定。

（2）控制变更。建筑工程中变更十分常见，但对于采购履约管理中，无论工程量变化还是结算价变化需要进行风险前移控制，规避风险。

（3）数据准确。对于在采购履约过程中会产生大量工程量和价格数据，这些数据应该准确，并且可以与原合同进行关联比对，方便项目进行整体成本控制。

第14章 项目质量管理

14.1 项目质量管理体系和职责

14.1.1 质量管理体系的总体要求

工程总承包方应根据工程项目质量管理的需要，建立覆盖各管理层级的项目质量管理体系，并形成文件，在项目实施过程中必须遵照执行并保持其有效性。工程总承包方负责协调、督促、检查各分包方的质量管理工作。各分包方也应相应建立其质量管理体系，并接受工程总承包方的管理。

14.1.2 项目质量管理组织机构

工程总承包项目质量管理组织机构一般覆盖多个层级，第一层级应由工程总承包企业项目管理机构负责建立，第二层级分别由设计总负责单位或施工单位建立，第三层级及其以下由承担工程设计、施工安装、材料设备供应商、专业分包等单位各自建立。工程总承包项目质量管理组织机构如图 14-1 所示。

14.1.3 项目质量管理职责

工程总承包项目应配备质量管理人员（包括质量经理、质量工程师），在项目经理的领导下，负责总承包项目的质量管理工作，负责质量工作的协调和管控，负责编制质量计划及其检查实施。

质量经理的主要职责包括：

（1）分管工程质量，协助项目经理进行工程质量管理，对项目的工程质量负有直接管理责任；

（2）认真执行有关工程质量的各项法律法规、技术标准、规范及规章制度；

（3）保证项目质量管理体系的各项管理程序在项目实施过程中得到切实贯彻执行；

（4）根据合同中质量目标组织编制质量策划；

（5）组织项目质量检查，对质量缺陷组织整改并向项目经理报告；

（6）组织质量专题会议，研究解决出现的质量缺陷和质量通病；

（7）组织工程各阶段的验收工作；

（8）组织对项目部人员的质量教育，提高项目部全员质量意识；

（9）及时向项目经理报告质量事故，负责工程质量事故的调查，并提出处理意见；

（10）负责开展创优质工程活动，协助项目经理严格管理，严格要求，采取有力措施，

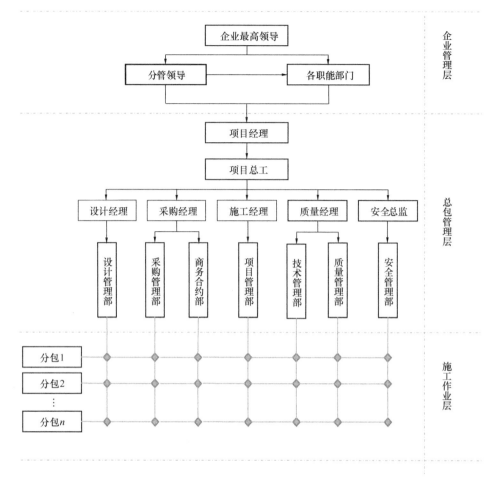

图 14-1　项目质量管理体系

确保实现目标；

（11）积极组织全面质量管理活动，指导 QC 小组开展攻关活动；

（12）协助项目经理组织工程质量大检查，解决工程质量中的技术问题；

（13）协助项目经理组织质量事故的调查处理，提出质量返修加固处理方案，经上级有关部门同意后，组织实施。

设计经理负责对设计工作的质量进行管理，具体要求见"第 10 章项目设计及深化设计管理"。

采购经理负责对采购工作的质量进行管理，具体要求见"第 13 章项目采购管理"。

14.1.4　文件及管理制度

（1）工程总承包项目应安排专人收集、整理有效的法律、法规、标准、规范，并形成清单，及时更新发布。

（2）为了对项目施工质量记录进行管理和控制，为质量管理体系有效运行提供客观证据，质量经理组织施工质量记录的管理；技术管理工程师负责技术文件审核管理；施工分包商负责范围内的质量文件编制和报审。

（3）工程总承包项目应加强施工技术文件的管理工作，施工分包商负责范围内施工技术文件的编制和管理，负责所分包工程施工验收合格后的施工记录收集、整理，确保施工技术文件与施工进度同步。

（4）工程总承包项目负责项目施工期间外来文件（设计技术文件、设计变更单、材料代用单、施工签证单以及与顾客、供方、施工承包方往来的备忘录等）的签收、登记、分类、编号和处理。工程总承包项目部收到的所有文件应做好登记、发放。

14.2 项目质量策划

工程总承包项目应根据项目质量目标，对工程质量实施策划，并将策划结果形成项目管理文件，主要包括：项目质量计划、施工组织设计、关键工序和特殊工艺的施工方案、冬雨期施工措施等。

除质量计划外，其他文件的管理见"第 11 章项目技术管理"。

14.2.1 质量目标

工程总承包方应明确项目的质量管理目标，以保证实现对业主的质量承诺。质量目标应包含设计、采购、施工试运行过程具体的质量控制指标，其制定应符合以下要求：

（1）符合国家法律、法规及相关标准、规范的要求；

（2）符合工程勘察、可行性研究报告或初步设计文件的要求；

（3）满足工程总承包合同约定的质量目标和要求；

（4）符合工程总承包企业质量管理体系要求。

14.2.2 质量计划

项目质量计划是质量策划的细化工作，其目的是确定项目应达到的质量标准以及为达到这些质量标准所必需的作业过程、工作计划和资源安排，使项目满足合同约定的质量要求，并以此作为质量监督的依据。工程总承包项目质量经理应结合项目的特点，编写、实施和维护质量计划，由项目总工程师审核，项目经理批准后发布实施。

1. 项目质量计划编制的依据

（1）项目质量策划文件；

（2）工程项目总承包合同、可研或初步设计文件；

（3）工程建设有关的法律法规、技术标准；

（4）工程总承包企业质量管理体系文件及其要求。

2. 质量计划编制原则

（1）质量计划（策划）是针对项目特点及合同要求，对质量管理体系文件的必要补充，体系文件已有规定的尽量引用，要着重对具体项目及合同需要新增加的特殊质量措施，做出具体规定。

（2）质量计划（策划）应把质量目标和要求分派到有关人员，明确质量职责，做到全过程质量控制，确保项目质量。

（3）质量计划（策划）编制应简明，便于使用与控制。

（4）能够体现从工序、分项工程、分部工程、单位工程到单项工程的过程控制，体现从资源投入到完成工程施工质量最终检验试验的全过程控制。

3. 项目质量计划编写内容

工程项目质量计划应按照工程总承包合同的要求涵盖设计、采购、施工、试运行等过程，并形成相应的质量控制方案。质量计划可以单独编制，也可以作为其他文件（如施工组织设计）的组成部分。质量计划应与施工方案、施工措施等协调，并应注意相互之间的衔接。

质量计划一般由封面、批准页、目录、正文、附录等部分组成，其主要编制内容包括：

（1）项目概况

简要介绍项目名称、性质、建设地点、建设规模、建筑面积、结构形式、开竣工日期等情况，说明项目承包范围及方式、相关分包内容，明确质量计划涵盖的范围、责任主体单位及质量监督机构。

（2）编制依据

应包括工程建设有关的法律法规和文件；现行有关标准、规范；工程施工合同；工程设计文件；工程施工范围内的现场条件，工程地质、气象等勘察报告；施工组织设计；公司质量管理体系文件等。

（3）工程项目的质量目标及目标分解

根据合同和企业管理要求，明确项目设计、采购、施工及试运行的总体管理目标。并将总体目标逐项分解到EPC项目各部门，还可详细分解至分包商，明确各项目标的责任主体，明确过程监测的方法，以确保工程质量目标的实现。

（4）质量管理体系、职责及相关管理制度

工程总承包项目部应结合项目实际，建立健全质量管理体系和组织机构，明确质量、设计、采购、施工等部门及项目经理、质量经理、设计经理、施工经理、采购经理等关键岗位质量职责和权限。明确项目质量管理制度及文件、记录等的管理要求。

（5）资源配置计划

根据项目质量管理要求，应列明项目人员、材料、机械设备、方案编制、检验检测仪器等配置计划。

（6）工程质量过程控制

按设计、采购、施工及试运行分别列明各阶段质量控制的要点、方法、技术要求及质量标准。

（7）质量保证措施

按设计、采购、施工及试运行各阶段分别列明为保证质量目标实现，而采取的质量保证措施。如：设计质量管理措施、采购质量管理措施、质量通病防治措施、成品保护措施、物资采购质量措施、分包质量控制措施等。

（8）质量检验

列明各类材料检验试验计划（也可单独编制），施工过程中单位工程、分部分项工程及工序的质量验收计划，明确检验（验收）项目、检验（验收）方式、检验（验收）范围及责任人。说明项目质量检验（验收）程序，明确不合格品的控制与处置。

14.3　过程质量控制和改进

14.3.1　过程质量控制

1. 总体要求

（1）项目经理部应严格按照项目质量计划的要求开展质量管理工作，将质量控制贯穿项目实施的整个过程，即包括设计质量控制、采购质量控制、施工质量控制、试运行质量控制等，确保项目质量达到项目总承包合同的要求。

（2）项目经理部应将分包工程的质量纳入项目质量控制范围，要求分包商和合作单位确保分包工程的质量满足总承包合同的要求。同时，项目经理部应对分包商和合作单位的工作和服务过程进行全面跟踪和控制。

（3）项目经理部应充分发挥设计单位、供货单位和施工单位在质量监控中的专业和积极作用，将项目经理部自查与分包单位间互检结合起来。对于涉及设计、采购、施工与试运行之间的工作界面的质量验收，建议组织相关设计单位、供货单位和施工单位实施联合验收。

2. 设计质量控制

设计管理部门应对设计的各个环节进行质量控制，包括设计策划、设计输入、设计输出、设计评审、设计验证、设计确认等，并编制各种程序文件来规范设计的整个过程。具体内容参见"第 10 章项目设计及深化设计管理"相关内容。

3. 采购质量控制

采购管理部应对物资设备采购的全过程进行质量管理和控制，确保采购的货物符合采购要求。包括：采购前期供应商资格审查、物资的生产加工过程以及采购物资的验证等，具体内容参见"第 13 章项目采购管理"相关内容。

4. 施工质量控制

对施工质量的控制可分三方面进行：施工前管理、施工过程中管理和工程试验管理。

（1）施工前管理

在工程施工前，施工技术及质量部门应组织好施工技术交底工作，将质量目标、质量保证措施向相关分包商和合作单位进行交底和培训，并根据总承包合同、相关标准、业主要求及资料管理规程等，编制有关质量管理记录的内容、格式和流转程序，以便在项目实施过程中与各分包商和合作单位之间的文件格式统一、流转顺畅。

（2）施工过程中管理

1）施工技术及质量部门应要求分包商和合作单位建立施工过程中的质量管理记录，并对该记录进行标识、收集、保存、归档。

2）项目开工前，施工技术及质量部门应组织分包商和合作单位将各施工过程分解，共同制定项目施工的质量控制点，并在施工过程中对质量控制点进行严密监控。

3）在施工过程中，施工技术及质量部门也要求分包商和合作单位对各施工环节的质量进行管控，包括各个工序、工序之间交接、隐蔽工程等，并对重点原材料配比计量、特殊与关键工序和施工过程进行重点监控与记录，必要时可扩大材料送检范围、增加检测频率，以确保工程质量。

4）施工技术及质量部门应依据施工分包商和合作单位提交的质量控制体系对其原材料检验、施工工艺选择、工序检测、劳务技能确认等工作进行监督、检查和记录。

（3）工程试验管理

施工技术及质量部定期监督、检查各分包商和合作单位试验工作的具体实施情况。

5. 试运行质量控制

施工技术及质量部门应对试运行的全过程进行质量管理和控制，并重点做好以下工作：

（1）逐项审核试运行所需原材料、人员资质以及其他资源的质量和供应情况，确认其符合试运行的要求。

（2）检查、确认试运行准备工作已经完成并达到规定标准。

（3）在试运行过程中，前一工序试运行不合格，不得进行下一工序的试运行。

（4）编制有关试运行过程中出现质量事故的处理程序文件。

（5）在试运行全过程中，监督每项试运行方案实施并确认其试运行结果，凡影响质量的环节都必须处于受控状态。

（6）对试运行质量记录应收集、整理、编目和组织归档，并提交试运行质量报告。

14.3.2 质量改进

1. 质量改进措施

质量管理部门应在质量控制过程中，跟踪收集实际数据并进行整理，并将项目的实际数据与质量标准和目标进行比较，分析偏差，并采取措施予以纠正和处置，必要时对处置效果和影响进行复查。

2. 项目质量事故处理

质量管理部门必须制定项目的质量事故处理程序。在项目实施过程中，如果发生重大质量事故、发现对项目质量造成严重影响的重大事项或预见到可能造成严重影响的重大问题、风险和隐患，质量管理部门应保护好事故现场，做好记录和标识，并立即评估这些情况对项目工程质量的影响程度。并将相关情况报项目经理，提交应对处理措施建议和预计达到的效果，同时应保持对该类事项、问题、隐患等的持续监控和报告，并报企业质量管理部门备案，直至影响消除。

14.4　项目质量验收

质量验收分为两个环节进行：项目实施过程中的质量验收和竣工验收。

14.4.1　项目实施过程中的质量验收

（1）质量管理部门应按照设计规范和采购合同文件的要求，严格执行相关的规范和标准，及时对设备材料和施工产品进行质量验收和评定。

（2）工程质量验收应包括实物验收和相应的资料验收，资料包括施工过程的材质证明、隐藏记录、质检报告、过程记录、操作方案等，以及设备材料随箱附带的资料。

14.4.2　竣工验收

（1）质量管理部门应按照项目总承包合同、工程设计文件、项目采用的相关验收标准和规范的要求组织项目竣工验收，确保项目顺利通过竣工验收移交业主。

（2）在项目竣工验收时，质量管理部门应要求各分包合作单位提供项目质量控制文件，质量管理部门汇总整理后供审查，检查合格后的文件存档保存。

第15章 项目职业健康安全、环境管理

15.1 项目职业健康安全与环境管理体系和职能

（1）工程总承包企业应组织建立项目职业健康安全、环境管理（项目 HSE 管理）体系，成立项目 HSE 管理机构，配备专职 HSE 管理人员，明确项目 HSE 管理的主体责任、部门和相关方的职责。

（2）工程总承包企业的项目经理是项目 HSE 管理的第一责任人，主持项目 HSE 管理的全面工作，为项目 HSE 管理提供必要的资源，并保证资金的有效使用。

（3）工程总承包企业的项目经理应按照发包人和企业的要求，明确项目 HSE 管理目标，并与项目各部门、各分包商及合作单位签订 HSE 目标责任书或 HSE 管理协议，明确 HSE 管理的目标和考核奖惩办法，并实施定期考核奖惩。

15.2 项目安全、职业健康与环境管理实施策划

15.2.1 策划依据

项目启动初期，工程总承包企业的项目经理应根据项目性质、合同约定和有关法律法规要求，组织编制项目 HSE 管理实施策划，策划的依据至少包括：

（1）合同和项目所在地的法规和要求。

（2）项目实施规划（设计计划、施工组织设计）。

（3）项目安全及环境影响预评价报告。

（4）相关方的需求和社会责任。

（5）项目运行要求。

15.2.2 策划主要内容

工程总承包企业应根据项目管理需要，编制 HSE 管理策划，策划的主要内容应包括：

（1）确定项目 HSE 管理目标。

（2）建立项目 HSE 管理组织机构，明确各层级和岗位的职责。

（3）确定项目 HSE 管理适用的法律法规和其他要求。

（4）明确项目 HSE 教育培训、交底、例会、定期检查、分包商管理、防护用品采购、特种设备等的管理制度。

（5）确定项目高风险危险源（如危险性较大的分部分项工程）、主要环境因素的控制措施及资金投入计划。

（6）应急准备与救援预案。

15.2.3　策划要求

项目 HSE 管理策划应按照规定审核、批准后实施。对于超过一定规模的危险性较大的分部分项工程，工程总承包企业应当组织专家论证会，对专项施工方案进行论证。

15.3　运行管理

15.3.1　建立健全项目 HSE 管理体系

（1）工程总承包企业应根据项目 HSE 管理策划，建立健全项目 HSE 管理体系，确保勘察、设计、采购、施工、试运行过程 HSE 体系的集成管理。

（2）项目设计阶段应充分识别项目的环境因素和危险源，从方案设计、施工图设计阶段入手降低施工和运行阶段的 HSE 风险，并提出降低施工和试运行阶段风险的措施建议。项目工程设计应执行项目所在地职业健康安全、环境的法律法规和合同要求，并按照要求实施建设项目安全（环境保护）设施设计文件的审查。

（3）项目应对采购（包括分包）的设备、材料和防护用品进行控制，采购合同中应包括相关的安全、环境要求条款，并对检验、运输和储存的安全及环境管理提出明确的要求。

（4）生产、储存危险化学品的建设项目和化工建设项目，应当在建设项目试运行前将试运行方案报负责建设项目安全许可的安全生产监督管理部门备案。试运行完成后，应当委托具有相应资质的安全评价机构对安全设施进行验收评价，并编制建设项目安全验收评价报告。

（5）需要环境保护设施竣工验收的建设项目，竣工后，建设单位应当如实查验、监测、记载建设项目环境保护设施的建设和调试情况，编制验收监测（调查）报告。应当取得排污许可证的建设项目，应在建设单位取得排污许可证后进行建设项目环境保护设施的调试。

15.3.2　管理要求

（1）工程总承包企业项目经理、设计人员、专职安全管理人员应经过专门培训，具备必要的环境、职业健康安全管理意识和能力，具有相应资格并持证上岗。特种作业人员应取得特种作业人员资格证书，驾驶通勤车辆的人员应取得驾驶证。

（2）项目应建立分级 HSE 教育培训和交底制度，加强对项目所有人员的 HSE 教育培训。所有进场人员均应进行入场 HSE 教育和交底，未经教育和交底的人员，不得上岗作业。

（3）危险性较大的分部分项工程实施前，专项施工方案的编制人或项目技术负责人应向施工现场管理人员进行方案交底，施工现场管理人员应当向作业人员进行安全技术交底。

（4）项目应建立分包商审查和选择程序，严格分包商的准入管理，并应在分包合同或安全生产管理协议中明确双方的 HSE 管理职责和承担的风险。

（5）施工现场应实施封闭管理，设立门卫制度，配备门卫和门禁系统，对出入现场的人员、车辆和材料设备进行控制和管理。

（6）施工现场应在醒目位置设置危大工程和重要环境因素公示牌，明确高风险作业的部位和应采取的控制措施。在通道口、排污口等部位还应悬挂安全环境标志牌。

（7）现场消防设施（消防管道、灭火器材）应保持良好的备用状态，现场的通道、消防出入口、紧急疏散通道的设置应符合有关规定，并应设置明显的标志。

（8）对高处作业、动火作业、有限空间作业等高风险作业，应执行作业许可制度，并明确专人进行监护，配备必要的个体防护用品和应急救援器材。

（9）施工现场的起重机械等特种设备在安装、拆卸前应向工程所在地建设主管部门办理安装、拆卸告知手续，安装完毕必须经法定检测单位检测合格并经联合验收合格后方可投入使用，并在验收合格之日起 30 日内向建设主管部门办理使用登记。

（10）对施工现场可能产生的粉尘、废水、废气、噪声、固体废弃物等污染源应采取控制和处理措施，现场的污水未经处理不得直接排放，对施工过程的废油、废液、固体废弃物采取回收再利用或做减量化处理，对裸露场地采取绿化处理。

15.4 隐患排查与治理

（1）工程总承包企业应建立分包商参与的项目隐患排查治理小组，坚持组织每周至少一次的 HSE 定期隐患排查工作。对于发现的隐患，项目经理应落实资源，明确责任人，及时治理。

（2）项目专职安全管理员、环境监督员应坚持日常检查，并结合季节和环境变化，适时开展针对性的检查。

（3）在危险性较大的分部分项工程施工期间，项目经理应带班巡查，并指定专人现场巡查和监护。需要验收的危险性较大的分部分项工程，项目经理应与总监理工程师共同组织项目技术负责人、方案编制人、专职安全管理员、专业监理工程师等技术人员进行验收，合格后方可进入下道工序。

（4）对于深基坑、环境保护设施调试等需要监测的，建设单位应委托具备相应资质的单位进行动态监测。监测过程中，发现异常情况的，应立即组织采取应急处置措施。

15.5 应急管理

（1）工程总承包企业项目经理部应成立以项目经理为组长，各个部门和分包商、服务单位负责人为成员的 HSE 应急小组，建立项目 HSE 应急救援预案，配备必要的应急救援器材和专兼职应急救援人员。

（2）工程总承包企业应为现场从事危险作业的人员办理人身意外伤害保险和工程工伤保险，并按照保险合同约定及时向保险机构更新现场人员名册。

（3）项目经理部应当建立突发事件的预警机制，并结合项目施工实际对应急救援预案组织演练，根据演练结果修订完善应急救援预案。

（4）项目一旦发生 HSE 事件，项目经理部立即按照应急救援预案的要求，启动应急处置程序，防止事故的扩大，减少人员伤亡和对环境的影响，并按照规定及时向企业总部、工程项目所在地建设行政主管部门和应急管理部门、保险机构报告。

第16章 项目计量支付管理

16.1 项目计量管理职责

16.1.1 商务部门职责

（1）负责项目计量支付管理的编制、收集、分析项目按合同约定或企业管理要求上报的各类台账，监督检查项目计量支付情况，对项目的竣工结算文件进行整编存档。

（2）根据项目计量支付管理策划制定项目计量支付管理实施细则并组织实施。

（3）负责编制、申报对业主的工程量计量文件及价款调整文件，并跟踪配合业主的审核工作，负责回收或催收业主批复的工程款文件。

（4）按照分包合同约定，对设计管理部门、设备采购部门及工程部门提交的各类供应商付款申请进行审核，并负责办理内部付款手续。

（5）负责建立和更新各类台账，管理计量支付文件。

16.1.2 设计管理部、物资采购部及工程部职责

（1）按照项目计划管理的要求，对设计分包商、各类供应商、分包商进行项目计量支付管理。设计部负责对设计单位、分包商的施工图纸进行计算，每月在项目月度报告中说明出图情况；物资采购部门对物资、设备采购、运输及批准等进行计量，每月在项目月度报告中说明物资供应进展情况；工程部负责对已完工程施工进行计量，每月在项目月度报告中说明施工进展情况。

（2）负责收集、整理设计、采购及各类供应商、分包商计量支付资料，并提交商务部门。

（3）负责审批设计、物资采购、各类供应商、分包商申报的计量计价文件及价款调整文件。

16.2 与建设单位过程计量管理

16.2.1 预付款

商务部门按工程总承包合同约定，及时向业主发出预付款支付申请，并跟踪、配合业主审核。将业主审批的预付款报告及时提交财务部门，建立工程款批复台账，并每月及时填写项目月度成本报告。

当业主出现拖延付款或其他违约行为，商务部门应及时向业主发出催要工程款及违约通知。

16.2.2 进度款

商务部门按照工程总承包合同约定及时编制和申报进度款计量计价文件，编制内容应全面完整，对已完工程量及时计量，特别是变更、索赔、材料认价等价款调整，要及时按照合同的约定进行申报，确保申报的内容与工程实际进度保持一致。

当进度款计量计价文件报业主后，要及时跟踪积极配合业主的审核工作，确保业主按时批复及支付。

商务部门对业主批复的工程进度款要及时递交给财务部门，及时建立更新工程款回收台账，并每月及时填写项目月度成本报告。

当业主出现拖延付款或其他违约行为，商务部门应及时向业主发出催要工程款及违约通知。并将实际情况填写在项目月度成本报告的应收账款中。

16.2.3 价款调整

项目部的相关管理人员应认真研究合同，掌握承发包双方的权利义务，特别是变更、签证、材料认价等程序，注意收集过程的相关证据资料。在实施工程中若需要调整价款，应及时向业主申报调整价款文件。做到随时发生、随时申报、随时跟踪审核。

16.3 与分包单位过程计量管理

16.3.1 预付款

设计管理部门、物资采购部门及工程管理部门，应按照设计、物资采购及施工分包合同的约定额度，进行预付款制度申请的审核，并提交商务管理部门及相关人员进行审批。

商务管理部门办理各类分包单位的预付款内部审批事务，建立各类分包单位合同价款支付台账。

16.3.2 进度款

商务管理部门、设计管理部门、物资采购部门、工程部应在业主对项目部申报的进度款批复的工作范围内，完成设计、物资采购、各类分包商申报的工程进度款的审核和批复。原则上按照分包商合同约定进项支付，并每月按要求填写项目月度报告的相关表单。

商务管理部门及时建立更新各类分包商合同价款支付台账，并每月按照要求填写项目月度成本报告。

16.4 与建设单位竣工结算

16.4.1 结算策划

结算书编制前应先编写《结算策划书》。结算策划内容如下：

（1）针对工程总承包企业在工程工期、质量方面的履约情况分析利弊，制定结算对策。

（2）分析工程总承包合同中的条款及用词对结算的利弊，制定对策。

（3）从工程量计算的角度出发，制定合理的计算方向。

（4）分析现行的政策法规，结合业主方审批的施工组织设计、设计变更、签证等，确定可行的套价方法与计价程序。

（5）检查索赔资料的完整性与说服力，确定索赔的谈判方式。

（6）针对结算中可能存在的争议问题制定对策。

（7）研究与结算初审、复审、审计等审核经办人的沟通方式，保持与相关方沟通顺畅。

（8）安排企业相关人员与建设方的对接时机与对接层。

（9）明确工程结算策划书的落实部门与责任人。

（10）确定结算目标。

16.4.2 基本要求

（1）在工程结算前，项目经理同造价人员组织相关分包商核对所保管资料，包括：招投标文件及答疑资料、工程总承包合同、补充协议、与经济有关的会议纪要、竣工图纸、施工组织设计、专项方案、设计变更、现场签证单、索赔单、认价单、工作联系单、往来函件、收发文本、政府部门发布的政策性调价文件等相关经济资料的完整性，进行查漏补缺，整理出两套完整的技术经济资料。

（2）项目经理组织管理人员召开工程结算专题会议，分别评审基础、主体、装饰、收尾阶段发生的经济资料，项目部全体管理人员共同评审变更、签证及相关经济资料的准确性和完整性，进一步复核有无遗漏。

（3）造价人员根据完整的变更签证资料 30 日内完成工程结算书初稿编制。

（4）工程结算编制完成后，项目经理组织项目部相关人员评审结算资料编制的完整性、合理性、经济性、可行性，同时将评审记录存档企业主控部门。

（5）工程总承包企业的造价主控部门根据项目整理资料，进行工程结算资料和工程结算书初审。项目造价人员根据初审意见 15 日内整改完成，形成最终结算资料和工程结算书。

（6）项目造价人员根据最终结算书填报工程结算备案登记表，经审核盖企业印章后，在合同约定的时间内向业主、监理递交经批准的竣工结算报告及完整结算资料。

（7）竣工结算书递交发包人时，要有签收记录。并定期催促发包人按合同约定时间办理。

（8）企业主管结算副总组织造价人员与发包人或结算审核机构进行结算核对工作，及时向企业经理汇报结算过程核对情况，最终结算额的确认应当经授权批准人审批同意。

（9）工程结算审核定案后，根据各单位管理归口存档。

16.5　与分包商完工结算

分包结算应按照分包合同约定的结算方式及时进行，主要包括以下：

（1）质量：有无质量事故发生，分包商是否符合分包合同关于质量的约定。

（2）工期：分包商是否符合分包合同关于工期的约定，若延误，由于分包商延误的注明延误的天数。

（3）文明施工：分包商是否达到合同约定的要求。

（4）安全管理：分包商有无重大安全事故，是否超过合同约定的要求。

（5）工程资料：分包商是否按照合同约定办理工程资料移交手续。

（6）施工机具：分包商是否在总承包方租赁或借用机械或工具，施工机具是否已经全部返还，是否有相应的租赁、赔偿费等往来账目未结算。

（7）物资领用：分包商在总承包方领用的工程物资、手续是否已办理齐全，是否已全部转入分包商的往来账务，是否存在超领或节约，有无工程物资被分包商运出现场的情况等。

（8）水电费：分包商使用的水电费是否已结清。

（9）总包结算与分包商分包的工程对应的总包结算是否已经办理，分包工程内容是否与实际完成的内容一致，与总包结算内容的差异情况如何。

16.6　计量支付资料管理

商务管理部门对申报业主及各类分包商的计量支付文件做好签发记录，对业主批复、各类分包商申报的计量支付文件的原件，做好相关记录，妥善保存原件。

为避免文件丢失便于查找，应分类建立资料登记台账，对资料进行统一编号，分类存档，明确文件管理责任人。每月及时保存工程量价款计量计价、批复、支付等电子文件，最好刻录光盘进项保存。

16.6.1　基本要求

（1）工程竣工结算完成后，负责工程结算的造价人员对具有保存价值的各种载体的计价文件，均应收集齐全结算资料，按照《建设工程文件归档规范》GB/T 50328—2014 整理立卷后归档，项目经理督办完成。

（2）工程计价文件，保存期不少于 5 年。

（3）归档的工程计价成果文件应包括纸质原件和电子文件。

（4）移交企业档案室时，应编制移交清单，双方应签字后方可移交。

（5）严格执行档案登记、发放、借阅等管理制度，保证资料及时归档和完整性。

16.6.2 资料清单

（1）投标文件及评审资料、投标书、相关承诺，包括报价书及其组成内容。

（2）工程总承包合同及补充合同。

（3）专业分包合同。

（4）有关材料、设备采购合同。

（5）工程竣工图或施工图。

（6）各方会签的施工图纸会审记录。

（7）经发包人批准的施工组织设计（含进度计划）。

（8）设计单位修改或变更设计的文件及供应记录。

（9）发包方有关工程的变更通知单及变更工程价款报告。

（10）工程现场签证单及签证工程价款报告。

（11）工程联系单。

（12）设计变更与洽商单。

（13）技术核定单。

（14）经批准的开、竣工报告或停复工报告。

（15）来往函信、传真、电子邮件等。

（16）工程款支付及支付证书。

（17）工程款支付证书。

（18）工程变更费用报审表。

（19）费用索赔申请表及审批表。

（20）工程财务记录。

（21）现场天气记录。

（22）市场信息资料。

（23）工程备案表。

（24）工程结算审定表。

（25）竣工移交证书。

（26）分供方合同台账。

（27）分包经济签证单。

（28）分包签证管理台账。

（29）分包报量审核报告。

（30）分包月度报量管理台账。

（31）安全生产物资采购结算书。

（32）周转工具租赁费结算书。

（33）项目总分包结算结清通知单。

（34）奖励以及扣款记录。

（35）分包计算条件会签单。

第17章　项目财务管理

17.1　项目收入确认

EPC 总承包合同，其收入确认适用《会计准则——建造合同》。建造合同是指为建造一项或数项在设计、技术、功能和最终用途等方面密切相关的资产而订立的合同。EPC 总承包合同一般由设计、采购、施工三子项构成，在总承包合同框架下，三个子项是为完成建造项目而签订的一揽子合同，相互之间联系紧密，且需要在履行的顺序上作出合理安排，因此，根据建造合同准则的要求，应将总承包合同作为一个整体进行核算。

17.1.1　建造合同收入的确认采用完工百分比法

确定合同完工进度有成本法、工作量法、实际测定三种方法，在具体操作中，一般优先选用成本法，即用累计实际发生的合同成本占合同预计总成本的比例确定。

合同完工进度＝累计实际发生的合同成本÷合同预计总成本×100%

发生的费用分别归集至"工程施工－合同成本－人工费、材料费、机械费、其他直接费、间接费等科目"；

借：工程施工－合同成本－人工费等

　　贷：应付账款、银行存款等

在资产负债表日计算出完工进度。

17.1.2　确认建造合同收入

当期确认的合同收入＝合同总收入×完工进度－以前会计期间累计已确认的收入；

当期确认的合同成本＝合同预计总成本×完工进度－以前会计期间累计已确认的成本；

当期确认的合同毛利＝当期确认的合同收入－当期确认的合同成本；

建造合同的结果能够可靠估计时，在资产负债表中，按完工百分比法确认收入、成本、毛利。

借：主营业务成本

　　工程施工－合同毛利

　　　贷：主营业务收入

合同成本不能收回时，应在发生时立即确认为费用；如果预计总成本大于预计总收入，其差额在当期确认资产减值损失。

借：资产减值损失

　　贷：存货跌价准备

合同完工时：

  借：存货跌价准备

    贷：主营业务成本

17.2 费用预算管理

  费用预算中的费用是指除工程成本之外的其他所有费用，主要包括日常管理费用、财务费用等。费用预算管理是由项目部根据年度工作计划，将确定的年度目标分解下达到各责任主体，以预算、控制、调整和考核为内容，对其分工负责的经营活动过程进行控制，并对实现的业绩进行考核与评价的过程。

17.2.1 管理职责

  项目部应由项目经理牵头，全面负责费用预算编制工作。项目部应设立专（兼）职人员进行各自预算的编制、跟踪、分析和自评，并根据实际情况对预算进行动态调整。

17.2.2 费用预算原则

  预算编制应遵循相关性、真实等原则，预算期为公历 1 月 1 日至 12 月 31 日。

17.2.3 费用预算项目明细（表 17-1）

项目费用预算表（单位：元）   表 17-1

序号	费用项目	本年预算金额	本年实际金额	次年预算金额	变动额
1	工资薪金				—
2	职工福利费				—
3	社会保险费（项目承担部分）				—
3.1	医疗保险费				—
3.2	失业保险费				—
3.3	工伤保险费				—
3.4	生育保险费				—
4	住房公积金（项目承担部分）				—
5	职工教育培训费				—
6	工会经费				—
6.1	工会日常经费				—
6.2	工会节日福利（米面油）				—
7	固定资产折旧				—
8	修理费				—
9	低值行政办公用具采购费				—

序号	费用项目	本年预算金额	本年实际金额	次年预算金额	变动额
10	办公费				—
11	差旅费				—
11.1	差费				—
11.2	汽车费用				—
12	劳保费用				—
13	业务招待费				—
14	税金				—
15	研究与技术开发费				—
16	水费、电费				—
17	安全生产费用				—
18	其他专项支出				—
合　计		—	—	—	—

17.2.4　预算分析评价

项目经理部应以预算为依据，对预算部门的费用节超情况逐项进行分析评价。对于超支的费用，应从源头查找原因，优化项目费用支出，提高项目费用管控水平。

17.3　项目固定资产购置、保管和处置管理

17.3.1　固定资产核算和管理

固定资产是指为生产商品、提供劳务、出租或经营管理而持有的，使用寿命超过一个会计年度的有形资产。

满足上述规定且同时满足下列条件的资产，按照固定资产进行核算和管理：

（1）与该固定资产有关的经济利益很可能流入企业；

（2）该固定资产的成本能够可靠地计量。

项目部购置的固定资产一般包括机械设备、生产器具、运输设备、电子设备、办公家具等。

17.3.2　固定资产成本

项目部取得的固定资产成本应按该固定资产取得的方式分别确定。

（1）外购固定资产的取得成本包括：购买价款、相关税费、使固定资产达到预定可使用状态前所发生的可归属于该资产的运输费、装卸费、安装费和专业人员服务费等。

（2）购入需要安装的固定资产时，其取得成本包括购买价款、包装费、运杂费、保险费、专业人员服务费、安装调试成本和相关税费（不包含可抵扣的增值税进项税额），应

通过在建工程归集，安装完毕交付使用时转入固定资产核算。

（3）自行建造固定资产，发生的工程成本应通过在建工程归集，工程完工达到预定可使用状态时，计入固定资产的成本。其成本包括：工程用物资成本、人工成本、交纳的相关税费、应予资本化的借款费用以及应分摊的间接费用等。

17.3.3 固定资产的后续计量

（1）按照税法规定，固定资产的折旧最低年限为：

1）机器、机械和其他生产设备，为10年。

2）与生产经营有关的器具、工具、家具等，为5年。

3）除飞机、火车、轮船以外的运输工具，为4年。

4）电子设备，为3年。

（2）固定资产应当按月计提折旧，当月增加的固定资产，次月起计提折旧；当月减少的固定资产，当月继续计提折旧。

（3）计提折旧的同时需计提减值准备的，应按照先计提折旧，后计提减值准备的顺序。

（4）固定资产在使用过程中发生的更新改造支出、修理费用等，符合资本化条件的计入固定资产成本，不符合资本化的，计入当期损益。

17.3.4 固定资产清查

（1）固定资产清查工作，每年应不少于一次。其中，年终盘点清查工作，由项目部财务部牵头，按要求对项目部所有固定资产进行盘点清查，做到账、物、卡相一致。

（2）项目部资产保管人员应根据清查结果编制"固定资产清查盘点明细表"。

（3）临时设施（活动房等）盘点时要标明坐落地，同时附平面图。图上要注明建筑物的结构、层数、面积、坐落地四周接连的单位、市政道路名称等。

（4）固定资产清查若有盘盈或盘亏，应以书面报告形式，列明原因，明确责任。

（5）盘盈的固定资产，应按重置成本确定其入账价值，作为前期差错处理，盘盈的固定资产通过"以前年度损益调整"科目核算。

1）借：固定资产

  贷：累计折旧

    以前年度损益调整

2）借：以前年度损益调整

  贷：应交税费－应交所得税

3）借：以前年度损益调整

  贷：利润分配－未分配利润

（6）盘亏的固定资产，通过"待处理财产损益－待处理固定资产损益"科目核算，盘亏造成的损失，通过"营业外支出－盘亏损失"科目核算，应当计入当期损益。

报经批准前：

借：待处理财产损益－待处理固定资产损益

累计折旧

固定资产减值准备

贷：固定资产

报经批准后：

1）可收回的保险赔偿或过失人赔偿

借：其他应收款

贷：待处理财产损益－待处理固定资产损益

2）按应计入营业外支出的金额

借：营业外支出－盘亏损失

贷：待处理财产损益－待处理固定资产损益

17.3.5　固定资产处置

项目存续期间，对于没有使用价值的固定资产或者毁损严重的固定资产应及时进行处置。能够在本集团内调拨使用的，应优先调拨给别的项目继续使用；对于无法调拨的，经审批后对外进行销售处理，同时缴纳处置过程中涉及的相关税费。

17.4　项目融资管理

按照融资渠道不同，EPC 项目融资主要分为外部融资和内部融资。

17.4.1　外部融资

外部融资主要是指通过发包人和承包人之外的第三方金融机构进行融资，融资主体一般是发包人，承包人提供必要的过程支持。如果项目是房地产开发，通过银行开发贷进行融资，由发包人的上级单位、发包人提供必要的担保；如果项目是厂房、办公楼等固定资产投资类项目，一般通过长期的固定资产贷款融资，可以以在建工程、固定资产，或者项目未来的收益权作为担保。

外部融资手续比较复杂，限制条件多，需要经过金融机构的层层审批，且融资周期长，对项目自身的合规性要求非常高，如项目的土地使用证、建设用地规划许可证、施工许可证等缺一不可，手续的缺失往往意味着融资的停滞甚至失败。融资交割完成后，还需持续关注项目的合规性和资金使用的合规性，否则可能会面临金融机构要求加重担保或提前回收贷款的风险。且该类借款不能出现逾期，一旦不能按时还本付息，不良信息将被纳入人民银行的征信系统，将会对整个融资主体带来非常大的风险。

17.4.2　内部融资

内部融资一般是 EPC 项目经理部通过本单位（承包人）内部进行融资。可以是本单位不同项目之间进行有偿拆借资金，也可以由承包人直接给项目部提供各种资金支持。该种资金支持一般需要专款专用，必须用于 EPC 项目的生产经营。

内部融资种类一般有货币资金、承兑汇票、各类供应链融资产品等。融资成本较外部金融机构融资成本稍高，且需要交纳一定比例的保证金，如果逾期归还，一般还要承担高额的逾期利息。

内部融资手续较外部融资手续简单很多，资金使用限制少，灵活度高。但办理内部融资规模受限于承包人自身的外部融资能力，且期限一般不能超过一年。若项目部不能按合同约定回收工程款，内部融资的取得难度将增加。

17.5 项目资金管理

项目资金管理是指项目承接、生产以及竣工后与项目实施过程相关的所有资金收支管理。包括但不限于工程款收取、项目费用开支、分供方支付、资产处置等收支所涉及的资金。

17.5.1 项目资金计划管理

项目经理部须根据项目实施的不同阶段编制资金计划，经审批后执行。资金计划中现金流入首先以项目自有资金（工程款）为来源，在自有资金不能满足项目需要时再考虑本单位内部融资。编制资金计划时项目经理部应充分考虑项目实施文件中关于资金的规定，并在施工过程中严格按照约定执行。

项目经理部一般须在进场施工开始后根据招投标文件、施工合同、进度安排、成本测算等项目实施文件，对项目实施阶段资金收支情况进行预测并编制《项目资金计划表》（表 17-2），施工过程中需根据实际情况对资金计划进行纠偏调整，资金计划与实际偏差过大时，需提供专项情况说明，并附补充协议、变更签证资料等支持性文件，方可调整资金计划。

项目资金计划表（单位：万元）　　　　　　　　　　　　　表 17-2

类别	序号	项目分类	合计	建设实施阶段							竣工验收阶段	质保阶段	备注
				准备阶段	施工阶段							
					小计	±0.000以下	主体施工	装饰装修	…			
			1=2+3+8+9	2	3=4+5+6+7	4	5	6	7	8	9	
计划现金流入	1	预收款										
	2	工程款(含设计、采购费)										
	3	内部融资借款										
	4	处置废料款										
	5	保证金										
	6	……										
		小计										

类别	序号	项目分类	合计	建设实施阶段							竣工验收阶段	质保阶段	备注
				准备阶段	施工阶段								
					小计	±0.000以下	主体施工	装饰装修	…				
			1=2+3+8+9	2	3=4+5+6+7	4	5	6	7		8	9	
计划现金流出	1	设计费											
	2	设备采购费											
	3	劳务费											
	4	材料费											
	5	机械费											
	6	直接费											
	7	分包费											
	8	税费											
	9	上缴管理费											
	10	水、电费											
	11	管理人员薪酬											
	12	办公费											
	13	差旅费											
	14	保证金											
	15	保修金											
	16	利息											
	17	手续费											
	……												
		小计											
		NCF											

17.5.2 保函及保证金管理

根据政府有关文件规定，除依法依规设立的投标保证金、履约保证金、工程质量保证金、农民工工资保证金外，其他保证金一律取消。保留的投标保证金、履约保证金、工程质量保证金、农民工工资保证金，推行银行保函制度，建筑业企业可以银行保函方式缴纳。

EPC 项目实施过程中，按照约定需提供担保的，担保方式、种类、金额应符合现有法规规定。

以联合体承建的 EPC 项目，联合体各方应根据招标文件、合同、联合体协议等相关文件规定，以书面形式明确保函办理及各方应承担的责任。

项目经理部在分项合同招标阶段须根据分供方资信情况、标的金额大小，同步要求分供方提供履约担保及履约担保的金额和方式。

如发包人要求以货币资金提供担保，应严格按照合同约定及时回收保证金。发包方未按约定期限、金额返还保证金的，应制订具体的清收措施，共同督促发包人按照约定退还保证金。

项目经理部应明确责任人员，加强对保函或保证金的登记与后续管理工作，预防可能出现的风险。尤其是各类保函，在可能出现违约的情况下，一定要通过提前介入的方式，与发包人进行和解，确保保函不被发包人执行，否则将会对承包人的资信情况产生重大影响。

17.5.3 进度款收支管理

1. 工程款收取

项目经理部应根据合同付款约定，合理安排施工，确保按期回收工程款。工程款回收应有专人负责，项目经理部财务人员应配合办理收款。

工程款的收取方式应该符合合同约定。收款方式若有变更，项目经理部应及时与总部沟通，在与发包方协商、达成一致意见后须签订书面变更协议。

（1）原则上不允许以现金方式向发包方收取工程款，以银行转账方式收取的工程款必须转入合同约定的银行账户。

（2）以汇票方式收取工程款的，应由专人收取并及时送交财务部门接收并入账，同时应向支付方开具收款收据和税务发票，数据上须注明票据的相关要素。若对方开具的是商业承兑汇票，暂时不应开具发票，待票据贴现成功或到期托收成功后再行开具发票。

（3）以供应链融资等其他方式（不含现金）收取工程款时，项目经理部应根据具体情况、按相关约定及时办理，确保收款风险可控。

（4）项目经理部其他现金收款必须交至财务部门，不得坐支现金。

（5）发包方以实物资产抵付工程款的，须经双方协商同意后签订相关协议，并区分以下情况处理：

1）若属承包方确需使用的抵账资产，发包方应开具销售发票，区分动产、不动产，按规定办理资产移交手续；承包方按抵账金额向发包方开具工程服务发票；

2）若属承包方不需要或不使用该抵账资产，应联系好接收该抵账资产的第三方（一般为承包人的分供方），签订相关协议，按债权、债务转让处理。相应的由发包方对第三方开具销售发票，承包方向发包方开具工程服务发票，分供方向承包方开具发票。

2. 工程款支付

（1）项目经理部应在工程款到账后，根据实际资金使用情况编制《资金支付计划表》（表17-3），并按以下顺序支付：

1）缴纳国家各项税款；

2）按照规定缴纳管理费；

3）偿还到期的内外部借款；

4）发放职工工资、缴纳社保费用；

5）支付人工费、材料款、分包款和租赁费等。

资金支付计划表　　　　　　　　　　　表 17-3

序号	收款单位	自开工累计结算	自开工累计已付	合同约定付款比例（或节点）	本月支付	支付后尚欠	备注
1	缴纳各项税费		—				
2	按规定缴纳的上级管理费		—				
3	归还到期内外部借款及利息		—				
4	工资薪金（含社保）		—				
5	材料采购备用金		—				
6	行政后勤用备用金		—				
7	其他备用金		—				
8	××劳务公司						
…	……						
…	××建材公司						
…	……						
…	××租赁公司						
…	……						
…	××分包单位						
…	……						
合　计							

支付各项分工款项时，必须按照分供合同约定的付款比例和时间节点进行支付，严禁超合同比例付款或没有预付款约提前支付款项。若分供方提出将款项支付给第三方时，应出具债权转让协议，且转让的债权金额不得高于本次付款前的实际欠款，付款前仍由分供方提供足额税务发票。

在办理票据支付业务时，必须以真实交易为基础，提供真实的合同、发票等资料。

（2）现金支付管理

项目经理部的现金收支必须严格遵守相关法规及企业制度规定的范围。除以下情况外，原则上都应以银行转账等形式支付：

1）职工薪酬、个人劳动报酬；

2）颁发各类奖金；

3）各种劳保、福利费及国家规定的对个人的其他支出；

4）向个人购买的农副产品和其他物资的价款；

5）人员出差必须随身携带的差旅费；

6）中国人民银行确定需要现金支付的其他支出。

17.5.4　项目尾款和质量保证金管理

工程竣工验收、结算完成后，项目经理仍是工程款清收的第一责任人。项目经理应督促发包方按合同约定足额支付工程结算款。对于发包方未按合同约定足额支付工程结算款的，项目经理应主动与发包方进行沟通、催收工程款。经催收后仍不付款的，项目经理应及时向公司总部反映，制订回收措施，必要时可通过法律手段进行清收。

工程质量保证金预留按国家规定办理，预留比例原则上不应超过结算总价款的3%，防水部分质量保证期限五年，其他部分质量保证期限两年，到期后应指派专人催收。

若以银行保函形式缴纳的质量保证金，到期后应及时收回保函原件，确保保函在质量保证期间不被执行。

17.5.5 资金风险管理

项目经理部应关注发包方资金情况，按照建设工程施工合同和分供合同中关于款项支付的比例、金额、时间节点等条款的约定执行。

对于发包方未按约定足额支付工程款的，项目经理应督促发包方及时支付，同时做好发包方拖欠工程款的证据资料收集整理工作，必要时可通过诉讼等法律手段催收拖欠款。

对于存在垫资的EPC项目，项目经理部要关注发包方的资金动态。当发包方在约定节点不能足额支付工程款，或通过对施工过程中获取的相关信息进行分析，认为发包方极有可能违约时，应及时向发包方发送催款函，按合同约定发包方应承担违约赔偿责任的，应及时与发包方沟通支付违约金事宜，确保风险可控。

项目经理部应制定竣工拖欠款清收计划，做好过程中的清收清欠工作。

项目经理部应加强对分供方结算的审核，防止超结超付行为、防范资金风险。

17.6 财务决算管理

17.6.1 财务结算管理

项目经理部须在工程结算定稿、各方签字盖章完成后尽快将工程结算书送达项目财务部门。财务部门收到工程结算书后尽快完成项目财务决算，根据签字、盖章的《财务决算单》进行账务处理，确认项目债权。项目施工过程中，财务部门应定期与发包方核对账务，以确保过程中项目债权的清晰。

17.6.2 财务决算管理

项目商务预算部门为竣工结算业务主控部门，按流程及要求进行竣工结算的计划、策划、编制、报送、核对、总结等工作。

财务部门负责竣工项目劳保统筹、管理费的收取，对项目经理部税金缴纳、实际成本的分类统计进行确认，做好与建设单位往来账目的核对工作，其他部门负责收集相关结算依据。最后财务部门根据项目收入、成本、期间费用结算情况，结合税务清算报告编制《项目财务决算表》（表17-4），确定项目最终实现利润，报项目经理部审批。

财务决算单　　　　　　　　　　　　　　　　　　表 17-4

序号	内　容	金　额	备　注
1	工程决算总造价		其中：含劳保统筹　元
1.1	合同价		
1.2	变更、签证		
…			
2	已收工程款		
2.1	其中：工程进度款		
…			
3	质保金（%）		保修金到期日：
4	扣保修金后应收工程尾款		
5	劳保统筹		
6	发票开具情况		
6.1	应开发票金额		
6.2	已累计开具发票金额		
6.3	未开发票金额		

17.7　项目债权债务管理

17.7.1　债权债务定义

债权是指项目部由于过去的交易或事项形成的、能以货币准确计量的对债务人拥有要求偿还债务或履行经济责任的权利。

债务是指项目部由于过去的交易或事项形成的、能以货币准确计量的必须以资产或劳务偿付债权人的经济责任。

17.7.2　债权债务管理要求

（1）合同是债权债务管理的基础和依据。

（2）应以实际发生的经济业务，确认债权债务，且保证债权债务款项变动记录及时、准确。

（3）保证支付的手续完备及授权审批程序规范。

（4）建立债权债务签认制度。确保债权诉讼时效的延续性及相关债权资料的完整性，债权债务科目应按季与对方进行对账，每年的中期期末和年度终了应就债权债务余额及当年交易额进行书面签认。

（5）建立债权债务清理责任制，实行债权债务清理责任追究制度。

17.7.3　应收账款的核算

（1）应收账款的确认。

项目部应以建设（发包）单位审定的工程价款确认当期应收账款。

（2）项目部财务部门应建立应收账款台账管理机制，按月编制《应收账款情况统计表》，详细反映应收账款余额及账龄信息等。

（3）项目部商务部门应加强合同管理，对建设单位执行合同情况进行跟踪、分析，防止坏账风险。

17.7.4 预付款项的核算

（1）预付账款主要核算按照合同协议规定预付给资源或劳务提供方的款项。

（2）预付款项必须建立并执行预付款项批准制度，对无合同、无对方资信证明、对方无可靠债务偿还保障的，不得发生预付款项。在日常管理中，项目部应当按照合同约定条款，严格控制对各种款项的预付，对分包队伍已完工程应按月计量并及时扣回预付款。对于已经支付的预付款项要及时清理，对长期挂账的预付账款，应查明原因，由责任人进行清理，坚决杜绝长期挂账不清的现象。

17.7.5 其他应收款的核算

（1）其他应收款核算除应收账款、应收票据、预付账款等以外的其他各种应收、暂付款项。

（2）其他应收款包括：备用金、各种保证金、应收押金、应收各种赔（罚）款、应收租金、应收其他代垫款、预付账款转入等。

17.7.6 应付账款的核算

（1）应付账款核算因购买材料物资和接受劳务供应等而应付给供应单位的款项，以及因分包工程应付给分包单位的工程价款。

（2）应付账款的确认应该遵守合同约定，按实结算，并提供相应的发票才能予以确认。

17.7.7 预收款项的核算

预收账款科目核算按照工程合同规定向发包单位预收的工程款和备料款，以及按购销合同规定预收的销货款。

17.7.8 其他应付款的核算

其他应付款核算除了应付票据、应付账款、预收账款、应付工资、应交税金、应付股利、内部往来和其他应交款以外的其他各种应付、暂收单位或个人的款项。主要包括应付经营租入固定资产和包装物的租金、保证金、代扣个人社保、应付押金、职工未按期领取的工资、风险抵押金、存入保证金、应付、暂收所属单位、个人的款项等。

17.8 项目税务筹划和管理

EPC 项目主要涉及勘察、设计、设备销售和施工等应税行为。勘察、设计和施工行为在"营改增"政策实施后缴纳增值税。根据财政部、税务总局、海关总署《关于深化增值税改革有关政策的公告》（2019 年第 39 号公告）文件的规定，税率分别为 3％、6％、13％和 9％。由于涉及多项应税行为，到底应该按照混合销售行为缴纳增值税还是按照兼营业务缴纳增值税，还没有明确的政策依据。

根据财政部、国家税务总局《关于全面推开营业税改征增值税试点的通知》（财税〔2016〕36 号）的相关规定：一项销售行为如果既涉及服务又涉及货物，为混合销售。从事货物的生产、批发或者零售的单位和个体工商户的混合销售行为，按照销售货物缴纳增值税；其他单位和个体工商户的混合销售行为，按照销售服务缴纳增值税。

纳税人兼营销售货物、劳务、服务、无形资产或者不动产，适用不同税率或者征收率的，应当分别核算适用不同税率或者征收率的销售额；未分别核算的，从高适用税率。

目前，各地税务机关对 EPC 项目应该按照混合销售行为（主业提供建筑服务）统一缴纳增值税还是按照兼营不同业务分别适用不同税率缴纳增值税说法也存在差异，但是大部分税务机关更倾向于将 EPC 项目涉及的应税事项界定为兼营行为。

建议在 EPC 项目合同签订前提前与当地税务机关货劳部门或者征管部门进行沟通，明确应税行为的纳税方式。

如果按照兼营行为处理，根据 EPC 项目的承包主体不同，主要分为两种情况。

一种承包主体是联合体，这种情况下由于各联合体都属于独立法人单位，按照各自的结算金额分别给发包人开具发票并缴纳增值税。勘察和设计单位开具 6％的设计发票；设备销售单位按照 13％的税率开具货物销售发票；施工方按照 9％的税率开具建筑施工类发票即可。

另一种承包主体是一个法人单位。这种情况下必须从 EPC 合同签订时就明确勘察、设计、采购和施工行为各自的合同价款，在整个项目期间分别结算各自金额，且财务账务处理上必须将几种应税行为分开核算，否则容易被税务机关要求从高适用税率缴纳增值税，给承包方造成巨大损失。

另外，由于当期应缴纳的增值税金额等于销项税额减去进项税额，在 EPC 项目合同金额基本固定的前提下，销项税额基本保持不变，若要降低项目增值税税负，只能尽可能多地索取合法合规的增值税专用发票，且应确保与销项税额在时间上的匹配性，否则可能造成项目竣工结算时税负过高且占用大量资金的情况。

17.9　项目财务档案管理

17.9.1　会计资料归档

EPC 项目应当进行归档的会计资料主要包括：

（1）会计凭证，包括原始凭证、记账凭证；

（2）会计账簿，包括总账、明细账、日记账、固定资产卡片及其他辅助性账簿；

（3）财务会计报告，包括月度、季度、半年度、年度财务会计报告；

（4）其他会计资料，包括银行存款余额调节表、银行对账单、纳税申报表、合同、会计档案移交清册、会计档案保管清册及其他具有保存价值的会计资料。

17.9.2 会计档案管理

每年形成的会计档案，应当由项目财务人员按照归档要求，负责整理立卷，装订成册，编制会计档案清册。当年形成的会计档案在会计年度终了，原则上暂由项目财务部门保管三年，保管期满后编制移交清册，移交上级主管部门统一保管。

17.9.3 电子档案管理

满足以下规定条件，从外部接收的电子会计资料附有符合《中华人民共和国电子签名法》规定的电子签名的，可仅以电子形式归档保存，形成电子会计档案。

（1）形成的电子会计资料来源真实有效，由计算机等电子设备形成和传输；

（2）使用的会计核算系统能够准确、完整、有效接收和读取电子会计资料，能够输出符合国家标准归档格式的会计凭证、会计账簿、财务会计报表等会计资料，设定了经办、审核、审批等必要的审签程序；

（3）使用的电子档案管理系统能够有效接收、管理、利用电子会计档案，符合电子档案的长期保管要求，并建立了电子会计档案与相关联的其他纸质会计档案的检索关系；

（4）采取有效措施，防止电子会计档案被篡改；

（5）建立电子会计档案备份制度，能够有效防范自然灾害、意外事故和人为破坏的影响；

（6）形成的电子会计资料不属于具有永久保存价值或者其他重要保存价值的会计档案。

第 18 章 项目综合事务管理

18.1 一般事务性工作

办公室负责项目经理部一般事务性工作，具体包括：

（1）负责组织项目经理部有关管理规章制度的拟订；

（2）负责项目经理部重要活动的组织和安排；

（3）负责项目经理部重要文件、领导讲话、工作报告及工作总结的组织起草；

（4）负责处理领导交代的一些日常事务性工作，为领导提供服务和保障。

18.2 印鉴管理

办公室全面负责项目经理部印章管理工作；应根据工程总承包企业印章管理制度并结合本项目实际情况，编制项目经理部印章管理办法及制定相应管理措施，报企业备案。

项目经理部印章，需由项目经理部领导及工程总承包企业领导逐级审批后，根据国家和企业有关规定设计、刻制、备案。

出现下列情况时，印章须停用：

（1）项目的各类用章在工程全部完工后自动失效并停用。

（2）印章遗失或被窃，须声明作废。

印章停用后，应及时将停用印章封存，建立印章回收、存档登记档案（注明印章名称、印模、交付人、接收人、回收日期），上报工程总承包企业印章管理部门履行报批程序进行处置。

严禁填盖空白合同、协议、证明及介绍信。因工作特殊确需开具时，须经项目经理部领导签字确认方可开具；待工作结束后，未使用的必须立即收回。

在用印时要审阅、了解用印内容，对用印情况应进行详细登记。

印章管理员要坚持原则，对不符合规定的用章有权拒绝并向本组负责人汇报，不得擅自用章。

印章的保管人应相对固定，要严格执行印章管理规定，采取措施，确保印章安全；印章管理员因事离岗时，须由部门负责人指定人员暂时代管，以免贻误工作；印章保管人更换，应办理交接手续，由部门负责人监督交接；印章保管必须安全可靠，不可私自委托他人代管。

负责印章使用和管理的单位及管理人员，因印章管理不善而造成损失的，将追究单位负责人和印章保管人员的责任。

印章使用审批人应按照有关规定在自己的职权范围内审批用章事项，超越职权审批造成严重后果的，由审批人承担相应责任；印章管理员明知审批人无权、越权审批或用章事项违反规定而用章，造成严重后果的，应承担相应连带责任。

有下列情形之一的，对直接责任人予以通报批评或行政处分；情节严重的，处以经济处罚或调离原工作岗位，直至解除劳动合同；构成犯罪的移送司法机关追究刑事责任。

（1）未经许可擅自携带项目部名称章外出的。

（2）未经相关程序审核批准，擅自使用项目部名称章的。

（3）未经审核确认使用项目部名称章的，导致公司利益受到重大影响的。

（4）擅自私刻、启用印章或者盗用印章造成严重后果的。

18.3 会议管理

项目会议主要为建设单位（监理单位）会议、生产例会和各类专题会议。一般项目会议的组织管理工作，主要包括：

（1）确定会议内容，主要包括会议时间、地点、程序的拟定及参会人员等。

（2）会议的准备工作，做到分工到人。例如，拟写并发放会议通知、会议资料的准备、会议室布置、各项设备的测试、场外布置、交通安排及宣传工作等。

（3）会议的过程管理，包括会议计划的调整、突发情况的处理等。

（4）会议过程的服务，包括茶水、水果、鲜花等。

（5）会议纪要整理、下发。

（6）监督落实经办及承办部门对会议纪要内容的处理及推进工作。

会议室的管理主要为管理和协调各部门、各单位对会议室的使用，各部门应在拟举行会议前一天向办公室提交会议室的使用申请表，并在会议召开前到会场查看布置情况。

18.4 行政文档管理

行政类文档管理是对项目实施过程中所涉及的行政文档进行管理的过程。所谓行政类文档是项目实施过程中所涉及的非技术类或业务类文档。

行政类文档的分类、编号、接收、发送、修改、归档、借阅等应符合项目部管理要求。

项目经理部应制定公文管理办法，明确编制人员及时间，说明具体规章制度审批程序、存放地点、发放范围和取阅规定，明确文件运行管理责任人。公文的管理要求如下：

1. 一般要求

项目经理部的公文，是项目经理部在日常管理过程中形成的具有法定效力和规范体式的文书，是依法经营和进行公务、商务活动的重要工具。

公文处理分为收文和发文。收文办理一般包括传递、签收、登记、分发、拟办、批办、承办、查办、立卷、归档、销毁等程序；发文办理一般包括拟稿、审核、签发、打印、校对、用印、登记、分发、立卷、归档、销毁等程序。

公文处理应当坚持实事求是、精简、高效的原则，做到及时、准确、安全。

公文处理必须严格执行国家保密法律、法规及公司的有关保密规定，确保国家秘密、企业商业秘密的安全。

办公室是行政类公文处理的管理机构，负责项目经理部所涉及公文的起草、审核、接收、发送、保存等管理工作。

2. 公文种类

公文种类主要包括：命令、决定、指示、公告、通告、通知、通报、报告、请示、批复、信函、会议纪要等。常用的公文种类如下：

（1）决定。适用于对重要事项或者重大行动做出安排。

（2）通知。适用于批转下级单位的公文，转发上级单位和不相隶属单位的公文；发布规章；传达要求下级单位办理和有关单位需要周知或者共同执行的事项；任免和聘用干部。

（3）通报。通用于表彰先进，批评错误，传达重要精神或者情况。

（4）报告。适用于向上级单位汇报工作，反映情况，提出意见或者建议，答复上级单位的询问。

（5）请示。适用于向上级单位请求指示、批准。

（6）批复。适用于答复下级单位请求事项。

（7）信函。适用于不相隶属单位之间相互商洽工作，询问和答复问题；向有关主管部门请求批准等。

（8）会议纪要。适用于记载和传达会议情况和议定事项。

以项目部名义行文的有：

（1）向工程总承包企业报告、请示工作。

（2）转发工程总承包企业的重要文件。

（3）向各职能组印发重要决定、通知、通报等。

（4）签发文件，应由行政组出示意见后报领导审阅签发。

3. 公文格式

公文一般由发文单位、紧急程度、发文编号、签发人、标题、主送单位、正文、附件、印章、成文时间、附注、抄送单位及人员、印发单位和时间等部分组成。

各部分格式要求如下：

（1）发文单位应当写全称或者规范化简称；联合行文，主办单位应当排列在前。

（2）秘密公文按公司相关规定执行。

（3）紧急文件加盖"加急"章。

（4）公文标题，应当准确简要地概括公文的主要内容，一般应标明发文单位，并准确标明公文种类。标题中除法规、规章名称加书名号外，一般不用标点符号。

（5）公文如有附件，应当在正文之后、成文时间之前注明附件顺序和名称。

（6）成文时间，以领导人签发的日期为准。

4. 起草公文的要求

起草公文的要求如下：

（1）符合国家的法律、法规和方针、政策及公司的有关规定，并与项目部各部门进行必要的协商。

（2）情况确实，观点明确，条理清楚、文字精练，书写工整，标点准确，篇幅力求简短。

（3）用词用字准确、规范。文内使用简称，一般应当先用全称，并注明简称；使用国家法定计量单位。

（4）人名、地名、数字、引文准确。引用公文应当先引标题后引发文字号。日期应当写具体的年、月、日。

（5）公文中的数字，除成文时间、部分结构层次序数和词、词组、惯用语、缩略语、具有修辞色彩语句中作为词素的数字必须使用汉字外，应当使用阿拉伯数码。

（6）结构层次序数，第一层为"一"，第二层为"（一）"，第三层为"1"，第四层为"（1）"。

（7）公文打印的字体、字号、排版规格等按相关规定执行，公文用纸一般用 A4 型，左侧装订。

18.5 新闻宣传及公共关系管理

办公室新闻宣传及公共关系管理工作，具体如下：

（1）负责项目的对外形象管理以及项目部重要事项在公司官网、外部媒体的报道宣传工作。

（2）负责现场各项宣传报道，组织现场各部门做好各项重大事件的宣传报道工作，确保项目员工对整个项目进度的全方面了解，提高员工的积极性。

（3）与驻地政府部门及公共机构日常关系的建立及维护，包括：

① 与项目所在地公安部门关系的建立与维护，保证项目财产、人身安全。

② 与项目所在地医疗机构及政府机构关系的建立与维护，确保紧急情况时可以及时就医和营救。

③ 与项目所在地消防部门关系的建立与维护，确保紧急状况的处理。

④ 与项目所在地居民关系的建立与维护，以减少项目实施阻力，确保项目顺利推进。

⑤ 与其他相关机构关系的建立与维护。

项目经理部应根据项目实际情况列清有关外部协调的单位及事项，明确责任部门及责任人，建立与外部协调的日常维护制度。

18.6 接待及重大活动管理

办公室牵头负责项目部接待及重大活动的管理，具体如下：

（1）建立项目接待管理制度、流程和标准体系，并组织实施，同时监督现行制度的执行情况并改进完善。

（2）根据项目接待及重大活动的需要研究方案，制订接待或重大活动管理计划，确定责任人、时间规格、安全措施、现场布置、车辆安排、餐饮安排等内容，重要的接待及活动管理计划应报企业审定批准。

（3）编制接待费用预算，指导各模块严格按照费用预算执行，不允许超出预算费用（特殊情况除外），控制监督费用支出，保证费用支出的属实性。

（4）重要接待或活动在正式启动前应对准备工作进行验证或预演，并制定应急方案以防重要接待及仪式突发性变化。

（5）接待及活动结束后应将照片、影像、签名、提词、绘画、礼品等资料整理归档。

（6）总结接待过程中出现的问题，提出改进措施以规范完善接待管理办法，不断提高接待水平与能力。

第19章 项目资源管理

19.1 管理要求

19.1.1 项目资源管理机制

在工程总承包项目实施过程中，主要的影响因素包括参与项目的人力、物资材料、机械设备、技术和资金等资源情况。工程总承包企业为实现合同约定和管理目标，应建立并完善项目资源管理机制，根据项目特点和资源需求情况，为工程总承包项目合理投入资源，使项目人力、物资材料、机械设备、技术和资金等资源适应并满足工程总承包项目管理的需要。项目资源包括企业内部资源和外部资源。项目资源管理的全过程包括项目资源的计划、配置、控制和调整，其内容包括人力资源、物资材料、机械设备、技术和资金等管理。

19.1.2 项目资源优化

项目资源管理应在满足实现工程总承包项目的质量、安全、费用、进度以及其他目标需要的基础上，进行项目资源的优化配置，实现动态平衡。项目资源优化包括资源规划、资源分配、资源组合、资源平衡和资源投入的时间安排等。项目资源管理应以实现生产要素的优化配置、动态控制和降低成本为目的。

项目资源优化包括项目人力、物资材料、机械设备、技术和资金等各方面资源的优化。项目资源优化是对项目资源管理目标的计划预控，是项目计划的重要组成部分。

19.1.3 项目资源计划

项目资源计划主要是对各类资源的需求、配置（采买）和使用（供应）的计划。一般包括：人力资源管理、配置和使用计划，物资材料需求、采买和供应计划，机械设备需求、配置和使用计划，技术需求、配置和应用计划，资金需求、配置和使用计划等。

项目资源管理应随时监控资源投入（或资源退出）与质量、费用、进度、职业健康安全和环境管理等之间的关系及其影响程度，保证资源的投入与质量、费用、进度、职业健康安全和环境管理等之间的动态平衡。

19.2 人力资源管理

19.2.1 基本要求

（1）总承包项目经理部应根据项目实施计划、项目特点和合同要求等，编制人力资源需求、使用和培训计划，经工程总承包企业批准，配置必要的项目人力资源，建立项目团队，并按照项目培训计划进行岗位培训。人力资源需求、使用和培训计划应明确各阶段绩效控制目标所需的人力资源。

（2）总承包项目经理部应充分协调和发挥所有项目干系人的作用，通过组织规划、人员招聘、团队组建，建立高效率的项目团队，以达到项目预定的范围、质量、进度、费用等管理目标。

（3）总承包项目经理部应根据项目特点和项目实施计划的要求，编制人力资源需求和使用计划，经工程总承包企业批准后合理配置项目相关人力资源。总承包项目经理部应根据市场规律，以及企业的人力资源成本评价机制，对项目人力资源进行人力动态平衡和成本管理，实现项目人力资源精干高效配置。

（4）总承包项目经理部应对项目人力资源进行优化配置和成本控制，并对项目从业人员的从业资格与能力进行评价管理。在保持有序、高效运行的前提下，按照阶段性控制目标和要求，及时调整岗位职责和设置。

（5）总承包项目经理部应按照批准的项目人力资源需求和使用计划，对投入或撤出人力资源进行管理和控制。

（6）总承包项目经理部应重视对项目人员的资质管理和能力评价，应对项目从业人员的从业资格与能力进行管理，匹配现职岗位的工作能力和经历。

（7）总承包项目经理部应根据工程总承包企业要求，制定项目绩效考核和奖励制度，对总承包项目经理部人员实施考核和奖惩。应建立健全工程总承包企业人力资源管理激励机制，通过绩效考核和奖励措施，提高项目绩效。

（8）总承包项目经理部应根据项目特点将项目的各项任务落实到岗位，确定项目团队沟通、决策、解决冲突、报告和处理人际关系的程序，并建立一套面向工程总承包企业和项目相关方的报告和协调制度。

19.2.2 劳动力需求计划

1. 劳动力需求计划

总承包项目经理部应根据项目要求及劳动力市场供求信息制定劳动力需求计划，列出明细表并绘制劳动力投入图。

2. 劳动力组织的细化和优化

总承包项目经理部应根据劳动力需求计划，细化优化劳动力配置，使劳动力数量合适、结构合理、素质匹配、协调一致，实施动态管理，流动调整。细化优化后的劳动力计划应列出明细表。

19.2.3 劳动力配置

（1）总承包项目经理部应根据项目实际情况及劳动力计划，明确落实劳动力的来源、人数、组成及工作范围。

（2）过程调整方案。对项目实施过程中人员结构、数量的调整，总承包项目经理部应有动态调整计划，满足项目要求。

19.2.4 劳动力管理

（1）劳动纪律及规章制度。总承包项目经理部应明确劳动纪律及规章制度，明确编制人员及时间，说明具体规章制度审批程序、存放地点、发放范围和取阅规定。项目劳动力管理应严格执行各项管理制度。

（2）跟踪平衡施工现场的劳动力，进行劳动力调整，及时了解掌握劳动力动态需求情况。

（3）下达施工任务书，考核并兑现费用支付和奖罚，明确实施程序和责任人。

（4）建立健全职业健康安全管理体系。建立相关管理制度，明确具体工作程序。

（5）制定劳动力的相关职业技能教育培训计划，重视劳动力技能教育培训，有效提高劳动力工作技能水平。

19.3 物资材料管理

19.3.1 基本要求

（1）总承包项目经理部应编制物资材料控制计划，建立项目物资材料控制程序和现场管理规定，对物资材料进行管理和控制。物资材料控制主要是制定采购各个环节的控制计划，并按照计划实施和管理，确保项目所需物资材料供应及时、领发有序、责任到位，满足项目实施的需要。

（2）总承包项目经理部应设置物资材料管理人员，对物资材料进行管理和控制。

（3）总承包项目经理部物资材料管理人员应对物资材料进行入场检验、仓储管理、出入库管理和不合格品管理等。

（4）总承包项目经理部对拟进场的工程物资材料进行检验。项目物资材料管理人员应负责组织对到场物资材料的到货状态当面进行核查、记录，办理交接手续。

（5）总承包项目经理部应对拟进场的物资材料进行检验，进场的物资材料的型号、外观质量、数量和包装质量等应符合设计要求，资料齐全、准确。对检验验收过程中发现的不合格品实施有效的控制，并对待检物资材料进行有效的防护和保管。

（6）项目的物资材料，一般采取工程总承包企业自行采购、项目发包方提供和分包方采购等多种方式。对于工程总承包企业自行采购的物资材料应遵守本书第13章 项目采购管理的要求。总承包项目经理部应加强对分包方供应的物资材料的控制。

（7）总承包项目经理部依据合同约定对项目发包方提供的物资材料进行控制，应认真分析在承包合同或协议中规定由项目发包方采购和供应的物资材料的管理职责、服务范围和方式。依据合同约定接收由项目发包方提供的物资材料，进行验证并做好交接记录。由项目发包方提供的物资材料在入库、验证、贮存、出库和使用等过程中，如发现有不合格、损坏、丢失或不适合等情况，总承包项目经理部应及时向项目发包方报告，并按照项目发包方的反馈意见妥善处理并保存记录。

19.3.2　物资材料使用计划

总承包项目经理部应列出项目物资材料总需求（主材）和耗用时间明细表，编制年、月、周物资材料使用计划表。

19.3.3　物资材料配置

（1）物资材料配置计划

总承包项目经理部应明确项目物资材料的来源，具体分析各种主要物资材料耗用时间及需求情况，根据项目需求及资金情况等优化物资材料配置，最终形成物资材料配置计划以及具体表格、图表，并应能够反映物资材料配置情况。

（2）物资材料自行采购按第 13 章　项目采购管理的规定执行。

19.3.4　物资材料使用管理

（1）物资材料管理制度：

总承包项目经理部应建立物资材料管理规章制度目录，明确编制人员及时间，说明具体规章制度存放地点、发放范围和取阅规定。应严格执行物资材料管理制度。

（2）总承包项目经理部应监督检查日常物资材料耗用情况，提供材料报表。

（3）物资材料管理流程按第 13 章的规定执行。

19.4　机械设备管理

19.4.1　基本要求

（1）项目机械设备是指实施工程所需的各种施工机械设备、试运转工器具、检验和试验设备、办公用器具以及项目需要直接使用的其他设备资源，不包括移交给项目发包方的永久性工程设施。项目机械设备包括工程总承包企业和项目分包方按照分包合同约定提供和使用的机械设备等。

（2）总承包项目经理部应编制项目机械设备需求和使用计划，并报经企业审批，对于进入施工现场的机械设备应进行安装验收，保持性能、状态完好，资料齐全准确。对进入施工现场的机械设备应进行检验和登记，并按要求报验。应按照项目进度计划安排所需的机械设备，并保持机械设备的数量以保证项目正常需要。

（3）应根据项目管理计划编制项目机械设备需求和使用计划，包括项目机械设备的配置、使用、维修和进退场等方面的内容。

（4）总承包项目经理部应做好进入施工现场机械设备的使用和统一管理工作，履行工程机械设备报验程序。进入现场的机械设备应由专门的操作人员持证上岗，实行岗位责任制，严格按照操作规范作业，并在使用中做好维护和保养，保持机具处于良好状态。

（5）现场机械设备报验应依据工程总承包合同、分包合同或其他书面文件约定的职责范围，根据国家现行有关法律法规要求分别实施和管理。

（6）总承包项目经理部应按照项目机械设备需求和使用计划的要求，实行统一调配和管理，以提高现场机械设备的使用效率，降低成本。

（7）总承包项目经理部应审核特种机械设备的操作人员清单，检查是否具有有效的资格证或合格证书，认真执行持证上岗操作制度。严禁无证人员或不合格人员上岗操作。

（8）机械设备选择时，应考虑机械设备的技术性能、工作效率、工作质量、可靠性和维修的难易、能源消耗，以及安全、灵活等方面对项目质量的影响与保证。

（9）项目实施过程中，所需各种机械设备可以采取工程总承包企业调配、租赁、购买、分包商自带等多种方式。总承包项目经理部在企业授权范围内，应尽可能地利用当地社会资源，提高机械设备管理的经济性。

19.4.2　机械设备需要和使用计划

总承包项目经理部应根据项目需求及市场供求状况等，明确机械设备种类、特点、数量及退场时间。

19.4.3　机械设备配置

（1）机械设备配置计划

总承包项目经理部应根据企业管理要求、合同特点及市场供求关系等，明确项目机械设备的来源、获取方式和进退场时间等。

（2）机械设备的自行采购按第13章项目采购管理的规定执行。

19.4.4　机械设备使用管理

（1）机械设备管理制度：

总承包项目经理部应建立机械设备管理规章制度目录，明确编制人员及时间，说明具体规章制度审批程序、存放地点、发放范围和取阅规定。应严格执行机械设备管理制度。

（2）总承包项目经理部应设专人监督检查日常机械设备使用情况，每月列出机械设备的安全管理、检查维护、维修及报废等具体情况明细表。

（3）机械设备管理流程按第13章项目采购管理的规定执行。

19.5　资金管理

19.5.1　基本要求

（1）总承包项目经理部和工程总承包企业相关职能部门应制定资金管理目标和计划，对项目实施过程中的资金流进行管理和控制。

（2）项目资金管理目标一般包括项目资金筹措目标（在项目前期或各分阶段前提出用于支持项目启动和运作的资金数额）、资金收入管理目标（将可收入的工程预付款、进度款、分期和最终结算、保证金或保函回收以及其他收入款项，分阶段明确回收目标）、资金支出管理目标（项目实施过程中由项目承包方支付的各项费用所形成的计划支付目标）。

（3）总承包项目经理部应严格对项目资金计划的管理。项目资金管理计划主要包括项目资金流动计划和财务用款计划。项目财务管理人员应根据项目进度计划、费用计划、合同价款及支付条件，编制项目资金流动计划和项目财务用款计划，按规定程序审批后实施，对项目资金的运作实行严格的监控。

（4）项目资金流动计划包括项目资金收入、支付等计划。应采取各种措施，充分保证项目正常的资金使用，并做到收支平衡。项目资金流动计划包括资金使用计划和资金收入计划。

（5）资金使用计划一般包括前期费用、临时工程费用、人员费用、工程机械设备费用、永久工程物资材料费用、施工安装费用和其他费用等。

（6）资金收入计划一般包括合同约定的预付款、工程进度款（期中付款）、最终结算付款和保留金回收等。

（7）总承包项目经理部应按照资金使用计划控制资金使用，节约开支，按照会计制度规定设立资金台账，记录项目资金收支情况，实施财务核算和盈亏盘点。

（8）总承包项目经理部应进行资金使用分析，对比计划收支与实际收支，找出差异，分析原因，改进资金管理。

（9）项目财务用款计划也称项目资金需求计划，是对资金使用计划的分项细化，由项目财务管理人员根据项目资金流动计划和项目资金管理规定的要求制定，按照规定程序审批后分时段执行。该计划对所有各项的支付金额、计划时间、执行人、批准人以及资金来源等予以明确。工程总承包企业和总承包项目经理部应对项目实施过程中的资金流进行管理，制定保证收入、控制支出、降低成本、防范资金风险等措施。

（10）工程总承包企业应依据合同约定向项目发包方提交工程款结算报告和相关资料，及时收取工程价款，依据合同约定的时间、方式和内容要求及时进行工程款结算。

（11）工程款结算内容包括：对已完工程及时申报中期结算；在全部工程竣工并验收后，及时申报最终结算；对确认有缺陷的部分工程，在缺陷修补和验收后，再进行结算。

（12）工程总承包企业和总承包项目经理部应对资金风险进行管理。分析项目资金收入和支出情况，降低资金使用成本，提高资金使用效率，防范资金风险。

（13）工程总承包企业和总承包项目经理部对项目资金的收入和支出进行合理预测，对各种影响因素评估，调整项目管理行为，防范资金风险。

（14）总承包项目经理部财务管理人员，应坚持做好项目资金收入和支出的统计对比、找出差异、分析原因、制定措施并进行预测和预报工作，以提高资金使用效率和降低资金使用成本。

（15）项目经理、财务经理和资金管理人员按照职责范围要求，做好项目资金的跟踪、分析和预测，采取应对措施和监控协调等管理工作。

（16）工程总承包企业通过项目财务管理系统，对所有项目资金管理计划实施情况进行监督和协调。特别是对大型合同项目、固定总价合同项目和涉外融资或筹资项目等，实施重点监控、指导和协调。

（17）总承包项目经理部应根据工程总承包企业财务制度，向企业财务部门提出项目财务报表。

（18）总承包项目经理部根据工程总承包企业财务制度，定期将各项财务收支的实际数额与计划数额进行比较和分析，提出改进措施，提交项目财务有关报表和收支报告。

（19）项目竣工后，总承包项目经理部应及时完成项目成本和经济效益分析报告，并上报工程总承包企业相关职能部门。

（20）项目竣工后，按照工程总承包企业规定和要求，项目财务经理组织进行项目成本核算，并报项目经理审批。

（21）总承包项目经理部应建立各种资金管理规章制度，上报工程总承包企业财务部门审批后实施，并接受企业财务部门的监督、检查和控制。

（22）总承包项目经理部应根据合同约定向项目发包方申报各类各期的工程款结算材料和财务报告，及时收取工程价款。

（23）总承包项目经理部应重视防范项目资金风险，坚持做好项目的资金收入和支出分析，进行计划收支与实际收支对比，找出差异，分析原因，提高资金预测水平、提高资金使用价值，降低资金使用成本和资金风险水平。

（24）总承包项目经理部应根据工程总承包企业财务制度，定期（一般为每月）将各项财务收支的实际数额与计划数额进行比较，对未完成收入计划和（或）超出计划的开支进行分析，查明原因，提出改进措施，向企业财务部门提出项目财务收支报告。

（25）项目竣工后，总承包项目经理部应对项目进行经济效益和成本分析，上报工程总承包企业主管业务部门。

19.5.2 项目资金使用计划

1. 项目资金使用计划

总承包项目经理部应根据工期计划及资源耗用提出总体项目资金使用计划，具体到月，并列出明细表。使用计划应注意资金使用的平衡与合理。

2. 项目现金流量表

总承包项目经理部应根据资金使用计划及收入计划绘制项目现金流量表，一般以月为单位。

3. 项目融资计划

项目融资计划主要针对现金流量为负数或企业另有要求的情况，工程总承包企业应在项目实施前完成项目融资计划。项目融资计划应考虑风险因素，留有一定的余地。

19.5.3　项目资金使用管理

1. 项目资金管理制度

工程总承包企业应根据企业资金管理规定制定项目资金使用、管理制度，明确编制人员及时间，说明具体规章制度审批程序、存放地点、发放范围和取阅规定。项目资金管理必须严格执行资金管理制度。

2. 项目资金日常管理

工程总承包企业应检查日常资金使用情况，提供月度资金收支情况，加强应收、应付款的管理。

19.6　技术管理

该节的技术管理内容为施工技术管理。设计管理的内容参见第 10 章项目设计及深化设计管理。

19.6.1　基本要求

（1）总承包项目经理部应执行企业相关技术管理规定，对项目的技术资源与技术活动进行计划、组织、协调和控制等综合管理，充分发挥技术资源在项目中的使用价值。

（2）技术资源是工程总承包企业重要的基础性资源，包括工艺技术、工程设计技术、采购技术、施工（管理）技术、试运行（服务）技术、项目管理技术，以及其他为实现项目目标所需的各种技术。其中，专有技术和专利技术是企业技术资源的核心内容。

（3）技术活动包括项目技术的开发、引进，技术标准的采用和技术方案的确定等。

（4）工程总承包企业和总承包项目经理部应对项目涉及的工艺技术、工程设计技术、项目管理技术进行全面管理，对项目设计、采购、施工、试运行等过程中涉及的技术资源和技术活动进行全过程、全方位的管理，并最终实现合同规定的各项技术目标。

（5）项目全过程中的技术活动应采用和执行合同约定的技术标准。总承包项目经理部应严格执行合同约定的技术标准和规范，并监督项目分包方执行，严格控制项目干系人提出的技术标准变更，认真对待和处理国家标准变化引起的强制性变更等。

（6）工程总承包企业应明确技术管理的职责：企业各业务主管部门对所采用的技术的正确性、有效性负责；总承包项目经理部对所采用的技术与合同的符合性负责。

（7）在项目管理过程中，应用"四新"技术（包括开发和引进的新工艺技术、工程技术和管理技术）应遵循安全性、经济性和先进性的原则。

（8）总承包项目经理部应依据合同约定和工程总承包企业知识产权有关规定，对项目所涉及的知识产权进行管理。

（9）工程总承包企业对项目有关著作权、专利权、专有技术权、商业秘密权和商标专用权等知识产权进行管理，同时尊重并合法使用他人的知识产权。总承包项目经理部应充分运用工程总承包企业的各种知识产权，同时遵照企业有关规定，完善项目所涉及知识产权的保护和管理。

（10）工程总承包企业应鼓励项目采用"四新"技术，发挥技术价值。

19.6.2　项目技术管理组织体系

总承包项目经理部应建立项目技术负责人为首的项目技术管理体系。

具体管理体系应包括：

1. 项目技术管理体系

总承包项目经理部应明确管理职责和分工，并绘制图表列明人员。如有科技成果推广应用项目时，应成立科技成果推广应用领导小组。

2. 主要技术管理人员职责

技术管理责任制可以单独成文，也可以结合其他责任制内容，形成综合责任制文件。

3. 项目技术管理制度

项目技术管理制度应包括设计管理制度、图纸审查制度、技术交底制度、技术复核制度、方案管理制度、技术检验制度、工程质量检查验收制度、技术培训制度和计量管理制度等。

19.6.3　施工组织设计及专项实施方案

总承包项目经理部应建立专项施工方案编制清单，明确方案编制，列出明细表，可参见表 19-1。

项目管理计划文件编制一览表　　　　　　　　　　　　　表 19-1

序号	方案所属类别	方案名称	编制时间	编制人	审批人	实施人
1	项目管理策划	项目管理计划				
2	项目实施计划	项目管理实施方案				
3		项目管理机构组成方案				
4		项目资源配置计划				
5		项目协调程序				
6		项目风险管理计划				
7		分包计划				
8		分包管理实施方案				
9		……				
10	专项施工方案	危险性较大分部分项工程专项施工方案				
11		……				

序号	方案所属类别	方案名称	编制时间	编制人	审批人	实施人
12	职业安全健	项目职业安全健康管理实施方案				
13	康、环境管	项目环境管理实施方案				
14	理实施方案	……				

19.6.4　危大工程专项施工方案

（1）工程总承包企业应当在危大工程施工前，应组织工程技术人员编制专项施工方案。专项施工方案编制应严格执行《危险性较大的分部分项工程安全管理规定》（中华人民共和国住房和城乡建设部令第 37 号）、住房和城乡建设部办公厅《关于实施〈危险性较大的分部分项工程安全管理规定〉有关问题的通知》（建办质〔2018〕31 号）相关规定。

（2）实行施工总承包的，专项施工方案应当由施工总承包企业组织编制。危大工程实行分包的，专项施工方案可以由相关专业分包单位组织编制。

（3）专项施工方案应当由施工单位技术负责人审核签字、加盖单位公章，并由总监理工程师审查签字、加盖执业印章后方可实施。

（4）危大工程实行分包并由分包方编制专项施工方案的，专项施工方案应当由总承包单位技术负责人及分包单位技术负责人分别审核签字并加盖单位公章。

（5）对于超过一定规模的危大工程，施工单位应当组织召开专家论证会对专项施工方案进行论证。实行施工总承包的，由施工总承包单位组织召开专家论证会。专家论证前专项施工方案应当通过施工单位审核和总监理工程师审查。

（6）专家应当从工程所在地住房和城乡建设主管部门建立的专家库中选取，符合专业要求且人数不得少于 5 名。与本工程有利害关系的人员不得以专家身份参加专家论证会。

（7）专家论证会后，应当形成论证报告，对专项施工方案提出通过、修改后通过或者不通过的一致意见。专家对论证报告负责并签字确认。

（8）专项施工方案经论证需修改后通过的，施工单位应当根据论证报告修改完善后，重新履行审批程序。

（9）专项施工方案经论证不通过的，施工单位修改后应当按照本规定的要求重新组织专家论证。

19.6.5　施工材料、方法、工艺和方案选择

（1）工程总承包企业应根据项目的特点和重难点，组织编写具体可行的施工组织设计或专项施工方案，选择适当的安全可靠的施工材料、方法、工艺和方案等，并报送监理工程师审查。

（2）施工材料、方法、工艺和方案应符合国家的技术政策，充分考虑工程总承包合同规定的条件、现场条件及法规条件的要求，突出"质量第一、安全第一"的原则。施工材料、方法、工艺应有较强的针对性、可操作性，应考虑技术方案的先进性、适用性以及是

否成熟。

（3）施工材料、方法、工艺和方案应考虑现场安全、环保、消防、文明和绿色施工符合规定。

（4）施工单位应严格按照监理工程师审查或经专家论证通过的施工材料、方法、工艺和方案等进行施工。如需变更，应对变更部分重新编写施工组织设计或专项施工方案，选择适宜的安全可靠的施工材料、方法、工艺和方案等，并报送监理工程师审查。

19.6.6 "四新"技术推广应用

根据工程实际情况，明确拟采用"四新"技术推广应用清单及技术经济分析，列出明细表，可参考表 19-2 编制。

"四新"技术推广应用一览表

表 19-2

序号	"四新"技术	应用部位	主要技术指标	经济效益	责任人	备注

第 20 章　项目沟通与协调

20.1　沟通与协调的基本要求

20.1.1　沟通与协调的原则

良好的沟通是一切组织存在的基础，是项目团队正确决策的前提和基础，是统一思想行动一致的工具，是解决项目成员间障碍的基本方法。协调的程度和效果常依赖于各项目参加者之间沟通的程度。

在工程总承包项目中，对外有建设方、监理方、造价咨询方和行业主管部门，对内有管理团队、设备材料供应商、分包商，相关干系人众多。各方乃至总承包项目经理部内部不同岗位间都有不同的任务、目标和利益，是个极其复杂的临时组织，必然存在矛盾和冲突，亦有共同的目标。一般来说，工程安全、质量和进度目标都是一致的，但在工程费用方面不同单位间必然存在博弈，这就显示出项目管理中沟通与协调的重要性。

项目沟通的内容包括项目建设有关的所有信息，工程总承包商的项目经理的主要工作之一就是与各方的沟通与协调。要做好工程总承包项目的沟通与协调工作，应遵循如下原则：

（1）制定沟通与协调计划。

（2）尽早沟通和事先沟通。

（3）沟通渠道要直接，要有反馈机制。

（4）项目协调要统一出口。

（5）沟通及协调的成果及时留档。

20.1.2　项目沟通与协调的方式

项目管理中沟通与协调的方式分为口头沟通、书面沟通和会议沟通。选择沟通方式时主要考虑沟通需求的紧迫程度、有效性和待沟通事项的复杂程度，工程总承包商在与不同干系人沟通协调时的主要方式要有所区别。对外、对内跨部门及供应商分包商的沟通以书面沟通或会议沟通为主，必须要留下痕迹，以便于追溯；对总承包项目经理部内部团队以口头沟通为主，提高工作效率；协调要以书面指令为准，避免信息丢失和出现歧义。

1. 口头沟通与协调

该方式主要行为包括口头汇报、会谈、讨论、演讲、电话等，该方式是最直接、高效和常用的方式，缺点是容易表达不清、信息易丢失、易产生歧义，不易追溯。该方式一般应用于初步沟通，就某事项相互了解态度和想法，或对某事项说明或澄清。

2. 书面沟通与协调

该方式是以文字为媒体的信息传递，一般可分为来往文函和书面报告。这种方式比较经济，沟通时间短而准确，有记录可追溯，是主要的沟通协调方式。工程总承包商对来往文函都要做收发文登记，收发文应包括电子邮件、微信、QQ等电子文件的收发。收发文登记要写明文件编号、文件名称、来文或收文单位、签收人、日期、时间、份数、文件形式。总承包商要积极向建设方提交书面报告，一般包括周报、月报或阶段汇报。

3. 会议沟通与协调

这种方式的用时一般相对较长，常用于解决较重大、较复杂的问题。工程总承包项目的会议可分为日例会、周监理例会、周（月）生产例会、周质量安全例会和专题会等。一般会议都应到会签到、会中录音和会后整理形成会议纪要以留存和派发。专题会一般应事先发会议通知，明确会议主题、时间地点、参加人员、会议议程及参加人员需准备事项。

20.2 外部沟通与协调要点

20.2.1 与建设单位的沟通与协调

建设单位项目负责人代表项目的所有者，对项目起到主导作用，要取得项目的成功，必须获得建设单位的支持。工程总承包企业的项目经理负责同建设单位项目负责人沟通与协调，项目经理首先应理解项目总目标和建设单位的意图，反复阅读合同或项目任务文件。在严格履行总承包合同的基础上，积极沟通协调争取建设单位在资金拨付、外部环境、设备材料认质认价（如果有）等方面的支持。主要的沟通协调内容如下：

（1）及时和定期向建设单位提交项目进度计划、工程周报或阶段报告，便于建设单位随时掌握项目进展实际情况。

（2）按时按要求参加建设单位组织的项目会议，会议前应尽可能了解会议的意图并做好准备工作。

（3）对建设单位的书面工作指令，首先要核实是否在合同范围内，是否属于需求变更，是否对工期、造价有影响。

（4）与建设单位沟通过程中的口头指令，总承包商应及时办理书面指令确认。

（5）在项目会议上，建设单位发出的工作指令，总承包商应核实是否在会议纪要中准确描述，如果没有体现或没有准确表述，应及时提出修改。

（6）积极配合建设单位接待外部检查、考察、视察，树立良好的工程现场形象。

（7）在与建设单位就合同执行发生争议时，依据国家及地方法律法规、合同原则、投标文件、招标文件，本着求同存异的原则，多层次多角度沟通协调。

（8）与建设单位在技术层面、工程进度方面发生争议时，要坚守安全和质量底线。

（9）与建设单位在设备材料认质认价或费用变更或款项支付等经济问题存在争议时，应严格按照合同约定执行，合同中未涉及或不明确或有歧义的，应首先咨询律师，做好预案后再与建设单位沟通，争取最有利条件。

（10）工程所有与建设单位来往的文件资料均按本地工程建设项目档案馆的具体要求收集整理归类管理，便于竣工资料验收及交接。

20.2.2　与监理单位的沟通与协调

我国当前的工程建设管理，监理单位作为五方责任主体之一，受建设单位委托，对工程建设的安全、质量、进度和费用进行监督管理。总承包项目经理部应积极与监理单位沟通，在安全管理和质量管理方面与监理单位达成一致，积极推进项目进度。一般总承包项目经理部可安排施工负责人或技术负责人负责同监理单位的沟通与协调，主要的沟通协调内容如下：

（1）总承包项目经理部应充分了解监理工作的性质、原则，尊重监理人员，对其工作积极配合，始终坚持双方目标一致的原则，并积极主动地工作。

（2）总承包项目经理部应定期及时向监理机构提供开工报告、进度报告、项目计划、分包资料、质量报验资料、安全管理资料等，按时按要求参加监理组织的监理例会和专题会，主动接受监理单位的监督和管理，及时回复监理指令，对监理提出的现场问题及时整改及回复。

（3）在合作过程中，总承包项目经理部应注意现场变更签证工作，对建设单位发起的变更、材料改变或特殊工艺以及隐蔽工程等应及时得到监理人员的认可，并形成书面材料。对自身原因造成的变更，也应征得建设单位和监理单位同意后实施。

（4）在施工过程中，对工程质量、工期、进度及安全文明施工等相关事宜，严格按照监理单位审批的施工组织设计或专项方案执行。

（5）所有进入现场使用的成品、半成品、设备、材料、器具，均主动向监理工程师提交产品合格证或质保书。使用前，应进行物理化学试验检测的材料，主动联系监理工程师进行材料的进场复验，复验结果合格后方投入工程使用，以免造成因所使用不合格材料、设备引起工程返工给工程造成浪费。

（6）按分部分项工程质量验收程序进行工程质量检查，严格执行"上道工序不合格，下道工序不施工"的准则，积极配合项目监理工程师开展监理工作。对工程中可能出现的工作意见不一的情况，应遵循"先执行监理的指导后予以磋商统一"的原则，在现场质量管理工作中，维护好监理工程师的权威性。

（7）工程质量以总承包项目经理部自检、交接检、专检三级内部检查合格后，再报请监理工程师验收和检查，对监理提出的质量、安全、进度等问题予以及时整改。

（8）总承包项目经理部应积极配合监理单位的日常工作检查，并给予工作上的方便。在施工过程中监理单位对工程质量、进度和安全等方面提出的各项指导性意见和要求，总承包项目经理部立即进行核实、答复和整改，直至符合监理单位提出的要求为止。

（9）工程所有与监理单位来往的文件资料，均按本地住房和城乡建设部门及建设档案馆的要求收集整理归类管理，在项目竣工时验收和交接。

20.2.3　项目外部环境的沟通与协调

我国的工程建设受到政府行业主管部门包括发展改革、住房和城乡建设、环保、城管、公安等部门的监管，项目施工也可能会影响到项目所在地的周边居民，外部环境直接影响项目是否能顺利进行。总承包项目经理部应设置专人负责对外关系的沟通与协调。主要的沟通与协调工作有：

（1）积极发挥建设单位的本地资源关系，共同解决影响项目进展的外部条件问题。

（2）在工程建设许可办理阶段，积极协助建设单位办理各项手续。

（3）在施工许可办理阶段，按照工程建设审批流程的要求，及时准备各类文件，缴纳费用，积极协助建设单位办理各项手续，取得施工许可证。

（4）项目进场后，应主动到本地工程质量监管部门、工程安全监管部门沟通，了解本地对工地监管的具体要求，针对性编制管理方案和沟通计划。

（5）项目进场后，积极与本地周边居民村或街道办事处沟通，说明项目情况，对夜间施工或其他施工可能出现扰民的情况，总承包项目经理部应预先沟通并采取相应措施。

（6）项目进场后，应与城管部门沟通，办理审批运输不遗洒、污水不外流、垃圾清运、场容与场貌等保证措施方案和通行路线图。

（7）在土建施工阶段的混凝土运输和大型设备运输时，应提前与交通管理部门沟通，核实运输路线并取得相应许可。

（8）主动与属地公安部门、劳动监察部门沟通，汇报项目工人情况及在项目临建区住宿的人员情况，办理相关手续，配合公安部门、劳动监察部门的各项教育、检查工作。

20.3　内部沟通与协调管理要点

20.3.1　项目经理部内部的沟通与协调

工程总承包项目经理部内部沟通与协调应建立在内部管理制度和流程的基础上，对于工程实施过程中出现的内部协作问题，部分是职责不清造成的。对于该部分问题通过明确职责分工和内部培训解决，有些问题是因不同部门利益、不同角度及不同认识造成的，这就需要项目经理组织沟通和协调。总承包项目经理部内部沟通与协调管理的要点有：

（1）总承包项目经理部应制定内部管理制度和流程，明确总承包项目经理部岗位职责和工作流程，明确内部信息沟通机制。

（2）总承包项目经理部应组织内部集体学习总承包合同和招投标文件，掌握项目目标要点。

（3）在设计交底及图纸会审环节，全体总承包项目经理部人员包括预算人员都要认真研读图纸，重点核查图纸中是否有表达不清、专业图纸内是否有前后矛盾、专业间是否有不匹配等问题。

（4）项目执行过程中，总承包项目经理部技术负责人应高度重视某专业变更可能导致其他专业变更问题，注意对变更图纸的全员交底。

（5）总承包项目经理部内部应通过每日例会、每周例会制度，加强内部的信息交流沟通，通过会议形式，项目经理协调解决内部事项。

（6）总承包项目经理部应设置专人负责图纸版本的管理，包括电子版图纸版本的管理。

20.3.2　与供应商及分包的协调与沟通

工程建设中总承包项目的设备供应商和分包商是总承包商的重要组成部分，其履约能力、服务质量直接影响总承包商的履约能力和服务质量，如对其管理不善会严重影响项目总体目标，严重时会对总承包商造成重大损害，是总承包管理的重点管理对象。总承包项目经理部与其沟通和协调至关重要，主要包括如下内容：

（1）在供应商确定后，总承包项目经理部采购负责人应向供应商的主办人进行履约宣贯，宣讲合同主要条款、验收具体要求、付款流程及所需要的资料等，让供应商明确总承包商的办事流程，积极配合总承包商的设备材料供应及提供相应的技术服务。

（2）在分包商确定及进场后，总承包项目经理部施工负责人应组织对分包总承包项目经理部全体人员进行履约宣贯；宣讲项目总体目标、分包合同主要条款、现场各项管理制度、变更流程、付款流程、材料及分部分项工程报验流程、会议要求、资料要求等，让分包商了解总包的管理要求和工作方式，积极配合总包各项工作。

（3）总承包项目经理部应定期组织生产会，检查分包的施工质量、安全和进度情况，督促和跟进分包按照总包的要求组织施工。

（4）总承包项目经理部应高度重视对供应商和分包商的图纸交底和施工方案技术交底工作，交底对象要深入分包的劳务作业层面。

（5）总承包项目经理部应采用书面文件明确供应商或分包商与其他专业单位之间的工作界面和技术接口条件，并应组织各方签字确认。在施工过程中，对有争议的界面，总承包项目经理部应及时补充完善确定，不能含糊。对有复杂技术衔接的工作，应事先组织技术测试。

（6）对于分包商范围内提供的材料，总承包项目经理部在向监理单位报验前，应先内部组织验收，确保品牌、质量符合合同约定后方可向监理报验。

（7）总承包项目经理部应安排专人负责对分包范围内的工程进行质量检查，质量检查要实测实量，确保其质量标准达到总包要求的标准。

（8）总承包项目经理部应直接管理分包的安全管理人员，监督和指导其完成每日规定的安全管理活动，对发现的安全隐患要立即处置。

（9）当分包在质量、安全、进度等方面不能满足总包要求且督促无效时，项目经理要约谈分包单位负责人，按照合同约定采取处罚措施督促改正。

（10）当分包之间在工程界面、技术接口、经济利益等方面存在争议时，项目经理应依据合同和项目整体利益最优原则，积极沟通协商解决。

20.3.3 与企业管理部门的协调与沟通

总承包项目经理部是总承包企业派出的临时机构，一般都与企业管理层签订项目管理目标责任书，代表企业履行总承包合同。总承包项目经理部会受企业有关职能部、室的指导，既是上下级行政关系，又是服务与服从、监督与执行的关系。企业管理部门会更多从风险管控角度对总承包项目经理部的工作进行监督、指导和审批，就项目的实际情况，总承包项目经理部应积极与企业管理部门沟通和协调，主要的沟通和协调内容有：

（1）总承包项目经理部应按照企业内部管理制度，及时报批项目管理方案、施工组织设计、施工专项方案、项目进度计划、项目阶段报告等，让企业管理部门及时掌握项目进展情况。

（2）项目采购中属于企业总部组织采购的，总承包项目经理部设置专人积极配合相关部门完成采购工作；项目采购中属于总承包项目经理部组织采购的，总承包项目经理部应严格按照企业采购制度流程进行采购，将采购过程文件留档备查。

（3）项目供应商及分包合同都需要企业管理部门审批，在与对方就合同条款达成一致后提交企业管理部门评审，对于管理部门提出的修改意见要及时与对方沟通，在有重大分歧时应组织专题会沟通和协调。

（4）项目付款应按照公司的付款审批流程，组织付款资料及完成总承包项目经理部级别的审核，在提交付款流程后，应设置专人跟进审批流程，对企业管理部门提出的问题及时澄清和修正，以便尽快完成付款。

（5）总承包项目经理部应定期将工程资料扫描成电子版发回企业总部留档。

第21章 项目风险管理

21.1 项目风险管理体系和职能

项目风险管理是指通过风险识别、分析和评估来认识项目风险，并以此为基础合理地采取风险应对措施和管理方法，对项目的风险实行有效的控制，妥善地处理风险事件造成的不利后果，以最少的成本保证项目总体目标实现的管理工作。

工程总承包项目应建立项目风险管理体系，遵循"全面管理、预防为主、防控结合"的原则，提高整体项目风险管理能力，确保项目顺利、有效实施。

（1）明确风险管理职责和要求；

（2）编制项目风险管理程序，负责项目风险管理的组织和协调；

（3）全面识别具体项目风险源，分析风险特征，评估风险结果，输出项目风险报告；

（4）制定具体项目风险管理计划，确定项目风险管理目标；

（5）项目风险管理应贯穿于项目实施全过程，宜分阶段、分节点进行动态管理；

（6）项目风险管理宜采用适用的方法和工具；

（7）通过汇总已发生的项目风险事件，建立并完善项目风险数据库和项目风险损失事件库。

通过综合策略、措施、技术达到消除、减小或转移风险的目的。

21.2 项目风险分析

风险的概念是指不确定性的影响。工程总承包项目的风险，就是指在工程总承包项目的实施过程中，由于一些不确定因素的影响，使项目的实际收益与预期收益发生一定的偏差，从而有蒙受损失的可能性。

项目风险分析主要包含对外部和内部因素的调查研究，分析发生各种风险的可能性及危害程度，对风险做出客观的综合评价，从而作为制定和采取应对策略、措施、技术的依据。外部因素应考虑来自国际、国内、地区或当地的各种法律法规、技术、竞争、市场、文化、社会和经济环境等，内部因素应考虑与组织的价值观、文化、知识和绩效等有关的因素。企业进行风险分析，应当充分吸收专业人员，组成风险分析团队，严格按照规范的程序开展工作，确保风险分析结果的准确性。

通常采用的风险分析方法包括综合模型分析法、经验估计法、概率分析法、敏感分析法等方法。

（1）综合模型分析法是将各种有效的定量指标和定性分析，通过统计和理论模型相结合进行综合判断，来分析和研究认识风险的方法。

（2）经验估计法是指项目管理人员以自己多年积累的工作经验和掌握的相关资料为依据，凭借直觉对项目风险作出判断，这是实际项目管理应用中最广泛、有效的分析方法。其中，相关资料一般包括类似地区、项目发生的历史事件记录，政府、有关部门的报告及数据统计，专题调查研究及行业报告，专业人员的工作访谈或工作记录，专业咨询，统计推论、流程分析、情景模拟分析、系统工程技术方法，头脑风暴等。

（3）概率分析法是指运用概率分析的办法衡量不同方案中风险发生的概率比较，通过建立数据模型，推导各种风险发生的可能性及产生的损失结果。

（4）敏感分析法是指在项目决策时，从众多风险因素中找出对项目指标有重要影响的敏感性因素，并分析、测算其对项目指标的影响程度和敏感性程度，确定波动范围及承受代价，防止决策失误造成的项目重大损失。

风险分析结果，通常以评估报告的方式表达。主要内容有风险的主要事项（风险因素、概率、时间、影响、交互所用），风险的损失（工期损失、经济损失、质量损失、功能损失、使用效果损失），风险事项的级别等。

项目风险评估的基本方法有调查和专家打分法、层次分析法、模糊分析法、影响图法、故障树分析法、PERT 网络分析法等。项目部结合实际情况，遵照"最低合理可行"的原则，制定合适的风险评估准则，明确不同风险的可接受标准。"最低合理可行"原则是当前国际上衡量风险可接受水平普遍采用的项目风险判断原则，根据风险的严重程度将其进行分级。

21.3 项目风险评估

项目应当根据设定的控制目标，全面、系统、持续地收集相关信息，结合实际情况，及时进行风险评估。开展风险评估，应当准确识别与目标相关的内部风险和外部风险，确定相应的风险承受度。风险承受度是能够承担的风险限度，包括整体风险承受能力和业务层面的可接受风险水平。

识别内部风险，应当关注下列因素：

（1）项目经理及其他高级管理人员的职业操守、员工专业胜任能力等人力资源因素。

（2）组织机构、经营方式、资产管理、业务流程等管理因素。

（3）研究开发、技术投入、信息技术运用等自主创新因素。

（4）财务状况、经营成果、现金流量等财务因素。

（5）营运安全、员工健康、环境保护等安全环保因素。

（6）其他有关的内部风险因素。

识别外部风险，应当关注下列因素：

（1）经济形势、产业政策、融资环境、市场竞争、资源供给等经济因素。

（2）法律法规、监管要求等法律因素。

（3）安全稳定、文化传统、社会信用、教育水平、消费者行为等社会因素。

（4）技术进步、工艺改进等科学技术因素。

（5）自然灾害、环境状况等自然环境因素。

（6）其他有关外部风险因素。

应当采用定性与定量相结合的方法，按照风险发生的可能性及其影响程度等，对识别的风险进行分析和排序，确定关注重点和优先控制的风险。

应当根据风险分析的结果，结合风险承受度，权衡风险与收益，确定风险应对策略。

应当合理分析、准确掌握董事、经理及其他高级管理人员、关键岗位员工的风险偏好，采取适当的控制措施，避免因个人风险偏好给企业经营带来重大损失。

应当综合运用风险规避、风险降低、风险分担和风险承受等风险应对策略，实现对风险的有效控制。

工程项目至少应当关注下列风险：

（1）立项缺乏可行性研究或者可行性研究流于形式，决策不当，盲目上马，可能导致难以实现预期效益或项目失败。

（2）项目招标暗箱操作，存在商业贿赂，可能导致中标人实质上难以承担工程项目、中标价格失实及相关人员涉案。

（3）工程造价信息不对称，技术方案不落实，概预算脱离实际，可能导致项目投资失控。

（4）工程物资质次价高，工程监理不到位，项目资金不落实，可能导致工程质量低劣，进度延迟或中断。

（5）竣工验收不规范，最终把关不严，可能导致工程交付使用后存在重大隐患。

应当建立和完善工程项目各项管理制度，全面梳理各个环节可能存在的风险点，规范工作流程，明确职责权限，做到决策与策划、概预算编制与审核、项目实施与价款支付、竣工决算与审计等不相容职务相互分离，强化工程建设全过程的监控，确保工程项目的质量、进度和资金安全。

21.4 风险控制的基本方法

风险控制的基本方法有：

（1）风险规避：采取主动放弃或加以改变，以避免与该项活动相关的风险的策略。

（2）风险预防：采取措施消除或者减少风险发生的因素，是处理风险的一种主要方法。在项目决策阶段，通过对业主、分包商和供货商信用的分析，项目的可行性研究及时发现和计算有可能出现的各种风险，并据此采取各种相应的管理程序、管理方式和管理方法。在合同投标、报价阶段，合同商务谈判签订阶段多采用风险预防的方法。

（3）风险转移（或风险分担）：在危险发生前，通过采取方法或措施，将风险转移（分担）出去。一般来说主要有三种途径：一是将风险转移给相关方，比如承包商利用分包合同或采购合同转移自身承担的风险；二是将风险转移给担保人，比如银行保函；三是向保险公司投保将风险转移给保险公司，一旦发生损失则保险公司承担一部分风险。

（4）风险保留：在掌握充分信息时为寻求机遇而承担风险。一般来说有三种途径：一是小额损失纳入生产经营成本，损失发生时选择承担风险，用企业的收益补偿；二是针对发生的频率和强度较大的风险建立意外损失风险基金，损失发生时进行补偿；三是对于大型企业，可建立专业的保险公司。

21.5　战略风险识别、评估和控制

战略风险管理是指工程总承包企业在对现实状况和未来趋势进行综合分析及科学预测的基础上，制定并实施项目使命和目标、项目宗旨、长远发展目标与战略规划，以及其他重大事项决策。项目战略制定与实施过程中，应当注意战略风险的识别、评估和控制。

项目战略制定阶段，应注意避免以下风险：

（1）项目发展战略不明确或发展战略实施不到位，可能导致项目盲目实施，难以形成竞争优势，甚至丧失项目推进的机遇和动力。

（2）项目发展战略过于激进，脱离项目的实际能力或偏离主业的原始愿景，导致项目过度扩张，甚至经营失败。

（3）项目发展战略因主观原因频繁变动，导致资源浪费，甚至危及项目的生存和持续发展。

项目管理相关部门应针对战略风险广泛收集国内外项目战略风险失控导致总承包企业蒙受损失的案例，重点收集以下信息：

（1）国内外宏观经济政策以及经济运行情况、本行业状况、国家产业政策变化；

（2）与项目相关的科技进步、技术创新等内容；

（3）业主对本项目建设或服务的需求；

（4）与项目战略合作伙伴的关系，未来寻求战略合作伙伴的可能性；

（5）本项目主要客户、供应商及竞争对手的有关情况；

（6）与主要竞争对手相比，本项目部的优势与不足；

（7）本项目发展战略和规划、投融资计划、年度经营目标、经营战略，以及编制这些战略、规划、计划、目标的有关依据；

（8）项目实施过程中对外投融资流程中曾发生或易发生错误的业务流程或环节。

项目管理相关部门应对收集的战略风险管理初始信息和各项重大事项决策进行风险评估，找出影响战略实施的关键因素。

项目战略风险控制阶段，应切实结合项目具体情况。首先，应根据自身面临的内部环境、风险承受度以及风险偏好来确定战略风险管理策略。主要是风险承担、风险规避、风险转移、风险转换、风险补偿、风险控制等。其次，应根据战略风险管理总体策略，针对各类风险或每一项重大风险制定风险管理解决方案。方案一般应包括风险解决的具体目标、组织机构、所涉及的管理及业务流程，采取的具体工作措施等。最后，建立重大风险预警制度。对由于经济形势、产业政策、技术进步、行业状况以及不可抗力等因素造成的

重大战略风险进行持续不断的监测，及时发布预警信息，制定应急预案，并根据情况变化调整风险管理策略及控制措施。

21.6　市场风险识别、评估和控制

市场风险管理是指工程总承包企业围绕总体经营目标，建立健全市场风险管理体系，通过在市场开发、工程承揽全过程的各个环节执行风险管理的基本流程，使市场风险处于可控状态，为工程总承包企业总体经营目标提供有效保证。

做好信息跟踪、工程投标阶段风险管理的工作：

（1）在信息收集、信息跟踪阶段，应建立信息管理制度，经营部门应建立信息台账，并负责信息协调和定期更新。避免出现信息重复和信息浪费。信息跟踪单位应准确把握所跟踪项目的性质、类型、建设单位性质及与项目相关的风险因素，明确信息跟踪责任人、制订项目运作措施、提高项目中标率。

（2）应结合市场和自身实际情况，对工程总承包单位承接工程的类型、规模提出初步筛选标准，制订下限。对于不满足标准的工程项目，不允许承接，特殊情况下需报单位分管领导审批。

（3）应建立和完善工程投标前评审制度，对工程风险进行事前分析和预控，评审覆盖面应达到100%。在获取工程招标基本信息后，应组织相关部门对招标主体、招标条件、投标风险进行全面分析评审，对是否参与投标进行评审决策。

（4）投标前评审应根据风险级别进行分级评审。一类项目（高风险项目）指垫资5000万元（各单位可自行明确限额，下同）以上或BT（建设-移交模式）、BOT（建设-经营-转让模式）项目，应由工程总承包企业总经理主持召开总经理办公会议评审决策。二类项目（中度风险项目）指垫资5000万元以下，或月工程进度款支付比例70%及以下，或投标保证金和履约担保金超过国家法定限额的项目，应由分管领导主持，投标单位和相关部门参加召开专题会议评审。三类项目（低风险项目）指不需要垫资、月工程进度款支付比例70%以上、投标保证金和履约担保金符合国家法定限额的项目，由经营管理部门会同财务、法律部门进行评审。

（5）投标报价编制过程中应做好风险防范工作，重点防范材料涨价风险估计不足，组价出现缺、漏、错项，措施费计取不足，报价优惠幅度过大，未充分考虑发包人暂定价对报价的影响等风险因素，避免由于投标报价失误给工程总承包企业造成亏损风险。单位应建立投标报价决策分级审批制度，根据投标报价优惠幅度，由投标单位负责人、单位主管领导、企业负责人分级审批决策。

（6）工程总承包企业应制订合作项目管理办法，合作项目的信息筛选、工程投标、施工合同管理均应纳入市场风险管理体系统一管理。

工程总承包企业的市场风险管理应及早开始，在决定投标前应对业主欲发包的项目进行长期跟踪，收集基础及周边资料，做到在有限的投标期限内对市场风险做出尽可能充分的分析判断。在收到项目招标或议标信息后，工程总承包企业应及时启动市场风险管理

程序：

（1）深入调查工程所在地的政治、经济、社会、法律、税收、外汇情况，同时了解所在国家或地区的劳动力、原材料的价格情况，以便准确地进行风险识别和分析，将相应的风险费计入投标报价。

（2）仔细研读招标文件和合同文件，如果发现任何不严谨、措辞不当或有歧义的情况，立即与发包方书面沟通，并且将沟通结果记录、存档，减少由于主观或客观原因造成的文件含混导致的损失。

（3）深入了解发包方的资金支付情况。调查发包方出具的资金安排证明，若为政府项目，要调查其财政状况，以及是否存在由于财政紧张而拒绝支付的历史；若为私人项目，要调查公司的财务状况、公司资信情况。

（4）进行详细的现场勘查和考察。工程总承包企业应该在时间、人力、资金允许的情况下，尽可能详尽地考察现场的地质基础、水文气候、市政管网等条件。

（5）考察更多的供货商。工程总承包企业在技术标中列出一些供货商名单，可在合同执行阶段的供货商选择上为自己留下更多的余地。

21.7 合同风险管理

工程总承包企业合同管理，既是为了取得效益的经济活动，又是保障项目正常运营的法律行为。

合同谈判、签订阶段风险管理应注意以下几点：

（1）工程总承包企业应设立合同主管部门，明确负责人，对合同起草、谈判、评审工作全面负责。工程中标后，投标单位应在合同主管部门的指导下，进行合同的起草、洽谈工作。工程建设项目一般应采用住房和城乡建设部或所在省份《建设项目工程总承包合同示范文本》，市场开发（经营）部门、法律部门参与重大项目的合同谈判工作。

（2）工程总承包企业应建立和完善施工合同评审制度，规范合同条款、降低合同风险，实现风险规避，评审覆盖面应达到100%。在合同谈判初步达成共识后，合同主管部门应组织相关部门对合同条款进行分析评审。投标单位应就评审中提出的问题和修改建议与发包人进一步沟通，并将结果反馈给合同主管部门，评审提出的问题逐一落实封闭后，合同主管部门报单位领导审批签约。评审提出的问题与发包人再次沟通仍未达成一致的，应列入该项目的重点风险因素，在项目实施过程中进行化解（控制、转移、补偿）。

在合同签订阶段，工程总承包企业合同主管部门对项目的情况应完全掌握，在投标报价阶段对风险分析的基础上，更加准确地进行风险识别。正式签订合同时，尽可能消灭或降低风险因素，降低合同执行阶段风险发生的可能。

工程总承包企业应从合同内容和条款细节进行把握：

（1）规范用语：采用合同术语、法律词汇应该严谨、准确，内容完整、清晰，符合相关法律、法规、规章和习惯做法。尽量在标准文本的框架下进行合同拟定。

（2）工程范围：必须明确合同文件规定的工程范围，明确工程总承包企业与发包方、分标段招标的工程总承包企业与其他承包单位的责任范围。

（3）合同价款：工程总承包合同的合同价款通常是固定的封顶价款。合同价款的构成和计价货币，注意国外项目的汇率风险和利率风险；合同价款的调整方式，包含延期开工的费用补偿和对于工程变更的费用补偿。

（4）支付方式：审核发包方的付款能力；确定合理的分段支付方式；明确发包方对延期付款提供的保证；不要放弃工程总承包企业对于项目或已完成工程的优先受偿权。

（5）误期罚款：对于工程总承包企业造成的工程延误所产生的罚款。确定合理的工期和罚款的计算方法；确定合理的罚款的费率；规定罚款累计最高限额。

（6）性能指标罚款：对于工程总承包企业未达到工程性能指标所产生的罚款。明确发包方对于性能指标超标的拒收权；确定合理的性能指标和罚款的计算方法；确定合理的罚款的费率；规定罚款累计最高限额。

（7）工程总承包企业违约的总计最高罚款金额和总计最高责任限额：项目总计最高罚款金额应该低于各个分项的罚款限额的合计数额，通常不超过合同价款的 15％。项目总计最高责任限额包括缺陷责任期内的责任以及工程总承包企业在合同项下的任何其他违约责任，通常不超过合同价款的 20％。

（8）税收条款：明确划分工程总承包企业承担项目所在国的具体税收项。如有免税项目，明确免税项目细节。

（9）保险条款：明确工程总承包企业必须投保的险种、保险责任范围、受益人、重置价值、保险赔款的使用等；明确对于保险公司的自由选择权。

（10）发包方责任条款：规定发包方应向工程总承包企业按时、足额付款；规定发包方拖延付款的利息，规定由于发包方拖延付款造成的后果承担违约责任；明确发包方对施工现场提供的工作条件；各分标段招标的 EPC 合同项中，明确本企业与其他承包企业的工作权限、责任划分。

（11）法律适用条款和争议解决条款：对于法律适用条款通常均规定适用项目所在国的法律，注意国外项目尽量争取适用所在国法律的同时，更多地适用国际惯例；明确由于法规变化导致的造价增加的等额补偿。对于争议解决条款，避免在项目所在国或者发包方所在国仲裁，争取在第三国国际仲裁；明确选择仲裁机构和仲裁条款；明确规定仲裁裁决是终局的，对双方均有约束力。

合同交底阶段风险管理应注意以下几点：

（1）工程总承包企业应充分重视合同的交底工作，建立完善合同交底制度。中、小型项目由投标单位自行向项目经理部进行交底，特大型、大型项目由合同主管部门协助投标单位对项目经理部进行合同交底。确保项目经理部能够充分理解和把握合同精神，在施工管理过程中做好风险控制和风险转移、风险补偿工作。

（2）工程开工前由投标报价编制人向项目经理部进行报价交底，对材料价格、费用计取、报价优惠率、不平衡报价因素等进行交底讨论，确保项目经理部准确把握、理解报价构成和报价思路，在施工管理过程中预判预控风险、确保利润目标的实现。

工程总承包企业应重视合同风险跟踪管理。应定期对现行的市场风险管理制度和程序进行效果评价，根据政策、市场情况的变化，结合本单位实际情况和实施效果，对风险管理制度和程序进行适时调整和持续改进。

21.8 环境风险管理

环境风险管理是指工程总承包企业进行项目建设过程中面临的环境危害对于人体健康、社会经济、生态系统等所产生的风险进行有效管理和控制。环境风险管理是可持续发展的有利保障。

项目管理部应落实项目环境风险评估和管理工作：

（1）对项目所在地的公共环境资源和现场环境因素进行识别、分析，建立环境风险评估体系。

（2）编制环境风险管理实施计划，为实施、控制和改进环境管理计划提供必要的资源。

（3）确定项目环保管理人员，开展环境保护培训，提高项目全体人员的环保意识。

（4）对项目环境风险管理计划进行有效监察与监测，制定环境巡视检查和定期检查制度，动态识别潜在的风险因素和紧急情况，预防和减少对环境产生的影响。

（5）落实环境保护部门和监督部门对于工程建设的相关要求，建立良好的作业环境。

工程项目环境危害因素既包括水、气、声、光、渣等污染物排放或处置，能源、资源、原材料消耗以及危险品泄漏等人为因素，也包括暴雨、洪水、飓风、特别气象等自然因素，这些因素贯穿工程建设全过程。

项目管理部应减少人为因素对于环境风险的影响。做好三废、噪声、光污染的管理，项目施工、运输、装卸、存储、生活等产生的污水、有毒有害气体、粉尘物质、油烟、噪声、光污染等，应通过合理措施从源头上减少产生，并经过设备处理，把对于环境的破坏降到最低。做好项目节能减排工作，在保证质量、安全的前提下，做到"节能、节地、节水、节材"，优先使用节能、高效、环保的施工设备和机具，采用低能耗施工工艺，充分利用可再生清洁能源；施工现场物料堆放紧凑，减少土地占用，减少土方开挖量，保护周边自然生态环境；节约生产、生活用水，保护地下水资源，充分利用雨水资源；积极推广可靠的先进工程技术、施工工艺，采用新型环保材料，降低原材料浪费。做好危险品、污染源的排查处置，人员活动密集的区域禁止堆放危险品，隔离对人体健康有直接危害的污染源。

项目管理部应降低自然因素对环境风险的影响。自然因素往往是不可抗力因素，是不能预见、不能避免并不能克服的客观情况。项目管理部应通过预警、规避、转移、控制、自留等策略将风险降到最低。自然因素虽不可预见，但可以通过技术、经验等手段进行预先判断并做好警示工作，及时启动应急预案，从而合理调配生产资源、合理安排生产进度，尽可能规避、转移自然环境因素所产生的风险，减少损失。

工程建设应重视文明施工，在管理过程中应按照现代化施工的要求，使施工现场保持良好的施工环境和施工秩序，尽量做到最大限度减少由于项目建设而产生的对周围环境的影响，做到现场清整、物料清楚、操作面清洁、排放有序、保持生态平衡，追求自然、建筑和人三者之间的和谐统一，促进当地社会、经济和文化的良性发展。

21.9　造价风险管理

造价风险管理是指工程总承包企业对于工程建设成本和造价可能面临的风险通过系统、全面的分析，准确确定工程资金运转情况、保证合理开支与项目建设顺利进行，将项目利润和经济效益最大化的综合管理过程。

建设工程造价风险通常包括政策性调整风险、材料价格风险和工程总承包企业自主控制的风险：

（1）政策性调整风险，是指国家有关政策发生变化导致的价格风险。政策发生变化是指法律、法规、规章和政策发生变化，具体是指由市级及以上行政主管部门发布的关于税金、规费、安全文明施工费（含措施费中的环境保护费、文明施工费、临时设施费和规费中的安全施工费）、建设工程定额综合工日单价、建设工程施工机械台班单价、施工仪器仪表台班单价等政策性调整。

（2）材料价格风险，是指建筑材料、构（配）件、燃料等可调价材料在施工期间由于市场价格波动影响工程造价的风险。

（3）承包方自主控制的风险，是指承包方根据自身技术水平、管理、经营状况等能够自主控制的风险，如管理费、利润等。

加强工程造价风险管理的领导和监督，项目经理是工程造价、成本管理的第一责任人，会计是项目成本管理的直接责任人，共同负责项目造价和成本管理工作。根据风险分析结果，制定项目成本目标、成本控制计划，分解落实，责任到人，把工程造价和成本控制贯穿于整个项目建设的全过程，保证造价与成本始终处于动态受控状态。

在施工管理过程中，项目管理部应自觉接受政府、建设单位、监理单位等工程造价管理部门的管理，主动及时请示、汇报工程造价管理情况。严格履行合同中有关工程造价方面的条款，加强与建设单位、监理单位的联系，认真落实关键工作指令。合理编制施工方案，分区、分段、分项编制施工预算，应及时提供工程预算结果与依据，积极配合审查单位的审核，准确确定各项价款。对于工程变更和已经发生的工程调整，在规定允许的调整费用款项下，及时提出变更价款调整资料，积极配合建设单位和监理单位确定变更费用。施工过程中做好完整记录，全面收集整理项目工程造价的有关资料，定期累计计算已完工程款项，如实反映阶段性工作量与工程造价。工程竣工后根据签证、变更资料、施工图纸、相关造价文件及工程合同立即编制竣工结算，及时提交建设单位与监理单位审查，积极配合审查工作，准确确定工程造价，尽快落实回款。

工程总承包企业除进行自身造价风险控制以外，还应在其他方面注意造价风险管理。在与分包单位合作过程中，有计划、有依据地确定设计、采购、施工、试运行和培训相关单位，择优选择。实行采购预算管理制度，限额限量推行采购计划，控制订货价格、订货数量，减少采购中间环节，保持到货计划与项目计划一致性，合理调度优化路径，最大限度降低采购成本。严格培训所有工程人员，合理安排劳务公司作业程序，争取缩短作业周期，节省不必要开支，降低劳务成本。编制试运行计划，强化试运行团队业务能力，高效保持运转正常。

第22章 项 目 信 息 管 理

22.1 项目信息管理体系和部门职责

22.1.1 项目信息管理的内容和范围

1. 项目信息管理主要内容

明确项目信息流程；建立项目信息编码系统；建立项目信息采集制度；利用信息处理手段处理项目信息。

（1）明确项目信息流程

建设项目信息流程反映了工程项目建设过程中各参与单位、部门之间的关系。为了保证建设项目管理工作的顺利进行，项目管理人员应首先明确建设项目信息流程，使项目信息在建设项目管理组织机构内部上下级之间及项目管理组织与外部环境之间的流动畅通无阻。

（2）建立项目信息编码系统

项目信息的编码也称代码设计，是为事物提供一个概念清楚的唯一标识用以代表事物的名称、属性和状态。代码有两个作用：一是便于对数据进行存储、加工和检索；二是可以提高数据处理的效率和精度。此外，对信息进行编码，还可以大大节省存储空间。在建设项目管理工作中，会涉及大量的信息，不仅包括文字、报表，而且还有图纸、声像等，因此，不论是单靠人工进行数据处理还是利用计算机进行数据处理，都需要建立项目信息编码系统。这样，在一定程度上可以减少项目管理工作量，并大大提高项目管理工作的效率。对于大中型建设项目来说，没有计算机辅助管理是难以想象的，而没有适当的信息编码系统，计算机辅助项目管理的作用也难以充分发挥。

（3）建立项目信息采集制度

在工程项目建设的每一个阶段都要进行大量的工作，这些工作将会产生大量的信息，而这些信息中包含着丰富的内容，它们将是项目管理人员实施项目管理的重要依据。因此，项目管理人员应充分了解和掌握这些内容。建设项目信息的收集，是一项非常重要的基础工作。建设项目信息管理工作质量的好坏，在很大程度上取决于原始资料的全面性和可靠性。因此，必须建立一套完善的信息采集制度收集建设项目的各类原始资料。

（4）利用信息处理手段处理项目信息

工程项目的需要进行大量数据处理，应重视利用信息技术手段，基于互联网信息处理平台进行处理。该处理平台一般由一系列软硬件构成：数据处理设备、数据通信网络、软件系统、局域网、城域网、广域网。工程项目的各参建方往往分散在不同地点，因此，信息处理应考虑充分利用远程数据通信的方式，如：通过电子邮件收发信息；通过基于互联网的项目专用网站 PSWS 或基于互联网的项目信息门户（PIP）ASP 模式为众多项目服务的公用信息凭条实现业主方内部、业主方和项目参与方以及项目参与各方之间的信息交流、协同工作和文档管理；通过召开网络会议的方式；通过基于互联网的远程教育与培训等。

2. 项目信息管理的范围

（1）从级别和层次维度，项目信息管理包括：上级部门的信息；工程总承包企业项目经理部的信息；分包商的信息；项目外部的其他信息；

（2）信息来源的维度，项目信息管理包括：内部信息，即工程总承包企业项目经理部内部传递的信息；外部信息，即工程总承包企业项目经理部与业主、项目管理承包商（Project Management Contract，PMC）、监理等单位之间的往来信息；

（3）信息形式的维度，项目信息管理包括：各种书面文件，包括通知、报告、程序、申请、指令等工程管理文件和工程图纸、变更、方案、措施等技术文件；传真，传真文件的有效性应视同传真文件原件；信函，包括接收的信函以及发送的信函原件；电子文件，当面传递的电子版文件的载体或形式，包括光盘、软盘、USB 盘和计算机红外线对传、网络共享等。有效文件的电子扫描件可视为电子文件；电话，指一般意义上的通知、工作洽谈等信息交流。重要事件或紧急情况下的通知、要求、指令、承诺等，也应以电话先行联络，必要时应以适当的书面形式及时予以确认；会议纪要，指项目中的例会、专题会等会议的会议纪要。

22.1.2 项目信息管理组织体系

建设项目工程总承包中的信息管理有着至关重要的作用。通过对建设工程信息的收集、加工、存储、传递、分析和应用等过程，能够给项目各级决策提供依据，对项目各项工作进行协调，并提高项目各部门各人员之间的沟通效率。因此，为了保证项目信息的准确、详实、高效，有必要针对建设项目工程总承包中的信息管理建立一套相对应的信息管理组织体系。

1. 组织机构设置

工程总承包项目一般为矩阵式管理模式，项目经理对整个项目的执行实施负责，运用好公司的各种资源，对项目实施中的施工、财务、质量、安全等问题进行管控，以满足预期的建设要求。下设多种其他职能部门，包括：采购部、设计部、试运行部、施工部、控制部、安全部、财务部和信息管理部。

其中信息管理部为信息管理的主控部门，成员包括信息管理部门经理、信息负责人和互联网技术（Internet Technology，IT）工程师。信息管理部负责项目所有信息的汇总和管理，并与其他各部门下设的信息员协调配合完成信息的收集和处理等过程，如图 22-1 所示。

2. 各岗位职责分工

在了解建设项目工程总承包中的信息管理组织体系后，就需要明确各个部门和岗位在

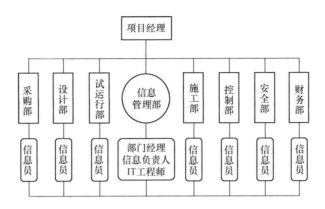

图 22-1　建设项目工程总承包项目信息管理组织体系

项目信息管理中所起的作用和要完成的任务，信息管理职能分配表见表 22-1。

建设项目总承包信息管理职能分配表　　　　　　　　　表 22-1

职能 任务	项目经理	信息管理部 部门经理	信息管理 部 IT 负责人	信息管理部 信息负责人	其他部门 信息员
对业主方的信息沟通，如文件签发	●				
信息管理人力和工作安排，信息管理模式的制定		●			
信息管理系统的建立和维护			●		
信息管理方法的编制和组织培训				●	
信息的收发、整理、归档				●	○
项目完成后项目信息的移交				●	
信息的管理和安全				●	○

注：●负责；○参与。

（1）项目经理

建设项目工程总承包项目经理在信息管理的过程中主要负责与业主方面的沟通，如发往业主的文件信息的签发。

（2）信息管理部门

信息管理部门是信息管理的核心部门，其中部门经理主要负责项目信息整体的管理和协调工作。

负责信息管理的人力计划和工作安排，明确人员的结构、分工和数量，细化工作的内容。

同时需要负责项目信息管理模式的制定，信息管理系统的规划以及信息管理体系的建立和推动。

若该项目需要建立信息管理系统，则由 IT 工程师负责系统和信息数据库的建立与维护，在项目内部建立局域网络，以实现信息的及时收集、传递和共享。

信息负责人需要根据信息管理模式和系统，编制适用的本项目信息管理方法，并组织培训学习，确保在项目建设过程中的有效运行。

负责信息管理部信息的收发、分类、整理和归档。

负责项目实施期间信息文件的印刷、分发，提供项目信息查阅和复印服务。

负责信息的整理分类和编码，在项目结束后负责项目信息的移交。

负责项目竣工文件信息的验收，确保正确记录。

参与项目信息的检查和指导，管理各部门产生和接收的文档，协助各参建单位、各部门信息的整编、归档工作。

负责建立信息往来的各种台账记录。

负责对内外各类信息的接收和发放，避免部门人员从多个途径获得信息文件，造成管理混乱。

做好防火、防盗、防虫等安全管理工作，确保信息资料的安全完好。

（3）其他各部门信息员

各部门信息员或兼职信息员需要负责本部门产生的信息的接收、分发，并按规范要求整理后移交归档。

接受信息管理部门的业务指导、培训和质量检查。

遵守项目信息的保密协议，严格执行信息管理的各项审批程序。

3. 人员/岗位配置

项目信息管理具体的人员和岗位配置需要根据工程项目的实际规模和情况进行调整。岗位设置，最好配置专门的信息管理部门进行集中的信息管理，协调管理各部门的信息管理人员。

一般的，信息管理部门需要一名部门经理，至少两名信息负责人，如果项目有建立信息管理系统的需要，还需设置一名IT工程师负责系统和数据库的建立维护。

其他各个部门需要各设置一名信息员，负责该部门信息资料的收发等管理，人员紧张可以由其他职能人员兼职。

22.1.3 项目信息管理制度体系

建设项目总承包中的信息数量多且庞杂，为了对项目过程中产生的信息进行有效的管理，从而提高人员的沟通效率、加快项目的推进速度、保证项目的实施安全等，有必要针对项目信息管理建立体系化的管理制度，从项目信息管理的各个方面和角度对信息管理的人员、目的、方法等进行指导和规范。项目信息管理制度体系一般需要项目信息收集、处理和归档规范、项目信息分类和编码规范、项目信息跟踪和监督规范、项目知识管理制度、项目信息安全管理规范和项目信息保密制度等。

1. 项目信息收集、处理与归档规范

项目信息的收集、传递整理等处理以及信息的归档，是项目信息管理中的关键流程。如果不对这个过程中的各个环节进行严格而有效的规范，那么可能会产生信息残缺、质量不齐、格式不规范、移交不及时等问题，给设计、施工、商务管理等方面造成严重的混乱。所以项目信息管理部门有必要针对项目的实际情况制定详细的信息流程规范。

项目信息收集、处理与归档规范中应包括项目需要收集哪些信息，收集信息的流程是什么，如何在项目的不同阶段进行收集，又由哪些人员负责和参与项目的收集，如何做好收集过程的记录；项目信息中收发文的规定，收发文需要哪些申请、需要哪些审批，信息传递如何做好有效跟踪记录；如何分门别类地对信息进行整理；如何对信息进行归档，如何对信息进行修复等处理。

2. 项目信息分类和编码规范

项目信息的整理和归档时，需要建立在项目信息有着明确清晰的分类和编码的基础上。因此项目信息管理部门有必要专门针对项目信息的分类和编码方法制定规范，保证信息管理相关人员整理归档信息的有效性和统一性，便于信息的查阅等处理。

项目信息分类和编码规范中，应包括项目信息的分类标准、项目信息的分类方法；项目信息编码的代码结构和组成，不同代码的意义和编码原则以及各部分代码的对应查询表。

3. 项目信息跟踪和监督规范

由于工程项目信息的复杂性，项目信息从不同的来源被收集，又会被传递到不同部门，因此在项目信息收集、处理归档全流程规范的基础上，需要保证建立信息的全过程保证体系，使信息在项目全过程中都处于受控状态，使收集整理归档的信息完整率、准确率高，内容齐全，丢失率低，数据可靠，覆盖面大，查找率高。

因此项目信息跟踪和监督规范应解决推诿扯皮等问题，建立合适的"信息保证金"收取规范；规定如何建立以信息管理部门为中心的保障体系；规范化信息管理的职责、流程和要求；规定由谁、如何去进行监督、检查和指导信息管理；如何组织提高全体人员对于信息管理的意识和素养的培训；如何进行档案信息的主动跟踪等。

4. 项目知识管理制度

建设项目中的知识管理一定程度上有别于对于文件档案等其他信息的管理，知识管理是指在项目系统构建一个量化和质化的知识系统，让项目中各部门的人员一起参与到知识获得、创造、分项、整合、记录、存取、更新、创新的过程，形成一个累积个人和组织知识的循环，成为项目管理和实施的智慧资本。因此需要针对项目知识制定专门的管理制度。

项目知识管理制度在制定时应考虑到如何识别和获取知识，如何采集现有的显性知识和如何获取隐性知识，如何实现隐性知识到显性知识的转化；如何进行项目知识的传递，规范人员在实际过程中的操作行为；如何组织培训学习、专家讲座和技术交流讨论会；如何通过激励机制去鼓励知识的创新、贡献和利用。

5. 项目信息安全管理规范

项目信息安全管理的目的是为了保证收集、整理归档的文件资料、计算机系统内的信息资料处于安全状态，避免受到自然或者人为的侵害，信息安全管理要本着严格管理、预防为主、防止结合、确保安全的原则。

项目信息安全管理规范应包括各部门各人员的信息安全管理职责规定，如何组织信息安全的培训教育，制定应对危险的应急预案；移交、借阅归档等过程的管控；纸质资料的维护维修方法；档案库房的所在位置规定和危险预防装置的部署；以及计算机系统信息的安全防护、物理防护、逻辑防护等规范。

6. 项目信息保密制度

建设项目工程信息中涉及很多属于单位或国家的核心机密，项目信息的保密问题关系到项目的顺利进行，乃至单位和国家的建设发展。因此，有必要将建设项目中的信息保密工作正规化、制度化。

项目信息保密制度包括项目信息的保密原则，相关组织机构的建立；以及信息保密的实施细则如不得对外透露技术内容，相关文件材料的销毁清理，重要会议的保密防范工作等。

22.1.4　项目信息管理技术方案

1. 总体思路

（1）基于互联网技术的总承包项目信息化管理平台是工程总承包企业所有。工程总承包项目信息化管理总数据库应设在工程总承包企业的所在地，例如称为地域1，其他各参与方（包括工程总承包方在施工地点的项目部）均设置子数据库。

（2）基于互联网技术的信息化管理平台仅是工程总承包企业信息化建设的一部分内容。工程总承包项目信息化管理系统不完全是工程总承包方的企业信息化管理系统，工程总承包企业的信息化建设涵盖了综合办公系统、项目综合管理系统、项目信息化管理系统等系统。

（3）基于互联网技术的信息化管理平台是为工程总承包项目服务的，也是为项目各参与方管理信息而服务的。项目各参与方产生各种信息，通过网络存储到总数据库，同时在本地备份，而项目各参与方也可以通过权限在异地通过互联网查询调用各种信息。

（4）基于互联网技术的信息化管理平台也可以为施工总承包项目服务。

2. 技术方案

（1）基于业务领导力模型（Business Leadership Model，BLM）的项目全生命期管理

工程总承包项目一般包括两个以上的建设阶段，以工程总承包模式的工程总承包项目为例，项目的范围涵盖整个建设期，包括立项决策阶段、方案设计、初步设计、施工图设计、施工准备（施工招投标）、施工阶段、竣工验收阶段和试运行服务。工程总承包项目信息管理的特点之一就是要保证项目的信息具有完整性、系统性和唯一性。在业务领导力模型BLM模式下，项目的信息正具备这几方面的特点。

建设基于业务领导力模型BLM工程全生命期管理是对建设工程信息的全面、系统的数字化。信息化是建筑行业发展的大趋势，而数字化是信息化的核心，同时业务领导力模型BLM要求增加信息处理的自动化和半自动化，这样可以大量减少信息处理过程中人的因素的影响，从而减少其中的随意性，避免失误。业务领导力模型BLM的信息管理更有条理性和逻辑性，避免了因多方管理、多次处理所造成的管理混乱，满足业务领导力模型BLM信息唯一性的要求。此外，业务领导力模型BLM也深化了参与各方之间信息交流和沟通的方式，改变了所传递信息的内容格式。软件之间的数据传递有可能部分或全部取代人员之间的文件发送，使数据传输内容提高准确性和完整性，同时也加强了建设工程信

息在参与项目的业主、设计人员、承包商、咨询人员等方面之间的共享程度。

（2）建立基于互联网技术的项目信息门户（图22-2）

项目信息门户是基于互联网技术为建设工程中项目各参与方信息交流、共同工作、共同使用和互动的管理工具。通常工程项目信息的沟通多数是点对点的沟通方式，在点对点的沟通模式下，信息的交流有很大的局限性。在这种交流模式下，建设工程项目信息分散掌握在参与项目的业主方、设计方、承包方等不同参与方的手中，整个建设工程的项目信息被分割成一个个孤岛，沟通困难，配合容易产生失误，从而使工作重复劳动比较低，整个行业的劳动生产率难以提高。从项目协调学的角度，工程项目中供方和需方的关系不应该建立在传统的工程计量和合同条款基础上，而应建立在项目建设各方共同核心价值的基础上。

对于每个项目建设参与方，都能找到比合同价值更重要的共同的价值基础：如更快地把项目交付给项目最终用户，共同为项目的最终用户创造更大的价值。项目协同的思想为项目建设中企业与企业之间的合作确定了新的价值理念，也为建立统一的项目信息管理平台和各组织之间的信息分享提供了全新的思想方法，同时互联网与电子商务技术也为项目信息门户（PIP）提供了技术实现的方案。对于建设工程的项目管理而言，数据与信息的共享与交换是至关重要的。建设基于业务领导力模型BLM工程全生命周期管理要求实现在项目全生命期内项目参与各方之间的建设信息共享，即逐渐积累起来的建设工程信息能根据需要对不同阶段参与项目的设计方、施工方、材料设备供应方、运营方等保持较高程度的透明行和可操作性。项目信息门户（PIP）允许项目所有参与方创建和使用项目的有关的信息，并且组织信息。PIP为项目信息创造了一个组织机制及随时存储信息的方法，而数字化数据格式以一种安全和精确的方式管理和共享数据。通过项目信息门户（PIP），可以创建丰富的数字化信息，管理整个全生命周期的数据，并在参与方之间共享信息，从而提高建设过程的生产效率。

工程总承包项目信息管理的特征要求工程总承包项目的信息管理满足远程管理、信息共享、交互的功能，建立基于互联网技术的项目信息门户PIP可以实现这个功能。

（3）建立业务领导力模型BLM技术管理的基于互联网技术的项目信息门户PIP

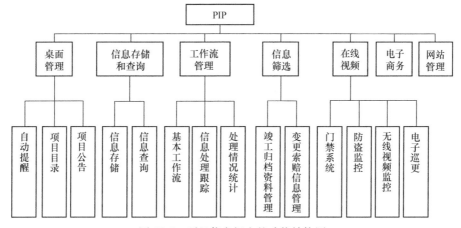

图22-2 项目信息门户的功能结构图

工程总承包项目信息化管理技术方案是建立工程项目生命周期管理业务领导力模型 BLM 的基于互联网技术的项目信息门户 PIP。

1）桌面管理：包括目录、信息自动提醒、公告的发布等。

2）文档管理：

文档的存储：文档的存储和上传（本地子数据库和中央数据库）版本控制。

文档的查询：经授权的项目参与各方可以在其权限范围内通过 Web 界面对中央数据库中的各种格式的文档进行查询、下载、在线批阅或在线修改。

3）工作流程管理：实现业务流程的全部或部分自动化，即根据业务规则在参与方之间自动传递文档、信息或任务。工作流程管理还包括信息处理的跟踪、处理情况的统计。

4）信息筛选管理：通过数据文件的设计，实现信息筛选管理，方便项目参与方在众多的信息中筛选需要的信息，形成文件夹。竣工归档资料管理：档案归档资料应与项目建设同步进行，竣工资料的积累、整编、审定等工作应与施工进度同步进行。在工程总承包项目竣工验收时，工程总承包单位必须要提交一份合格的档案资料及完整的竣工图纸，并作为竣工备案的条件之一。信息筛选管理功能可以进行档案归档资料的自动整理，形成文件夹。变更索赔资料管理：在数据库文件中对变更索赔信息进行查询筛选，形成变更索赔资料文件夹。

5）电子商务。

6）在线视频：在施工现场某些部位安有摄像头，使得项目参与各方能通过 Web 界面实时查看施工现场。包括门禁系统、防盗系统、电子巡更系统和无线视频监控系统。

7）网站管理：包括用户管理、安全控制、历史记录、界面定制、帮助和培训等。

22.2 项目信息管理计划

22.2.1 项目信息需求分析

1. 项目决策阶段的信息需求

决策阶段主要有以下几个方面的信息需求：

（1）批准的项目建议书、可行性研究报告及设计任务书；

（2）批准的建设选址报告、城市规划部门的批文、土地使用要求、环保要求；

（3）工程地质和水文地质勘察报告、区域图、地形测量图；

（4）地质气象和地震烈度等自然条件资料；

（5）矿藏资源报告；

（6）设备条件；

（7）规定的设计标准；

（8）国家或地方的监理法规或规定；

（9）国家或地方有关的技术经济指标和定额等。

2. 项目设计阶段的信息需求

在工程建设的设计阶段将产生一系列的设计文件，它们是业主选择承包商以及在施工阶段实施项目管理的重要依据。

建设项目的初步设计文件包含大量的信息，如建设项目的规模、总体规划布置，主要建筑物的位置、结构形式和设计尺寸，各种建筑物的材料用量，主要设备清单，主要技术经济指标，建设工期，总概算等。还有业主与市政、公用、供电、电信、铁路、交通、消防等部门的协议文件或配合方案。

技术设计是根据初步设计和更详细的调查研究资料进行的，用以进一步解决初步设计中的重大技术问题，如工艺流程、建筑结构、设备选型及数量确定等。技术设计文件与初步设计文件相比，提供了更确切的数据资料，如对建筑物的结构形式和尺寸等进行修正，并编制了修正后的总概算。

施工图设计文件则完整地表现建筑物外形、内部空间分割、结构关系、构造状况以及建筑群的组成和周围环境的配合，具有详细的构造尺寸。它通过图纸反映出大量的信息，如施工总平面图、建筑物的施工平面图和剖面图、设备安装详图、各种专门工程的施工图，以及各种设备和材料的明细表等。此外，还有根据施工图设计所作的施工图预算。

3. 项目施工招投标阶段的信息需求

在工程建设招标阶段，业主或其委托的监理单位要编制招标文件，而投标单位要编制投标文件，在招投标过程中以及在决标以后，招、投标文件及其他一些文件将形成一套对工程建设起制约作用的合同文件，这些合同文件是建设项目管理的法规文件，是项目管理人员必须要熟悉和掌握的。

这些文件主要包括：投标邀请书、投标须知、合同双方签署的合同协议书、履约保函、合同条款、投标书及其附件、工程报价表及其附件、技术规范、招标图纸、发包单位在招标期内发出的所有补充通知、投标单位在投标期内补充的所有书面文件、投标单位在投标时随同投标书一起递送的资料与附图、发包单位发出的中标通知书、合同双方在洽商合同时共同签字的补充文件等。

除上述各种文件资料外，上级有关部门关于建设项目的批文和有关批示，有关征用土地、迁建赔偿等协议文件，都是十分重要的文件。

4. 项目在施工阶段的信息需求

在工程建设的整个施工阶段，每天都会产生大量的信息，需要及时收集和处理。因此，工程建设的施工阶段，可以说是大量的信息产生、传递和处理的阶段，监理工程师的信息管理工作，也就主要集中在这一阶段。

（1）收集业主提供的信息

业主作为工程建设的组织者，在施工过程中要按照合同文件规定提供相应的条件，并要不时发表对工程建设各方面的意见和看法，下达某些指令。因此，监理工程师应及时收集业主提供的信息。当业主负责某些材料的供应时，监理工程师需收集业主所提供材料的品种、数量、规格、价格、提货地点、提货方式等信息。例如，有一些工程项目，如果在施工过程中由业主负责供应钢材、木材、水泥、砂石等主要材料，业主就应及时将这些材料在各个阶段提供的数量、质量证明、检验（试验）资料、运输距离等情况告知有关方面。监理工程师也应及时收集这些资料。

另外，业主对施工过程中有关进度、质量、投资、合同等方面的看法和意见，监理工程也应及时收集，同时还应及时收集业主的上级主管部门对工程建设的各种意见和看法。

（2）收集承包商提供的信息

在建设项目的施工过程中，随着工程的进展，在承包商一方会产生大量的信息，除承包商本身必须收集和掌握这些信息外，监理工程师在现场管理中也必须收集和掌握。这类信息主要包括：开工报告、施工组织设计、各种计划、施工技术方案、材料报验单、月支付申请表、索赔申请表、竣工报验单、复工申请、各种工程项目自检报告、质量问题报告、有关问题的意见等。承包商应向监理单位报送这些信息资料，监理工程师也应全面系统地收集和掌握这些信息资料。

（3）工程建设监理的记录

驻地工程师的监理记录是监理工程师在进行现场监理工作时，必须详细记录各施工部位的各种情况，这些记录是了解施工实际情况、解决合同纠纷、进行工程结算的重要基础资料。各级监理人员必须逐日认真加以记录。

工地日记主要包括：现场监理人员的日报表，现场每日的天气记录，监理工作纪要，其他有关情况与说明等。

现场监理人员的日报表主要包括如下内容：当天的施工内容，当天参加施工的人员（工种、数量等），当天施工用的机械（名称、数量等），当天发现的施工质量问题，当天的放工进度与计划施工进度的比较（若发生施工进度拖延，应说明其原因），当天的综合评语，其他说明（应注意的事项）等。

现场监理人员的日报表可采用表格的形式，力求简明，要求每日填报，一式两份。现场每日的天气应当主要包括如下内容：当天的最高、最低气温，当天的降雨、降雪量，当天的风力，当天的天气状况，因气候原因当天损失的工作时间等。若施工现场区域大、战线长，工地的气候情况差别较大，则应记录两个或多个施工地点的气象资料。

驻施工现场监理负责人的日记。主要包括以下内容：当天所作的重大决定；当天对承包商所作的主要指示；当天发生的纠纷及可能的解决办法；项目总监理工程师（或其代表）来施工现场谈及的问题，当天与该项目监理工程师（或其代表）的口头谈话摘要；当天对驻地施工现场监理工程师（监理人员）指示；当天与其他人达成任何协议，或对其他人的主要指示等。

驻施工现场监理负责人周报。驻施工现场监理负责人应每周向建设项目总监理工程师汇报一周内所发生的重大事件。

驻施工现场监理负责人月报。驻施工现场监理负责人应每月向建设项目总监理工程师及业主汇报下列情况：工程施工进度状况（与合同规定的进度作比较）；工程款支付情况；工程进度拖延的原因分析；工程质量情况与问题；工程进展中的主要困难与问题，如施工中的重大差错，重大索赔事件，材料、设备供货困难，组织、协调方面的困难，异常的天气情况等。

驻施工现场监理负责人对承包商的指示。主要内容包括：正式函件（用于极重大的指示）；日常指示，如在每日的工地协调会中发出的指示，在施工现场发出的指示等。驻施工现场监理负责人给承包商的补充图纸。

工程质量记录，主要包括试验结果记录（表）和样本记录（表）等。

来自工地现场会议的信息工地会议是监理工作的一种重要方法，会议中包含着大量的信息。监理工程师必须重视工地会议，并建立一套完善的会议制度，以便于会议信息的收集。会议制度包括会议的名称、主持人、参加人、举行会议的时间及地点等，每次会议都应有专人记录，会议后应有正式会议纪要。工地会议属于监理工程师行政管理工作的一部分，它包括开工前的第一次会议及开工后的经常性工地会议。第一次工地会议。这次会议应在监理工程师下达开工令之前举行。也即当监理工程师对第一次工地会议满意之后，才能下达开工令。第一次工地会议应使合同的所有基本规则得以规定，必须认真准备，以确保会议有一个良好的开端。

（4）收集来自其他方面的信息

在工程建设的施工阶段，除上述几个方面产生各种信息外，其他方面也有信息产生，如设计单位、物质供应单位、建设银行、国家及地方政府有关部门、供电部门、供水部门、通信及交通运输部门等都会产生大量信息，项目管理人员也应注意收集这些信息，它们同样都是实施建设项目管理的重要依据。

5. 项目竣工保修阶段的信息需求

在工程建设竣工验收阶段，需要大量与竣工验收有关的各种信息资料，这些信息资料一部分是在整个施工过程中长期积累形成的；一部分是在竣工验收期间，根据积累的资料整理分析得到的，完整的竣工资料应由承包商收集整理，经监理工程师及有关方面审查后，移交业主。

该阶段的信息需求主要有以下几个方面：

（1）工程准备阶段文件；

（2）工程监理文件；

（3）施工资料；

（4）建筑安装工程图和市政基础设施工程图；

（5）竣工验收资料；

（6）其他有关资料。

22.2.2 项目信息管理流程

项目信息流程主要反映建设工程项目与各有关单位及人员之间的关系。

1. 工程项目中的信息流

为保证工程项目管理工作的顺利进行，必须使信息在工程项目管理的上下级之间、有关单位之间和外部环境之间流动，称为"信息流"。在工程项目实施过程中，其产生的流程过程主要有以下几种：

（1）工作流：工作流构成项目的实施过程和管理过程，主体是劳动力和管理者。

（2）物流：由工作流引起物流。物流表现出项目的物资生产过程。

（3）资金流：资金流是施工过程中价值的运动状态。例如，从资金变为库存的材料和设备，支付工资和工程款，再转变为已完工程，投入运营后作为固定资产，通过项目的运营取得收益。

（4）信息流：工程项目的实施过程需要大量的信息，同时在这些过程中又不断产生大量的信息。这些信息伴随着上述几种流动过程，按一定的规律产生、转换、变化和被使用，并被传送到相关部门，形成项目实施工程中的信息流。信息流将项目中的工作流、物流、资金流，将各个管理职能、项目组织，将项目与环境结合在一起，它反映、控制和指挥着工作流、物流和资金流。

2. 工程项目信息流程的结构

见图 22-3。

3. 工程项目信息流程的组成

信息流程应反映项目内部信息流和有关的外部信息流及有关单位、部门和人员之间的关系，并有利于保持信息畅通。

（1）项目内部信息流

1）自上而下的信息流

2）自下而上的信息流

3）横向间的信息流

（2）项目与外界的信息交流

1）由外界输入的信息

2）项目向外界输出的信息

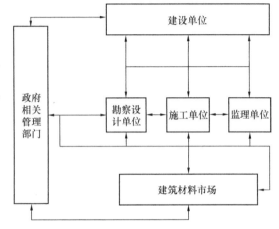

图 22-3 工程项目各参与方关系流程图

4. 工程项目信息流程示例图

见图 22-4。

5. 工程项目信息报告系统

（1）报告的重要性

在项目信息管理过程中，不同的参加者需要不同的信息内容、频率、描述、浓缩程度，必须确定报告的形式、结构、内容、采撷处理方式，为项目的后期工作服务。报告的重要性主要表现为以下几个方面：

1）作为决策的依据。

2）用来评价项目，评价过去的工作以及阶段成果。

3）总结经验，分析项目中的问题，特别在每个项目结束时都应有一个内容详细的分析报告。

4）通过报告去激励各参加者，让大家了解项目的成就。

5）提出问题，解决问题，安排后期的计划。

6）预测将来的情况，提供预警信息。

7）作为证据和工程资料，报告便于保持，因而能提供工程的永久记录。

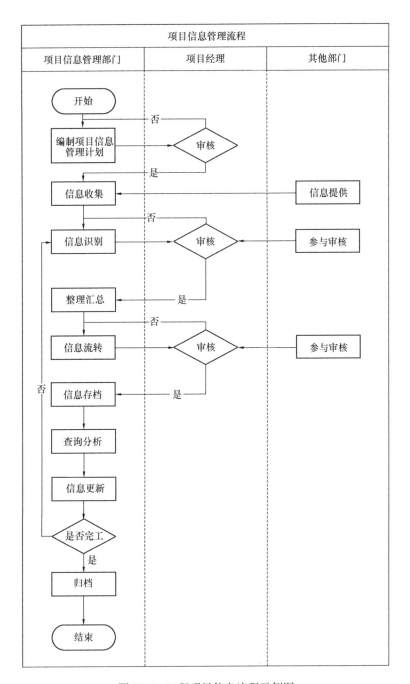

图 22-4 工程项目信息流程示例图

（2）报告的基本要求

为了达到工程项目组织间的信息顺利沟通与交流的目的，报告必须符合以下基本要求：

1）与目标一致。

2）规范化、系统化。

3）处理简单化，内容清楚，便于理解，避免造成理解和传输过程中的错误。

4) 符合特定的要求。

5) 有明显的侧重点。

（3）项目信息报告系统

建立项目报告系统的步骤：

1) 报告之前，应给各层次的人们列表提问：需要什么信息，应从何处来，怎样传递，怎样标识它的内容。

2) 在编制工程计划时，就应当考虑需要的各种报告及其性质、范围和频次，这可以在合同或项目手册中确定。

3) 原始资料应一次性收集，以保证其有相同的信息、相同的来源。资料在纳入报告前，应对其进行可信度检查，并将计划值引入以便对比。

4) 报告从最底层开始，它的资料的最基础的来源是工程活动，包括工程活动的完成程度、工期、质量、人力、材料消耗、费用等情况的记录，以及试验验收检查记录。上层的报告应由上述职能部门按照项目结构和组织结构层归纳总结，做出分析和比较，最后形成金字塔形的报告系统。

5) 项目月报作为项目信息管理中最重要的项目总体情况报告，通常包括以下部分：概况，项目进度的详细情况，预计工期计划，按分部工程列出各个施工单位、项目组织状况说明。

22.2.3 项目信息采集、传递、整理和归档的规定

1. 项目信息采集

项目信息采集是项目信息管理中的第一步，是后续各环节得以开展的基础。全面、及时、准确地识别、筛选、收集原始数据是确保信息正确性与有效性的前提。面对多变的工程项目过程，在数据采集过程中，应坚持目的性、准确性、适用性、系统性、及时性、经济性等原则，紧紧围绕信息采集的目的，以尽可能经济的方式准确、及时、系统、全面地收集适用的数据。

项目信息采集应符合以下规定：

（1）项目信息采集应采用移动终端、计算机终端、物联网技术或其他技术进行及时、有效、准确地采集；

（2）在项目信息收集过程中，要按照项目信息标准化的要求，形成标准的原始信息，为项目信息管理的传递、处理、反馈和存储提供方便；

（3）信息的积累和管理应列入项目建设计划和有关部门及人员的职责范围之中，并有相应的检查、控制及考核措施；

（4）凡是反映与项目有关的重要职能活动、具有利用价值的各种载体的信息，都应收集齐全，归入建设项目档案；

（5）应按信息形成的先后顺序或项目完成情况及时收集；

（6）项目准备阶段形成的前期信息应由业主和各承办机构负责收集、积累并确保信息的及时性、准确性；

（7）工程总承包企业负责项目建设过程中所需信息的收集、积累，确保信息的及时性、准确性，并按规定向业主档案部门提交有关信息；

（8）各分包商负责其分包项目全部信息的收集、积累、整理，并确保信息的及时性、准确性；

（9）项目 PMC、监理负责监督、检查项目建设中信息收集、积累和齐全、完整、准确情况；

（10）紧急（质量、健康、安全、环境等管理方面）情况由发现单位迅速上报，具体按照工程总承包企业项目经理部质量管理体系文件和 HSE（Health、Safety、Environment）管理体系文件中的相关程序执行。

信息采集的方法主要有网上调查法、出版资料查询法、内部资料收集法、口头询问法或书面询问法、传媒收听法、专家咨询法、现场观察法、试验法、有偿购买法、信息员采集法等。项目处于不同阶段，信息采集的侧重点也是不同的。

2. 项目信息传递

信息的传递就是工程建设各参与单位、部门之间交流、交换建设项目信息的过程。信息通过传递，才形成各种信息流。信息流渠道必须畅通无阻，只有这样才能保证项目管理人员及时得到完整、准确的信息，从而为其进行科学决策提供可靠的支持。为保证项目信息得到有效传递，要求：

（1）项目团队成员有较高的项目沟通技能。

（2）发往外部的所有报批文件、信函、传真、会议纪要等应使用信息文控中心制订的统一文件格式和文件编码。经发件部门经理、项目经理签字批准，由信息文控中心登记编码后统一发送、存档。

（3）传真应以固定的标识和格式明确文件主题、发文号、收发件人等内容，要求对方回复的事项应明确回复时间和相关要求。发往外部的信函中要求对方回复的事项应明确要求回复时间和相关要求。

（4）报批文件由各部门准备（内容涉及其他部门时，由文件编制部门牵头会签），连同由部门经理签字的"文件传送单"送信息文控中心向业主提交。

（5）工程总承包企业项目经理部与业主例会的会议纪要由信息文控中心整理完成，征求各部门意见后交业主审阅修改，无异议后双方签字认可，传送各相关部门。

（6）应建立项目信息获得系统，包括手工文件系统和计算机信息系统及其软硬件系统。

（7）应建立项目信息分发系统，包括会议、书信、网络数据库、计算机信息系统和数字电话会议系统等。

（8）应确保信息传递方式和载体安全、可靠、经济、合理。

（9）应严格按照要求填写信息传递中的报告、报表。

3. 项目信息整理

项目管理人员为了有效地控制工程建设的投资、进度和质量目标，提高工程建设的投资效益，应在全面、系统收集项目信息的基础上，加工整理收集来的信息资料。通过对信息资料的加工整理，一方面可以掌握工程建设实施过程中各方面的进展情况；另一方面可直接或借助于数学模型来预测工程建设未来的进展状况，从而为项目管理人员作出正确的决策提供可靠的依据。

项目信息整理应符合以下规定：

（1）在项目施工过程中，总承包项目经理部应组织分包单位按照国家和地方档案资料整理要求形成工程档案资料。

（2）信息资料整理进度应与项目施工进度同步，应始于工程开工，终于工程竣工，真实记录施工全过程，按形成规律收集，按工程所在地的标准要求分类组卷。

（3）纸质档案资料应与电子档案资料同步。

（4）项目信息管理应由项目经理牵头，由总承包项目经理部档案管理工程师具体负责管理。

（5）项目竣工验收后，总承包项目经理部应办理信息移交手续。

1）对外部信息的整理

工程总承包企业接收到的外部信息，在进行处理和传递分发之前必须审查其有效性。如发现收到的文件和资料在有效性方面存在问题，应立即与发放信息的单位联系，取得有效的证据。对于接收到的外部信息由信息文控中心接收并确认其有效性，进行编码，再根据文件类别填写"来文登记表"，登记过的文件由信息文控人员呈交项目经理审阅、批办或转批。然后交信息文控中心复印，原件存档，复印件按照"文件发放登记表"分发到相关各部，或提交有关部门处理，必要时报送业主。

2）对内部信息的整理

内部信息按照工程总承包企业项目经理部要求起草后形成正式文件，由项目经理审批后再由信息文控中心登记、编码、复印，然后按照"文件发放登记表"分发到相关各部，必要时报送业主。项目的所有信息资料，在使用前应由有关的责任部门或人员进行评审。如发现错误或疑问，应及时与提供部门联系，协商解决，以确保质量。

3）在建设项目的施工过程中，监理工程师加工整理的监理信息主要有以下几个方面

工程施工进展情况。监理工程师每月、每季度都要对工程进度进行分析对比并作出综合评价，包括当月（季）整个工程各方面实际完成量，实际完成数量与合同规定的计划数量之间的比较。如果某些工作的进度拖后，应分析其原因、存在的主要困难和问题，并提出解决问题的建议。

工程质量情况与问题。监理工程师应系统地将当月（季）施工过程中的各种质量情况在月报（季报）中进行归纳和评价，包括现场监理检查中发现的各种问题、施工中出现的重大事故，对各种情况、问题、事故的处理意见。如有必要的话，可定期印发专门的质量情况报告。

工程结算情况。工程价款结算一般按月进行。监理工程师要对投资耗费情况进行统计分析，在统计分析的基础上作一些短期预测，以便为业主在组织资金方面的决策提供可靠依据。

施工索赔情况。在工程施工过程中，由于业主的原因或外界客观条件的影响使承包商

遭受损失，承包商提出索赔；或由于承包商违约使工程蒙受损失，业主提出索赔，监理工程师可提出索赔处理意见。

4. 项目信息归档

经收集和整理后的大量信息资料，应当存档以备将来使用。为了便于管理和使用项目信息，必须在项目管理组织内部建立完善的信息资料存储制度，将各种资料按不同的类别，进行详细的登录、存放。可参考下列组织归档方式：

（1）按照工程组成进行归档组织，同一工程按照质量、进度、造价、合同进行分类，各类信息根据具体情况进一步细化。

（2）对于所有的项目竣工资料都要按项目文档编码体系要求进行编码。

（3）归档竣工资料要按照相关文件的编制要求，由工程总承包企业项目信息文控中心在开工前对文档管理职责进行划分。

（4）要保证项目档案资料的原始性及真实性，各部门都必须指定专人负责收集和整理。

（5）项目资料的整理应按项目文档管理程序要求，保证各部分之间有机联系，分类科学、组卷合理。

（6）文件名规范化，以定长的字符串作为文件名。

（7）建设各方协调统一存储方式，国家技术标准规定有统一的代码时尽量采用统一代码。

（8）归档文档为易褪色的材料，应扫描备份后将扫描件与原件一并存档。

（9）归档材料的文字应是铅印、胶印、油印或用蓝黑墨水、碳素墨水书写。

（10）归档材料应文字清晰，未作涂改、贴补或其他任何技术处理。

（11）文件材料破损、局部残缺的，应修补后再归档。

22.2.4 项目信息识别计划编制和跟踪

1. 项目信息识别计划编制（表 22-2）

项目信息识别表　　　　　　　　　　　　　　　　　　　　表 22-2

项目信息识别表			表格编号	
项目名称及编码			版本号	
项目基本情况				
一、与企业有关的信息		要　点	时间性质	责任人	审批人
企业至项目部	1	项目投标资料				
	…					
项目部至企业	1	项目管理实施计划				
	…					

项目信息识别表				表格编号	
二、与建设方有关的信息			要　点	时间性质	责任人	审批人

二、与建设方有关的信息			要　点	时间性质	责任人	审批人
建设方至项目部	1	施工图纸				
	…					
项目部至建设方	1	进度报量及付款申请书				
	…					
三、与设计方有关的信息			要　点	时间性质	责任人	审批人
企业至设计部	1	设计变更通知				
	…					
设计部至企业	1	图纸会审纪要				
	…					
四、与监理有关的信息			要　点	时间性质	责任人	审批人
监理至项目部	1					
	…					
项目部至监理	1	施工组织设计				
	…					
五、与政府部门、行业管理机构有关的信息			要　点	时间性质	责任人	审批人
政府对项目	1	建筑市场管理政策				
	…					
项目报政府	1					
	…					
六、与社区及公共服务部门有关的信息			要　点	时间性质	责任人	审批人
社区对项目	1	市政管理规定				
	…					
项目对社区	1					
	…					

续表

项目信息识别表					表格编号	
七、与分包及劳务有关的信息			要点	时间性质	责任人	审批人
项目部对分包	1	施工计划指令				
	…					
分包对项目部	1	进度付款申请				
	…					
八、与供应商（或租赁商）有关的信息			要点	时间性质	责任人	审批人
项目对供应商	1	材料或设备进场通知				
	…					
供应商对项目	1	付款申请				
	…					
九、项目部内部主要信息						
序号	分类	主要信息内容	时间性质	去向	责任人	审批人
1	项目资金管理	现金流测算				
		……				
2	项目机构及人员管理	人员定编				
		……				
3	项目技术管理	技术标准、规范				
4	项目行政事务管理	项目资产				
5	项目物资管理	采购计划				
6	项目机械管理					
7	项目分包管理					
8	项目合同管理					
9	项目成本管理					
10	项目进度管理					

项目信息识别表					表格编号	
序　号	分　类	主要信息内容	时间性质	去　向	责任人	审批人
11	项目质量管理					
12	项目安全管理					
13	项目环保管理					
编　制		审　核			批　准	
时　间		时　间			时　间	

（1）编制项目管理规划。

（2）项目部设信息管理员。

（3）定期召开信息工作协调会，规范项目部信息管理人员工作标准、技术手段和方法，同时相互学习有关技能、技术，提高大家的工作水平。

（4）应用项目信息管理系统进行计算机辅助项目管理。建立计划与进度控制、文档资料管理、成本控制相关软件为中心，各软件相互调用数据的项目信息系统，根据合同要求和工程具体情况，在工程施工各个方面和阶段有针对性地进行计算机辅助管理。

（5）利用 OA 协同工作系统、项目管理系统、公司视频会议系统、远程监控系统建立项目信息 Web 网站，及时发布施工信息，使企业及各方面能通过互联网随时浏览本标段施工信息。同时，将本标段施工信息 Web 网站与业主 Web 网站、监理单位 Web 网站建立链接，成为整个工程信息发布体系的一个有机组成部分。

（6）运用远程数据采集组件实现工程广域网上的分布式数据采集，实现大部分统计报表的电子分发、分布填写、审查与自动合并，辅助进行工程项目的统计分析。

（7）严格遵守项目信息流程。

2. 对项目信息识别计划的跟踪

由于工程信息数量庞杂，种类繁多，归档完整率低，信息管理工作颇有难度，存在以下一些问题。第一，由于长期来在工程建设中只重视工程而忽视信息，信息管理部门只能在归档时为工程建设做补救工作。第二，工程信息管理关系不顺，影响工程信息质量。第三，工程信息的制度有待于健全、完善。第四，信息部门的监督检查职能发挥得不够。第五，工程档案信息开发不够，没有做到跟踪服务。因此，为了改变现状，有必要对工程信息进行跟踪管理，以避免出现严重的信息资料流失等问题。

项目信息跟踪的目的就是要通过信息管理部门和其他部门的通力合作，建立起信息全过程的质量保证体系，从而全面提高工程信息的管理水平。

项目信息跟踪的内容应包括以下几个方面：

（1）理顺关系，解决推诿扯皮现象。为了解决这个问题，应该由信息管理部门负责收取"信息保证金"，待移交档案后，再将保证金取回。信息管理部门要参加项目全过程的有关活动，使工程建设与信息管理同步进行。

（2）注意总结和把握信息管理工作的特点和规律。若只是被动的管理信息，则不可避免地在信息移交过程中出现材料不齐全、不准确、不规范的问题，特别是由于信息资料流转，而不少资料都是复印件，原件无法追回。信息管理人员需要总结创新，掌握信息管理工作的特点和规律。做好提前收集、初步整理工作，及时深入现场对工程信息资料进行获取，结合具体岗位的归档范围，确保各个层级的人员、单位能够明确各类信息应如何归档收集，提升对其工程档案的了解，确保能够配合信息管理部门的资料收集整理工作。

（3）建立以信息管理部门为中心的包括其他有关部门在内的工程档案信息质量保证体系，使工程档案信息工作在组织上有保证。

（4）建立健全各项规章制度、标准，以保证项目档案信息的科学化、规范化。确保信息收集工作有规有矩，通过明确的信息管理职责、流程、要求，将其纳入日常工作规划和目标管理工作中，落实到相关考核工作中去。

（5）积极行使监督、检查、指导的职能。

（6）负责对施工单位、工程管理部门等有关工程人员档案知识、技能的教育培训。采取有效措施提高各方人员的档案信息管理意识和素质。

（7）开发档案信息、主动跟踪服务。

22.3　项目信息分类和编码

22.3.1　项目信息的分类

信息分类，就是根据信息内容的属性或特征，将信息按一定的原则和方法进行划分，建立起分类系统，以便于管理和利用。工程总承包项目信息可以从各个角度考虑，例如：按信息的来源划分，按信息的表现形式划分，按信息处理程度划分。在本章节我们主要按照信息特性和相关单位划分。

工程总承包项目信息按照其特性和形成、收集、整理单位不同分为：工程准备阶段信息（A 类）、监理信息（B 类）、施工信息（C 类）、竣工图（D 类）和工程竣工验收信息（E 类）。

其中工程准备阶段信息（A 类）包括：立项文件（A1），建设用地、拆迁文件（A2），勘察、设计文件（A3）、招投标文件（A4）、开工审批文件（A5）、工程造价文件（A6）、工程建设基本信息（A7）。

监理信息（B 类）包括：监理管理文件（B1），进度控制文件（B2），质量控制文件（B3），造价控制文件（B4），工期管理文件（B5），监理验收文件（B6）。

施工信息（C 类）包括：施工管理文件（C1），施工技术文件（C2），进度造价文件（C3），施工物资出厂质量证明及进场检测文件（C4），施工记录文件（C5），施工试验记录及检测文件（C6），施工质量验收文件（C7），施工验收文件（C8）。

竣工图（D 类）包括建筑竣工图、结构竣工图、幕墙竣工图等。

工程竣工验收信息（E 类）包括：竣工验收与备案文件（E1），竣工决算文件（E2），工程声像资料等（E3），其他工程文件（E4）。

工程信息的名称、分类、类别编号等见附件 22-1。附件 22-1 中的"工程信息名称"，可根据工程实际情况增减或细化。

附件 22-1：工程信息类别编号表

附件 22-2：工程分部划分与代号表

附件22-1

22.3.2 项目信息的编码

信息的检索、存储、传递都离不开代码。我国对代码的定义为："代码是一组有序的符号排列，它是分类对象的代表和标识。"信息编码是将表示事物（或概念）的某种符号体系转换成便于计算机或人识别和处理的另一种符号体系；或在同一体系中，由一种信息表示形式改变为另一种表示形式的过程。

附件22-2

信息编码要有唯一性，一个分类编码只能代表一个对象或对象集合，一个或一组课题在代码中应该有且仅有一个确定的代码与其对应。编码需要有可扩展性，施工技术和信息技术不断发展，编码要能应对新的管理需求。编码应该简短，长度太长则录入、传输、转换、处理繁杂，易错且效率低下；但长度太短则不能满足庞大信息量的需要，代码长度需要分析利弊综合考虑。编码体系形成后，在一定时间内应保持稳定，大的结构框架不能调整。代码还必须方便人们记忆和计算机系统识别。

建设项目工程总承包中的项目信息应有信息编码，信息编码应与项目信息的形成、收集同步生成。

（1）工程准备阶段信息（A 类）、监理信息（B 类）、竣工图（D 类）和工程竣工验收信息（E 类）的编码方法如下：

$$\times\times - \times\times\times\times - \times\times\times$$

$$1 - 2 - 3$$

注：1—组织代码；

　　2—资料的类别编号；

　　3—顺序号。

其中，1—组织代码共 1 位数（A～Z），此为工程项目总承包中的参与组织，可将总承包、各分包等按照 A～Z 排序编码为组织代码。如 C：××分包商。

2—资料的类别编号共 4 位数，应按照附件 22-1 规定的类别编号填写。如 A404：施工合同，E113：城建档案移交书。

3—顺序号共 3 位数（001～999），按照信息形成时间的先后顺序从 001 开始编号。

（2）施工信息（C 类）的编码方法如下：

$$\times\times - \times\times\times\times - \times\times\times\times - \times\times\times$$

$$1 - 2 - 3 - 4$$

注：1—组织代码；

　　2—分部工程代号；

　　3—资料的类别编号；

　　4—顺序号。

其中，1—组织代码共 1 位数（A～Z），此为工程项目总承包中的参与组织，可将总承包、各分包等按照 A～Z 排序编码为组织代码。如 C：××分包商。

2—分部工程代号共 4 位数，应按照附件 22-2 规定的分部工程代号和子工程代号编写。如 0604 通风与空调下的除尘系统。

3—资料的类别编号共 4 位数，应按照附件 22-1 规定的类别编号填写。如 A404：施工合同，E113：城建档案移交书。

4—顺序号共 3 位数（001～999），按照信息形成时间的先后顺序从 001 开始编号。

22.4　项目文件管理

22.4.1　项目文件的管理范围

1. 基建文件

基建文件是建设单位依法从工程项目立项到竣工全过程中形成的文字及影像资料，可分为：立项决策文件、建设用地文件、勘察设计文件、招投标及合同文件、开工文件、商务文件、竣工验收及备案文件和其他文件。

（1）立项决策文件包括：项目建议书（可行性研究报告）及其批复、有关立项的会议纪要及相关批示、项目评估研究资料及专家建议等。

（2）建设用地文件包括：征占用地的批准文件、国有土地使用证、国有土地使用权出让交易文件、规划意见书、建设用地规划许可证等。

（3）勘察设计文件包括：工程地质勘查报告、土壤氡浓度检测报告、建筑用地钉桩通知单、验线合格文件、设计审查意见、设计图纸及设计计算书、施工图设计文件审查通知书等。

（4）招投标及合同文件包括：工程建设招标文件、投标文件、中标通知书及相关合同文件。

（5）开工文件包括：建设工程规划许可证、建设工程施工许可证等。

（6）商务文件包括：工程投资估算、工程设计概算、施工图预算、施工预算、工程结算等。

（7）其他文件包括：工程未开工前的原貌及竣工新貌照片，工程开工、施工、竣工的影响资料，工程竣工测量资料和建设工程概况表，工程建设各方授权书、承诺书及永久性标识图片，建设工程质量终身责任基本信息表等。

2. 监理文件

监理文件是监理单位在工程建设监理活动过程中所形成的文字及影像材料。监理文件包括：总监理工程师任命书、工程开工令、监理报告、监理规划、监理实施细则、监理月报、监理会议纪要、监理工作日志、监理工作总结、工程质量评估报告、监理通知单、工程暂停令、工程复工令、旁站记录、混凝土强度回弹平行检验记录、钢筋螺纹接头平行检验记录、钢筋焊接接头平行检验记录、承重砌体砂浆饱满度平行检验记录、工程款支付证书、见证取样计划、见证人告知书、材料见证记录、实体检验见证记录、工作联系单等。

3. 施工文件

施工文件是施工单位在工程施工过程中形成的文字和影像资料。可分为：施工管理文件、施工技术文件、施工测量文件、施工物资文件、施工记录文件、施工试验文件、过程验收文件及工程竣工质量验收文件等。

（1）施工管理文件包括：施工现场质量管理检查记录、施工过程中报监理审批的各种报验报审表、施工试验计划及施工日志等。

（2）施工技术文件包括：施工组织总设计文件、单位工程施工组织设计、施工方案文件、专项施工方案、技术交底记录、图纸会审记录、设计变更通知单、工程变更洽商记录等。

（3）施工测量文件包括：工程定位测量记录、基槽平面及标高实测记录、楼层平面放线及标高实测记录、楼层平面标高抄测记录、建筑物垂直度及标高测量记录、变形观测记录等。

（4）施工物资文件包括：质量证明文件、材料及构配件进场检验记录、设备开箱检验记录、设备及管道附件试验记录、设备安装使用说明书、材料进场复试报告、预拌混凝土运输单等。

（5）施工记录文件包括：隐蔽工程验收记录、交接检查记录、地基验槽检查记录、地基处理记录、桩施工记录、混凝土浇灌申请书、混凝土养护测温记录、构件吊装记录、预应力筋张拉记录等。

（6）施工试验文件包括回填土密实度、基桩性能、钢筋连接、埋件（植筋）拉拔、混凝土（砂浆）性能、饰面砖拉拔、钢结构焊缝质量检测及水暖、机电系统运转测试等。

（7）过程验收文件包括检验批质量验收记录、分项工程质量验收记录、分部工程质量验收记录、结构实体检验记录等。

4. 竣工图纸

竣工图纸是工程结束后提交的有关工程整体建设内容的文件。

竣工图纸可按专业分为建筑、结构、幕墙、建筑给水排水与采暖、建筑电气、通风空调、智能建筑和规划红线以内的室外工程等竣工图。

竣工图纸是基于施工设计图基础上获取的，因为在工程相关环节施工过程中，设计图纸难免需要一定的改动，因此，竣工图纸是工程施工的最终产物，是对工程整体结构的最精确展示。

竣工图改绘应符合下列规定：

（1）竣工图应有审图章。

（2）施工图纸目录应加盖竣工图章，作为竣工图归档。

（3）绘制竣工图时，应首先核对、绘制竣工图目录，竣工图目录可以在原施工图纸目录基础上进行核对和修改，如有作废或新增的图纸，应在图纸目录上标注清楚。

（4）作废的图纸应在目录上杠掉，新增图纸的图名、图号应在目录上列出。

（5）如图纸情况变动大，则应根据图纸变动实际情况重新编制竣工图目录。

（6）竣工图目录中所列的图纸数量、图名、图号都应和实际竣工符合。

（7）竣工图中不应有相同名称的图纸。

（8）如某施工图改变量大，设计单位重新绘制了修改图的，应以修改图代替原图，原图不再归档。

（9）如设计变更附图是设计单位提供的带图签和签字的施工蓝图，可以经确认后加盖竣工图章作为竣工图，但应在原设计变更上注明附图已归档入竣工图。

（10）凡一条洽商涉及多张图纸的，每张图纸均应做相应变更修改。

（11）由施工单位完成的深化设计图也应作为竣工图的内容，做法和要求同设计图。

（12）竣工图中文字说明应采用仿宋字，字体的大小应与原图字体的大小相一致，修改的内容不应超出图框线。

22.4.2　项目文件的编制

（1）项目竣工后，工程建设各参建方应对项目文件编制组卷。

（2）项目文件组卷应符合以下要求：

1）组卷应遵循项目文件资料的形成规律，保持卷内文件资料的内在联系。

2）基建文件和监理资料可按一个项目或一个单位工程进行整理和组卷。

3）施工资料应按单位工程进行组卷，可根据工程大小及资料的多少等具体情况选择按专业或按分部、分项等进行整理和组卷。

4）竣工图应由施工单位负责编制，应完整、准确、规范、清晰，真实反映项目竣工时的实际情况。

5）应将设计变更、工程联系单、技术核定单、洽商单、材料变更、会议纪要、备忘录、施工及质检记录等涉及变更的全部文件汇总后经监理审核，作为竣工图编制的依据。

6）竣工图应依据工程技术规范按单位工程、分部工程、专业编制，并配有竣工图编制说明和图纸目录。

7）按施工图施工没有变更的，由竣工图编制单位在施工图上逐张加盖并签署竣工图章。

8）施工单位重新绘制的竣工图，标题栏应包含施工单位名称、图纸名称、编制人、审核人、图号、比例尺、编制日期等标识项，并逐张加盖监理单位相关责任人审核签字的竣工图审核章。

9）行业规定设计单位编制或建设单位、施工单位委托设计单位编制竣工图，应在竣工图编制说明、图纸目录上和竣工图上逐张加盖并签署竣工图审核章。

10）同一建筑物、构筑物重复的标准图、通用图可不编入竣工图中，但应在图纸目录中列出图号，指明该图所在位置并在竣工图编制说明中注明；不同建筑物、构筑物应分别编制竣工图。

11）建设单位应负责组织或委托有资质的单位编制项目总平面图和综合管线竣工图。

12）用施工图编制竣工图的，应使用新图纸，不得使用复印的白图编制竣工图。

13）竣工图的组卷应与设计单位提供的施工图专业序列相对应。

（3）专业承包单位的工程资料应单独组卷。

1）节能验收资料应单独组卷。

2）移交城建档案馆保存的项目文件卷案中，施工验收资料部分应单独组成一卷。

3）资料清单应与其对应的项目文件一起组卷。

4）工程资料可根据资料数量多少组成一卷或多卷。

（4）项目文件案卷应符合以下要求：

1）案卷应有案卷封面、卷内目录、内容、备考表及封底。

2）案卷不宜过厚，一般不超过 20mm。

3）案卷应美观、整齐，案卷内不应有重复资料。

22.4.3 项目文件的收发（图 22-5～图 22-8）

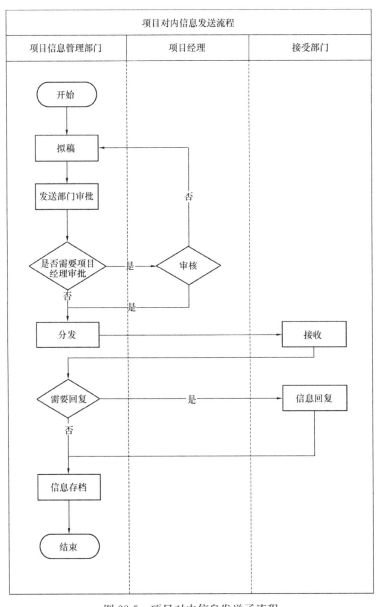

图 22-5 项目对内信息发送子流程

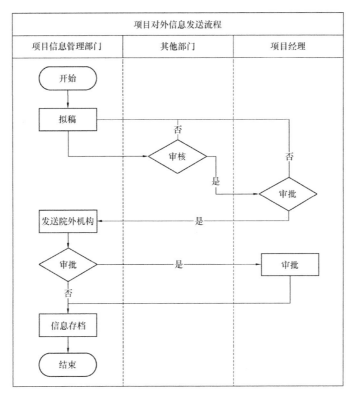

图 22-6　项目对外信息发送子流程

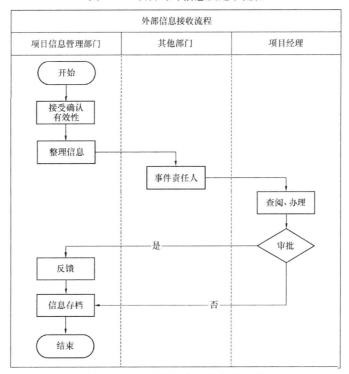

图 22-7　项目外部信息接收子流程

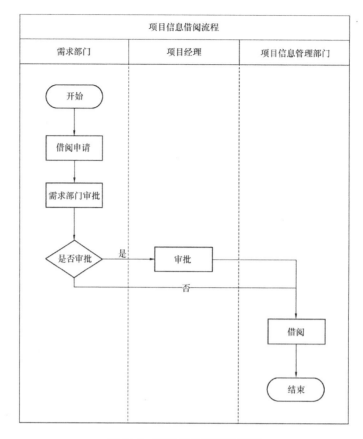

图 22-8　项目信息借阅子流程

1. 收文

（1）收文程序：来文→签收→登记→传阅→收集→归档；

（2）应指定项目管理部的信息管理员进行来文登记；

（3）信息管理员在收到来文后应第一时间报项目管理员审阅，根据项目管理员指令对来文进行处理，并在一定时间内项目管理员未对来文进行处理时及时提醒项目关联员（表22-3）；

（4）来文登记表中的签收人必须为项目管理部行为人（表22-4）。

来文记录联系单 表 22-3

编号：

项目名称	
发件方	
发件人	
收件方	
收件人	
文件名称	

收文说明：

录入人/ 日期		核稿人/ 日期		签发人/ 日期	

来文登记表

表 22-4

编号：

序号	文号	公文标题	来文单位	发文时间	收文时间	收文人	处理情况
1							
2							
3							
4							
5							
...							

2. 发文

（1）发文程序：拟稿→审稿→签发；

（2）应由项目管理部的信息管理员进行发文登记工作（表 22-5）；

（3）发文登记应用于已完整、完善的资料、文件发往各相关单位的签收登记；

（4）发文应经项目管理人员审核同意后方可进行签发；

（5）信息管理员发文时应及时将发文签收登记情况汇报项目管理人员；

（6）发文登记表中签收人应为具有收文主体资格的行为人；

（7）收文行为人直接在文件上或回执上签收的，应在发文登记表备注栏中说明。

发文记录联系单

表 22-5

编号：

项目名称	
收件方	
收件人	
发件方	
发件人	
文件名称	

收文说明：

录入人/日期		核稿人/日期		签发人/日期	

22.4.4　项目文件的归档与废止

项目信息移交归档子流程见图 22-9。

1. 项目文件应及时归档

（1）前期文件在相关工作结束时归档。

（2）管理性文件宜按年度归档，同一事由产生的跨年度文件应办结年度归档。

（3）施工文件应在项目完工验收后归档，建设周期长的项目可分阶段或按单位工程、分部工程归档。

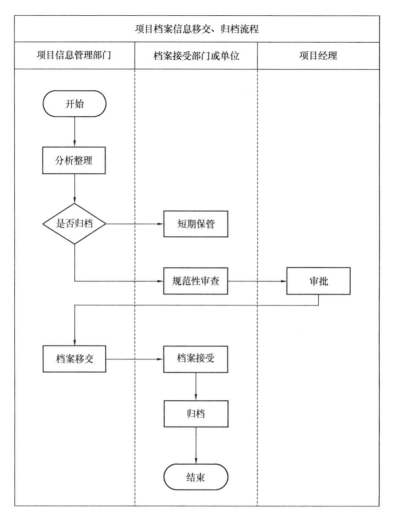

图 22-9　项目信息移交归档子流程

（4）信息系统开发文件应在系统验收后归档。

（5）监理文件应在监理的项目完工验收后归档。

（6）科研项目文件应在结题验收后归档。

（7）生产准备、试运行文件应在试运行结束时归档。

（8）竣工验收文件在验收通过后归档。

（9）归档文件质量应符合相关规定。

（10）施工文件组卷完毕经施工单位自查后（实行总承包的项目，分包单位应先提交总承包单位进行审查），依次由监理单位、建设单位工程管理部门、建设单位档案管理机构进行审查；信息系统文件组卷完毕后提交监理单位、建设单位信息化管理部门、档案管理机构进行审查；监理文件和第三方检测文件组卷完毕并自查后，依次由建设单位工程管理部门和档案管理机构进行审查。每个审查环节均应形成记录和整改闭环。

（11）建设单位各部门形成的文件组卷完毕，经部门负责人审查合格后，向建设单位档案管理机构归档。

（12）归档单位（部门）应按建设单位档案管理机构要求，编制交接清册（含交接手续、档案数量、案卷目录），双方清点无误后交接归档。

（13）对于电子文件，文件的形成部门应定期把经过鉴定符合归档条件的电子文件向信息文控中心移交，并按相应管理规定的格式将其存储到符合保管期限要求的脱机载体上。

2. 项目文件的废止

（1）建设单位档案机构应依据保管期限表对档案进行价值鉴定，确定其保管期限，同一卷内有不同保管期限的文件时，该卷保管期限应从长。

（2）项目档案保管期限分为永久和定期二种，定期一般分为 30 年和 10 年。

22.5 项目知识管理

22.5.1 项目知识识别计划

项目开始前应识别出项目的技术与管理重难点，并提出项目经验总结计划。

项目组织宜获得下列知识：

（1）知识产权；

（2）从经历获得的感受和体会；

（3）从成功和失败项目中得到的经验教训；

（4）过程、产品和服务的改进结果；

（5）标准规范的要求；

（6）发展趋势与方向。

22.5.2 项目知识总结

（1）项目知识多数应来自经验教训，经验教训可通过经验教训工作总结评价人员或相关事件的直接参与人发起的流程进行总结。

（2）经验教训工作总结评价人员至少每年，或在项目的重大里程碑节点，或按照经验教训总结计划召开。

22.5.3 项目知识提交

（1）由部门经理指定的经验教训负责人应完成经验教训基础信息的总结与填写，并提交给企业层的部门主管（表 22-6）。

（2）总承包管理中心主管负责对经验教训进行登记并发布相关信息。

（3）项目关闭前由项目总经理提交项目周期中汇总的经验教训。

总结经验教训提交表

表 22-6

第一部分（由经验教训发起人完成）					
经验教训发起人		项目/部门		职 位	
提交日期		邮 箱		联系电话	
总结经验教训主题					

经验教训描述

请提供以下相关信息：

发生什么的描述（包括时间、任务、地点以及发生了什么）；总结原因和影响（考虑成本、进度、安全、质量、管理实践）；从中学到了什么；下次将做怎样的改变；这些信息是否有利于其他人？如果有利于，请具体描述（例如成本、进度、安全、质量、管理实践）

列举出咨询过的小组或相关方

关键字

提供任何对此经验教训的补充描述的关键字（系统、设备等）

经验教训发起人需要注意：

完成上述内容后，请把此表发送给知识与信息管理小组，如果有附件，请附上附件。

第二部分（由经验教训负责人完成）

经验教训负责人

经验教训负责人		项目/部门		职 位	

评论和总结

请提供以下下关的信息：

此经验教训是否有利于其他项目或组织？如果有，请具体描述

此经验教训怎样成为指南和程序的一部分？

是否需要咨询任何管理组织（技术管理领导小组、项目控制小组等）

此经验教训怎样传达给相关的人员和小组？

请填写下文中的行动计划，为后续措施提供建议

行动计划

待办事项	责任方	计划完成日期	备 注

核实所有待办事项已关闭

核实人	
日 期	

22.5.4 经验教训的持续改进

后续项目在应用已有的经验教训后应向企业层的部门主管反馈相应经验教训应用信息。

22.6　项目安全及保密

22.6.1　信息安全管理

1. 文件档案信息安全管理

文件档案信息安全管理是指文件档案信息形成单位、信息保存单位对工程信息实体和信息内容采取有效保护措施，避免受到自然灾害或人为侵害，使其处于安全状态的管理工作。其内容包括信息安全管理职责、工程信息实体安全管理、档案库房安全管理。

信息安全管理工作应遵循严格管理、预防为主、防治结合的管理原则。

（1）信息安全管理职责

要加强信息管理部门安全管理工作的领导，制定信息安全责任制，及时发现和解决项目信息管理中存在的问题，确保信息安全管理工作的落实。

信息管理部门应负责项目工程信息安全的综合管理工作。并对其他各部门的信息管理进行指导、监督和检查。

项目过程中信息管理部门要组织工程信息安全宣传教育，采用多种形式开展教育活动，加强各部门全员的信息安全意识，并使信息安全教育经常化、制度化。

建立健全工程信息安全管理制度，每年计划预算中应确保合适的经费投入，保证安全管理工作的需要，做到每年有计划、有检查、有总结。

各部门应该根据本部门实际情况制定周密细致、便于操作、切实有效的突发性灾害、事故应急处置预案（包括：应对火警、防台防汛、地震、意外事故等），不断完善应急措施，随时应对可能出现的各种突发情况。

信息管理人员应熟悉信息安全保护知识，定期进行信息安全检查，做好检查记录，发现问题或安全隐患应及时向分管领导汇报，并采取相应的处理措施。

发生信息安全事故的部门应及时向主管领导和上级部门报告，同时组织在第一时间进行抢救恢复，严禁瞒报、迟报。

制定审批手续并严格执行，不得擅自开放或扩大利用范围。因利用工作需要汇编资料文件时，凡涉及秘密文件，应当经原制发机关、单位批准，未经批准不得汇编入册。

（2）信息实体安全管理

各部门应确保在工作活动过程中形成的具有保存价值的文件信息收集齐全、完整真实、准确，并及时归档（包括电子版本）。

各部门应依据规定定期将具有长远保存价值的文件信息向有关档案馆移交。撤销单位的文件资料或由于保管条件恶劣可能导致资料不安全的，应提前向档案馆移交或寄存。

建立健全工程信息调卷、归卷制度；规范信息资料提供利用过程中借阅登记和及时归卷的程序；建立工程信息、人员出入库登记制度，确保工程信息安全万无一失。

信息管理工作人员每年应对库藏文件资料进行一次清点核对，做到登记台账与存档资料实体相符。

信息管理部门应掌存档资料安全保管情况，每年定期进行 10％的安全性抽样检查，发现问题应及时采取措施予以处理。

新收集文件资料必须经消毒、除尘后方能入库，并对消毒杀虫情况进行登记。

对老化、破损、褪色、霉变等受损资料载体，必须采取抢救措施，按资料保护技术要求进行修复或复制。

不同载体材质的文件资料应分类存放、规范保存。对特殊载体文件的存放，按其特性和要求，使用规范，并加以保管和保存。

到期存档资料经鉴定后，销毁资料载体应确保资料信息无法还原。销毁纸介质资料载体，应当采用焚毁、化浆、碎纸等方法处理。销毁磁介质、光盘等资料载体，应当采用物理破碎或化学消解等方法彻底销毁。禁止将资料载体作为废品出售。

（3）档案库房安全管理

资料库面积应符合本单位收集和保管文件资料的需要。

资料库门窗应具有防火性能，并具备良好的密闭性，以防环境的不利因素对库内有影响，资料库门窗要采取相应的防光设施，加强资料库的防光能力。

资料库内应配备火灾自动报警系统和适合资料库使用的灭火设备。消防器材应定期检查，及时更换过期的消防器材。库区内消防通道畅通，应急照明完好、疏散标志清晰。库房内不得堆放与文件资料无关的物品，严禁将易燃、易爆及其他物品与档案一同存放。

资料库区内应安装安全防护监控系统或防盗报警装置，库房门窗应有防盗设施。资料库房通道与阅览室须配备视频监控录像设备。监控录像应至少保留 3 个月。

资料库区内应配置有效的温湿度调节设备与检测系统。温度应控制在 14～24℃（±2℃），相对湿度应控制在 45％～60％（±5％）。存放特殊载体的文件资料库房应配备空气净化装置或空气过滤设施。

资料库应配有防虫、霉、鼠等有害生物的药品。建立定期虫霉检查制度，适时更换过期防治药品，及时发现和杜绝档案霉变或虫蛀现象的产生和蔓延。

资料库照明应选择无紫外线光源。如使用日光灯或其他含紫外线光源灯，要采取相应过滤措施。

资料库应建立特藏室或专柜，对重要、珍贵文件资料采取特殊的安全防护措施，确保重要、珍贵文件资料的绝对安全。

2. 计算机系统信息安全管理

对于采用计算机信息系统对项目信息进行管理的情况，需要针对计算机信息安全制定专门的安全管理规定。

（1）计算机病毒防护。计算机病毒是指隐藏在计算机软件程序和数据资源中，利用系统的软件程序和数据资源传播的攻击性程序，它会影响计算机的正常运行和危害计算机系统中信息的安全。对计算机病毒的方法应以预防为主，事后处理为辅。计算机病毒防范工作由信息管理部门的 IT 工程师统一规划、协调和组织实施。选用的病毒防护软硬件必须是经公安部认证、批准的产品。

IT 工程师必须不定期组织检查病毒，发现病毒及时采取相应措施处理。项目部所有员工必须严格按照以下要求进行病毒防范：严禁未经授权自行重装操作系统或变更系统设置，如确有必要，应通知计算机管理员安装。严禁自行下载、安装来历不明的软件。在所使用的电邮系统中不要打开来历不明的电子邮件。

如果防病毒软件报告查到新病毒，首先应立刻将计算机断网，避免病毒在网络中扩散，然后将提示信息通知计算机管理员，在系统管理员的指导下进行杀毒或安装系统补丁，不得自行处理。

（2）物理安全。包括进入机房的人员管理、进入机房的登记、重要敏感纸质系统文件的管理等。物理安全的风险大多可能来自恶意或犯罪倾向的行为。值得注意的问题是：机房硬件设施在合理的范围内能否防止强制入侵。计算机设备的机房钥匙是否有良好的控制以降低未授权者进入的危险。智能终端是否上锁或有安全保护，以防止电路板、芯片或计算机被搬移。计算机设备在搬动时是否需要设备授权通行的证明。

此外，机房的选址和配置也很重要。机房应选择在具有防震防风和防雨等能力的建筑内，应采取防电磁干扰措施，机房还应安装门禁系统、防雷系统、监视系统、消防系统和报警系统。

（3）逻辑安全。计算机信息系统的逻辑安全包括系统登录验证机制、用户账号管理、口令规则、一般用户权限管理、管理员用户的管理、用户权限的职责分离、用户账号和用户权限的定期审核、用户活动的监控、服务器操作系统安全设置及变更的管理和检查，以及数据的直接访问管理等。

（4）网络安全。包括 Internet 出口的访问控制、防火墙设计、安装、配置及变更的流程和接触控制、外部网络的连接满足业务需求并记录、防火墙日志的检查、远程登录的申请和审批、财务数据通过 Internet 传输时的加密、内部网络设计的审批及资料的存档、网络设计变更的管理流程等。

（5）数据备份与恢复的安全管理。计算机系统环境中的数据可能由于自然灾害、管理和使用者误操作、计算式设备故障、网络入侵等原因而发生损坏和丢失。因此有必要通过备份软件把数据备份到硬盘上，在原始数据丢失的情况下，利用备份数据把原始数据恢复出来，使系统能够正常运行。

22.6.2　信息保密制度

工程信息中涉及设计、施工、产品信息等属于单位或国家的核心秘密，关系到项目的顺利进行，企业单位的经营发展，甚至关系到国家的建设发展、利益和安全。为了确保核心机密的安全，必须做好工程信息的保密管理工作。

完善的制度是工程信息保密管理工作的基础。一般地，档案利用规章制度有阅览制度、外借制度、复制制度等。根据实际情况，对不同层次的利用人员确定不同的利用范围，规定不同的审批手续，使提供利用工作有章可循。在大力开展档案利用工作的同时，确保不失密、不泄密及文件的完好无损。各项档案利用规章制度的条文应严密而简明，便于执行，并在实践中认真加以总结不断充实和完善。

在正常的档案利用规章制度之下，对于保密方面，为了适应档案调密工作制度化、正规化的需要，工程档案保密管理应建立以下三个制度：建立划定密期制度，以便届满自行解密；建立调密通知单制度，对保密期间提前解密或发生升降变化的密级文件，要下发通知单告知有关科室，以便衔接工作，及时掌握适时变动；建立保密档案接收标准制度，加强保密档案的规范化建设。

（1）保密原则：严格按照《中华人民共和国保密条例》执行，以确保安全防范工程中涉及用户单位机密以及公司自身工程技术机密的不对外泄漏。机密的保管实行点对点管理办法，落实到人头，做到有法可依，违法必究，责任落实到位。

（2）组织机构建立：为保证保密工作的顺利开展，以负责人牵头成立保密工作组，组员由信息管理部门经理、信息负责人、项目经理等组成，针对每个工程由项目负责人兼任保密责任人。

（3）保密实施细则：

1）在工程合同签订前的技术方案由技术起草者负责保管，对其他部门及外单位人员不得透露任何技术内容及细节。

2）在使用单位的需求情况下，由项目负责人落实并保证不得向外界透露，并以书面形式传递给信息档案管理人员和技术负责人。

3）信息管理人员对以上信息以书面、电子等方式存档，公司员工在借阅时必须经领导同意且确定借阅时间后方可借阅。

4）信息管理人员不得将机密文件带回家中或带上出入公共场所，相关人员不准随意谈论、泄露机密事项，不准私人打印、复印、抄录文件内容，不得将朋友、他人带入档案室，不得外传、外借相关资料。

5）打印过的废纸和校对底稿应及时清理、销毁。

6）合同签订后的相关文档资料立即存档，并建立保密所必备的借阅制度。

7）召开重要和有保密内容的会议，要采取安全防范措施，并对与会人员进行保密教育。

8）外出参加会议所涉及的秘密文件、资料和保密工作笔记，应及时交档案库登记归档，严禁个人存放。

9）保密档案的调阅、移出、销毁等应严格按规定手续办理，必须经指定领导人审批，认真履行登记、签字手续，任何人无权擅自调阅。保密档案使用完毕后应及时清对、检查，发现失密、泄密问题，应及时查明原因，进行补救。

10）档案库房不应设在办公楼最底层，应加固门窗防止盗窃，且应与阅览室和办公室分开，设专人负责管理。

11）完善涉密计算机、移动磁介质、涉密笔记本电脑、多功能一体机等办公设备的购置、领取、使用、清退、维修、销毁等环节的保密管理要求，抓好全过程安全保密职责的监督和落实。

12）出现泄密事件后，应立即上报公司负责人，做到机密不得扩散，同时认真追查相关人员的责任。

第23章 项目试运行与竣工验收管理

23.1 项目试运行组织机构及职责

试运行是全面检验建筑工程的设备制造、设计、施工、调试和生产准备工作的重要环节，是保证设备安全、可靠、经济、文明地投入生产，形成生产能力，发挥效益的关键性程序。

试运行一般分为"分部试运、整体试运、试生产"三个阶段。分部试运包括单机试运和分系统试运两部分；整体试运包括空负荷调试、带负荷调试和满负荷试运行三个阶段。

23.1.1 试运行指挥部

试运行指挥部从分部试运行前组成并开始工作，直到办完移交生产手续为止。由总指挥和副总指挥组成。

试运行指挥部职责：

（1）全面组织、领导和协调设备启动试运行工作。

（2）对试运行中的安全、质量、进度、效益等全面负责。

（3）负责审批调试大纲、调试方案及措施。

（4）协调解决试运行中的重大问题。

（5）组织、领导、检查和协调试运行指挥部各组及各阶段的交接签证工作。

23.1.2 试运行指挥部组成

试运行指挥部下设分部试运行组、整体试运行组、验收检查组、生产准备组、综合保障组、试生产组等专业组，每个专业组可下设若干个专业小组。

（1）分部试运行组由组长、副组长及若干成员组成，职责主要负责分部试运行阶段的组织协调、统筹安排和指挥领导工作；组织和输出分部试运行后的验收签证及资料的交接等。

（2）整体试运行组由组长、副组长及若干成员组成，职责主要负责核查机组整套启动试运行应具备的条件，提出整套试运行计划；负责组织实施调试方案和措施；全面负责整体试运行的现场指挥和具体协调工作；审查整体试运行有关记录和调试报告。

（3）验收检查组由组长、副组长及若干成员组成，职责主要负责建筑与安装工程施工和试运行质量验收及评定结果、安装调试记录、图纸资料和技术文件的核查和交接工作；组织对项目外市政有关工程的验收或检查其验收评定结果；协调设备材料、备品备件、专用仪器和专用工作的清单和移交工作；打印整体试运行质量验收及评定结果、安装调试记录、试运行记录及图纸资料、技术文件的核查和交接工作；负责试运行设备及系统代保管手续和签证资料核查、验收和交接工作。

（4）生产准备组由组长、副组长及若干成员组成，职责主要负责核查生产准备工作，包括运行和检修人员的配备、培训情况，所需的操作手册、规程、制度、系统图表、记录表格、安全用具等配备情况；核查运行和检修人员的配备、培训和持证上岗情况；核查设备挂牌、阀门及开关号牌、管道流向指示、阀门开关转向标志、安全警示标志等标识和悬挂情况；核查生产维护器材配备及水、电、气、蒸汽、油等动力能源准备和仓储情况；核查生产操作使用安全工器具的配备情况；核查与生产相关的其他各项准备工作情况。

（5）综合保障组由组长、副组长及若干成员组成，主要职责负责试运行指挥部的文秘、资料和后勤服务等综合管理工作，发布试运行信息，核查协调试运行现场的安全、消防和治安保卫工作。

（6）试生产组由组长、副组长及若干成员组成，主要职责负责组织协调试生产阶段的运行、调试试验、性能试验等各项工作；负责实施项目未完工程，协调组织与工程有关各方按合同要求继续履行职责；负责组织协调试生产工作计划的全面实施。

23.2 项目试运行条件

23.2.1 人员组织机构

应按本书 23.1 节中要求配置。

23.2.2 试运行方案

编制完成已获批准，主要内容有：
（1）工程概况。
（2）编制依据和原则。
（3）目标与采用标准。
（4）试运行应具备的条件。
（5）组织指挥系统。
（6）试运行进度安排。
（7）试运行资源配置。
（8）环境保护设施投运安排。
（9）安全及职业健康要求。
（10）试运行预计的技术难点和采取的应对措施等。

23.2.3 试运行的现场条件

（1）项目施工工作已经结束，记录完整，验收合格，调试运行必需的临时设施完备。分系统调试应按系统对设备、电器、仪控等全部项目进行检查验收合格。

（2）具体分部调试方案、措施、专用记录表格准备齐全。

（3）现场环境满足安全工作需要。

（4）调试仪器、设备准备完毕，能满足调试要求。

（5）备品备件等准备到位。

（6）消防保卫措施落实到位。

23.2.4　制度准备

（1）试运行工作票管理制度。

（2）试运行期间交接班及值班管理规定。

（3）分部及试运行后验收制度。

（4）试运行期间例会及专题会议管理制度。

（5）试运行现场安全管理制度。

（6）试运行期间缺陷管理办法。

23.3　项目试运行过程指导及服务

项目试运行严格执行相关质量控制标准，以调试创新为手段，高标准、高质量地完成各项调试项目，达到设计及规范要求；项目试运行要紧张有序、优质高效。项目试运行是工程质量的动态检验，把好项目建设的最后一关，提高项目整体质量。

参与项目试运行的相关单位主要有建设单位（含项目管理单位）、监理单位、总承包单位、设计单位、调试单位、设备制造单位、生产部门等，这些单位与工程的建设单位都有相应的合同关系或服务监督关系，对试运行的责任及服务均应按合同规定、政策法规执行。

项目试运行工作程序：

（1）设备及系统检查。

（2）单体设备的空载试验。

（3）单体设备试运行。

（4）单体设备试运行验收签证。

（5）分系统试运行。

（6）联动调试试运行。

（7）项目试运行。

（8）调试试运行验收签证。

（9）移交建设生产单位。

23.3.1　试运行中的建设单位（含项目管理单位）

（1）建设单位是代表建设项目法人和投资方对工程负有全面协调管理服务责任，全面协调试运行指挥部做好项目试运行全过程的组织管理服务工作。

（2）协调试运行指挥部、建立健全试运行期间的各项工作制度，明确参加试运行各有关单位之间的工作关系。

（3）参加试运行阶段的工作检查和交接验收、签证等日常工作。

（4）协调解决合同执行中的问题及外部关系。组织协调解决非施工、调试原因造成的硬性试运行、无法达到合同规定的考核指标和设计水平，所必须进行的消缺、完善化工作。

（5）组织对非主体试运行单位进行的局部调试项目的检查验收工作。组织协调设备及系统代保管有关问题。

（6）协调试运行指挥部对整体试运行应具备的建筑、设备及系统安装等现场条件的巡视核查工作。

（7）协助试运行指挥部组织研究处理启动试运行过程中发生的重大问题，并提出解决方案。落实启动试运行期间设备性能试验、考核性试验项目的承担单位，签订合同，落实费用，组织协调，做好测点、测试装置的预安装准备工作。

（8）按照设备系统达标考核要求，组织协调落实机组达标投产有关事项。

（9）试运行期满后，对无条件解决的试验项目和未能达到设计要求、合同标准的考核指标，应向有关主管单位提出专题报告。

23.3.2　试运行中的监理单位

（1）按合同要求代表建设单位对项目试运行阶段全过程进行监理工作。

（2）参与审查试运行计划、方案、措施和调试报告。

（3）协助试运行机组的分部试运行工作，参与设备整体试运行工作，协调调试进度，参与试运行验收。

（4）对试运行机组出现的设计问题、设备质量问题、施工问题等，提出监理意见。

（5）按合同要求，监督工程建设中各有关单位工程档案资料的搜集、整理和归档工作，确保档案工作的顺利移交实施。

（6）项目试运行结束后，按期向建设单位提交试运行阶段监理文件在内的、合同规定的有关监理文件、资料和总结报告。

（7）参与工程竣工验收工作。

23.3.3　试运行中的总承包单位

（1）总承包单位应完成合同规定的建筑和安装工程外，还应积极配合建设单位完成项目试运行工作。

（2）优先完成项目试运行需要的建筑、安装工程及试运行中临时设施的施工。

（3）做好试运行设备与运行中设备的安全隔离措施和临时连接设施。

（4）在试运行指挥部领导下，在建设单位配合下，牵头并全面负责完成分部试运行，协调各有关单位之间的配合与协作。

（5）组织编审并实施分部试运行阶段的计划、方案和措施。

（6）全面完成分部试运行中的设备单体调试和单机试运行工作。

（7）负责召集有关单位和有关人员研究解决分部试运行过程中出现的有关问题。

（8）在试运行指挥部领导下，负责分部试运行工作完成后的交接、验收签证工作。

（9）组织编写分部试运行工作总结。

（10）提交分部试运行阶段的记录、总结、报告和有关文件、资料。

（11）负责向建设单位办理设备及系统代保管手续。

（12）参与并配合项目整套试运行工作。负责试运行范围内设备和系统的维护、检修、消缺工作。

（13）接受建设单位委托，负责消除非施工单位造成的影响启动试运行的设备缺陷。

（14）按照委托合同要求，做好设备性能试验所需测点和测试装置的安装工作。

（15）在项目试生产阶段，仍应负责施工缺陷的消除工作，并继续完成施工未完项目。

（16）在机组设备移交前，负责试运行现场的安全、消防、保卫和文明启动工作。

（17）在项目试运行结束后，按期提出总结报告。

（18）在建设单位组织下，试运行指挥部协调下，按照规定向生产科室移交与设备机组配套的文件资料、备品配件和专用工具等。

23.3.4　试运行中的设计单位

（1）负责必要的设计修改和必要的设计交底工作。

（2）配合处理项目试运行阶段发生的设计方面的问题和缺陷，及时提出设计修改和处理意见，做好试运行服务工作。

（3）项目试运行结束后，及时提出设计修改和设计完善化工作报告。

（4）提交完整的、符合现场实际的竣工图（包括覆盖该工程的施工图及设计变更签证等）。

23.3.5　试运行中的调试单位

（1）按合同要求负责编制调试方案，分系统及机组试运行的调试方案和措施。

（2）按合同要求完成所承担的分系统调试试运行工作。

（3）参与分部试运行后的验收签证工作。

（4）全面检查启动机组所有系统的完整性和合理性。

（5）按合同要求组织协调并完成试运行过程中的调试工作。

（6）组织并填写调试试运行质量验评表格，整理所承担分系统试运行阶段的调试记录。

（7）提交试运行调试报告及工作总结。

（8）在项目试生产阶段，应按计划继续完成未完成的调试项目，并积极处理试生产过程中出现的调试问题。

（9）按合同要求完成机组的性能考核和性能试验项目，并提交相应的技术报告。

23.3.6 试运行中的制造单位

（1）按合同规定对设备试运行进行技术服务和技术指导。

（2）及时解决影响设备试运行的制造缺陷，协助处理非制造厂家责任的设备问题。

（3）协助试运行现场及有关单位完成有关设备的性能试验项目。

（4）试运行设备未达到合同规定性能指标的制造厂家，应与有关单位研究处理意见，提出改进措施，或作出相应结论，并提出专题报告。

23.3.7 试运行中的生产部门

（1）在试运行前，负责完成各项准备所需水、电、气、蒸汽、油等资源供应。

（2）参加分部试运行及分部试运行后的验收签证。

（3）做好运行设备与试运行设备的安全隔离措施和试运行所需临时系统的连接措施。

（4）在试运行中，负责设备代保管和单机试运行后的启停操作、运行调整、文明生产。对试运行中发现的各种问题，提出处理意见或建议。

（5）认真编写设备的运行操作措施、事故处理措施和预防措施。

（6）组织运行人员配合调试单位做好各项调试工作和性能试验工作。

（7）机组设备移交试生产后，即全面负责机组的安全运行和维护管理工作。应认真调整运行参数，达到设计和规定功能使用指标。

（8）对试运行机组进行可靠性统计和评价。

（9）机组试生产阶段结束后，由建设单位组织，在试运行指挥部协调下，对工程总承包单位移交的工程档案盒文件、图纸、资料等进行接收，并按档案管理要求归档管理。

（10）参加机组设备验收交接、移交生产交接的签证工作。

23.4 项目试运行成果

（1）现场成果：各系统按设计参数指标运行，需第三方检测系统，应达到第三方检测要求。

（2）资料签证：各系统试运行阶段的参数记录、验收及签证。

（3）缺陷处理：对试运行中暴露缺陷，及时消缺。

（4）经验总结：参与各方及时总结不足与经验形成书面报告，指导消缺。

23.5 项目竣工验收组织机构及职责

重点工程、大型项目、技术较复杂的工程应组成验收委员会，一般小型工程项目，组成验收小组即可。竣工验收工作由建设单位组织，参加单位应包括勘察、设计、施工、监理和相关政府建设主管部门。

23.5.1　参加验收的主要人员

（1）主持竣工验收的发包方负责人和现场代表。

（2）勘察单位的负责人。

（3）设计单位的设计负责人。

（4）总承包单位技术、质量部门负责人及项目负责人、技术负责人和分包单位负责人等。

（5）监理单位的总监理工程师和专业监理工程师。

（6）建设主管部门和备案部门的代表。

23.5.2　竣工验收组织的职责

竣工验收组织审查确认工程达到竣工验收的各项条件，形成竣工验收会议纪要和《工程竣工验收报告》。竣工验收组织的具体职责是：

（1）听取各单位的情况报告。

（2）审查各种竣工资料。

（3）对工程质量进行评估、鉴定。

（4）形成工程竣工验收会议纪要。

（5）签署工程竣工验收报告。

（6）对遗漏问题做出处理决定。

23.6　项目竣工验收条件

项目竣工验收应当具备以下条件：

（1）完成建设工程设计和合同约定的各项内容；单位工程所含分部（子分部）工程均验收合格，符合法律、法规、工程建设强制标准、设计文件规定及合同要求。

（2）工程资料符合要求，有完整的技术档案和施工管理资料；单位工程所含分部工程有关安全和功能的检测资料完整；主要功能项目的抽查结果符合相关专业质量验收规范的规定；有工程使用的主要建筑材料、建筑构配件和设备的进场试验报告。

（3）单位工程观感质量符合要求。

（4）各专项验收及有关专业系统验收全部通过。

（5）有总承包单位签署的工程保修书。

23.7　项目竣工验收流程

（1）总承包单位自检评定。单位工程完工后，总承包单位对工程进行质量检查，确认符合设计文件及合同要求后，填写《工程竣工验收报告》，并经项目经理和总承包单位负责人签字。

（2）监理单位提交《工程质量评估报告》。监理单位收到《工程竣工验收报告》后，应全面审查总承包单位的验收资料，整理监理资料，对工程进行质量评估，提交《工程质量评估报告》，该报告应经总监理工程师及监理单位负责人审核签字。

（3）勘察、设计单位提出《质量检查报告》。勘察、设计单位对勘察、设计文件及施工过程中由设计单位签署的设计变更通知书进行核查，并提出书面《质量检查报告》，该报告应经项目负责人及单位负责人审核签字。

（4）建设（监理）单位组织初验。建设单位组织监理、设计、总承包等单位对工程质量进行初步检查验收。各方对存在问题提出整改意见，总承包单位整改完成后填写整改报告，监理单位及监督组核实整改情况，初验合格后，由总承包单位向建设单位提交《工程竣工验收报告》。

（5）建设单位牵头组成验收组织（验收委员会或验收组），确定验收方案。建设单位收到《工程竣工报告》后，组织设计、总承包单位、监理等单位有关人员成立验收机构，验收成员应具备相应资格，工程规模较大或者复杂的应编制验收方案。

（6）总承包单位提交工程技术资料。总承包单位提前七天将完整的技术资料交质监部门检查。

（7）竣工验收。建设单位主持验收会议，组织验收各方对工程质量进行检查。对质量问题提出整改意见。政府监督部门监督人员到工地对工程竣工验收的组织形式、验收程序、执行验收标准等进行现场监督。

（8）总承包单位按验收意见进行整改。总承包单位按照验收各方提出的整改意见及《责令整改通知书》进行整改，整改完毕后，编制《整改报告》，经建设、监理、设计、总承包单位签字盖章确认后送质检站，对重要的整改内容项，监督人员参加复查。

（9）工程验收合格。对不合格工程，按《建筑工程施工质量验收统一标准》和其他验收规范的要求整改后，重新验收直至合格。

（10）验收备案。验收合格五日内，监督机构将监督报告送工程所在地政府主管部门，建设单位按有关规定报住房和城乡建设部门备案。

23.8　项目竣工验收总结

项目竣工验收机构对工程施工、设备安装质量和各管理环节等方面做出总体评价，形成项目竣工验收意见，签订工程竣工验收报告。

竣工验收中发现的问题经整改合格后，建设单位应当组织总承包单位、设计、监理等单位检查确认，提交工程竣工验收整改意见处理报告。

建设单位应当在竣工验收通过1个工作日内，将竣工验收的相关记录等资料提交质监机构备查。

参与工程竣工验收的建设、勘察、设计、施工、监理等各方不能形成一致意见时，应报当地建设行政主管部门或监督机构进行协调，待意见一致后，重新组织工程竣工验收。

第24章 项目收尾管理

24.1 项目收尾工作要求和管理流程

项目从移交给业主后，即进入收尾阶段。项目收尾工作主要包括竣工结算、人员物资设备撤离、用户投诉和回访保修管理、履约保证撤销、总包项目经理部撤销等。

项目收尾管理的目的是规范工程项目收尾工作，闭合项目管理链，确保工程项目自计划开始至目标完成全过程受控，促进项目经营成果最大化；加快人力、物资、机械设备等施工资源在工程总承包企业范围内优化整合与合理流动的速度，提高资源效益和时间效益；尽可能减少费用开支，避免效益流失。

收尾管理流程见图 24-1。

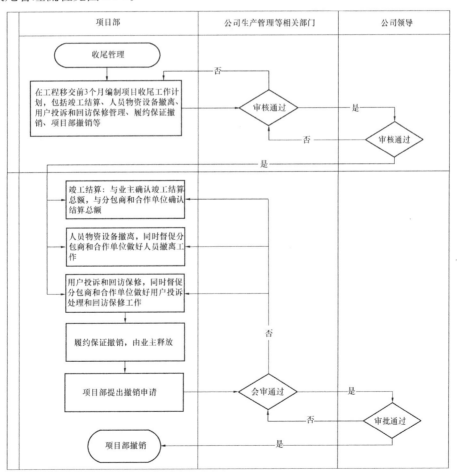

图 24-1　项目收尾管理流程图

24.2 项目收尾工作计划

项目经理应组织项目策划、设计管理、设备采购与管理及施工管理部门结合各合作单位/分包商在工程正式移交前 3 个月编制项目收尾工作计划，明确各项工作收尾的时间安排、具体措施和责任人。项目收尾工作计划见表 24-1。

项目收尾工作计划　　　　　　　　　　　　表 24-1

序号	项目名称及编号 工作项目	说明	责任人或部门	工作期限
1	竣工结算			
	（1）总包合同结算			
	（2）总包合同下各类合同结算			
2	人员物资设备撤离			
	（1）项目部人员撤离			
	（2）项目部物资设备撤离			
	（3）合作单位/分包商的人员撤离			
	（4）合作单位/分包商的物资设备撤离			
3	用户投诉和回访保修			
	（1）用户投诉			
	（2）回访保修			
4	履约保证撤销			
5	项目部撤销			

项目收尾工作计划的内容一般应包括竣工结算、人员物资设备撤离、用户投诉和回访保修管理、履约保证撤销、项目部撤销等。

项目收尾工作计划经过项目经理审签后，须报企业总部审批。

工程总承包项目经理部应督促相关合作单位、分包商根据双方签署的合同要求编制合作单位、分包商收尾工作计划，报项目部审核批准后实施。

24.3 竣工结算

24.3.1 项目竣工结算规定

（1）总承包项目部依据合同约定，编制项目结算报告；

（2）总承包项目部向建设方提交项目结算报告和资料，经双方确认后进行项目结算；

（3）项目竣工验收后，分包商应在约定的期限内向总承包方递交工程项目竣工结算报告及完整的结算资料，经双方确认按规定进行竣工结算；

（4）通过项目竣工验收程序，分包商应在合同约定的期限内进行工程项目移交。

24.3.2　项目竣工结算依据

（1）工程合同；

（2）工程招标文件、投标中标报价单；

（3）竣工图、设计变更、修改通知；

（4）施工技术核定单、材料代用核定单；

（5）现行工程计价、清单规范、取费标准及有关调价规定；

（6）有关追加、削减项目的文件；

（7）双方确认的经济签证、工程索赔资料；

（8）其他有关施工技术资料等。

24.4　人员物资设备撤离

24.4.1　人员撤离

工程总承包项目经理部在完成工程移交后，项目进入保修阶段。工程总承包项目经理部除保留合同商务、财务、保修管理等必要的人员之外，其余人员应逐步撤离现场，合作单位、分包商应根据协议或合同进行留守，直至合同责任解除。项目经理部在根据项目收尾工作计划中的现场管理人员撤场计划及人员劳动合同的规定，安置撤场人员到新的岗位。人员撤离计划见表 24-2。

现场管理人员撤场计划　　　　　　　　　　　　表 24-2

序号	姓名	岗位	年龄	性别	撤场时间	联系电话	业务专长	个人意愿	推荐部门

24.4.2　物资设备撤离

工程总承包项目经理部应根据项目收尾工作计划中的物资设备和办公设备撤场计划，做好自有施工设备、办公设备（含电子设备）的撤场工作。选择合适的撤离路径和运输方式，逐步撤离现场。项目资产处置应按工程总承包企业固定资产管理相关规定执行。在工程移交后，工程总承包项目经理部应将信息化应用系统（含数据）有计划地向邻近项目或企业总部进行迁移。

工程总承包项目经理部应督促合作单位、分包商做好人员和物资设备撤离工作，确保这些工作能符合双方签订合同相关要求和总包合同的相关要求。物资设备撤离表见表 24-3、表 24-4。

物资设备撤场计划 表 24-3

序号						
物资名称						
规格型号						
计量单位						
进场数量						
撤场数量						
物资采购或租赁单位	建设单位	买				
		租				
	工程总承包企业	自有				
		买				
		租				
	分支机构	自有				
		买				
		租				
	项目	买				
		租				
	分包提供					
退还单位						
计划退还时间						

办公设备撤场计划 表 24-4

序号	办公设备名称		规格型号	单位	进场数量	退场数量	设备来源						退场时间	设备去向	设备状况	接收签字
							内部调配	公司购买	公司租赁	项目购买	项目租赁	分包提供				
1	固定资产类															
2																
3																
4																
5																
6	低值易耗品类															
7																
8																
9																
10																

24.5 用户投诉和回访保修管理

24.5.1 用户投诉处理

应按照以下基本原则进行处理：

（1）及时准确原则：对投诉及时做出反应，客户询问当时能够解答的事宜及时给予回复，当时回复不了的事宜，属于本部门内部事务，24 小时内给予答复；涉及其他部门或工程总承包企业管理层需要协调批示的事宜，可延期答复；不能及时处理完毕的事宜应按时跟进进展情况，并及时通知客户。处理要准确有效，避免反复投诉，处理过程中的信息要及时收集，结论要准确。

（2）诚实信用原则：注重承诺和契约，有诺必践；处理问题应以能够公诸于众为标准，不暗箱操作；为保证诚信原则的贯彻，应注意不承诺能力以外的事情，不轻易承诺结果。处理结果应认真履行，关注结果，跟踪回访。

（3）专业原则：以专业标准要求自己，对客户体恤、尊重；协调专业部门从专业角度处理问题，做到实事求是、有根有据，维护企业形象。同时从人性化角度出发，尽可能多给予客户方便，多为客户着想。

24.5.2 保修管理

在工程总承包项目经理部完成项目竣工验收、向业主移交手续后，项目就进入了保修期。保修期限按照业主合同约定确定，或与业主签订项目保修合同。

工程总承包项目经理部应安排适当数量的人员负责处理用户投诉和保修期内的保修工作，并做好机械配备及备件备料工作，监督相关合作单位、分包商根据双方的合同做好用户投诉处理和保修工作。

工程总承包项目经理部负责对相关工作内容进行成本、进度、质量、安全、环保等方面的控制。工程总承包项目经理部应制订计划，在保修实施过程中应按工程正常实施管理的要求开展工作，并在项目工作月度报告中汇报用户投诉情况和保修工作的实施情况。

超保修范围时，应编制维修报价书报业主确认；对分包商或供应商等造成的质量问题，通知相关方参加勘验确认保修责任。

保修工程施工时，工程总承包项目经理部应制定专项施工管理方案，包括人员、材料、设备组织，重点突出现场施工的环保、安全、质量管理措施等，避免对工程运营及环境造成干扰。

在保修期内，工程总承包项目经理部应加强项目尾款及保修款的清收。当工程保修期满，即向业主发出工程保修期满通知单。

24.5.3 回访管理

工程总承包项目经理部应根据合同和有关规定编制回访保修工作计划，回访保修工作计划应至少包括下列内容：

  （1）执行回访保修工作的部门或单位；

  （2）回访哪些项目或使用单位；

  （3）回访时间、保修期限及主要内容等；

  （4）受理业主或使用单位的投诉处理措施。

  回访可采取电话询问、登门座谈、例行回访等方式，针对特殊工程、特殊事件发生时（如地震等灾害）应进行专访。回访应以业主对工程总承包企业服务情况的满意度调查、业主对竣工项目质量的反馈及特殊工程采用的新技术、新材料、新设备、新工艺等应用情况为重点，并根据需要及时采取改进措施。

  回访记录和工程保修记录见表24-5、表24-6。

顾客回访记录表　　　　表 24-5

工程名称			工程地点		
建设单位			竣工日期		
保修责任单位			保修责任期		
回访负责人		回访日期		顾客代表	

回访情况：

顾客代表（签名）/日期：

工程保修记录表　　　　表 24-6

工程名称		工程地点	
存在质量问题部位			

维修记录：

维修责任人/日期：

顾客意见：

顾客签字/日期：

联系电话：

24.6　履约保证撤销

保修期满时，应按照合同规定及时向业主收取其颁发的履约证书，并按照合同规定由业主释放履约保函（如有）或保修期保函（如有），并返还业主在期中付款中扣留的保留金（如有）。

同时按照总包合同下各类合同的要求，项目部应释放合作单位、分包商的履约保函（如有）或保修期保函（如有），并返还在期中付款时扣留的保留金（如有）。

24.7　项目部撤销

在履约证书颁发后，工程总承包项目经理部可提出撤销项目部的申请，报工程总承包企业审批。申请需说明要保留的人员数量、尚未完成的工作和计划完成的时间以及需要接收的保留的人员的部门。

工程总承包企业组织项目经理部、项目管理部、技术质量部、安全生产监督部、财务管理部等部门进行审核会签，工程总承包企业审批后，发布撤销项目经理部的通知。

第25章 项目绩效考核

25.1 项目考核评价

25.1.1 基本要求

（1）工程总承包企业应根据总承包项目的性质、特点、规模、技术难度等指标，结合项目管理成果，对项目管理进行全面考核和评价。

（2）企业应根据《项目管理目标责任书》对总承包项目经理部进行考核。总承包项目经理部应根据项目绩效考核和奖惩制度对项目团队成员进行考核。项目绩效考核结果与总承包项目经理部的奖金及团队人员绩效考核挂钩。

（3）项目管理考核评价由企业管理层组织进行。项目考核以合同和《项目管理目标责任书》为依据，同时考虑企业对项目管理的通用要求。

（4）总承包项目经理部项目管理绩效考核由企业项目管理部门组织，生产、安全、质量、合约、财务、资金等相关部门参与进行。

（5）总承包项目经理部应根据项目管理考核办法及评分实施细则、项目管理考核内容组成，制定项目内部考核办法，根据考核内容列明考核办法清单及相关内容，建立完善的项目管理目标责任体系，落实奖惩措施。

25.1.2 考核评价流程

总承包项目经理部依据企业的年度绩效考核工作安排，向企业总部提交年度绩效工作完成情况及相关成果文件；在项目竣工后，向企业总部提交竣工结算总考核的相关文件。

企业总部在对考核基础数据进行汇总分析后，形成绩效考核初步意见并提议召开相关评价会议，对各总承包项目经理部绩效情况进行整体介绍，项目负责人视条件允许与时间方便现场或远程参加评价会议，就有关问题接受企业审查。

企业总部形成考核结果并将考核结果通知总承包项目经理部。如总承包项目经理部负责人对考核结果有异议，有权在收到考核结果通知后向企业提出申诉。

企业根据总承包项目经理部目标管理责任书拟定应用考评结果方案，具体核定总承包项目经理部奖金数额，上报企业领导审批后，下发总承包项目经理部执行。

总承包项目经理部拟定奖金分配方案并上报企业总部。

总承包项目经理部建立员工绩效考评档案，并定期提交员工的绩效考评结果至企业总部备案。

25.1.3 管理职责

1. 工程总承包企业总部职责

（1）制定总承包项目经理部绩效管理政策、制度、规定。

（2）组织总承包项目经理部签订《项目管理目标责任书》。

（3）确定《项目管理目标责任书》所考核内容的评价标准与评价方法，包括总体目标管理责任书和年度目标管理责任书。

（4）成立考核小组，制定考核实施计划，收集与汇总分析考核基础数据、评价计分、形成考核结果，将考核结果通知总承包项目经理部。

（5）核定总承包项目经理部奖金数额，下发项目部。

（6）审核总承包项目经理部上报的奖金分配方案。

（7）负责绩效考核资料的整理、分析、归档。

2. 总承包项目经理部职责

（1）制定总承包项目经理部员工绩效考核的管理办法、实施方案。

（2）以企业下达的《项目管理目标责任书》为依据，在保证质量安全的前提下，保证工期，降本增效。

（3）执行企业绩效考核管理的各项规定。

（4）根据企业考核计划安排上报相关材料，参加评价会议，就有关问题接受企业审查。

（5）在对考核结果有异议时向企业提出申诉。

（6）根据考核结果及企业相关规定，拟定奖金分配方案。

（7）配合企业完成总部绩效考核管理的相关工作。

25.1.4 项目考核内容

项目管理考核应以定量考核为主、定性考核为辅：一是《项目管理目标责任书》中管理目标与经济指标完成情况考核；二是项目管理工作业绩考核。内容包括：

1. 定量指标

（1）工程质量；

（2）项目成本；

（3）项目工期；

（4）安全生产；

（5）工程款结算；

（6）工程款回收；

（7）科技收益率；

（8）环境与文明施工。

2. 定性指标

（1）执行企业各项制度的情况；

（2）管理体系文件运行情况；

（3）项目文件和资料管理情况；

（4）工程分包管理情况；

（5）资源利用效率情况；

（6）建筑业新技术的应用情况；

（7）沟通与信息管理情况；

（8）项目管理信息化应用情况；

（9）企业规定其他需要考核的内容；

（10）项目团队建设情况。

25.1.5　项目考核范围

（1）企业考核：重点项目、总承包管理示范工程。

（2）企业事业部、企业二级机构考核：本辖区内所有项目。

（3）总承包项目经理部对本工程项目管理岗位人员全面考核。

25.1.6　项目考核时间

（1）阶段考核：直营企业每月考核一次，直管项目由所在事业部、企业二级机构每季度考核一次，企业每半年考核一次。

（2）竣工考核：每个竣工项目企业必须组织考核；重点项目由企业组织考核。

（3）项目完工或结束时，应在总承包项目经理部解散前进行考核与评价。跨年度施工的项目应在当年度末进行考核与评价。

（4）项目考核程序：听汇报，看资料，查现场，定性与定量相结合，现场打分，提出初步考核评价，现场讲评，通报考核结果。

25.2　项目目标管理

25.2.1　总承包项目管理目标

以"顾客满意"为总目标，目标范围包括主承建项目及专业分包项目的管理目标，围绕业主的投资总目标，实现项目发包方项目的增值。具体指标包括总投资、质量、安全、责任成本、进度、工程款回收、环境、文明施工等。

《项目管理目标责任书》是考核项目经理和总承包项目经理部的主要依据，企业在总承包项目经理部成立后，根据工程的具体情况和项目经理签订《项目管理目标责任书》。

25.2.2　项目管理目标责任书的内容

（1）应达到的项目职业健康安全和环境管理目标、质量目标、费用目标和进度目标等。

（2）工程总承包企业各职能部门与总承包项目经理部之间的关系。

（3）明确项目经理的责任、权限和利益。

（4）明确项目所需资源及计算方法，企业为项目提供的资源和条件。

（5）企业对总承包项目经理部人员进行奖惩的依据、标准和办法。

（6）项目经理解职和项目部解体的条件及方式。

（7）在企业制度规定以外的、由企业法定代表人向项目经理委托的事项。

25.2.3　项目管理目标责任书的签订

《项目管理目标责任书》由企业工程管理主管部门起草，相关部门审核，由企业负责人与项目经理签订。

25.2.4　项目管理目标责任书模板

项目管理目标责任书模板见范例（附件 25-1）。

附件 25-1：项目管理目标责任书（格式）

附件25-1

25.3　项目考核计划

总承包项目经理部应编制项目考核计划，对项目管理考核及管理岗位人员考核制定具体的标准，计划的内容应明确项目考核内容、时间及责任人。总承包项目经理部应根据实际情况有重点地选择考核内容，既不繁琐，又可以全面反映项目在某一期间的实际管理情况及部门人员的工作效果。以房建工程为例，可参考表 25-1、表 25-2 选择考核内容及频率。

项目管理岗位人员考核表　　　　　　　　　　　　　表 25-1

序号	种类	内容	频率	考核依据	考核人	备注
1	人员考核	责任考核	月度/年度	管理人员责任状、考核办法	总承包项目经理部	
2	部门考核	责任考核	月度/年度	部门目标责任书、考核办法	总承包项目经理部	
3	供应商考核	劳务分包	月度/年度	合同、考核办法	总承包项目经理部/企业	
		专业承包				
		材料供应				
		机械租赁				
...	......	......	......	......	......	......

项目管理考核　　　　　　　　　　　　　表 25-2

序号	种类	内容	频率	考核依据	考核人	备注
1	日常考核	管理考核	月度	《项目管理目标责任书》、企业考核办法、各项分解计划	总承包项目经理部	
		成本考核				
		其他各专业考核				

序号	种类	内容	频率	考核依据	考核人	备注
2	阶段考核	基础交工 主体各层交工 主体竣工 安装交工 装饰交工	事件发生后 7d 内	《项目管理目标责任书》、企业考核办法	总承包项目经理部/企业	
3	竣工考核	全面考核	竣工决算后 1 个月内	《项目管理目标责任书》、企业考核办法	企业	

25.4 项目绩效考核与兑现

25.4.1 基本要求

（1）企业应根据考核结果和《项目管理目标责任书》，对总承包项目经理部进行奖罚兑现。

（2）总承包项目经理部实行风险抵押承包的分配模式，项目管理班子成员的收入与项目运营风险挂钩，参与项目运营收益的分配，并承担管理风险；其他人员以市场薪酬水平为参照，即期支付。

（3）对项目班子成员应在《项目管理目标责任书》中约定考核标准及与工资收入的挂钩办法；对项目一般管理人员，应建立定期考核评估制度，做到标准明确、考核及时、奖罚得当。

（4）项目考核兑现分为阶段性考核兑现与竣工考核兑现，阶段性考核按合同和《项目管理目标责任书》中约定的节点或按年度进行，兑现额度不超过 80%；竣工考核必须由项目企业审计完毕后方可进行。项目考核兑现的依据有：

1）建设工程项目概况；

2）项目管理的组织机构及人员构成情况；

3）项目管理的经验、存在问题及改进建议；

4）《项目管理目标责任书》中各项管理目标与经济指标完成情况；

5）有关问题的说明等。

25.4.2 项目兑现

1. 兑现分类

（1）总承包项目经理部经济责任兑现分为阶段性考核兑现与竣工考核兑现两大类，总承包项目经理部以审计竣工考核兑现为主，阶段性考核兑现为辅。

（2）阶段性考核兑现适用于项目的准备阶段和主体阶段，企业每年年底开展一次阶段性考核兑现。

（3）竣工考核兑现适用于项目的竣工阶段，企业每年年底开展一次竣工考核兑现。

2. 兑现条件

（1）阶段性考核兑现条件

1）项目合同价在 5000 万元以上、合同工期在一年以上的总承包项目经理部。

2）项目签订《项目管理目标责任书》且按规定缴纳了风险抵押金；

3）项目收款指标：已收款达到商务按主合同约定计算的累计应收款；

4）项目利润指标：商务测算累计利润率不小于目标责任书中约定的目标利润率；

5）项目无重大安全、质量事故。

（2）竣工考核兑现条件

1）项目签订《项目管理目标责任书》且按规定缴纳了风险抵押金；

2）项目主分包结算均已办理完成且收款达到项目目标责任书约定收款率；

3）项目无重大安全、质量事故。

3. 兑现程序

（1）阶段性考核兑现

1）企业财务部门组织企业的各项目部填报《项目阶段性考核兑现申报表》（表25-3），组织企业相关部门对《项目管理目标责任书》规定的经济责任指标进行审核。

项目阶段性考核兑现申报表　　　　　　　　　　　　表 25-3

项目名称：　　　　　　　　　　　　　　　　　单位：万元

序号		申报事项	金额/内容
1	商务数据	合同金额	
2		目标利润率	
3		测算累计收入	
4		测算累计成本	
5		测算累计利润	
6		测算累计利润率	
7		与业主/总包过程结算	
8		合同约定进度收款率	
9		应收预付款	
10		应收进度款（7×8）	
11		应收款总额（9+10）	
12	生产情况	项目状态（准备、主体、竣工和特殊四个阶段）	
13		项目绩效考核结果	
14		目标管理责任书签订时间	
15		应缴纳风险抵押金	
16		工期情况	
17		安全情况	
18		质量情况	

序号	申报事项		金额/内容
19	财务数据	累计收入	
20		累计成本	
21		累计税金	
22		累计利润	
23		累计收款	
24		已回收款率	
25		累计付款	
26		已缴纳风险抵押金	
27	兑现额度	项目班子人数	
28		项目阶段性考核兑现金额	

项目商务经理：　　　　　　　　　　项目经理：　　　　　　　　　　填报日期：

2）企业市场商务部门审核项目发包方累计确认工程量及合同约定预付款事项，计算应收款金额，测算项目累计利润率，与项目目标责任书中约定的目标利润率进行比较，对测算结果签字确认，移送企业财务资金部门。

3）企业财务部门依据市场商务部门审核的结果，核定《项目阶段性考核兑现申报表》后，判断项目是否满足阶段性考核兑现条件，依据项目绩效考核结果和项目测算累计利润额计算阶段性考核兑现额度。

4）项目阶段性考核兑现的结果经企业负责人审批后，报送企业审计部门，企业审计部门组织财务资金、市场商务、生产管理和人力资源等部门审核，30 天内出具阶段性考核兑现结论建议，报企业主要领导审批后，确定阶段性考核兑现额度（表 25-4）。

（2）竣工考核兑现

1）审计部门对完工已结算项目开展竣工结算审计，根据《项目管理目标责任书》的相关兑现条款计算竣工考核兑现额度，征求企业市场商务、生产管理等部门及兑现项目部的意见和建议，报送企业主要领导审批后，确定项目兑现额度。

2）项目部完成《项目管理目标责任书》约定的收款指标，报送审计部门审核后，审计部门依据竣工结算审计报告中确认的兑现奖励额度，报企业领导审批后通知企业人力资源部门，予以发放竣工考核兑现奖励（表 25-5）。

3）项目部未完成目标管理责任书的约定指标，则按照《项目管理目标责任书》中约定的惩处办法和企业相关制度的惩处办法执行。

项目阶段性考核兑现及竣工考核兑现完成后，企业财务部门对兑现奖金的发放登记明细台账，并报送审计部门备案，审计部门填写《项目兑现登记台账》（表 25-6），统计兑现项目情况。

表 25-4

项目阶段性考核兑现汇总表（单位：万元）

序号	项目名称	生产数据			商务数据							财务数据						兑现决定		备注
		项目状态（生产口径）	项目绩效考核结果	应缴纳风险抵押金	合同金额	目标利润率	项目测算累计利润率	与业主/总包过程结算	应收款总额	累计收入	累计利润	累计收款	资金存量	拖欠款	已缴纳风险抵押金	前期已兑现金额	项目班子人数	过程兑现金额	
1																			
2																			
3																			
4																			
5																			
合计																			

财务部经理：　　　　人力资源部经理：　　　　商务部经理：　　　　生产部经理：　　　　审计部经理：　　　　公司主要领导：

项目竣工考核兑现确认单（单位：万元）　　　　表 25-5

项目名称：

序号	项目	内容
一	项目合同及目标管理责任书内容	
1	合同范围	
2	合同价	
3	工期要求	
4	质量要求	
5	安全要求	
6	承包范围	
7	承包成本	
8	目标利润	
9	目标利润率（%）	
10	合同约定收款率（%）	
11	应缴风险抵押金及时间	
二	项目实际完成情况	
12	项目工期	
13	项目质量完成情况	
14	项目安全完成情况	
15	项目结算额	
16	项目实际承包成本[15×(100%−9)]	
17	项目实际成本	
18	超额利润(16−17)	
19	净利润(15−17)	
20	净利率(%)	
21	累计收款	
22	收款率(%)	
23	资金存量	
24	实缴风险抵押金及时间	
三	项目兑现结论	
25	建议兑现额度	
26	最终兑现额度(会同企业生产管理部门)	
27	领导批示	

表 25-6

项目兑现登记台账

单位：万元

序号	二级单位	项目全程	项目地点	项目经理/执行经理	合同额	结算额	项目盈/亏额	目标利润	超目标利润额	应兑现额合计	实际兑现额合计	兑现奖金额						
												过程应兑现额	过程实兑现额	兑现时间及凭证号	……	审计兑现应兑现额	审计兑现实际兑现额	兑现时间及凭证号

填表人：　　　　　　　　　　　　　审核人：

25.5 项目总结

25.5.1 基本要求

（1）项目经理应组织相关人员进行项目总结并编制项目总结报告。总承包项目经理部应依据工程总承包企业对项目分包人及供应商的管理规定对项目分包人及供应商进行后评价。

（2）项目总结是项目管理的目标任务之一，并将纳入项目年度考核中。总承包项目经理部应将项目总结作为项目日常管理工作的一部分。项目部成立后，项目经理应对总承包项目经理部相关人员就项目总结工作进行分工，列入日常项目管理的目标任务，并根据职能分工将其纳入项目岗位人员考核。

（3）项目总结是指从项目开发到项目完成全过程的总结，应重点记载其工程技术及组织的特色和收获，详细阐述实施过程的经验教训，切忌过程资料的简单堆砌和组合。

（4）项目总结应结合项目中遇到的实际案例（事件）进行，每个主题都应围绕案例分析、管理理念及创新、处理过程及结果/效益、经验与教训等几部分展开记述，并利用图片、表格、图纸等多种方式增强表达效果。

（5）工程技术总结应围绕从工程勘察及各阶段设计到采购、施工安装、调试运行（如有）等过程中的关键指标及新技术、新材料、新工艺、新设备的应用情况及经验教训总结。

（6）项目总结鼓励引用项目日常管理工作中实用的管理手册、工作程序和工作表等，如有引用，要求附电子版文件，并统一编号，在总结报告附录中列出一览表。

（7）大型、中小型项目总结应在项目竣工后六个月内完成，特大型项目总结应在项目竣工后一年内完成。

25.5.2 管理流程

项目总结管理流程如图 25-1 所示。

25.5.3 项目总结工作计划制订

为确保项目总结工作的质量，总承包项目经理部应结合项目情况，制订项目总结工作计划表（表 25-7），指定总结工作每一部分的责任部门及责任编写、校对、审核人员，组织讨论确定各部分的编写要点，并设定完成期限。

总承包项目经理部将项目总结工作计划表报送企业相关部门存档备案。

项目总结工作计划如有调整，总承包项目经理部应将变更的项目总结工作计划表报送企业相关部门存档备案。

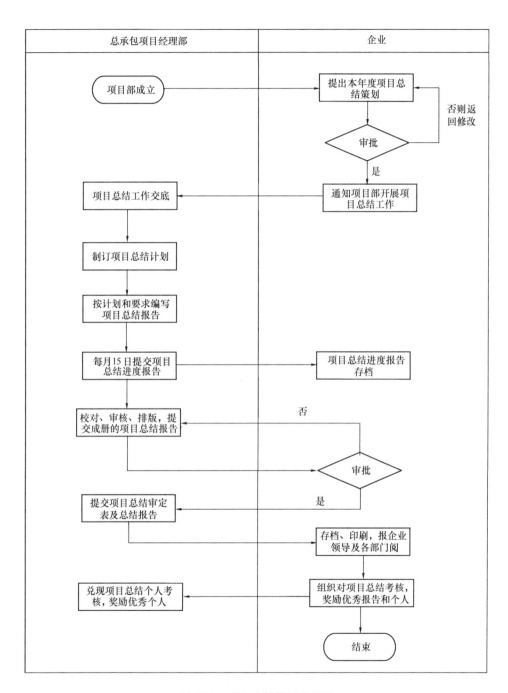

图 25-1 项目总结管理流程图

项目总结工作计划表   表 25-7

项目总结信息									
项目名称									
项目总结具体工作计划									
序号	章节	编写要点（需列出编写要点及相关案例）	责任部门	相关部门	编写人	校对人	审稿人	预计编写完成日期	预计审核完成日期
1									
2									
3									
4									
5									
…									
项目经理意见									
项目经理签名			报送日期						

25.5.4 项目总结报告编写

为便于项目总结工作顺利开展，可参考项目总结报告内容框架（参考）及目录（表 25-8），并紧密结合各项目的特点对报告结构进行调整。

项目总结内容框架   表 25-8

一、项目概况	1. 项目概况及组织模式：名称、建设性质、建设规模、项目方案、建设时间/地点、项目组织模式、项目特点、经营结果；2. 实施过程：突出大事记、里程碑、领导访问等内容；3. 项目管理心得：重点列明全文涉及的所有经验和教训	
二、项目管理	（一）项目开发	1. 信息来源；2. 人力组织；3. 社会关系维护；4. 风险评估；5. 可行性调研
	（二）投标管理	1. 基本情况了解；2. 投标报价准备（包括设计方案甄选、设备材料选定、工程量核算、施工方案确定、价格分析等）；3. 合同条款揣酌；4. 报价技巧
	（三）保险管理	1. 资金来源；2. 保险机制安排与实施效果（工程保险/设备保险）
	（四）财务管理	1. 预算管理；2. 资金管理；3. 保函管理；4. 税务管理；5. 财务风险管理；6. 财务会计核算的管理；7. 财务竣工决算的管理
	（五）合同管理	1. 主合同类型、合同条件、主合同管理、补充合同管理；2. 分包管理：重点突出分包架构；3. 工程变更管理；4. 索赔管理：重点突出合同争议和纠纷管理；5. 计量支付的经验教训；6. 法律纠纷、法律问题识别与防范

	（六）技术与试验管理	1. 专利技术处理；2. 创新技术总结：重点突出所采用的新工艺、新技术、新材料、新设备、新软件；3. 试验管理
	（七）组织与个人管理	1. 项目干系人（项目部、项目班子成员、业主、承包商、分包商、供应商、政府、发起人等）；2. 组织结构及创新；3. 组织文化与作风；4. 队伍建设及管理，人才组织与培养模式；5. 员工管理；6. 安全保卫管理
	（八）沟通与信息管理	1. 与业主以及员工等之间的沟通；2. 企业社会形象建设；3. 与参与项目的其他各方之间的沟通；4. 与总部的沟通；5. 与政府及相关管理部门的沟通；6. 沟通平台与沟通方式及建议
	（九）进度管理	1. 影响工程进度的因素（业主数据不金、设计进度延误、供货商交货不及时、施工组织不当、技术原因、不利的施工条件、承包商不能控制的外部因素等及其影响）；2. 所采用的进度管理（施工组织措施、技术措施、合同措施、经济措施、信息沟通措施、管理措施等），相关制度
	（十）质量管理	1. 影响设计、采购、施工质量的主要因素；2. 质量控制措施（设计阶段、采购阶段、施工阶段，如施工工法、施工技术、施工手段、施工环境监控、作业效果检查等），相关制度
二、项目管理	（十一）成本管理	1. 成本预测：如何合理预测工程成本（设计方案、设计采购、物流、施工的工料、机费用预测）；施工方案引起费用变化的预测；辅助工程费的预测；大型临时设施费的预测；成本超支的风险预测；2. 成本控制：设计、采购、施工各个阶段具体的成本控制手段（从组织、技术、经济、合同管理等方面采取措施控制），相关制度；3. 成本计划及实际完成情况对比
	（十二）HSE 管理	1. HSE 管理的规定和管理程序，突出经验教训；2. 培训与效果
	（十三）风险管理	1. 项目全过程（含投标和议标、商务谈判和签约、执行过程）风险的识别和分析，特征及成因；2. 对各种风险的预防、规避和管理措施，相关制度；3. 经验教训和建议
	（十四）设计管理	1. 前期勘探、投标/合同谈判与合同执行等各阶段的技术方案选择、论证工作；2. 设计工作特征；设计范围；设计阶段划分；设计版次管理；设计、采购、施工一体化管理；3. 设计管理模式建设；设计协调管理；质量保证程序；初步设计及其变更管理；深化设计（施工图设计）管理；4. 设计与采购、施工、试运行、考核、维护等各阶段工作的有机结合
	（十五）采购与物资管理	1. 采购策略，主要设备处理选择；2. 供货商与物流分包商的审查、评价及选择，后期评审和信用度管理，战略伙伴关系建立，相关制度；3. 供货商管理模式及相关制度，包含质量、进度、成本、安全、接口、总结等方面；4. 内部流程优化、机构组织和人力组织、内部控制等；5. 总部与项目部合作分工；6. 物资管理：大宗物资、料场管理；7. 设备管理：保养维护、设备回运等

二、项目管理	（十六）施工管理	1. 分包商的选择；2. 对分包商的工作界面划分；3. 对分包商的质量、进度、成本、安全、接口等控制；4. 施工技术管理及施工程序；5. 外部监督的选择与管理
	（十七）试运行与竣工验收管理	1. 队伍建设与管理；2. 试运行与竣工验收准备及流程；3. 面临的困难和解决的措施
	（十八）收尾管理	1. 质保规划：组织建立与管理；质保原则；问题处理流程；2. 质保实施：问题统计分析与应对、成本；3. 质保收尾；4. 竣工资料管理
三、项目评价	（一）执行效果	1.《项目策划书》设定的管理目标完成情况；2. 业主的评价
	（二）经济效益	项目整体财务状况分析、项目收支及利润结余情况分析，项目现金流量情况分析，项目各项经济指标分析
	（三）社会效益	1. 社会层面；2. 企业层面

报告内容应重点突出经验和教训，力求图文并茂，有理有据。

报告撰写期间，总承包项目经理部应于每月 15 日参考项目总结进度（月度）报告（格式见表 25-9），向企业提交进度总结。

项目总结进度（月度）报告　　　　　　　　　　　　　表 25-9

项目总结基本信息							
项目名称							
项目总结进度报告							
序号	章节	编写要点（需列出编写要点及相关案例）	责任部门	编写人	校对人	审稿人	编写进度（编写中，需列明已完成要点及案例）/（校对中）/（审核中）/（审定中）	与进度计划符合性评价
1								
2								
3								
…								
项目经理意见								
项目经理签名			报送日期					

25.5.5　项目总结报告审定、提交、存档与发布

总承包项目经理部应按时完成项目总结文稿的编写、校对、审核工作，按企业统一的排版要求（另文）编排后，打印成册提交项目经理后报送企业总部，并根据审定意见修改。

总承包项目经理部将项目总结报告审定表（表 25-10）、报告最终电子版一并提交企业存档。

项目总结报告审定表　　　　　　　　　　　　　　　　表 25-10

项目总结基本信息								
项目名称								

项目总结报告审定表

序号	章 节	责任部门	编写人	编写人签名	校对人	校对人签名	审核人	审核人签名
1								
2								
3								
…								
项目经理审核意见								
项目经理签名			报送日期					

25.5.6　项目总结的考核与奖励

项目总结是总承包项目经理部考核的重要内容。总承包项目经理部应就撰写业务总结工作的相关岗位员工报请企业同意后，根据当年项目总结报告完成及评审情况，对优秀报告和个人进行奖励。

25.5.7　持续改进

企业管理层应根据项目管理考核与评价报告，总结经验和教训，制订和实施改进措施，持续改进项目管理能力。必要时，应形成文件。

总承包项目经理部定期对项目管理状况进行检查分析，项目管理应坚持 PDCA 循环管理原理，按照计划、执行、检查和处理的顺序进行不断地持续改进。

第26章 工 程 案 例

26.1 ××医院一期工程项目

26.1.1 项目概况

××医院一期工程 EPC 项目位于四川省泸州市江阳区康城路二段，于 2014 年 11 月 19 日正式开工建设，2018 年 12 月 20 日竣工验收，同年 12 月 28 日开业运营。项目合同额 7.75 亿元，工程建筑面积为 183832m²，其中地上 159988m²，地下 23844m²，含门诊医技、住院综合楼，设置开放病床数 1000 床，其中门诊医技部分，地下一层，地上七层，建筑高度 40.9m；住院部分地下一层地上十八层（含设备层），建筑高度 79.6m（图 26-1、图 26-2）。

图 26-1　正面实景图　　　　　　　　　图 26-2　侧面实景图

工程为钢筋混凝土框架剪力墙结构，机电系统包括暖通空调、给水排水、电气、智能化、医用气体、电梯及洁净系统等。工程总承包单位为××公司，建设单位为××医院。

26.1.2 项目招标投标

1. 招标阶段及招标文件组成

该项目为概念性方案后招标，招标依据文件有 1：500 地形图及原始地貌高程点图、地勘报告及审查报告、地块红线图、建设用地规划条件、建筑方案设计文件、技术标准及要求。

2. 投标人主要资格条件

具有独立法人资格；建筑行业（建筑工程）甲级及以上工程设计资质；房屋建筑工程施工总承包壹级（投标人投标报价不超过企业注册资本金的 5 倍）及以上企业资质；四川

省省外企业须具备《四川省省外企业入川从事建筑活动备案证》；近 3 年（2011 年以来）至少具有 2 个类似项目设计业绩和 2 个类似项目设计施工总承包业绩；允许联合体投标；投标报价形式为设计费报固定总价，施工费报固定总价及清单定额价后的下浮费率。

3. 投标文件及技术文件深度

（1）投标函及投标函附录；

（2）法定代表人身份证明或附有法定代表人身份证明的授权委托书；

（3）联合体协议书；

（4）投标保证金；

（5）价格清单（工程量清单深度、与投标图纸匹配）；

（6）承包人建议书（施工图深度）；

（7）承包人实施计划；

（8）资格审查资料。

4. 合同版本

2012 版标准设计施工招标文件内提供的合同示范文本（国家发展改革委发布）。

5. 投标文件

项目实施计划目录

（一）概述

1. 项目简要介绍

2. 项目范围

3. 项目特点

（二）总体实施方案

1. 项目目标（质量、工期、造价）

2. 项目实施组织形式及安全

3. 项目阶段划分

4. 项目工作分解结构

5. 对项目各阶段工作及文件的要求

6. 项目分包和采购计划

7. 项目沟通与协调程序

（三）项目实施要点

1. 设计实施要点

2. 采购实施要点

3. 施工实施要点

4. 试运行实施要点

（四）项目管理要点

1. 合同管理要点

2. 资源管理要点

3. 质量控制要点

4. 进度控制要点

5. 费用估算及控制要点

6. 安全管理要点

7. 职业健康管理要点

8. 环境管理要点

9. 沟通和协调管理要点

10. 财务管理要点

11. 风险管理要点

12. 文件及信息管理要点

13. 报告制度

附表一：拟投入本标段的主要施工设备表

附表二：拟配备工程的试验和检测仪器设备表

附表三：劳动力计划表

附表四：计划开、竣工日期和施工进度横道图及网络图

附表五：施工总平面图

附表六：临时用地表

26.1.3 总承包管理部署

1. 总承包管理体系（图26-3）

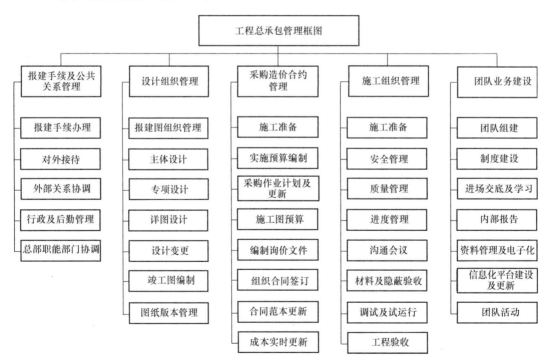

图 26-3 总承包管理体系

2. 总承包管理制度文件体系（图 26-4）

3. 项目管理体系

（1）作为公司级项目，管理体系分为三个层级：公司级管理层由主管公司副总经理、各职能部门及生产部门领导组成；项目级管理层由项目经理、项目技术负责人、施工经理、设计部、采购部、工程部、安全部、后勤部、资料室、财务室等组成；作业管理层由专业分包及劳务分包项目部成员组成。

（2）项目经理职业化管理。项目经理应接受过正规化培训和实践，具有项目经理岗位资格。

骨干成员：设计经理、采购经理、施工经理、技术负责人等重要岗位，应具有匹配的职业道德和业务素质。

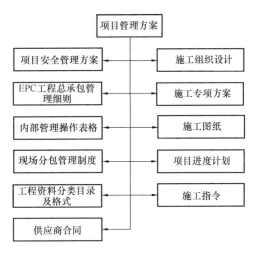

图 26-4　总承包管理制度文件体系

26.1.4　报建手续

项目报建手续总的原则：报建手续的主体责任为建设单位，总承包商为协助方。报建手续的里程碑文件有：项目可行性研究报告批复；建筑规划许可证批复；初步设计及初步概算批复；施工许可证。

26.1.5　设计管理

现场设计的管理工作，不是简单地按图施工，尤其是医院的 EPC 工程，其主要特点是流程要求严格、系统构造复杂，很多现场条件需要落实，设计管理工作要结合医院顶层规划、科室工艺流程、逐层细部设计。

1. 设计沟通

设计输入为有效书面确认版本：如设计联系单含业主确认发文。

2. 设计过程管理

设置专人建立、更新、管理设计图纸，尤其是图纸版本管理。

（1）方案完善设计、初步设计（报批）、施工图设计等管理；

（2）专项详细设计管理（施工图设计同步）；

（3）现场详细设计。

3. 设计成果管理

（1）施工图纸及设计变更。

成果管理分为报建手续：规划、消防、电力、气象、审图单位等成果图；最终版施工图图纸管理，以盖审图章为准；变更图纸管理，需要实时跟进更新，建立有效指令传递，落实责任追查制度，确保变更指令得到有效顺畅执行。

（2）实时更新竣工图。

项目执行过程中，由于各种变更、签证、业主对现场施工图纸进行调整的情况频繁发生，对此设置专门的制图组，将变更及时反映到实时更新竣工图中，以月为周期，实施汇总调整。

26.1.6 采购管理

项目采购模式采用专业平行分包＋主要设备材料采购方式。工程发包及采购工作由总承包单位采购部负责：首先应编制项目实施预算、合同体系策划、各分包段拦标价设置。

分包和大宗设备材料采购由企业采购部组织询价及评选；材料由现场项目部组织询价和评选；所有标段都要编制询价文件和进行三家以上的报价比选，比选过程文件留存归档；合同原则上都采用公司示范文本。

26.1.7 施工管理

1. 工程 HSE 管理

（1）安全管理目标

伤亡控制指标：①零死亡事故；②零 10 万元以上火灾和交通责任事故；③轻伤频率不超过 4‰。

施工安全目标：①安全隐患整改率必须保证在时限内达到 100％；②工人进场三级安全教育达到 100％，特种作业人员持证率 100％；③安全检查评分大于 90 分。

文明施工目标：①零严重污染事故；②危险废弃物 100％回收；③创建市级文明工地。

（2）完善 EHS 保证体系框图，织密安全网，横向到边，竖向到底。

（3）项目全员上下，强化安全意识。

（4）重在日常新进场人员及分包单位三级安全教育。

（5）分包单位日常班前安全教育，竖向到底，注重实效。

（6）特种设备管理，例如塔吊、施工电梯等设备必须严管严查。

（7）安全管理应急演练，具有教育意义和实战意义。

（8）处罚教育多样化，违规违纪有成本，严禁跨越红线。

（9）安全管理重在实效，以问题为导向，落地生根，而非痕迹工作。

（10）特殊工种作业，持证上岗率保证 100％。

（11）危险性较大的分部分项工程，编制专项方案，进行专家论证指导安全施工。

（12）安全管理资料体系。

2. 工程质量管理

树立严格质量观：品牌意识、民生工程。

（1）医院建筑一般为某一地段地标性建筑，因此合同质量目标要求获得所在地的质量奖项。项目全员上下应树立精品意识，工程质量关乎科室使用、当地民众的就医环境，是当地政府的民生工作，有别于其他商业工程。

（2）医院建筑实施质量管理更强调以业主及科室固定使用人群要求为中心，项目质量管理不仅要关注过程，更关注结果（目标）。对材料设备及分包工程的质量管理，应以目标管理的方式。将目标融入阶段过程中，在过程中实现目标。不仅要满足常规建筑质量要求，还要满足医疗建筑流程使用及院方院感要求。质量要求层次比较复合。

（3）医院建筑科室门类齐全、系统工艺复杂，经过累积总结，形成该类型建筑的质量管理标准化体系。

1）按质量管理方案落实管理。

2）实施过程，严格执行交接检制度，严禁上道工序质量问题累积到下一道工序，杜绝质量问题量变引起质变。

3）建立周检查制度，每周进行质量检查，并召开质量问题通报会。

4）各工序有效的施工技术交底，确保交底能够到作业层面。

5）编制专项施工方案，指导施工。

6）每月有针对性地对现场施工已发生质量问题进行总结，积累实战经验。

7）正确处理质量管理与进度、成本对立与统一的关系。

8）质量综合检测。质量综合检测（室内空气质量检测、防雷、公共场所卫生指标检测、洁净用房环境检测、消防、室内放射防护检测、电梯检测等）。

3. 工程进度管理

进度是医院客户非常关心的工程指标，三甲医院工程一般为当地政府重点工程，形象进度政府主管领导关注度高。

1）工程进度管理目标，按合同完成，因医院一般功能调整比较大，做好及时有效索赔与延期。总原则是：及时索赔、节省使用、杜绝浪费、奖先惩后。

2）EPC项目实施中进度管理涉及因素较多，包含上述的设计、采购管理，均含在实施工期内，有别于传统施工项目。

3）项目管理中，前期施工具体方案要与业主基建部门，会同各使用科室充分论证。

4）施工前，先完成样板段或样板间，业主及使用科室确认后，再大面积展开施工。应避免返工，一次成活是最大的节约工期。

5）同一作业面上工序尽早穿插施工。加强动态检查，加快进度的最有效方法，就是缩短进度检查的事件间隔，项目进度在不断变化，只有动态的检查，才能更有效地控制进度，满足业主方的需求。

6）后期业主一般功能布局调整更多，针对现状及时进行工期索赔。

7）EPC项目工期是最直观的要素，总承包单位在制定计划时，必须整体协调，不能专注于某一项，集中运作包括时间上、空间上、与其他各施工单位的事项协调，倡导分包单位节约工期就是节约执行成本理念，紧紧扭住这个总分包契合点。

8）以顾客为中心，领导关注与推动，全员集成与参与，系统思维与观点，注重过程方法与灵活处理，持续不断地跟进与改进提升，基于事实的务实决策，实现工期目标。

9）项目管理中须数天计算，合理使用，管理要量化与清单化，进行分解，定岗到人，规定完成时间及交付成果。

4. 工程成本管理

1）严格按照总承包单位审核完成的实施预算进行采购与分包，确保能够不出现亏损、包得住。

2）对于业主增加的签证变更，及时与各部门协调，设计组出具设计变更、预算完成核价、现场完成签证。

3）财务部门及时进行成本核算；对分包及采购合同按期结算。

5. 项目沟通及资料管理

（1）项目沟通

采用信息化手段，设置必要数量的微信群、QQ群及项目专用邮箱。此外，应坚持以下会议制度：

1）双周召开一次监理例会；

2）每周周报（报公司和报院方）；

3）每周安全检查会/每两周质量检查会；

4）每天早上晨会/每天下午生产会；

5）每周采购落实会。

（2）资料管理

1）质量管理资料（质监站和档案馆要求）；

2）安全管理资料（安监站要求）；

3）总承包管理资料（工程总承包企业内部管理体系）；

4）文件实行电子化。

6. 风险管理

针对工程医疗项目工期长、复杂度高等特点，总承包项目部签约当地律师事务所，进行法律咨询指导，保驾护航。

（1）设计风险：作为EPC项目，设计缺陷为总承包单位承担，总承包单位承担设计图纸缺陷风险，所以要仔细核对招标文件设计要求、技术标准，严禁建筑装饰超标设计，安装系统与清单要求不符，出现超标或配置不够。质量风险管理程序：明确项目质量目标；编制项目质量计划；实施项目质量计划；监督检查项目质量计划的执行情况；收集、分析、反馈质量信息并制定预防和改进措施。

（2）安全风险：项目实施的安全风险管理控制点。安全管理是一个系统性、综合性的管理，其管理的内容涉及建筑生产的各个环节，必须坚持"安全第一，预防为主，综合治理"的安全方针。

1）制定针对本工程的安全管理方案，明确目标，实时更新危险源辨识清单。

2）建立健全安全管理组织体系。

3）安全生产管理计划和实施：计划和实施的重点明确风险和规避风险的目标以及应该采取的步骤，建立各种操作规程。

4）安全风险管理业绩考核：采用切实有效的自我监控技术及体系，用于预判控制风险。

5）安全风险管理总结，要通过对已有资料和数据进行系统的分析总结用于今后工作借鉴指导。

6）拆除、爆破工程、建筑幕墙安装、钢结构等高危工程，以及超过一定规模的危险性较大的分部分项工程，须组织专家进行方案论证，屏蔽技术风险。

（3）资金风险：实施过程中，做好资金风险控制，对供应商和分包单位及时结算，避免恶意索赔合同款项，一旦发生类似事件，及时请律师事务所，发出律师函件，协商或仲裁解决。提高合同法律意识，防止经济风险事件发生。

（4）调试风险：项目竣工验收阶段，提高合同意识，要求厂家和专业厂家技术人员到场配合调试，防止大型复杂、价格高昂设备及系统误操作的技术与管理风险，避免造成损失。例如：核磁设备约 5000 万人民币。

（5）政策风险：项目所在地泸州市委在工程执行期间，创建全国文明卫生城市，对材料供应和现场施工进展造成很大影响。及时进行工期索赔，并采取工程防护、积极采购备料备货等措施，保证项目运行。

26.1.8　项目调试

1. 调试机构

总承包项目部成立专门组织机构，配备相应资质人员进行调试工作。

2. 编制调试方案

3. 项目调试的现场条件

（1）项目施工工作已经结束，记录完整，验收合格，调试运行必须的临时设施完备。分系统调试应按系统对设备、电器、仪控等全部项目进行检查验收合格。

（2）具体分部调试方案、措施、专用记录表格准备齐全。

（3）现场环境满足安全工作需要。

（4）调试仪器、设备准备完毕，能满足调试要求。

（5）备品备件等准备到位。

（6）消防保卫措施落实到位。

4. 项目调试工作程序

（1）设备及系统检查。

（2）单体设备的空载试验。

（3）单体设备试运行。

（4）单体设备试运行验收签证。

（5）分系统试运行。

（6）联动调试试运行。

（7）项目试运行。

（8）调试试运行验收签证。

（9）移交建设单位。

26.1.9 项目竣工验收

1. 专项验收

医院项目涉及门类专业齐全，各特殊专业、系统、区域进行专项检测验收。

2. 初步验收

项目因工程面积大、系统较多，在正式竣工验收前进行初步验收，由业主方组织总承包单位、设计、施工、监理单位，邀请政府相关部门参加，充分暴露施工实体与资料问题。以便在正式验收前，有的放矢地解决各类矛盾问题。工程在各分部、分项工程均已验收合格基础上，于 2018 年 11 月 23 日进行初步验收。

3. 竣工验收

2018 年 12 月 20 日工程项目建设指挥长主持验收会议。参加验收人员：泸州市质监站等相关部门；建设单位、总承包单位、勘察单位、设计单位、监理单位、施工单位项目负责人及相关人员等。

26.1.10 项目移交及运行维护

1. 实体移交业主

分区域、分系统对业主医护人员及后勤人员进行培训移交。采用主动运维巡检和接收科室使用人员报修的双重措施，使项目工程达到安全性、适用性、耐久性。

2. 资料移交

按照泸州档案馆资料目录要求，整理归档汇总，项目备案后归档移交档案馆。

26.1.11 项目总结

项目交付业主投入运行后，在保驾护航阶段，积极总结，系统梳理，整理汇总报奖资料，把可复制、可推广、可操作的项目经验沉淀累计，供之后项目参考借鉴。

（此案例由中国中元国际工程有限公司刘兴提供）

26.2 西安幸福林带项目

26.2.1 项目概况

西安幸福林带初始规划始于 1953 年，是西安市第一轮总体规划中由中苏专家共同规划设计的。目前设计方案全长 6km，宽 140m，总建筑面积约 80 万 m^2，总投资约 200 亿元。项目包含绿化景观、地铁配套、综合管廊、地下商业空间、亮化工程、市政道路六大业态，是中华人民共和国成立以来西安市最大的市政、绿化和生态工程，也是全球最大的地下空间综合体，全国最大的城市林带建设项目，倍受社会各界关注（图 26-5）。

2017 年 5 月 2 日，住房和城乡建设部印发《关于开展全过程工程咨询试点工作的通

图 26-5　幸福林带规划图

知》，选择部分地区和企业开展全过程工程咨询试点。其中北京、上海等 8 省（市）作为试点省份，陕西省不在试点省份之列，而中国建筑西北设计研究院被选为试点企业，成功将幸福林带项目列为住房和城乡建设部全过程咨询试点项目，并在项目实施阶段全面开展全过程咨询试点工作。

由于幸福林带项目体量大、接口多且复杂，其难点主要有：

幸福林带开挖土方量为 1400 万 m³，规模庞大，相当于把整个西湖填满，土方精细化管控难度大。

混凝土双曲种植屋面施工条件极为复杂，标高变化多，场馆屋面层高最低点 10.65m，最高点 20.55m，最大坡度 1.2∶1，对屋面曲面找形、结构定位、模架立杆等工序要求高。

幸福林带项目共 2 个消防水泵房、9 个制冷换热及冷冻机房。机房作为机电安装最为集中的区域，在施工过程中往往受到施工场地狭小、施工环境差、受土建结构施工进度制约等问题，施工复杂且难度大。为此，本项目机房将全面采用模块化装配机房技术，提升机房施工质量和运维品质。

项目全段共设开闭所（含变电所）4 处，末端变电所 11 处，用电负荷大，业态种类多，区域分布狭长，环网均为双重供电，环网高压电缆布设数量较大。电缆造价高，施工难度大，工程量统计困难。

基于其特点及需求，幸福林带项目通过设计理念创新、管理模式创新，辅以全生命期 BIM 一体化应用解决项目存在的重难点。

在设计规划理念方面，项目以"水声潺潺，清流穿城，人映水中，水润城东"的亲水生活设计理念，将建起一个推窗即见绿景、林水交融共生的集商贸服务、军品研发、绿色观光、都市休闲等于一体的生态怡人之地，运用先进设计理念全面回答了建设什么样的幸福林带，如何建设幸福林带等关键问题。

在管理模式方面，该项目创新性地采用了"PPP＋EPC"的建设管理模式，由政府与社会资本合资成立公司，具体负责林带融投资、设计、建设和运营管理，而 BIM 工作模式的创新有效地促使"PPP＋EPC"模式效益最大化，降低了项目的建设难度。

在国家行政体制改革、"多规合一""十三五规划"以及国家关于推进工程总承包发展的多项政策等多重背景下，幸福林带项目以 BIM 信息化应用为手段，以协调管理为方法打通了设计阶段与施工阶段间中断的信息互通壁垒，实现了 EPC 项目下设计施工一体化应用，推动了建筑领域的可持续应用和可持续发展。

26.2.2 BIM 应用策划

2017 年 1 月 16 日，中国建筑集团成功中标西安市幸福林带建设工程 PPP 项目，并采用 EPC 建设模式，包含 7 个设计单位、7 个工程局、3 个运营单位。基于此，幸福林带 BIM 应用从全生命期角度出发，结合"时效性"与"专人专事"要求，建立"PPP＋EPC"模式下 BIM 全生命期应用的树状架构体系，各子项、各阶段、各部门人员以不同的 BIM 深度在同一个 BIM 体系中分阶段、分步骤实施，模型信息逐步向后传递。通过将施工深化前移，使设计与施工深度结合，充分发挥设计源头控制作用，利用各阶段逐步完善 BIM 模型，最终提交一个真正的"数字化幸福林带"，为数字化城市打下基础。

1. BIM 实施方案

（1）统一思想：国家规划、国家及省市 BIM 政策、中建 BIM 政策；

（2）定位 BIM 应用目标：企业管理层面、项目管理层面、技术应用层面；

（3）项目组织架构：组建幸福林带 BIM 团队，制定总体应用流程，模型将由设计、施工、运维各参与方共同完成（图 26-6、图 26-7）。

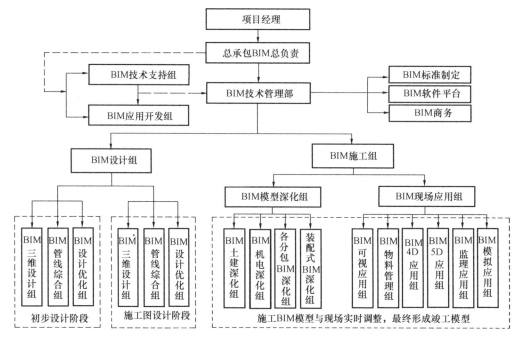

图 26-6　幸福林带 BIM 组织架构

预期成果：提升设计质量，促进设计施工一体化，为运维提供基础数据。

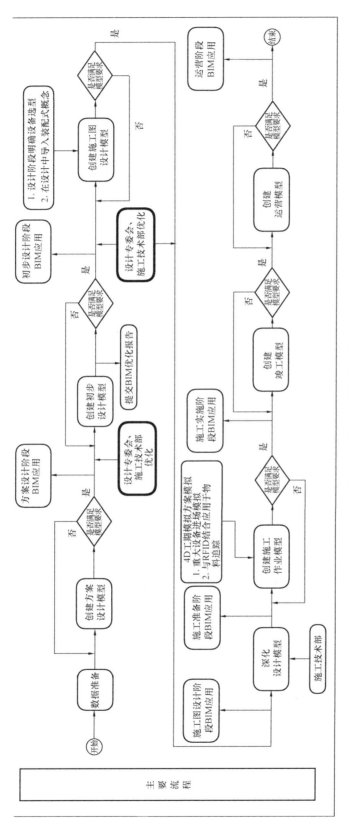

图 26-7　BIM 应用总体流程

2. BIM 实施导则

（1）应用原则

1）辅助原则：目前建设行业，BIM 难以占据主导地位，结合实际情况精准定义 BIM 辅助地位，确保本项目 BIM 技术的实施与落地。

2）职责一致性原则：按项目管理需求，明确各阶段、各参建方职责，加强模型质量管理，为 BIM 应用打好基础。

3）实施过程同步原则：模型随项目同步更新，满足现场设计与施工进度需求。

4）第三方审核原则：对各阶段各方模型及应用进行第三方审核，客观评价 BIM 成果，实现定量化考核管理。

5）拓展性原则：各阶段在完善项目 BIM 数据时，确保满足下阶段拓展需求。

（2）模型细度拆分

根据幸福林带建设项目的整体进度安排，对整个林带模型进行必要的阶段拆分，以各阶段基本需求为原则，制定各阶段模型细度，并保持模型的一致性与唯一性。将整个模型主体分为设计模型、施工模型及运维模型，后续模型在前序模型基础上进行深化，最终得到完整的 BIM 模型。

设计 BIM 需求：满足设计方案比选需求，对设计进行错碰漏核查，通过 BIM 模型结合施工及业主需求，对设计进行优化。

施工 BIM 需求：指导现场施工，利用 BIM 模型对施工组织进行模拟，对重难点进行深化，并进行三维交底；通过 BIM 模型进行管综排布、机房深化、工厂化预制构件拆分。

运维 BIM 需求：完成的施工 BIM 模型将包含设计及施工过程需要的几何及非几何信息，在运维过程中，根据运维方提供的需求继续完善 BIM 模型。

在主要三阶段外还存在局部造价 BIM 模型，目前市场上绝大部分 BIM 工具软件都具备从 BIM 模型提取构件工程量并形成报表的能力，基于此，在设计及施工 BIM 阶段，根据需求对模型进行局部深化以提取相关工程量。例如设计阶段提取各类功能区的面积和体积、车位的个数、电梯的个数等，施工阶段提取混凝土施工量、电缆量等。

设计 BIM 与施工 BIM 模型细度举例见图 26-8。

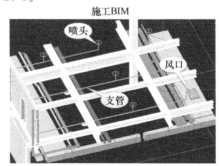

图 26-8　设计 BIM 与施工 BIM 模型细度拆分示意

3. 技术标准

制定了整个项目的 BIM 实施方案，以及各阶段的 BIM 实施导则后，开始建立 BIM 模型技术标准，除了常规的统一命名等要求外，主要定位到具体模型的细度划分。

幸福林带作为 EPC 项目，为设计与施工沟通提供了极大的便利，基于此，设计和施工 BIM 团队提前对 BIM 模型细度划分进行了充分的商讨，从项目的"时效性"和"专人专事"角度出发，由各阶段需求确定模型细度，具体定义每个构件几何及非几何信息细度，合理划分模型细度，极大程度上避免了过度建模，减轻了大量的重复建模工作。同时，由造价部门针对计价要求，对 BIM 模型几何及非几何信息提出相应要求，以满足造价 BIM 需求。

4. 管理办法

设计、施工 BIM 各阶段均制定相应的管理办法，量化考核指标，明确奖惩制度，从制度上统一管理幸福林带 BIM 技术的应用。

其中，量化指标由 BIM 应用组结合已制定的体系建立，而奖惩制度则由建设方牵头，统一组织各参建方负责人共同建立，从甲方角度督促各参建方对 BIM 的应用，极大地支持了 BIM 技术在本项目的应用。

5. BIM 全生命期体系校验

幸福林带 BIM 技术应用组在前期制定了完整的 BIM 应用体系，为幸福林带项目的全生命期 BIM 应用构建了理论框架。然而由于当时处于设计阶段，对后续阶段 BIM 的实施过程仍停留在理论阶段，为了确保幸福林带项目全生命周期 BIM 应用能够顺利实施，BIM 技术应用组在经过讨论研究之后，决定在幸福林带建设项目中挑选一段进行"全生命周期 BIM 应用"模拟，提前检验 BIM 应用流程中存在问题，并做好相应的应对措施，为将来全段 BIM 应用做好准备工作。

试验段从三大方面来进行检验：BIM 模型、BIM 应用及组织流程。

（1）BIM 模型，检验各阶段 BIM 模型完成的进度以及质量，确定是否能符合施工的进度以及细度需求，以评估技术标准模型细度的合理性。同时，重点查看设计与施工衔接处，识别是否存在空白区域，避免出现"三不管"区域。

（2）BIM 应用，按照既定 BIM 应用路线，对各阶段开展的 BIM 应用情况进行检验，考察 BIM 应用的效果，反向追查模型细度是否满足应用要求。同时，还对各参建方 BIM 应用能力及支持力度进行摸底，以便在后期开展差异化管理。

（3）组织流程，通过对建模、应用过程的模拟，检验各参建方的沟通协调流程是否合理、高效，人员分工是否明晰。

根据检验反馈总结，对模型的细度、BIM 应用、组织流程及相关作业文件进行了及时调整，以期更好地满足接下来工作的开展，为幸福林带全生命期 BIM 应用开展打下坚实的基础。

26.2.3　BIM 私有云信息化管理平台搭建

1. 项目存在的问题

（1）资料传递问题

本项目包含绿化景观、地铁配套、综合管廊、地下商业空间、亮化工程、市政道路六大业态，项目规模大、阶段多、参与方多、资料种类繁多，导致资料管控困难，各参与方之间资料传递困难，信息交流不畅，包括信息内容的丢失、信息的延误、信息沟通成本过高。对于业主方而言，需要统一的平台进行资料传递和管理。

（2）基于模型的沟通交流问题

以往的设计流程为"土建一次设计→土建二次设计→幕墙二次深化设计"。而事实上，在项目建设全过程的各个阶段，每一个阶段的结束与下一个阶段的开始都存在工作上的交叉与协作，信息上的交换与复用。按照以往的流程，幕墙专业开始施工之前，各专业间无法做到交叉配合，即使参与设计的所有专业设计师都按流程，但是依旧没有办法避免与后续专业交叉施工时遇到的问题。

（3）项目建设方施工进度管控问题

建设方为了实现对项目进度的把控，及时、有效地发现和评估工程施工进展过程中出现的各种偏差，要求监理方每日都将相关数据上报给业主方，但是由于传统的施工进度主要是基于文字、横道图和网络图进行表达，导致业主方依旧不能直观地了解到完工区域和未完工区域的占比以及相应的工程量，无法对项目进度做到更好的管控。

（4）设计、施工问题的及时协调解决

以往在设计方与施工方之间发现设计、施工问题时的解决流程是：施工现场人员发现设计问题→反馈给施工方技术部→经由技术部汇总后反馈给业主方设计部→业主方设计部反馈给相应的专业工种→设计师解决问题并反馈给业主方设计部→业主方设计部反馈给施工方技术部→施工方技术部反馈至施工现场人员。按照这个流程，解决问题的效率将会大打折扣，进而影响项目的质量和进度。

（5）解决责权混乱问题

幸福林带项目体量大，组织结构形式复杂。若在工程建设过程中各参与方的主要责任和义务不明晰，将会造成项目管理混乱，影响工程质量和进度，间接性地增加成本投入。

2. 解决方案

基于项目上述的需求及 BIM 技术目标，选用 EBIM 平台作为 BIM 私有云管理平台，建立一个工程项目内部及外部协同工作环境，使得项目过程中的信息能够快速无损、有效地传递。EBIM 是基于 BIM 的项目轻量化管理工具，EBIM 云平台采用云＋端的模式，所有数据（BIM 模型、现场采集的数据、协同的数据等）均存储于云平台，各应用端调用数据。

（1）建立多层级资料管理模块，并设置对应的权限以此解决资料传递和保存的问题。自主研发多层级资料管理模块，项目各类工程资料（图纸、文档、表单、图片、视频等）上传同步于云平台，集中存储，统一管理。存储于项目 BIM 平台服务器中，供项目部成员分权限进行共享应用（图 26-9）。

（2）基于模型进行沟通交流，提高各参与方的沟通效率。对于上述提到的传统流程上无法避免的问题，以 BIM 模型为沟通载体，基于 EBIM 平台提出了改进的流程：土建一次设计→配合土建一次设计建立相关土建模型→土建二次设计→配合土建一次设计建立相关土建模型→提前根据幕墙二次深化设计图纸建立相关模型→发现幕墙二次深化图纸与土建二次深化图纸相冲突的问题→通过 EBIM 平台"协同"模块上传问题并

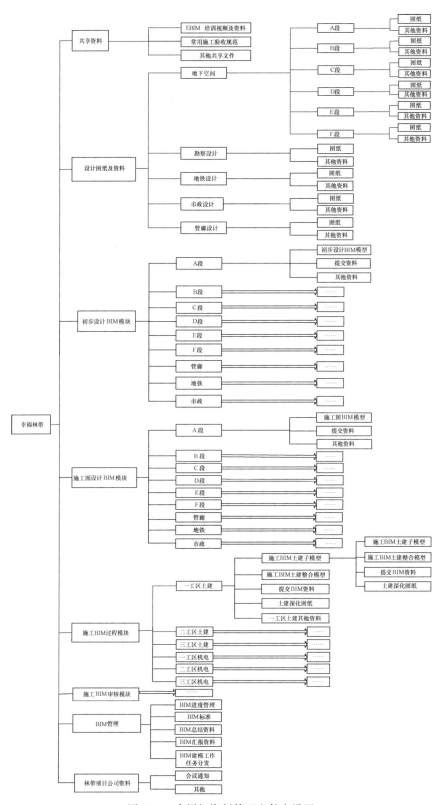

图 26-9　多层级资料管理文件夹设置

发送相关人进行及时解决，幕墙相关模型在建立过程中就很容易发现幕墙设计与土建设计之间的一些设计问题，基于 EBIM 平台上的轻量化模型进行沟通交流，可以有效及时地解决实际问题。

以在项目中遇到的实际问题为例，消防管道留洞影响玻璃门安装的问题。按照以往的流程，等到幕墙二次深化完成之后，土建的预留洞已经留好了，即使已经发现与玻璃门的冲突问题，也没有办法得到很好的解决（图 26-10）。

（a）　　　　　　　　　　　　　　　　（b）

图 26-10　设计深化示意
（a）模型；（b）现场实际情况

（3）辅助项目建设方解决施工进度管控的问题。根据甲方的需求，首先分析工程进度计划。将工程进度分解，按月在 BIM 模型上进行标记。设置材料跟踪模板，并将 BIM 模型和实际进度相关联。跟踪平台有坐标点定位的功能及工程量统计功能，可方便建设单位随时进行工程监督，了解问题出现的具体位置、完成的工程量、计划完成工程量等，对工程动态实时把控。跟踪设备的 ID、设备名称、跟踪时间，以及跟踪人均有事实记录切不能更改，便于责权的划分及管理。

在进行施工前，根据施工方的人员和工程机械配置安排，提前根据项目的设计模型进行多参数的施工进度模拟，并按照工程进度进行工作分解，编制 BIM 施工进度计划。在编制计划的过程中，各参与方均可在 EBIM 平台上协同参与计划的制定，提前发现并解决施工过程中可能出现的问题，从而使进度计划的编制最合理，更好地指导具体施工过程，确保工程高质、准时完工。

在工程施工过程中，为了实现有效的进度控制，必须阶段性动态审核计划进度和实际进度之间是否存在差异、形象进度实物工程量与计划工作量指标完成情况是否保持一致。根据对现场进度实时数据进行的收集、整理、统计，比对 BIM 施工进度计划模型，将实际信息添加或者关联到 BIM 进度计划模型中。最后通过对比模型，按月在 BIM 协同管理平台上出具进度调整报告和项目进展报告。使业主方提前发现拟定的工程施工进度计划方案在时间和空间上存在的潜在冲突和缺陷，将被动管理转化为主动管理，实现项目进度的动态控制。

（4）针对上述问题（4），基于 EBIM 平台优化工作流程：发现设计问题→通过 EBIM 平台"协同"模块上传问题并发送相关人→设计师解决问题，并在 EBIM 平台上回复。简化了设计协调流程，设计人员只要上线便能看到和自己有关的问题，一有时间就可快速回复，从而实现沟通的扁平化，提高沟通效率。

例如，在施工现场发现的"消防立管与石材外包冲突"的问题，随即就将现场照片及相关问题的详细描述利用语音消息的方式通过 EBIM 发送至对应的负责人进行及时解决（图 26-11）。

图 26-11　消防立管与石材外包冲突问题示意

（5）明确各参与方权限，促进业主方对项目建设的管控和各方的管理。项目 EBIM 平台正式使用前，进行项目部账号开设及账号权限设置。按业主、设计方、施工方等职责进行账号权限设置，不同职责对应不同的权限。便于后期项目 BIM 模型、工程数据、二维码应用等的权限管控。在项目运行过程中，项目各参与方能够根据自身权限随时对协同管理平台中的信息进行提取、编辑和储存。同时，建设方和 BIM 总协调方拥有对协同管理平台以及数据库的最高管理权限，能够随时对平台和数据库中的信息进行访问。

3. 平台应用流程

EBIM 平台的主要目标是提供一个项目各参与方信息交流的外部环境，将 EBIM 应用流程和项目 BIM 的工作流程相结合，将工程模型、各类资料、流程步骤信息等集成到 EBIM 平台上。具体的应用流程如图 26-12 所示。

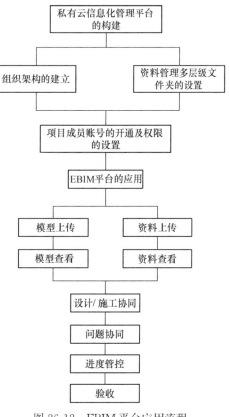

图 26-12　EBIM 平台应用流程

26.2.4 BIM技术可视化应用

1. 设计方案比选

幸福林带由南到北共6km，中间存在诸多迁改管线、东西管廊和林带雨污水管线，由此对整个林带各段产生大幅度降板影响（表26-1）。

林带商业降板情况一览表　　　　　　　　　　　　　　　　表26-1

项次	降板深度（m）	1.5	2.2	2.4	2.5	3.0	5.1
1	降板数量（处）	4	1	1	2	1	1
2	降板总量（处）	10					

其中，在某处存在电力管道、雨水管、东西向管廊，因雨水管道埋深较大，地下一层商业动线完全打断，以上三类管线集中设置，减少对商业动线的影响。由于影响较大，由BIM可视化模拟实际降板区域场景，辅助设计对建设方进行汇报。

2. 地下商业空间标高优化

幸福林带南北高差29.4m，全段分为A、B、C、D、E、F六段，初步设计阶段，建立全段地下商业空间及市政道路模型，通过BIM模型的可视化分析发现，地下商业存在局部覆土过厚、与市政道路高差过大等衔接不顺等问题。因此，特组织市政道路及地下商业空间设计团队共同优化各段标高，最终将A段整体抬高0.8m，B段整体抬高1.2m，仅土方节约50万 m^3，极大地节约了土方造价，并直接节约了项目工期(图26-13～图26-15)。

图26-13　全段地下商业空间及道路扩初模型

3. 助力项目决策

幸福林带位于城东核心区域，南北6km长的范围内，为了更好地将林带商业与周边融合，拟建立25个出入口，其中人行出入通道18处，综合通道7处，分别位于东西两侧的市政道路外，必然现有建筑物造成影响，需要对其进行拆迁，这就需要向政府部门进行方案汇报。为此，BIM应用组利用已有的全段BIM模型，结合现有地图辅助建设方进行可视化拆迁方案模拟，更加直观地向政府部门对拆迁区域进行展示，助力幸福林带商业出入口部拆迁工作的顺利审批。

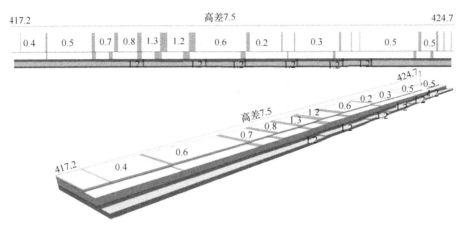

图 26-14　A2 段地形图

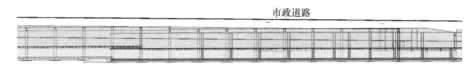

图 26-15　B 段扩初模型剖面

26.2.5　双曲屋面施工应用

针对空间异型结构—双曲混凝土种植屋面，平面为不规则双向曲面，且坡度随高度不断变化。在混凝土双曲屋面模架搭设过程中，采用 BIM 技术辅助设计和施工，进行结构曲面找型、三维模型结构定位、划分分隔网、优化设计方案，并且精确每根支撑杆件定位和高程。

1. 方案初步设计阶段

方案初步设计阶段，通过模型的综合应用，完成双曲屋面的曲面找形、结构定位、净高分析，形成文件后提交设计专业进行有限元分析，同时提交施工单位进行施工优化（图 26-16、图 26-17）。

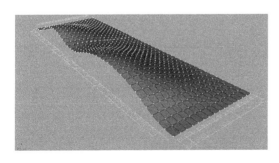

图 26-16　曲面找形

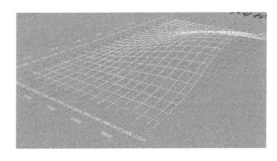

图 26-17　网格化处理

2. 施工优化阶段

根据方案设计师的思想，双曲屋面为平滑线条的弧形梁板，造型优美，但在施工过程中，混凝土的平滑的弧线需要在模板支设过程中，将模板分为梁0.6m×梁宽、板0.6m×0.6m的散块木模，切割与拼装工程量巨大。因此，总承包单位与设计共同协调，将整体的弧线梁根据井字梁的交点改为"逢梁必折"的折线梁，直接将梁模板的长度从原有的0.6m提升至1.83m，减少模板切割时间与组装拼接时间，减少模板损耗率，加快施工进度，缩短施工周期（图26-18）。

根据设计计算结果调整及施工优化结果，重构屋面模型，验证屋面是否满足原方案效果。

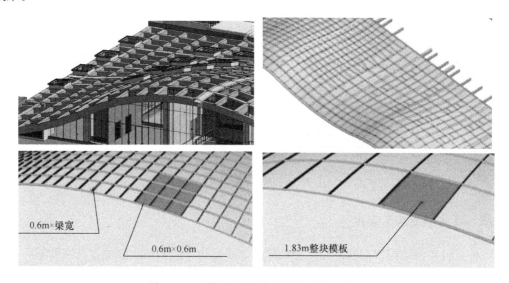

图26-18　根据设计优化结果重构屋面模型

3. 现场施工阶段过程纠偏

通过模架安全专项计算，立杆的横纵向间距均不大于900mm，步距不得大于1500mm，顶部自由端长度不大于650mm，部分大体积梁底需回顶1～2根立杆。根据验算结果，进行模架排布。排布完毕后，将模架排布图导入Revit，利用Revit中的地形功能，建立双曲屋面地形拟合模型。拾取各个立杆位置相对应的板顶标高后，下翻出立杆标高，形成《模架立杆标高详图》，下发工程部辅助施工管理。

4. 施工准备阶段

根据《模架排布图》与《模架立杆标高详图》的尺寸定位，对现场进行精细化放线，劳务工人严格按照放线进行立杆位置确认。但在施工过程中，因盘扣架插口位置的误差累积，整体模架在单向搭设32m时已累积多出原定立杆放线位置300mm。工程部及时反应现场实际情况，技术部与BIM小组对模架进行极坐标踩点，与原图纸模型位置核对后，按照踩点数据复原现场实际模架排布，计算误差，并重新以约908mm、605mm的立杆间距进行模架排布，重新按照新版《模架排布图》提取高程，指导现场施工。

26.2.6　土方精细化管控

幸福林带项目南北高差 29m，土方开挖量为 1068.6 万 m³，覆土回填量为 226.2 万 m³，土方开挖量及外运量巨大。

土方工程外运组织难度大，根据项目施工部署，将幸福林带项目分成 3 个工区，每个工区划分各施工段，分段组织平行施工进行土方开挖，且要满足同时开工时大量物资、材料进场需要，考虑万寿路、幸福路现状本身已接近饱和的交通流量，交通组织是本工程所要面临的最大难点。

考虑本工区同时分段进行施工，土方作业机械数量需求较多，大量物资设备资源需满足现场施工进度要求。如何确保大量的施工机械和设备资源有效及时的组织到位是项目管理的难点。

基于本项目的特点及需求，BIM 团队致力于利用 BIM 技术在设计施工一体化过程中解决项目存在的重难点，具体应用如土方精细化管控（图 26-19）。

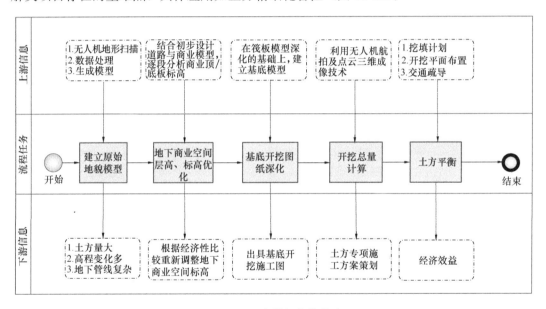

图 26-19　土方精细化管控流程

1. 建立原始地貌模型

（1）利用 BIM＋无人机＋三维激光扫描仪获得地表原始数据；

（2）将影像资料通过 Context Capture Center 软件处理达到模型原材料数据；

（3）生成原始地貌模型（图 26-20）。

2. 地下商业空间层高、标高优化

通过对模型分析，设计师对市政道路与地下商业空间的层高、标高进行优化分析，节约土方开挖工程量。

3. 基底开挖图纸深化

对设计基底形状及连接部位深化后得到的基底模型，出具基底开挖施工图，大大加快

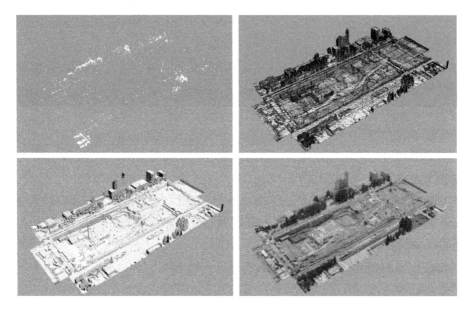

图 26-20　建立原始地貌模型

开挖进度（图 26-21）。

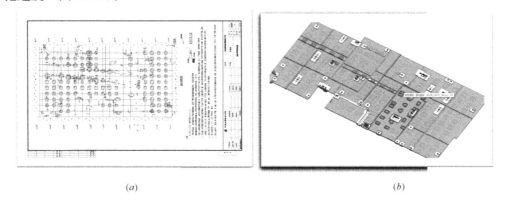

(a)　　　　　　　　　　　　　　　　(b)

图 26-21　出具基底开挖施工图

4. 开挖总量计算

设计标高和基底模型确定后，选取土方量计算区域，输入基底开挖标高参数，即可得到土方工程量。幸福林带项目土方开挖量为 1068.6 万 m³，覆土回填量为 226.2 万 m³。

5. 土方平衡

根据计算出的土方开挖与回填量，做好现场土方施工阶段平面布置，通过挖填计划、土方开挖施工部署和出土交通疏导规划确定土方平衡方案。

26.2.7　电缆提量

1. 电缆综合排布及电缆量提取

西安幸福林带机电项目电气系统种类繁多、线路较长、空间紧张，同时电缆造价高，传统电缆敷设方式施工难度大，如何利用 BIM 技术进行电缆的精细化排布并快速完成电缆工程量的提取是本项目 BIM 机电应用的重难点。现阶段 BIM 软件对电缆支持力度较为薄弱，电缆建模难度大，目前使用最广泛的 Revit 软件没有电缆绘制功能，部分项目采用线管族替代电缆进行电缆模型的绘制，但绘制效率低。

项目通过在 BIM 电缆综合应用探索的基础上，二次开发 BIM 电缆建模及算量工具，利用该插件在 BIM 机电综合模型上完成电缆模型的建立。同时根据规范及具体施工要求进行电缆模型的综合优化，利用 Navisworks 进行电缆敷设工序的模拟，进一步验证电缆综合排布的合理性，最后绘制电缆施工图，并利用 BIM 电缆建模及算量工具一键导出电缆工程量用于电缆采购。

（1）设置视图样板：向厂家收集实际电缆外径信息，制定电缆样板，在 Revit 模型中添加过滤器，制定电缆视图样板。

（2）电缆模型的自动绘制：根据配电系统图梳理电缆回路。绘制所需的构件族，利用 BIM 电缆建模工具，完成电缆模型的创建。

（3）电缆及桥架模型的优化。完成电缆模型的创建之后，根据桥架填充率、路径等要求，进一步优化电缆的综合排布。

（4）电缆敷设工序模拟。利用 Navisworks 进行 4D 施工模拟，以实际施工角度，进一步优化电缆综合排布，确保每一个电缆都有足够的施工空间，且顺序合理。

（5）电缆施工图纸的绘制

在电缆综合排布优化及敷设工序模拟之后，进行电缆敷设施工图的绘制，首先完成桥架平面图的绘制，以及各断面桥架内电缆剖面图的绘制，并标注各桥架电缆敷设图纸索引。

（6）生成电缆清册

利用 BIM 电缆建模及算量工具，自动完成电缆工程量的统计，直接生成预分支电缆清册。

2. BIM 设计复核计算

在管线综合排布过程中由于碰撞打架、净空要求等因素，对管线路由进行了一定的调整。因此需要及时快速地对机电专业进行设计复核，才能保证建筑使用要求。

针对此问题，通过 BIM 精细化设计计算工具的开发并结合 AirPak 气流组织模拟软件，完成空调系统计算机三维仿真模拟，从而确保建筑内速度场、温度场符合实际使用要求。

具体实施步骤：

（1）空调系统气流组织模拟

根据精装修点位完成机电模型的调整，将建筑、风口、灯具等模型导入 AirPak 气流组织模拟软件中，在 AirPak 软件中进行模型的设置、修改及添加，例如风口的定义及风口风速的设置，环境及计算的相关设置，最后生成网格并完成迭代计算。

（2）基于 Revit 二次开发的 BIM 精细化设计计算

经过 AirPak 气流组织模拟，不断迭代，最终确定合适的风口风速及风口尺寸，并修改 BIM 机电模型，在模型中添加风口流量、局部阻力损失等参数。利用我方开发的 BIM

精细化设计计算工具，快速提取 BIM 模型计算参数，自动迭代计算风管管件局部阻力系数，最终生成相应系统设计计算书。

本项目地下一层为商业，吊顶空间较高，给机电管线预留空间较小，风管翻弯量较大，通过气流组织模拟，确认机电管线深化对建筑内速度场、温度场的影响，及时调整方案，避免后期调试出现返工现象。

26.2.8 BIM 助力预制装配式智慧化机房

1. 项目机房概况

本项目设备机房众多，仅制冷机房有 10 个，商业业态冷热源动力站共 6 处，特殊业态冷热源动力站共四处。为了提高所有机房的施工质量和效率，提高整体项目的智慧化运维，提高项目整体的品质，本项目中采用智慧化预制装配式机房施工技术，一次性达到了创优要求。

2. 预制装配式智慧化机房设计

（1）设计院机房设计流程

针对本项目的特性，机房设计流程如图 26-22 所示。

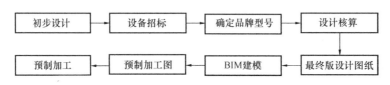

图 26-22　机房设计流程图

（2）设计院机房设计工作

首先由设计院根据现有资料和业态需求设计完成初步设计图纸，主要有大体机房布置平面图，系统原理图，所有设备、管件、阀门等的参数，设备用房内天棚、墙面、地面等部位的建筑做法、设备吊装口位置及相关材料要求等，尤其要注意变配电房的系统出线方式采用上出线形式，不允许在变配电房内出线电缆沟。

在建设单位和各施工单位拿到初步图纸以后，组织算量和核算，同时进行设备材料的询价工作。然后由建设单位组织进行设备材料招标，确定所有设备、阀门、仪器仪表的品牌和参数，将所有设备数据返回报给设计院。由设计单位组织进行设计审核及设计协同工作，施工单位配合，出具最终版的机房设计图纸，确定好机房预制模块的位置、形式、系统原理等内容。

设计院下发最终版的机房设计图纸后，由各施工单位在此版图纸的基础上组织 BIM 人员，利用 BIM 技术完成机房模块化深化设计，出具深化设计图纸，报送至建设单位和设计单位审核确定，深化图纸确认后由施工单位直接在各自加工厂开展预制加工工作。

3. 施工单位深化设计的原则和内容

（1）设备机房施工深化设计通常包括建筑专业的地面、墙面、顶面等部位，以及机电、弱电等各专业设备管线的综合排布及末端排布。

（2）其中土建施工单位主要负责进行建筑专业的地面、墙面、顶面的深化设计；机房内各专业设备管线综合排布和末端排布遵循"谁施工谁深化"的原则由各专业进行深化。所有施工深化设计工作由土建施工单位负责整合和统一的协调管理。

（3）设备机房内施工深化设计的主要内容详见表26-2。

机房深化内容表

表26-2

功能区 （一）	功能区 （二）	项次	深化要点	深化设计	专业设计
设备 机房	墙面	1	门洞口微调（适应主要设备通道及设备房间 吸声材料排版）	土建	土建、机电安装
		2	穿墙管道定位（预留洞口精准定位）	机电安装	机电安装、弱电
		3	设备房间吸音材料整体排版及各专业 末端点位定位	土建	土建、安装、弱电及吸 音板等专业分包
		4	踢脚线深化（材质、高度、与墙面整体 排版相协调）	土建	土建
	顶面	1	顶部管线综合排布（优化空间）	机电安装	机电安装、弱电
		2	管线支吊架深化	机电安装	机电安装、弱电
		3	设备房间吸声材料整体及末端排版 （墙顶贯通、成排成线）	土建	土建、安装、弱电及吸音 板等专业分包
	地面	1	设备基础（大小形状及定位）	土建	土建、机电安装
		2	排水沟、导流槽（平面布置位置、节点做法）	土建	土建、机电安装
		3	管道支架及护墩（受力分析、居中对称）	土建	土建、机电安装

4. 机电安装施工深化设计

（1）安装施工深化设计工艺流程（图26-23）

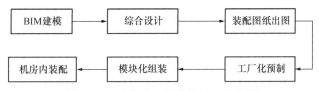

图26-23 安装施工深化设计工艺流程

（2）机房综合设计

1）设计过程中，充分考虑人体工程学、节能降耗等因素，使机房安装具备美观、效率、人性化、绿色节能、工艺先进等特点。为了让设计产品更贴合用户需求，机房设计人员开展技术攻关研究，深入已运行机房内部走访调研。针对客户反映较多共性问题，如消声减震、设备保温、湿热环境、智能控制、运营维护等，进行数据分析，在此基础上制定了机房实施标准。

2）减震设计

设计小组成员计算设计出了集减震器、惰性块、管道减震、限位器于一体的减震泵组单元。采用"模数化惰性快基础＋定制减震弹簧"，实现了水泵惰性快产品化。

通过计算得出惰性快整体重量，并充分考虑节省材料，杜绝材料浪费（图26-24、图

26-25）。

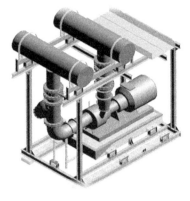

图 26-24　减震泵组模块

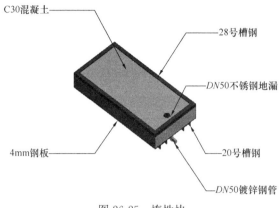

图 26-25　惰性快

管道减震：干管下方设置减震器，有效减少由管道传递的震动；横担两侧设置滑轨，允许上下震动而限制前后移动。

限位器：设计可通过螺栓调节孔调节，牢固可靠，美观实用（图 26-26、图 26-27）。

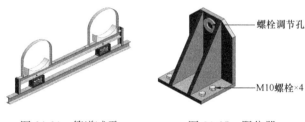

图 26-26　管道减震　　　　　图 26-27　限位器

（3）拖拽式设计

根据项目制冷机组和泵组，按照 10 个机房的具体情况划分模块。可考虑每个水泵单元模块为一个独立的单元，每个单元模块包括水泵惰性块、水泵、阀门、管道及其他附件。

设计小组需将机房划分为若干个模块，在加工厂进行模块化预制加工，这样可以改变传统"量一段，做一段"的施工模式，安装人员根据模块的装配图，以"搭积木"的方式完成机房的安装。

（4）系统节能

对模块管线优化、研制阻力较小的管件，避免水流突变减小局部阻力。与高校合作，通过对水质的处理，减小水的黏度系数，提高运行效率。

（5）智能控制

研究智慧机房，与自动控制厂家联合研究智慧机房高效运行，使机房能够达到无人值守，远程操控，能耗分析及节能降耗。

5. 工厂化预制

制冷机房预制加工的核心就是在场外独立设置预制加工厂，采用工厂化的管理模式，对制冷机房管线进行预制加工，加工场内各工种分工明确，充分利用先进的施工机械设备，实现流水化作业；管线、设备的加工采用模块化加工组装，整个制冷机房分为循环水泵单元模块、制冷机组进出口管道单元模块、管道模块等，在场外即实现模块化加工组装。各安装单位必须提前联系各自加工厂的租赁，并提前完成加工厂布设工作，所有安装用的支架、风管、管道等必须全部在工厂内加工制作完，严禁在施工现场加工制作。

26.2.9　总结

幸福林带项目充分发挥 EPC 总承包项目 BIM 技术的层层控制和高效共享功能及 BIM 技术应用的优势，项目前期"以问题为导向，以产生价值为目的"进行全面的 BIM 策划，确定项目 BIM 应用的目标、系列标准和实施方案，项目过程采用 BIM 设计施工一体化的全新理念贯穿于项目全生命周期，并通过 IPD 模式的应用实践，辅以 BIM 私有云信息管理平台的轻量化办公和一体化信息管理，实现基于 BIM 的数字化、信息化的设计施工一体化应用和管理，大大提高了工作效率和建设质量。

通过幸福林带项目 BIM 技术的实际应用证明，BIM 技术的全生命周期应用和全过程项目管理服务确保了设计理念的超前性和合理性、建设模式的高效性、技术手段的先进性，并创造了极大的效益。

（1）经济效益：对项目土方进行精细化管控，在初步设计阶段仅土方节约 50 万 m³，节约造价约 5000 万元；在土方平衡过程中，节约成本 900 万元。通过设计协同审核，施工图阶段解决设计问题 1233 项，预计节约造价 9000 万元。现场单个机房施工周期通常在 2 个月，通过整体装配式机房施工，预计 10 天即可完成，本项目全段 11 个机房预计可节约 18 个月。

（2）社会效益：幸福林带建设项目是中建全程主导，包括投资、设计、施工、运营，是中建第一个 IPD 设计模式落地项目；IPD 模式改变了传统 DBB 模式原有的技术水平和运营模式，获得了高度好评，树立了行业供给侧改革创新发展模式的典范；有效探索了 BIM 技术装配式施工的高效实现路径。

（3）企业效益：幸福林带项目 IPD 模式的推进，促进了幸福林带项目的落地，为公司未来与政府的合作创造了良好机会；实践并完善了企业及地方 BIM 管理的相关标准；提高了企业 BIM 人才梯队建设和技术提升。

幸福林带项目的 EPC-BIM 设计施工一体化的应用实践，不仅是技术工具的变革，也是管理手段的提升，提升了原有的技术水平和运营模式，为实现企业的智慧管理，实现工程的智慧建造，树立了行业供给侧改革创新发展模式的典范，为建筑企业长远发展提供更持久的动力支持。

（此案例由中国建筑西北设计研究院有限公司　董耀军、许鹏、崔欢欢提供）

26.3　深圳裕璟幸福家园项目

26.3.1　工程概况

深圳裕璟幸福家园项目位于深圳市龙岗新区坪山街道。项目建设用地面积 11164m²，总建筑面积 64050m² （其中地上 50050m²），包括 1 号楼、2 号楼、3 号楼，共 3 栋塔楼，总层数 31～33 层，层高 2.9m，总建筑高度 98m，抗震设防烈度为 7 度，设计基本地震加速度值为 0.10g。项目以科研设计一体化为技术支撑，以 BIM 为高效工具，以 EPC 管理为保障手段，切实践行装配式建筑 EPC 管理模式，全面提升工程质量水平。

近年来，中建科技以"三个一体化"为指导，通过在深圳裕璟幸福家园项目的实践，成功打造了装配式建筑全国示范项目，并在此基础上创新性地提出了 REMPC 工程总承包管理模式，极大地提高了项目建设的管理效率，提升了工程质量和安全，适应了"美丽中国、健康中国、平安中国"的发展要求。

26.3.2 科研设计一体化

中建科技坚持"三个一体化"发展理念，将传统设计拓展到装配式建筑全过程，以裕璟幸福家园项目为工程示范，对装配式建筑全过程进行科研设计一体化的关键技术攻关和工程实践。

1. 技术体系研发

本项目采用装配整体式剪力墙结构体系，其主要包括预制剪力墙、预制叠合梁、预制叠合楼板、预制阳台板、预制楼梯等，严格按照《装配式混凝土建筑技术标准》GB/T 51231 控制现场装配质量。

1) 创新采用中建科技自主研发装配整体式剪力墙结构体系，预制率达到 50%，装配率 70%；

2) 70% 为深圳市装配整体式剪力墙结构预制率装配率最高的项目，为华南地区建筑高度最高的项目；

3) 创新采用全灌浆套筒灌浆连接技术；

4) 创新采用轻质隔墙板填充技术。

为验证技术体系的可靠性，对结构体系的整体受力性能进行了抗震性能化设计，通过严格计算分析，研判结构有可能出现的薄弱部位，提出有针对性的抗震加强措施，计算结果表明均符合国家规范规定。同时为保障体系可靠性，专门组织了专家论证会，专家一致认可该技术体系。

2. 高效节点研发

本项目针对节点的受力性能、防水技术等展开研发，保证节点连接质量。

1) 受力性能：本项目预制剪力墙水平连接节点采用全灌浆套筒灌浆连接，竖向连接节点采用混凝土现浇连接。为保障预制剪力墙连接节点受力性能，进行有限元模拟计算，并通过拉拔、剪切等实验证明该节点的可靠。

2) 防水技术：本项目结合采用结构防水、构造防水和材料防水三道防水措施解决了不同节点的防水难题。

3) 装配式工艺工法研发：为保证现场装配式施工质量，本项目针对各类型预制构件堆放、吊装、调整、固定、连接、成品保护等工序进行技术攻关，形成了"装配整体式剪力墙结构施工工法"。

4）工装系统研发：本项目在传统装配工艺工法基础上，进一步规范标准化操作流程，对关键工艺的工装设备进行系统研发，形成预制构件吊装工具、预制构件堆放架、预制构件水平调节器、套筒定位工装、套筒灌浆平行试验箱等工装系统，提升了整体装配质量。

26.3.3　BIM 技术应用

结合 EPC 的全产业链管理，中建科技创新提出"全专业、全过程、全员"三全 BIM，充分利用 BIM 技术在设计、生产、装配等各阶段全生命期的应用，实现项目管理高效协同和品质提升。

1. 设计阶段——标准化设计

1）建立了标准化族库；

2）标准化户型（分别为 $35m^2$、$50m^2$、$65m^2$）；

3）预制构件标准化拆分设计；

4）预制构件现浇节点标准化设计；

5）工厂模具标准化设计，便于周转使用；

6）现场铝模标准化设计，便于项目周转使用；

7）轻质隔墙板标准化、模块化设计。

2. 设计阶段——形成一体化设计模型

利用 BIM 技术对机电、装修与建筑、结构专业进行三维协同设计，形成一体化设计模型，提升了对各专业综合碰撞检查效率，实现了精细化设计。

3. 设计阶段——提前深化预制构件设计

利用 BIM 技术对预制构件进行深化设计，将预制构件在生产、装配、机电安装及装饰装修等过程所需埋件提前深化至预制构件内，避免后期现场打凿开洞破坏主体结构，实现了精细化设计。

4. 生产阶段——钢筋网片自动化加工

通过 BIM 三维模型进行工厂模具设计及预制构件生产排版，利用 BIM 与工厂信息系统结合，指导工厂预制构件排产、生产；同时，通过 BIM 软件导出钢筋设备可识别的钢筋加工信息，实现钢筋网片自动化加工生产。

5. 装配阶段——系统化模拟施工

项目利用 BIM 技术对预制构件的安装、灌浆等关键工序进行系统化施工模拟，并对现场工人进行三维技术交底，提前发现各节点施工问题，提出对策，有效提高了装配效率和装配质量。

6. 装配阶段——可视化方案模拟

利用 BIM 模型对施工方案、现场平面布置、施工进度等进行可视化模拟，提高项目整体管理水平，保证了工程质量。

26.3.4　EPC 管理模式探究

EPC 工程总承包模式能够充分发挥综合管理作用，特别是在设计、采购、施工进度上做到合理交叉，既有利于缩短工期，又能有效地对项目全过程进行费用、质量和进度的综合控制。对于装配式建筑项目而言，设计、采购与施工的联系更为紧密，宜采用 EPC 管理模式。

1. 投标及报批报建管理

（1）投标管理

在 EPC 工程总承包项目的报价中应包括设计、采购、施工报价汇总表等，及针对现金流量分析、各类报价所设计的分项明细表等。由于所涉及内容较多，应尽量避免副项失误。

此外，由于 EPC 项目的业主完成的前期工作一般较少，招标文件中提供的项目信息不完整，并且有的业主要求 EPC 承包商在投标文件中对设计方案的描述达到初步设计的深度，承包商不得不投入大量人力物力进行前期现场勘查和调研。因此，EPC 项目的投标投入会比较多，通常会达到投标报价的 0.5%～2%。这就决定了跟踪和选择一个合适的 EPC 项目来投标的重要性。对设计、采购、施工总承包项目，由于详细设计尚未进行，获得准确的工程量清单存在困难，承包商要组织各专业经验丰富的人员明确界定工作范围。

（2）报批报建

EPC 工程项目总承包模式减少了传统工程承包方多方合同管理的负担，降低了设计单位和施工单位及项目参与方的工作协调量。因此，EPC 项目报批报建具有独特的优势，有效地组织和利用设计、技术力量是 EPC 总承包项目报批报建的关键。此外，EPC 承包方应在报批报建过程中积极借助业主方的力量，尤其是政府单位的业主，在可能的情况下与政府相关部门积极协调，容缺审批、并联审批，实现快速报批报建。

2. 策划管理

（1）商务策划

除前述投标过程中商务计价策划外，在整个设计、生产、采购及施工过程中，在 EPC 项目中对总承包方成本进行控制是 EPC 商务策划的重点。以中建科技有限公司承接较多的装配式建筑工程为例：

1）在设计阶段，总包方应充分考虑构件的生产和装配施工问题，把连接节点标准化。优化拆分设计，减少构件的规格和种类，降低预制构件模具多规格的投入。增加同模数模具的重复利用水平，提升装配预制程度。增加模具周转次数、减少模具种类，从源头上降低成本。

2）在构件生产阶段，预制构件生产厂在制作生产时严格按照预制方案、设计图纸及相关质量要求进行生产。依据预制构件的生产数量、形状尺寸、型号规格等确定合理高效的生产方案，严格把关生产质量要点。编写配套的构件生产方案，提高生产效率，并做好构件生产全过程的质量管理，使预制构件产品质量和经济效益得到更好的保证。考察生产线和生产工艺，制定合理的生产方式。

3）在预制构件安装的过程中会产生构件垂直运输费、构件安装工人费、构件安装机械费、为安装构件需要使用的连接件、后置预埋件等材料费用等。施工方根据装配式建筑特点对关键性安装技术和方法进行改进和优化，对同时工作的各个分段分层流水施工的各道工序进行优化，有利于提高安装效率、降低安装成本。

需要注意的是，采用 EPC 项目总承包模式，其建设管理中的综合协调均需由承包方内部组织解决，此部分难度造成的费用应进行考虑，或计入风险费用中，风险费用是作为承包方承担相应责任、风险的费用，可根据勘察、设计、工程建设费用总和的一定比例执行。

（2）技术策划

EPC 项目技术部门需要对各分包施工方案、材料品牌等进行核对审批。此外，对于EPC 总承包管理模式，设计始终贯穿于施工中，技术部在现场检查发现的或施工人员反映的问题应及时与设计代表进行沟通，及时更改和调整，这也是 EPC 总承包模式的优势所在。

（3）设计策划

设计在 EPC 项目中应发挥龙头作用。成立现场设计部门也是发挥龙头作用的关键。现场的设计部门作为独立的分部对项目部负责，同时应与施工部门紧密联系，结合现场和投标阶段方案，积极与业主和分包设计方沟通，充分发挥出设计先行及其龙头作用，为项目的实施创造有利条件。此外，在 EPC 项目设备采购过程中，需由设计先提供设备清单等，设计过程中应根据标书要求，结合国内外市场实际情况，并考虑采购部门对不同型号及参数的采购周期，合理并及时提供各种产品参数，来保证采购进度。

（4）安全策划

EPC 项目的安全管理体制应由建设单位、EPC 总承包单位、施工总承包单位、监理单位及各分包共同搭建，由上述所有成员进行统一管理，实施常态的安全管控。EPC 模式施工阶段的安全管理与传统模式下的管理较为类似，当然设计过程中应充分考虑不安全因素，安全措施应严格按照有关法律法规及标准规范来实施。

（5）质量策划

EPC 模式下的项目质量策划。总承包方必须统筹设计、生产、施工各阶段和各参与方，进行全方位的质量管控，来保证工程项目的整体质量，以装配式建筑工程为例：

1）设计阶段：设计阶段是装配式建筑建造的基础，是决定整个装配式建筑质量的核心环节。这个阶段设计人员要与构件生产商和装配施工负责人充分沟通，组织各参与方参与施工图设计、构件加工图深化设计等，对连接点要加强设计优化，确保设计阶段满足质量要求。

2）构件生产阶段：构件质量好坏决定了装配式建筑质量的稳定性和安全性，总承包商要确保构件的材料质量符合要求，对制作预制构件使用的砂、石、钢筋、水泥等材料进行检验，对关键过程和特殊构件加以重点研讨。生产方生产的同类型首个构件，总承包方应组织进行验收，合格后才进行批量生产。

3）施工阶段：构件的安装和连接是施工的关键。针对关键节点提出构件安装方法、节点施工方案，做好测量校对和构件吊装管理，加强对连接点的质量控制，避免节点返工造成的工期延误。

此外，对于装配式建筑工程而言，有必要编制合理的材料、设备进场计划，一来减轻周边场地压力，同时也避免由于过早进场及过早安装带来的成品保护问题。

3. 计划管理

（1）资金流计划

EPC项目的顺利实施需要一个"健康的现金流"作为保障。为了减少资金风险，EPC工程承包方有必要在中标后甚至投标阶段即开始制定资金流计划，主要为承包方确定项目资金计划及自筹资金的额度、需要融资安排等。投标阶段的资金流计划可考虑财务利息费用和风险费用等，作为投标计算时的依据。企业应根据与业主合同约定的工程款节点，制定相应的项目资金回收计划及项目资金投入计划，并跟进其实际完成情况，以减小项目及公司资金风险。

（2）总控计划

EPC项目总控计划应充分考虑前期报批报建计划、设计计划、施工计划及竣工验收计划。"一体化"的模式为EPC项目计划控制带来便捷，可通过对设计、采购的无障碍沟通实现对总控计划的完美把控，因而总控计划的管理要点即在于对设计计划、采购计划及施工计划等的综合管理。

（3）设计计划

在EPC项目设计计划管理过程中，在接到项目总体计划后，应及时向各专业主管分配计划编制任务，各专业主管根据项目总控计划，编制专业设计文件清单，并进行初步人工时估算及分包方案制订，结合总体计划给定的时间，编制初步的专业设计计划。综合协调各专业设计计划及总体控制计划，形成项目设计执行方案。

设计阶段的进度管理是生产阶段和施工阶段进度管理的前期，进度管理的主要内容是出图控制，设计人员编制设计进度计划，将进度计划与初步设计、施工图设计、构件加工图深化设计进行对比，实时跟踪进度施工情况。对于装配式建筑，可采用BIM技术进行进度管理，使得进度管理更加全面，利用碰撞检测功能，分析设计冲突，提前发现，提前修改完善设计，避免由于设计问题而产生的构件生产和装配施工问题，避免不必要的工程进度延误。

（4）采购计划

EPC项目采购进度控制中应考虑如下几点：构件、设备的生产周期和运输时间；构件设备的市场价格波动；构件、设备的合理进场时间，考虑该构件或设备的现场施工时间，尽量避免过早进场或延后进场；对于现场临时新增或更改的部分，由项目商务部门及时进行处理，完善应急管理机制。

（5）施工计划

针对EPC模式特点和项目进度管理难点，项目进度管理措施重点从组织、合约、经济、技术四个方面展开。

1）组织措施：组织措施重点解决进度管理中各方的分工问题。EPC模式下，总承包商管控范围大大扩张，需要着眼全局，清晰界定对外、对内的管控权限，确保自身权责一致。在总承包商内部，充分尊重管理链条的连续性与完整性，对各项权责进行合理分解，并设置专门的生产、计划管控负责人。

2）合约措施：EPC模式下，能否在设计阶段充分融合各专业分包经验、需求、优化建议等，保证设计质量，是决定项目后续能否顺利实施、实现创效的关键。其核心保障在于采取适宜的合约措施，将总包和分包形成休戚与共的利益共同体，保证所有专业分包随设计进展第一时间进场，同时又尽量降低前期无图等条件下的招标风险。

3）经济措施：经济措施是刺激各分包执行最简单有效的手段，其核心在于调动积极性和执行力。传统的以罚为主方式在实施中易流于形式，可采取以奖代罚、责任落实到个人、索赔等方式进行优化。制定项目进度考核办法，明确处罚标准，随延误程度递增；配合月、周、日计划制定相应考核办法，多层次保障计划执行力；分阶段制定面对分包管理团队或个人的履约奖励方案，以过程节点为主，充分调动个人工作积极性。

4）技术措施：技术及管理措施是计划执行的具体手段，其中包括计划的编制、计划的实施及滞后补救措施。在计划编制中，应有理有据，并逐级渐进（总计划、月度计划、周计划等），合理确定各工序的穿插顺序。计划实施过程中根据划分的责任区域，项目工程师根据周计划甚至日计划对现场进度进行严格把控，并及时预警，实施前述制定的奖惩措施。当计划滞后已成既定事实后，应对关键线路的滞后工序进行抢工处理，保证整体施工进度。

26.3.5　"11231"工程总承包管理

本项目在 EPC 模式指导下，结合实践经验总结，推行"11231"的工程总承包管理方法，提升和保障工程质量。即：明确一个目标，完成一大策划，做好两项工作，管好三个方面，打造一个平台，提高管理效率。

1. 明确一个目标

建立 EPC 项目部，明确 EPC 建造总目标，细化到报批报建、设计管理、合同招采、工厂生产、现场装配、机电装修、竣工验收、运营维护等所有环节。各环节均制定目标、明确责任。同时工程总承包企业与项目部签订目标责任状，设立相应的激励奖惩机制，充分发挥设计、商务、项目管理等所有人员的主观能动性，全面保证项目的质量、安全、进度和成本。

2. 完成一大策划——全过程策划控制

按照与业主签订的合同、招标文件及图纸要求，进行全过程管理策划，提前制定质量、安全、进度等目标，明确实施路径，制定实施计划，合理安排进度节点，并在后续工程实施过程中严格按照策划，由工程总承包企业对项目进行考核，由项目对管理人员和分包进行考核，保证质量等目标实现。

3. 做好两项工作

第一个是设计管理。设计费用仅占建安成本约 2%，但可对工程造价形成较大影响。做好设计管理，关键是做好设计过程管理和设计成果的优化。每个阶段的过程管理及成果的优化，是决定工程是否盈利的关键因素。充分利用工程总承包企业专业齐全、业务部门完善的优势，进行内部多重审核把关，并引入第三方对施工图及深化设计图进行全面的设计优化，在确保设计链条完整、流程通畅和设计质量的同时，实现项目成本的最小化及利润最大化。

第二个是合约规划。合约规划的关键，在于招采内容的细分和目标成本的细分。

（1）在招采内容的细分方面，项目投标阶段及项目实施前期，根据合同和图纸的深入理解和分析，详细分解招采内容，并进一步明确相关招采主体。同时，在招采过程中实现各方"共赢"，保证分供商招采质量。

（2）在目标成本细分方面，项目部应在投标阶段根据投标报价、已有图纸和相关招投标文件，做好目标成本的整体测算。

（3）管理好三个方面

即管好信息流向、管好 PC 构件和部品部件供应、管好施工总承包方和各专业施工方。

1）管好信息流向

项目以设计为龙头，建立设计、生产、装配和工程管理所有信息的标准化传递流程，并明确信息传递各环节责任方，实现信息共享和数据精准传输。

2）管好 PC 构件和部品部件供应

质量是生命，管好预制构件厂的核心在于管好构件质量。为保证构件的质量，全面管控构件的尺寸、预留预埋、机电管线等细节，秉承"谁设计谁管理"的原则，指派设计师驻厂建造，利用设计监理驻厂优势，保证构件按图施工，实现构件质量的全过程跟踪追溯。

3）管好施工总承包方和各专业施工方

工程总承包对工程施工总承包、各专业分包及供应商的引进、合同签署等进行严格管控，建立合格专业分包及供应商库，从源头保证工程质量。

引入第三方评估：由工程总承包企业直接引入第三方的质量安全评测机构，该机构完全跳出总承包方项目部，只对工程总承包企业总经理和分管副总负责，每月独立从事质量安全的结果评测，并提出相应的整改方案，既保障了工程总承包企业对总承包方项目的监督管理，更保障了总承包方项目对施工总包和专业分包的质量管理，避免责任推诿，各方责任清晰。

（4）打造一个平台——中建科技装配式智能建造平台

根据项目的建造管理需要，结合装配式建筑的建造特点，中建科技还在该项目上创新研发了具有中建自主知识产权的"中建科技装配式智能建造平台"，以信息化手段保障和提升工程建设质量。该智能建造平台融合设计、采购、生产、施工、运维的全过程，突破传统的点对点、单方向的信息传递方式，实现全方位、交迭式信息传递。平台包括模块化设计、云筑网购、智能工厂、智慧工地、幸福空间五大模块。

通过在项目管理过程中的实践和不断的提炼、结合装配式建造的产业特点，中建科技将"科研、设计、制造和管理（施工）"融为一体，以创新研发成熟先进的技术体系（R）为支撑，以一体化设计的产品体系（E）为引领，以智能制造工艺（M）为依托，有效实施有序集采（P）和全过程施工管理（C），创新性地形成了有中建科技特色的"研发＋设计＋制造＋采购＋施工（管理）"五位一体 REMPC 工程总承包模式，做到在"技术、管理、市场"三个层面上同频共振，推进装配式建筑在产业化道路上走向良性、健康、快速发展。随着这一模式的不断完善和推广，必将在建筑工业化的伟大变革中发挥重要的引领作用。

（参考孙晖等《EPC 工程总承包模式在装配式项目中的应用研究》《基于装配式建筑项目的 EPC 总承包——深圳裕璟幸福家园项目 EPC 工程总承包管理实践》）

26.4　延安大学新校区建设项目

26.4.1　项目简介

延安大学新校区建设地点位于延安新区（北区）的杨家岭组团，地处新城区和老城区的交会处，毗邻延安大学老校区，新老校区以文汇山相连。新校区规划用地面积约为1271 亩，规划单体建筑 56 栋，建筑面积约 57 万 m²，总工期 730 日历天。新校区功能定位为学校教育教学、人才培养、行政事务管理、学术交流、会议活动和对外服务的主校区。项目包括图书馆、校史馆、教学楼、实验楼、行政办公用房、信息大厦、院系及教师办公用房、继续教育学院用房、学术礼堂、学术中心、室内体育房、师生活动房、学生公寓、食堂、后勤及附属用房、留学生活动用房、外籍教师公寓、教工单身公寓、大学生创业大楼等校舍用房及其他配套工程，结构形式大部分为框架结构，另外，还包括穿行校区的市政道路、校区道路、景观绿化、室外总体等（图 26-28）。

图 26-28　延安大学新校区效果鸟瞰图

26.4.2　工程特点

1. 工程建设意义重大

建设延安大学新校区是陕西省委、省政府，延安市委、市政府做出的战略性决策，是延安大学发展史上的重要里程碑。建设延安大学新校区，是从根本上改善了延安大学的教学科研条件，是几代延大人的期盼，是延大历史上史无前例的工程。延安大学新校区的建设，将为这所中国共产党创办的第一所综合性大学注入新的活力。承担该工程的建设施工，任务光荣而艰巨，责任重于泰山。

2. 工程规模大、体量大

新校区规划用地面积约为1271 亩，规划单体建筑 56 栋，建筑面积约为 57 万 m²，场地最长处为 1482m，最宽处为 1061m。需大面积、多个单体同时开工。因此，施工部署时，科学合理地选择施工方案和布置现场机械就显得十分重要。在采取多作业面流水施工

393

组织的同时，还需一次投入大量机械设备和周转材料，前期资金压力较大。

3. 场地高差大、有潜在地质隐患

规划用地为不规则带状形态，呈南偏东 45°倾斜。基地原始地较为复杂，南北向有一条山脉，最高高程 1120m，并且规划用地为延安新区高挖高填区域，5m 高挖高填基本沿原山腰平剖面走向，地势西高东低，用地平整后大体上分为四级，第一级为东南部坡地，高差较大；第二级为北部低洼地；第三级为中部台地，地势较平坦；第四级为西南部山地。地质条件复杂，属于自重湿陷性黄土地区，填方区最深部分超过了 60m，东西方向高差达 30m。所以，新校区规划坚持挖方区先行建设、填方区缓建的原则进行，并严格依据挖填方分界线来布局。此外，工程总承包单位还成立了"寒冷地区湿陷性黄土高填方建筑物沉降研究"课题组进行针对性研究。

4. 安全、文明、环保要求高

本工程文明工地目标是国家"AAA"级安全文明标准化工地，新技术应用目标是国家级新技术应用示范工程，绿色施工目标是全国绿色施工示范工程，图书馆项目争创"鲁班奖"。因此对项目的安全文明管理，绿色施工和环境保护管理都提出了较高的要求。尤其在大区域施工的背景下，针对上述要求，需要进行大量的前期策划工作。

5. 专业项目分包多，总承包管理协调任务重

作为本项目的总承包单位，要负责与土方、地基、防水、机电安装、门窗、桥梁、公路交通、电梯、幕墙、钢结构、装饰装修、智能化、园林绿化等多达十余家专业项目分包和设计单位之间进行沟通协调和施工管理工作，并与其他承包人（指定分包项目）进行配合。涉及专业技术强，配合单位众多，协调工作量大，总承包管理任务重，施工统筹组织困难。为此，总承包项目部建立健全总承包管理工作程序和各项规章制度，以良好的工作作风和高尚的职业道德水准与建设、设计、监理等相关单位予以充分的合作，建立起融洽和谐的工作关系，承担起建设单位赋予工程总承包企业的总承包管理使命。

26.4.3 项目组织机构

延安大学新校区建设项目根据现代项目管理模式建立了项目经理负责制的组织管理，企业领导高度重视，组织企业内部多个部门、单位对市场全面调查，反复对比、研究、总结之前 EPC 总承包管理经验，建立多层次（企业管理层、总包管理层、施工作业层）组织结构，确保对项目的全面、有效管理，确保将该项目建成精品工程（图 26-29）。

26.4.4 工程总承包管理

1. 前期管理

合同签订后，总承包项目部立即建立了正式的项目组织机构，对项目合同最后确定的方案进行深入分析研究，进一步细化、完善、补充投标书中制定的各项方案和措施。主要准备工作如下：

（1）按组织机构设立，列出人员组织计划，按计划要求，人员逐步到位；

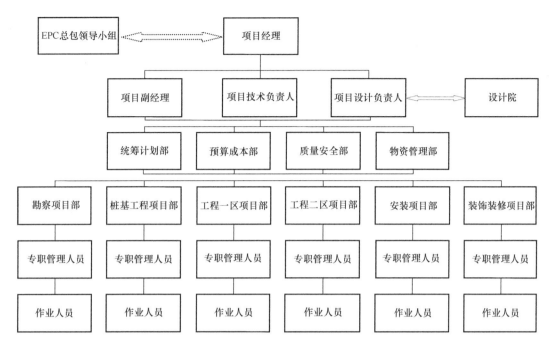

图 26-29 项目组织机构图

（2）进行合同、文件及相关内容的培训；

（3）制定详细的专项方案和各项制度；

（4）设备和材料采购信息收集；

（5）相关手续和证件的办理；

（6）分包合同等资料的准备。

2. 设计管理

延安大学新校区设计历时一年，充分考虑了校方对本项目的设计要求，又借鉴了延安地域的特色与建筑风格，使得本项目的设计方案从一开始就比较符合当地条件和业主要求，避免了施工过程中不必要的设计变更，为项目的顺利进行奠定了基础。具体做法上，将设计分为了四个阶段。

第一阶段是项目设计方案阶段，这个阶段充分注意现场调研，地质勘察设计人员到项目现场进行勘察，听取业主的设计要求，明确了业主对项目的期待，提出了"品格重于风格，探寻体现延安精神内涵及地域文化的大学之道"的设计理念。

第二阶段是项目的初步设计阶段，在这一阶段主要是通过各专业图纸会审，深度明确业主的设计要求，工程施工的技术要求和材料设备的采购要求，在项目前期尽最大可能减少工程实施中的技术和经济问题。设计的主要任务是为了估算项目的总投资，以便确定融资方案，签订 EPC 总承包合同。

第三阶段是总体施工图设计阶段，设计的主要任务是为了做出本项目的报价，明确土建、安装、装饰装修、室外总体及设计费等各分项组成，作为工程实施过程中支付工程款的依据。

第四阶段是详细设计阶段，设计的主要任务是深化各专业的施工图，提供施工所需的全部详细图纸和文件，作为施工依据和材料订货的补充文件。

在这四个阶段中，前一个阶段的工作成果是后一个阶段工作的基础、指导和设计输入，后一个阶段是对前一个阶段工作的深化和推进。这四个阶段平稳、连贯、首尾相接，各时期出图均按日期、版次统一管理，是一个设计质量、设计深度逐步提高的过程，其结果是现场施工中设计修改量较以往其他工程大大减少。

3. 造价管理

延安大学新校区 EPC 项目的造价管理工作主要体现在以下几个方面：

（1）工程造价控制最有效的阶段是设计阶段，设计是问题的关键。总承包单位的造价人员早在设计阶段就从专业角度主动参与多套设计方案的比选，与设计单位的造价人员一起建立项目设计专业数据库，从控制造价方面为设计人员提供有关造价方面信息，达到优化设计。

（2）设备材料的费用在工程造价中占很大的比重，设备材料采购的费用可以直接决定项目的盈亏。工程造价人员和设备采购部门主动合作，建立已购产品采购数据库，从市场及专业的角度分析相关产品的市场走向，对大宗散材建立供应商数据库，及时录入信息价格，更新数据，为报价及设备采购部门提供可靠的经济分析及数据支撑。

（3）施工阶段即是把设计变成具有使用价值的实体的过程，也是实现工程造价有效控制的过程。这也是造价人员工程项目中造价控制工作的长期主要任务，重点在于：

1）充分熟悉和理解工程的招投标文件、合同、图纸、设计交底及图纸会审记录资料，国家或地区新颁发的有关政策文件等。

2）严格审核工程量。工程量是决定工程造价的主要因素，严格核定施工工程量是控制工程造价的关键。

3）审核材料用量及价差。

4）审查工程定额的套用。

5）审查各项费用的计取。

6）及时要求工程进度款支付。

7）竣工结算是工程造价最终成果，重视工程价款的结算。

4. 采购管理

设备和材料的采购价格和质量控制，是整个项目成本控制和质量控制的关键。在设备和材料采购管理方面的准备阶段，总承包单位的主要工作是明确采购要求（业主要求），编写采购管理程序，建立采购招标小组，确定采购工作范围，对设备和材料的特殊要求进行说明，整理出项目供应商一览表，考虑采购合同中的商务条款（包括支付条件），根据项目总体进度计划制定相应的材料采购计划，提出具体的包装、运输、交付条件。项目采购负责人则落实具体人员和分工，制定项目采购执行计划，编制或完善项目厂商表，参与制定项目设备材料关键性等级分级程序，编制项目采购协调程序，研究采购标准工作程序的适应性，制定项目采购程序。

在采购材料质量控制方面，采用采购前质量控制与采购后质量控制的原则。采购前数量控制：正确编审材料计划，严格审批补救需求，合理确定采购数量。采购后数量控制：按工作分解结构从预算、采购、仓储、调拨方面平衡材料。材料进度的控制：召开材料平衡会，编制材料需求计划和材料采购计划。材料控制的全过程化：对设备、材料从设计到采购、施工、变更的全过程化管理。

工程项目的采购工作贯穿于整个项目的始终，承接设计和施工两个环节，深刻总结工程项目采购工作的得失，对于不断提高采购工作质量，更好地完成以后其他项目的采购任务，都是十分必要的。在延安大学新校区 EPC 项目中，对于总承包单位来讲，有以下几点认识：

（1）供应商的选择应该是集体决定的结果；

（2）采购进度计划是项目进度控制的关键；

（3）坚持项目例会和采购例会制度是解决问题的关键；

（4）催检工作在采购过程中应给予较高地位和重要性。

5. 进度管理

项目于 2016 年 6 月开工建设，总工期 730 日历天，延安冬季寒冷，雨季降雨量较大，且持续时间较长，工期较为紧张。工程开工前，总承包项目部进行了具体详尽的总体策划，对进度、质量、成本、安全等分项目标都给出了明确要求，而且针对工期紧张的问题又专门对全体管理人员召开了动员大会。此外，项目部通过深入了解图纸、优化施工组织设计，并在签订合同时，明确要求分包单位进场时，在指定的施工阶段必须配备项目部要求的作业人数，并列出了详细的付款节点，来控制各个工期节点。严格、科学地制定总进度计划、年进度计划、月进度计划、周进度计划，以及与之配套的材料计划，为了提高计划的严肃性，减少网络计划破网的风险性，在整个施工过程中，项目部坚持每天一次的生产例会，解决问题不过夜，保证每天的施工任务满足进度推进要求。对于滞后的施工进度，要求及时拿出解决办法，专人负责落实，确保在规定时间内，赶上计划进度。总承包项目部每周组织召开由所有参建单位项目经理、生产经理、总工等相关负责人参加的生产例会，检查、交流二级进度计划完成情况、相关措施和计划安排。总承包项目部每月牵头组织召开由业主、监理、设计及各施工单位参加的月度工程调度会，进行工程进度分析，主要内容包括：月度计划指标完成情况，是否影响总体工期目标；劳动力和机械设备投入是否按计划进行，能否满足施工进度需要；材料及设备供应是否按计划进行，有无停工待料现象；试验和检验是否及时进行，检测资料是否及时签认，技术资料是否与工程同步；其他需要解决的问题等。通过工程进度分析，总结经验，找出原因，制定措施，协调各生产要素，及时解决各种生产障碍，落实施工准备，创造施工条件，确保施工进度顺利进行。在攻坚阶段，为了不影响正常工作安排，节约时间，将每日生产例会改为视频会议，分包单位的项目经理、区域负责人等直接在施工现场用视频与项目部汇报问题，接受次日工作布置安排，视频会议结束后再投入紧张的施工中。

6. 成本管理

为了降低管理成本，提高利润率和生产率，工程总承包单位抛弃了低能资源，必然更多地依赖于分包商来完成任务，分包管理能力成为项目成败的关键性因素。工程总承包项目部削减了专业工长的数目，以分区工长代替，更多的是进行综合性的管理而非专业性的管理。这样，既充分利用了分包商的资源优势，又降低了管理成本，使总承包单位能抽出更多的精力进行工程整体的策划及管理。除此之外，总承包单位在项目上专门成立了预算成本部，抽调业务能力出色的预算人员、财务人员组成，每个月收集、整理相关资料，测算实际成本情况，并与预算成本对比分析，找出问题来源，提出解决意见，报项目经理审批并下达执行。工程总承包单位也经常开展全员成本管理学习，让"人人参与成本节约，处处都可成本节约"的理念深入人心。办公室纸张的双面打印、二次利用，钢筋下料的优化，混凝土现场运输的防洒漏等具体措施，让施工现场常有的"跑冒滴漏"在项目现场上变得不再常见。在施工过程中，管理人员提出了许多降低管理成本的"金点子"，在种种举措下，增强了管理人员对项目的参与感和主人翁感，并且经过项目的锻炼，涌现出了一批专业能力强、主观能动性强的优秀青年员工和 EPC 管理骨干。

7. 质量管理

项目实施前制定质量策划，包括质量目标和过程控制计划。质量目标以工程总承包单位质量管理体系为基础，结合合同确定的项目质量目标，针对项目的具体情况编制，并以此建立了一系列适用于本项目的质量管理体系文件。过程控制计划按照各阶段、重要施工环节、重点控制工艺分别编制实施。

对质量要求高的重点施工区域（图书馆施工区域）专门编制质量创优计划，从人员组织、目标分解、难点亮点、主要施工工序、新技术运用、成品保护、资料创优等方面分别明确目标及措施。采用书面策划和实物模型策划相结合的方式：书面策划就是采用文字和图表的形式对工程各部位施工做法进行深化设计，并以书面的形式对操作人员进行施工质量技术交底；现场实物模型策划：开工之前，在施工现场的适当位置，用符合图纸设计及规范规定的材料，把工程中的难点、亮点、细部做法等，按照 1∶1 的比例制作成实体模型，形成实物样板，再利用实物样板对操作人员进行更为直观的施工质量技术交底，并进行实物比对验收。

设计阶段要合理优化设计方案，重点控制施工图纸的质量通病，解决业主对设计方案提出的问题，实施闭环管理，使设计问题在施工实施之前发现并消除。总承包项目部根据施工进度安排计划，统一协调各阶段的出图计划，统一进行深化设计的协调，使得设计进度和设计深度满足工程需要。利用 BIM 技术对结构复杂的单位工程进行建模，实施碰撞检查，进一步优化设计方案，同时也模拟施工进程，进一步优化施工方案的选择。

施工阶段按照各阶段质量控制计划，编制有针对性的施工技术方案和施工质量保证措施，组织全面技术交底后方可实施。

（1）方案先行、样板引路。按照质量计划、技术方案和技术交底，在主体结构、安装工程、装饰装修工程等施工阶段开始前，在现场合适位置进行样板和样板间施工，提前解决工艺及施工配合中存在的问题，为大面积开展施工提供标准。

（2）明确施工界面划分。项目施工面积大，作业队伍繁多，在各阶段施工开始前，由总承包项目部组织相关分包单位召开专题会议，确定各自责任区域划分，减少日后相互推诿扯皮现象，确保不出现施工盲区，特别是精装修施工阶段，最大可能地减少了施工工艺不一致、交界处施工质量三不管现象，确保整体施工质量。

（3）严把原材料、半成品质量关，注重成品保护。对进场原材料、半成品等，严格按照进场验收程序，全面了解产品的质量，对质量进行控制。局部施工完成后，重点控制交叉施工区域，注重成品保护工作，制定相应管理办法，实施专人监督，对破坏行为零容忍、重处罚。

（4）控制质量验收。按照施工质量控制计划划分的分项、分部、单位工程及重点施工部位实施四级验收，及分包单位、总包单位、监理/业主、质量监督机构四级验收。严控施工成品质量。

8. 绿色、文明施工管理

施工伊始，项目部结合延安大学新校区总体规划及建设工期，采用永临结合的思路，即施工临时道路与规划的正式道路相结合，临时施工道路按正式道路施工标高降低一个面层。这样既节约了投资，控制了成本，缩短了施工周期，又减少了施工垃圾的处理，达到节能环保的要求。对大区域各分区使用专业级无人机进行航拍，航拍画面实时直播，对施工区域进行动态监控，有力地保障了绿色文明施工。

为体现延安大学新校区施工过程中绿色、节能、环保理念，控制扬尘、减少雾霾，采取了以下措施：根据总体规划，先开工建设挖方区建筑，后施工填方区建筑的施工顺序，将未规划建筑的裸露土地以及暂未开工的填方区域用地进行种草、种树绿化，对已有植被加以保护，改变小气候，防止水土流失。种植各类树木 1500 余棵，种草绿化面积 500 余亩，在雨水易流失的坡面埋设了 1200m 长的喷灌装置，喷灌面积约为 8000m²。在主干道基础上硬化了 6m 宽，400m 长的主干道。主干道采用了太阳能照明，沿线架设喷淋系统，喷淋系统与全自动空气质量监控系统相连，空气质量检测设备能及时检测现场的温度、湿度、风速、可燃气体、有毒气体、$PM_{2.5}$、PM_{10} 等大气控制参数，及时进行防尘降霾处理。施工区域之间硬化了 4m 宽、1300m 长的环形道路，施工区域内铺设了 4m 宽、350m 长的钢板便道，保证车辆通行，减少扬尘产生，钢板后期回收利用。在场区大门处和施工区域与主干道交会处设置三座洗车台，保证主干道清洁，车辆出入不带泥土。

延大新校区场地高差大，在面对雨季和极端天气时容易造成自然灾害，防止洪涝、山体滑坡、水土流失等就成为首要任务之一，结合绿色节约理念，工程总承包单位采用了防、治、用相结合的方法，对现场进行了规划，建立雨水回收再利用系统。现场设置主蓄水池三座，容积分别为 800m³ 两座、3000m³ 一座，场内坡面设置了十几条防洪坝，将雨水分段用防洪坝导入 300m 长的防洪沟，流入蓄水沉淀池内，再通过内部设施的循环系统用以洗车、喷淋、绿化及冲洗卫生间等，上述措施，经受住了雨季、暴雨、特大暴雨的检验。施工现场的布置，大量采用了可移动、可重复利用的设施，施工现场共设置集装箱式门卫室 4 个、茶水亭 6 个、标养室 4 个、医疗室 4 个、工具房 12 个，安全防护设施标准化、定型化、工具化，钢筋棚全部采用工具式机构搭建，产生噪声较大的机械设备，设有吸声降噪屏或其他降噪措施。新校区施工区域近 3000m 的围墙也全部采用工具式围挡搭建。办公生活区配置齐全，功能完善，盥洗室、淋浴室采用太阳能集热供应热水，卫生间利用雨水回收系统分级沉淀的中水进行冲洗，节能环保。

26.4.5　企业品牌建设与项目团队管理

工程总承包项目部按照企业品牌建设的统一要求，坚持文明管项目、科学管项目，要求全体人员在项目经理的领导下，从员工团队意识、行为规范、品牌创建等方面进行文化建设。

2017年延安大学新校区项目被确定为陕西省文明工地现场会观摩工地，接待了社会各界千余位建筑同行们进行现场观摩，此次活动的圆满举办，为企业赢得了广泛赞誉和一致好评，进一步宣传了企业品牌，彰显了企业的标杆实力。

办公生活区旁设立项目规划展览馆，涵盖 LED 屏幕、延安文化展示、企业文化宣传、项目新技术应用展示等部分组成，是本项目对外宣传的一扇窗口，有很好的社会效应。此外，总承包项目部专门组织人员进行定期和不定期经验交流，知识问答、知识竞赛、劳动竞赛、质量竞赛；经常举行文娱活动、联谊活动、体育活动等，提倡工作共同关心，责任你我共担，建议虚心接受，常怀感恩之心，充分保证团队凝聚力和战斗力，受到了业主和各方的一致好评。

26.4.6　项目回顾与总结

观念决定思路，思路决定出路。有了新思路、新定位、新措施的落实，才能保证整体施工进度的落实，科学合理的管理是施工管理的基础，求真务实的工作作风是确保施工进度的关键，团队人员的素质是控制工期、成本、安全、质量的前提。

通过本项目，工程总承包单位认识到以后工程的专业化程度会更高，总包向管理方向分化，分包商则向专业施工分化。总包对分包的依赖度进一步增加，更多的具体施工任务要寻找分包商来完成；分包商将专注于其专业的核心竞争力，分包商的一些不重要的辅助性工作将会外包，由更专业的分包商来完成。

对于工程总承包单位来讲有以下几点体会：

（1）总承包单位应从一开始就制定系统有效的管理方法和策略，做好充足的前期策划，分析和发现不确定的因素及存在的各种风险，采取合理的应对措施。

（2）总承包单位应发挥在 EPC 项目管理中的核心作用，为实现项目的预期目的，积极寻求各方多赢的方案。

（3）总承包单位应充分熟悉并研究合同条款的内容，必要时对分包单位进行合同交底，以便统一思想，提高执行力。施工管理人员要改变以变更索赔作为项目利润增长点的观念，要从前期策划，施工过程中要效益，图纸的优化及施工工艺、流程的优化将成为新常态，工程总承包单位认为这才是 EPC 项目利润增长点的重要组成部分。

（4）做好科学、合理的深化设计，落实好方案先行、样板引路的理念，确保一次成活，一次成优，严格控制返修率和共因事件发生率。

（5）要树立施工引导设计的管理理念，改变死板照图施工的心态，要把管理协调工作的重心把握好，大致为设计占 50%、材料占 30%、施工占 20%。

（6）建立行之有效的激励机制和约束机制，激发项目组织及利益相关方的活力和竞争力。

（7）项目管理人员，尤其是统筹管理人员需要具备相当程度的复合管理能力，这是 EPC 项目管理人员明显的发展方向，同时也是一个项目成败与否的关键点。

（8）对分包单位深入服务，将管理渗透到细枝末节，同时也要加强对分包单位的掌控，开展全方位的施工管理。

（9）以建立合作伙伴制为基础，与业主及各方进行有效协商，并根据项目特点，力争在总承包合同条款中对风险进行合理分担，适当突破 EPC 合同固有模式。

（10）使用价值工程进行方案优化，通过各种可行的方法实现项目整体利益增值的目的，最终使业主得到满意的工程，承包方获得良好的收益。

（此案例由陕西建工第十三建设有限公司　卜国平、王弘起提供）

26.5　万达 BIM 总发包管理模式项目应用实践

26.5.1　项目概况

商洛万达广场项目位于陕西省商洛市商州区，项目占地 5.16 万 m^2，总建筑面积约 11.69 万 m^2，其中地上建筑面积 8.72 万 m^2、地下建筑面积 2.97 万 m^2。业态包括万达影城、宝贝王、儿童早教、大玩家、超市及餐饮等诸多业态。

购物中心地下 1 层、地上 4 层（局部 5 层），层高 5.1～5.3m，建筑高度 23.95m。

26.5.2　BIM 应用背景

随着互联网技术的进步与发展，BIM 应用的全面推广已是大势所趋，通过综合应用以 BIM 为代表的先进技术，也将极大地促进企业的技术创新和管理创新。

商洛万达广场项目为万达集团首批 BIM 总发包管理模式项目，其以筑云 BIM 管理平台实现四方联动、信息化集成，通过 BIM 技术实现 6D 管控，最终达到智能建造的目的。在该新型管理模式下，业主将工程所有施工内容整体发包给施工总包，工程协调任务重，有效工期短，合同形式为总价包干，合约风险大。全套图纸、模型一次性移交，施工总包存在设计责任。

同时，陕西商洛万达广场是国内首例多维 BIM 正向设计的商业项目，也是中建上海院第一个 BIM 正向设计的设计总包项目。以网络协调做业方式，直接设计 BIM 模型再导出二维图纸，革新了设计模式，提升了设计维度，实现了全专业协同设计。万达标准版模型包含 14 个专业共十组模型。通过 BIM 总发包管理平台，模拟挂接测试检验系统是否符合标准。经过多次实践，实现业主方、设计总包、施工总包及监理单位均可在 BIM 信息化集成平台上对模型进行多方应用。

26.5.3 BIM 总发包管理平台

BIM 总发包管理模式是万达集团从 2017 年开始在其项目管理中正式推行的新管理模式。万达过去采用的是总承包交钥匙模式，在此基础上，引入了以 BIM 技术为核心的信息化集成管理平台，形成了 BIM 总发包管理模式。这种模式运用以 BIM 为核心的现代信息技术对大型施工现场的技术、质量、安全等进行跟踪管理、指挥、监控、反馈、决策等集中控管。

BIM 总发包管理平台（以下简称"BIM 平台"）其核心是万达方、设计总包方、工程总包方、工程监理方在同一平台上对项目实现"管理前置、协调同步、模式统一"的创新性管理模式。BIM 模式成果，把大量的矛盾（设计与施工，施工与成本，计划与质量）前置解决、注入模型、信息化实施。项目系统过程中的大量矛盾通过 BIM 标准化提前解决，减少争议，大大提高了工作效率。这是管理格局的一次突变和革命（图 26-30）。

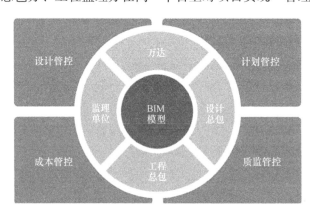

图 26-30　BIM 总发包管理平台模式

BIM 平台经过将近 2 年的持续研发工作，万达 BIM 总发包管理模式初步形成了模型、插件、制度、平台四大成果。BIM 平台作为其中的一项重要研发成果，为各项成果应用落地提供了平台支撑，在有效承接各项设计成果的同时通过标准化、可视化、信息化的平台应用，进一步提升项目管理能力。

26.5.4 BIM 总发包管理平台架构

BIM 总发包管理平台实现了基于 BIM 模型的 6D 项目管理，将各专业 BIM 模型高效集成的同时，也实现了计划、成本、质量业务信息与三维模型的自动化关联，从而提供更加形象、直观、细致的业务管控能力。应用过程中，万达方、设计总包、施工总包、监理单位等项目各参与方可以打破公司、区域限制，围绕同一个 6D 信息模型方便地开展设计、计划、成本、质量相关业务工作，实现基于 BIM 模型的多方高效协同和信息共享，是一种创新的工作模式（图 26-31）。

BIM 平台对万达现有项目管控体系进行信息化集成，将万达多个业务管理系统有效整合起来，为项目管理人员提供了统一的业务门户，实现了管理流程优化，从而大大提高管理效率，也是对传统项目管理模式的一项变革。

BIM 平台采用了混合云的技术架构，实现 6D 模型展现的同时也实现了海量云端数据的快速处理，既提升了平台性能和应用效率，也摆脱了对计算机硬件和专业应用软件的依赖，用户可以通过浏览器、手机方便快捷地访问平台开展业务（图 26-32）。

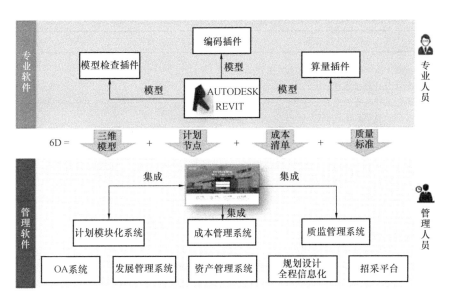

图 26-31　BIM 总发包管理平台架构

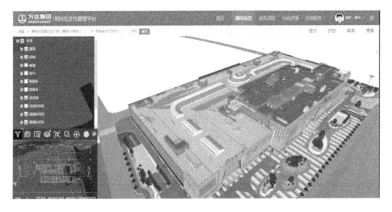

图 26-32　BIM 总发包管理平台

26.5.5　项目 BIM 应用

BIM 总发包管理模式下，万达负责项目开发的整体把控、监督和协调，设计总包、工程总包、监理单位组按照国家法规及合作约定的权责界面各司其职，通过信息化管理平台协同工作，共同完成项目开发建设的全部工作（表 26-3）。

<table>
<tr><td colspan="2">BIM 总发包管理模式下主体责任　　　　　　　　　　　　　　　表 26-3</td></tr>
<tr><td>参建单位</td><td>主要职责</td></tr>
<tr><td>万达</td><td>BIM 标准版研究与制定；
项目开发报建手续办理；
项目计划及质量监控；
品牌库管理与维护；
招商落位及商家装修管控；
通过 BIM 总发包管理平台协调各方协同工作，协调解决各类争议事项；
全程监督各合作方按合同履约</td></tr>
</table>

参建单位	主要职责
设计总包	按照 BIM 标准版进行项目施工图及模型设计; 配合万达报批报建; 质量品质检查及监督等工作; 按照万达品牌库选择设计分包,并进行设计分包管理; 设计(招商)变更落实; 协调解决设计争议; 对整个项目规划设计工作的计划、品质、成本、安全等负全责,全面履行设计工作"总协调、总负责、总管理"的管理职责
工程总包	按照合同约定的工期、质量、成本等相关要求进行项目建设; 配合万达报批报建; 项目工程计划及质量管理; 按照万达品牌库选择施工/供货分包,进行工程分包管理; 根据图纸及房产技术条件按时完成商家进场条件; 协调解决现场施工争议; 应用 BIM 技术组织及指导现场施工,全面承担起工程管理职责及工程验收工作,实现"包工期、包质量、包成本"
监理单位	依据合同及 BIM 总发包管理平台对项目进行工程监理,负监理责任;负责项目工程质量、进度、安全文明监督管理,通过 BIM 技术及 BIM 总发包管理平台对项目建设过程中的质量情况进行检查及记录,监督、复查、确认工程质量问题整改,配合万达及第三方实测实量单位的项目检查

项目 BIM 实施整体遵循以设计模型、施工模型到竣工模型的不断升级为关键线路。

1. 设计阶段

在全过程 BIM 应用体系下,如何使设计 BIM 模型与施工 BIM 模型顺利对接,是该管理模式下的重难点。为此总包 BIM 团队长期入驻设计院,全程参与设计模型的优化维护工作。

(1)设计模型审核

按照建模标准对各专业设计模型进行审核,整合各专业设计模型,对复杂节点、专业交圈部位等传统二维审图难以清楚表达的区域,进行针对性的三维审图,充分了解设计意图,提升图纸审核的深度。

(2)深化设计前置

针对 BIM 总发包成本前置合约的特点,在设计阶段组织各分包单位、供应商,对设备基础、构造柱、母线、虹吸雨水、变电所、屋面栈桥等需后期施工深化的系统提前进行 BIM 深化设计,将深化设计成果录入设计图纸中,有效规避所有风险源。

(3)机电管线综合前置

业主、设计单位、总包单位三方共同编制管线综合排布方案,总包 BIM 团队入驻设计院与设计单位共同完成初步管线综合排布,本项目充分发挥管理模式优势,在前期针对机电管线综合对建筑布局做了大量的优化,将排布问题在设计根源上一次性解决。

2. 施工阶段

(1)BIM 深化设计

因为总包在设计阶段提前介入了 BIM 模型设计建模工作，所以才能在设计模型的基础上直接进行施工模型的优化与维护。组织各分包单位 BIM 人员，以网络协同工作集方式，同时展开机电各专业 BIM 深化设计，定期组织各参建单位，召开 BIM 周例会，将后续施工中的各方协调工作全部消化在 BIM 深化设计阶段。

1）支吊架设计计算

对支吊架进行设计及计算校核，出具支架施工方案，由总包公司设计部结构工程师对支吊架的安全性进行确定，对局部管线密集区域进行支架生根预埋，确保结构安全。按照支吊施工方案对每个支吊架进行模型落位，出具支吊架施工落位图纸。

2）管道井、电井洞口深化

对管道井、电井、外墙套管及洞口进行深化出图，避免结构墙体二次开凿，做到"一墙一图、一井一图"。

（2）BIM 落地保障措施

1）施工模型审核封样

施工模型深化设计完成后，组织各参建单位对模型进行审核封样，形成模型封样单，确保深化设计成果经各方认可后出图实施。

2）图纸出具及现场交底

将机电管线综合施工图粘贴至施工现场，施工前对每一道工序进行专项图纸交底，施工过程中通过图纸结合移动端、VR 设备对复杂节点进行可视化交底，现场动态验收，确保"图、模、场"三者一致。

（3）BIM 总发包管理平台应用

1）五方可视化讨论

将模型进行轻量化处理，上传至 BIM 总发包管理平台，各参建方通过平台查看各专业模型，使用快照、批注功能，对模型问题进行标注，上传批注问题，由各方讨论后进行整改。

2）计划管理部分

以 BIM 模型为载体，通过万达标准编码体系，将计划节点与模型关联，实现了计划管理工作可视化。用户在平台上基于三维模型可直观查阅整个项目 200 多个计划节点的模型分布，同时可以在平台上模拟整个施工建造过程，从而快速预判进度风险，做到事前策划和管控，预先采取规避措施，最大程度降低风险成本。

3）质量验收

质量管理主要是利用 BIM 技术，规范质量管理流程，使质量管理工作有据可依，标准统一，实现了质量管理工作的可视化、可量化。首先，将验收标准植入 BIM 模型，使质监中心、项目公司、工程总包、监理单位等各参与方对工程实体进行检查验收时，做到了标准统一；其次，基于模型信息预设了 27 类质量检查点（每个项目的数量 6000 项左右），不但给业主方提供了透明的管理依据，而且业务人员在开展项目质监工作之前就能直观了解工作重点，避免检查部位和检查内容漏项，各检查单位的质监工作也实现了量化考核。同时所有检查工作结果及隐患整改情况会在模型上实时显示，用户可及时、直观跟踪项目质量。

除此之外还支持移动端实时拍照、隐患记录和多方跟踪的技术手段。

4）成本管理部分

基于BIM模型的精确算量，实现了建造成本管理形象化、直观化，可以实时获取模型成本数据信息，分析建造过程的动态成本，实现成本的有效控制。在发生变更后，平台通过对各版本的模型和成本数据的管理，为用户提供了变更版本与原始版本的模型差异及工程量对比的展示，方便用户及时洞察成本异常状况，控制变更。

3. 交付阶段

验收交付是"BIM总发包管理模式"的最终环节。平台大大提高了项目整体交付流程的效率，为建设工程运维期内的智能管理和大数据分析奠定了重要基础。

在建设实施过程中，项目信息化综合管理平台采用了BIM技术和信息化手段，使得业主、设计方、施工方、监理方等参建方能够实现对项目的可视化、可推演、可量化等协作式管理。平台利用BIM技术实现了设计成果的三维可视化、施工方案的仿真模拟和实施过程的远程监控，大大降低了项目施工过程中的质量和安全风险，减少了返工返修。平台实现了建设项目从设计、施工到运维的全过程仿真与管理，BIM及其信息化技术的使用改进了项目管理工作，优化了施工管理方案，降低了项目管理风险，提高了管理效率。同时，该平台实现了管理工作的数字化考核，通过大数据分析为管理提供了可量化的决策依据。

26.5.6　BIM总发包管理模式的总结

BIM是工程建设领域的一次创新性革命技术。BIM技术应用的核心价值在于其贯穿建筑全生命周期。在概念、规划设计、招投标、施工、运维等全生命周期过程中，BIM模型的数据可不断进行补充、完善，模型的一致性始终得以保持。BIM总发包管理平台为所有项目提供了实施平台。在平台支持下，通过对项目设计成果的标准化、可视化、信息化的有效管理，进一步提高了参建方的项目管理能力，把传统项目管理中可能遇到的问题前置解决，减少设计变更和计量争议，大大提高了工作效率。在3D模型基础上，实现了规划、成本、质量的多维管理，提供了丰富、协调的项目管理功能。

总的来说，万达BIM总发包管理平台具有项目参建方协作性强、跨时空限制、安全可靠等特点。可以说，基于BIM技术的总发包管理模式，从业主的角度出发，全面实施了BIM技术。它是先进的、独特的，有效地结合了技术和管理。万达商业地产涵盖了项目设计、施工、质检、运维的全生命周期，大大提高了商品房的生产效率。

（参考李秀文等《万达BIM总发包管理模式研究》、孙峻等《业主驱动的BIM实施模式研究》，此案例由广联达科技股份有限公司王道、乔剑提供）

附录：

住房和城乡建设部 国家发展改革委关于印发房屋建筑和市政基础设施项目工程总承包管理办法的通知

（建市规〔2019〕12号）

各省、自治区住房和城乡建设厅、发展改革委，直辖市住房和城乡建设（管）委、发展改革委，北京市规划和自然资源委，新疆生产建设兵团住房和城乡建设局、发展改革委，计划单列市住房和城乡建设局、发展改革委：

为贯彻落实《中共中央国务院关于进一步加强城市规划建设管理工作的若干意见》和《国务院办公厅关于促进建筑业持续健康发展的意见》（国办发〔2017〕19号），住房和城乡建设部、国家发展改革委制定了《房屋建筑和市政基础设施项目工程总承包管理办法》。现印发给你们，请结合本地区实际，认真贯彻执行。

中华人民共和国住房和城乡建设部　中华人民共和国国家发展和改革委员会

2019年12月23日

房屋建筑和市政基础设施项目工程总承包管理办法

第一章　总　则

第一条　为规范房屋建筑和市政基础设施项目工程总承包活动，提升工程建设质量和效益，根据相关法律法规，制定本办法。

第二条　从事房屋建筑和市政基础设施项目工程总承包活动，实施对房屋建筑和市政基础设施项目工程总承包活动的监督管理，适用本办法。

第三条　本办法所称工程总承包，是指承包单位按照与建设单位签订的合同，对工程设计、采购、施工或者设计、施工等阶段实行总承包，并对工程的质量、安全、工期和造价等全面负责的工程建设组织实施方式。

第四条　工程总承包活动应当遵循合法、公平、诚实守信的原则，合理分担风险，保证工程质量和安全，节约能源，保护生态环境，不得损害社会公共利益和他人的合法权益。

第五条　国务院住房和城乡建设主管部门对全国房屋建筑和市政基础设施项目工程总承包活动实施监督管理。国务院发展改革部门依据固定资产投资建设管理的相关法律法规履行相应的管理职责。

县级以上地方人民政府住房和城乡建设主管部门负责本行政区域内房屋建筑和市政基

础设施项目工程总承包（以下简称工程总承包）活动的监督管理。县级以上地方人民政府发展改革部门依据固定资产投资建设管理的相关法律法规在本行政区域内履行相应的管理职责。

第二章　工程总承包项目的发包和承包

第六条　建设单位应当根据项目情况和自身管理能力等，合理选择工程建设组织实施方式。

建设内容明确、技术方案成熟的项目，适宜采用工程总承包方式。

第七条　建设单位应当在发包前完成项目审批、核准或者备案程序。采用工程总承包方式的企业投资项目，应当在核准或者备案后进行工程总承包项目发包。采用工程总承包方式的政府投资项目，原则上应当在初步设计审批完成后进行工程总承包项目发包；其中，按照国家有关规定简化报批文件和审批程序的政府投资项目，应当在完成相应的投资决策审批后进行工程总承包项目发包。

第八条　建设单位依法采用招标或者直接发包等方式选择工程总承包单位。

工程总承包项目范围内的设计、采购或者施工中，有任一项属于依法必须进行招标的项目范围且达到国家规定规模标准的，应当采用招标的方式选择工程总承包单位。

第九条　建设单位应当根据招标项目的特点和需要编制工程总承包项目招标文件，主要包括以下内容：

（一）投标人须知；

（二）评标办法和标准；

（三）拟签订合同的主要条款；

（四）发包人要求，列明项目的目标、范围、设计和其他技术标准，包括对项目的内容、范围、规模、标准、功能、质量、安全、节约能源、生态环境保护、工期、验收等的明确要求；

（五）建设单位提供的资料和条件，包括发包前完成的水文地质、工程地质、地形等勘察资料，以及可行性研究报告、方案设计文件或者初步设计文件等；

（六）投标文件格式；

（七）要求投标人提交的其他材料。

建设单位可以在招标文件中提出对履约担保的要求，依法要求投标文件载明拟分包的内容；对于设有最高投标限价的，应当明确最高投标限价或者最高投标限价的计算方法。

推荐使用由住房和城乡建设部会同有关部门制定的工程总承包合同示范文本。

第十条　工程总承包单位应当同时具有与工程规模相适应的工程设计资质和施工资质，或者由具有相应资质的设计单位和施工单位组成联合体。工程总承包单位应当具有相应的项目管理体系和项目管理能力、财务和风险承担能力，以及与发包工程相类似的设计、施工或者工程总承包业绩。

设计单位和施工单位组成联合体的，应当根据项目的特点和复杂程度，合理确定牵头单位，并在联合体协议中明确联合体成员单位的责任和权利。联合体各方应当共同与建设单位签订工程总承包合同，就工程总承包项目承担连带责任。

第十一条　工程总承包单位不得是工程总承包项目的代建单位、项目管理单位、监理单位、造价咨询单位、招标代理单位。

政府投资项目的项目建议书、可行性研究报告、初步设计文件编制单位及其评估单位，一般不得成为该项目的工程总承包单位。政府投资项目招标人公开已经完成的项目建议书、可行性研究报告、初步设计文件的，上述单位可以参与该工程总承包项目的投标，经依法评标、定标，成为工程总承包单位。

第十二条　鼓励设计单位申请取得施工资质，已取得工程设计综合资质、行业甲级资质、建筑工程专业甲级资质的单位，可以直接申请相应类别施工总承包一级资质。鼓励施工单位申请取得工程设计资质，具有一级及以上施工总承包资质的单位可以直接申请相应类别的工程设计甲级资质。完成的相应规模工程总承包业绩可以作为设计、施工业绩申报。

第十三条　建设单位应当依法确定投标人编制工程总承包项目投标文件所需要的合理时间。

第十四条　评标委员会应当依照法律规定和项目特点，由建设单位代表、具有工程总承包项目管理经验的专家，以及从事设计、施工、造价等方面的专家组成。

第十五条　建设单位和工程总承包单位应当加强风险管理，合理分担风险。

建设单位承担的风险主要包括：

（一）主要工程材料、设备、人工价格与招标时基期价相比，波动幅度超过合同约定幅度的部分；

（二）因国家法律法规政策变化引起的合同价格的变化；

（三）不可预见的地质条件造成的工程费用和工期的变化；

（四）因建设单位原因产生的工程费用和工期的变化；

（五）不可抗力造成的工程费用和工期的变化。

具体风险分担内容由双方在合同中约定。

鼓励建设单位和工程总承包单位运用保险手段增强防范风险能力。

第十六条　企业投资项目的工程总承包宜采用总价合同，政府投资项目的工程总承包应当合理确定合同价格形式。采用总价合同的，除合同约定可以调整的情形外，合同总价一般不予调整。

建设单位和工程总承包单位可以在合同中约定工程总承包计量规则和计价方法。

依法必须进行招标的项目，合同价格应当在充分竞争的基础上合理确定。

第三章　工程总承包项目实施

第十七条　建设单位根据自身资源和能力，可以自行对工程总承包项目进行管理，也可以委托勘察设计单位、代建单位等项目管理单位，赋予相应权利，依照合同对工程总承包项目进行管理。

第十八条 工程总承包单位应当建立与工程总承包相适应的组织机构和管理制度，形成项目设计、采购、施工、试运行管理以及质量、安全、工期、造价、节约能源和生态环境保护管理等工程总承包综合管理能力。

第十九条 工程总承包单位应当设立项目管理机构，设置项目经理，配备相应管理人员，加强设计、采购与施工的协调，完善和优化设计，改进施工方案，实现对工程总承包项目的有效管理控制。

第二十条 工程总承包项目经理应当具备下列条件：

（一）取得相应工程建设类注册执业资格，包括注册建筑师、勘察设计注册工程师、注册建造师或者注册监理工程师等；未实施注册执业资格的，取得高级专业技术职称；

（二）担任过与拟建项目相类似的工程总承包项目经理、设计项目负责人、施工项目负责人或者项目总监理工程师；

（三）熟悉工程技术和工程总承包项目管理知识以及相关法律法规、标准规范；

（四）具有较强的组织协调能力和良好的职业道德。

工程总承包项目经理不得同时在两个或者两个以上工程项目担任工程总承包项目经理、施工项目负责人。

第二十一条 工程总承包单位可以采用直接发包的方式进行分包。但以暂估价形式包括在总承包范围内的工程、货物、服务分包时，属于依法必须进行招标的项目范围且达到国家规定规模标准的，应当依法招标。

第二十二条 建设单位不得迫使工程总承包单位以低于成本的价格竞标，不得明示或者暗示工程总承包单位违反工程建设强制性标准、降低建设工程质量，不得明示或者暗示工程总承包单位使用不合格的建筑材料、建筑构配件和设备。

工程总承包单位应当对其承包的全部建设工程质量负责，分包单位对其分包工程的质量负责，分包不免除工程总承包单位对其承包的全部建设工程所负的质量责任。

工程总承包单位、工程总承包项目经理依法承担质量终身责任。

第二十三条 建设单位不得对工程总承包单位提出不符合建设工程安全生产法律、法规和强制性标准规定的要求，不得明示或者暗示工程总承包单位购买、租赁、使用不符合安全施工要求的安全防护用具、机械设备、施工机具及配件、消防设施和器材。

工程总承包单位对承包范围内工程的安全生产负总责。分包单位应当服从工程总承包单位的安全生产管理，分包单位不服从管理导致生产安全事故的，由分包单位承担主要责任，分包不免除工程总承包单位的安全责任。

第二十四条 建设单位不得设置不合理工期，不得任意压缩合理工期。

工程总承包单位应当依据合同对工期全面负责，对项目总进度和各阶段的进度进行控制管理，确保工程按期竣工。

第二十五条 工程保修书由建设单位与工程总承包单位签署，保修期内工程总承包单位应当根据法律法规规定以及合同约定承担保修责任，工程总承包单位不得以其与分包单位之间保修责任划分而拒绝履行保修责任。

第二十六条　建设单位和工程总承包单位应当加强设计、施工等环节管理，确保建设地点、建设规模、建设内容等符合项目审批、核准、备案要求。

政府投资项目所需资金应当按照国家有关规定确保落实到位，不得由工程总承包单位或者分包单位垫资建设。政府投资项目建设投资原则上不得超过经核定的投资概算。

第二十七条　工程总承包单位和工程总承包项目经理在设计、施工活动中有转包违法分包等违法违规行为或者造成工程质量安全事故的，按照法律法规对设计、施工单位及其项目负责人相同违法违规行为的规定追究责任。

第四章　附　　则

第二十八条　本办法自 2020 年 3 月 1 日起施行。

参 考 文 献

［1］ FIDIC. Conditions of Contract for EPC/Turnkey Projects(Second Edition)［M］. 2017.

［2］ FIDIC. Conditions of Contract for EPC/Turnkey Projects (First Edition)［M］. 1999.

［3］ Kevin Forsbury，Hal Moozang Howard Cotterman. Visualizing Project Management. John Wiley Sons，Tnc，2000.

［4］ 书编委会. 建设项目工程总承包管理规范实施指南［M］. 北京：中国建筑业出版社，2018.

［5］ 范云龙，朱星宇. EPC 工程总承包项目管理手册及实践［M］. 北京：清华大学出版社，2016.

［6］ 中国建筑业协会工程项目管理委员会，中国建筑第八工程局. 工程总承包项目管理实务指南［M］. 北京：中国建筑业出版社，2006.

［7］ 李君. 建设工程总承包项目管理实务［M］. 北京：中国电力出版社，2016.

［8］ 杨俊杰，王力尚，余时立. EPC 工程总承包管理模板及操作实例［M］. 北京：中国建筑业出版社，2014.

［9］ 王伍仁. EPC 工程总承包管理［M］. 北京：中国建筑业出版社，2010.

［10］ 陈津生. EPC 工程总承包合同管理与索赔实务［M］. 北京：中国电力出版社，2018.

［11］ 赵丽. 装配式建筑工程总承包管理了实施指南［M］. 北京：中国建筑业出版社，2019.

［12］ 叶浩文. 一体化建造——新型建造方式的探索和实践［M］. 北京：中国建筑工业出版社，2019.

［13］ 徐国华，张德，赵平. 管理学［M］. 北京：清华大学出版社，2009.

［14］ 美国项目管理协会. 项目管理知识体系指南(PMBOK 指南)建设工程分册［M］. 北京：中国电力出版社，2018.

［15］ 中国对外承包工程商会. 国际工程总承包项目管理导则［M］. 北京：中国建筑业出版社，2013.

［16］ 中国对外承包工程商会. 国际工程总承包项目合同管理导则［M］. 北京：中国建筑业出版社，2016.

［17］ 中国勘察设计协会. 建设项目工程总承包管理规范 GB/T 50358—2017［M］. 北京：中国建筑业出版社，2017.

［18］ 住房和城乡建设部，国家工商行政管理总局. 建设项目工程总承包合同示范文本(试行)GF—2011—0216. 2011.

［19］ 国家发改委等九部委. 中华人民共和国标准设计施工总承包招标文件(2012 年版). 2012.

［20］ 中华人民共和国住房和城乡建设部令第 37 号. 危险性较大的分部分项工程安全管理规定. 2018.

［21］ 住房城乡建设部办公厅. 关于实施《危险性较大的分部分项工程安全管理规定》有关问题的通知(建办质〔2018〕31 号). 2018.

［22］ 福建省住房和城乡建设厅. 福建省房屋建筑和市政设施工程总承包招标投标管理办法(试行)(征求意见稿). 2018.

［23］ 孙晖. 基于装配式建筑项目的 EPC 总承包——深圳裕璟家园项目 EPC 工程总承包管理实践［J］. 建筑，2018(10)：59-61.

［24］ 孙晖，米京国，陈伟，等. EPC 工程总承包模式在装配式项目中的应用研究［J］. 建筑，2019(11)：33-35.

［25］ 赵珊珊等. FIDIC 银皮书新旧版本之比较［J］. 国际经济合作，2018(5)：53-56.

［26］ 姚雪. 国外工程建设项目 EPC 总承包模式发展实践探析［J］. 科技创新与应用，2018(4)：172-174.

［27］ 陈映. 以专业设计院为龙头的 EPC 工程总承包管理模式研究［D］. 武汉：武汉理工大学，2007.

［28］ 雷琥. EPC 模式下的项目风险管理［D］. 天津：天津大学，2006.

［29］ 李岩. EPC 工程总承包模式在我国污水处理工程中的应用研究［D］. 北京：清华大学，2010.

［30］ 马义俊. 总承包项目管理手册［R］. 深圳：中建钢构有限公司，2016.

［31］ 建筑前沿. "施工总承包"向"工程总承包"到底有多难？［EB/OL］. https：//www. sohu. com/a/ 203914591＿161325.

［32］ 广州市工程建设项目联合审批平台网站 http：//lhsp. gzonline. gov. cn/.